大熊猫主食竹图志

主　编　史军义　陈其兵

副主编　黄金燕　马丽莎　张玉霄　姚　俊

科 学 出 版 社

北　京

内 容 简 介

本书是由史军义、陈其兵两位教授共同主持，国家林业和草原局野生动植物保护司提供项目支撑，四川农业大学、中国林业科学研究院、中国大熊猫保护研究中心、西南林业大学、昆明理工大学、北京林业大学、都江堰市美岚竹业研究院等单位的部分专家参与调查、研究和编写所形成的关于我国大熊猫主食竹生物多样性研究的最新成果。

本书共分三部分：第一部分为综述，包括大熊猫主食竹概述、大熊猫主食竹的形态特征、大熊猫主食竹的分布和大熊猫主食竹的耐寒区位区划；第二部分为分述，包括大熊猫主食竹 16 属 106 种 1 变种 19 栽培品种（计 127 种及种下分类群）的竹子名称、文献引证、特征描述、实景照片、基本用途、具体分布及大熊猫采食情况等；第三部分为附录，包括大熊猫主食竹分属检索表、各属分种及种下分类群检索表、中国大熊猫自然保护区一览表及中国竹类植物名录；书后附有 280 多篇主要参考文献，以利查阅。本书是迄今为止在我国大熊猫主食竹分类学研究方面，记载竹类植物最多、资料最翔实、信息最丰富的一部专业著作。

本书采取图文并茂的形式，直观形象，是对大熊猫主食竹开展定向研究的重要基础性科学资料，可以作为从事竹子或大熊猫研究的专家、学者、教师、管理者及一线技术人员的重要参考书。

图书在版编目（CIP）数据

大熊猫主食竹图志 / 史军义，陈其兵主编. —北京：科学出版社，2022.8
ISBN 978-7-03-069893-3

Ⅰ. ①大… Ⅱ. ①史… ②陈… Ⅲ. ①竹亚科-图集 ②大熊猫-主食-研究
Ⅳ. ①Q949.71-64 ②Q959.83

中国版本图书馆CIP数据核字（2021）第196706号

责任编辑：童安齐 吴卓晶 李 莎／ 责任校对：王万红
责任印制：吕春珉／ 封面设计：东方人华平面设计部
装帧设计：北京美光设计制版有限公司

科 学 出 版 社 出版
北京东黄城根北街16号
邮政编码：100717
http://www.sciencep.com

北京中科印刷有限公司印刷

科学出版社发行 各地新华书店经销

*

2022年8月第 一 版 开本：889×1194 1/16
2022年8月第一次印刷 印张：29 3/4
字数：700 000

定价：390.00元

（如有印装质量问题，我社负责调换〈中科〉）

销售部电话 010-62136230 编辑部电话 010-62137026（BA08）

《大熊猫主食竹图志》编写委员会

主　编：

史军义　陈其兵

副主编：

黄金燕　马丽莎　张玉霄　姚　俊

参　编：

易同培　周德群　史蓉红　杨　林　江明艳
刘柿良　吕兵洋　孙茂盛　赵丽芳　令狐启霖
李　青　李志伟　王道云　张　玲　刘　燕
王　伦　周世强　刘　巅　谢　浩　党高弟
刘宇韬　尹显孝　叶剑伟　胡　科　贾学刚
张晋东

摄　影：

史军义　易同培　黄金燕　杨　林　孙茂盛
周成理　易传辉　〔德〕FRED VAIPEL
刘　巅　谢　浩　张晋东

内外业：

姚　俊　尹显孝　杨　洋　彭　慧

主编简介

史军义

中国林业科学研究院　研究员

E-mail：esjy@163.com

1958年1月出生，1982年毕业于北京林业大学。先后任职于中国保护大熊猫研究中心（现中国大熊猫保护研究中心）、四川省林业学校、四川农业大学、中国林业科学研究院，长期从事林业教学和竹子研究工作。现任国际园艺学会竹品种登录权威专家、国际竹类栽培品种登录中心主任兼首席科学家、中国林业科学研究院西南花卉研究开发中心主任，并受聘为中国野生植物保护协会竹类植物首席专家、中国竹产业协会专家、四川农业大学和西南科技大学竹子研究首席专家、《世界竹藤通讯》编委、都江堰市美岚竹业研究院院长兼首席专家。

先后主持或参与国际、国家、省部级科研课题23项，获省部级科技成果奖4项；主持撰写《中国竹类图志》、《中国竹类图志》（续）、《中国观赏竹》、《中国竹亚科属种检索表》、《国际竹类栽培品种登录报告》、《中国竹品种报告》、*Illustrated Flora of Bambusoideae in China*（《中国竹类图志》）和《大熊猫主食竹生物多样性研究》等18部学术著作。发现并发表竹子新种及种下分类群54个；发表 *The History and Current Situation of Resources and Develop-Ment Trend of the Cultivated Bamboos in China*（《中国栽培竹的历史、现状及发展趋势》）、《大熊猫主食竹的耐寒区位区划》等学术论文190余篇；主持完成"中华竹类系统生态园（世纪竹园）"等5个大型竹子项目和"四川卧龙国家级大熊猫自然保护区"等4个国家级大熊猫自然保护区的总体规划设计。

陈其兵

四川农业大学风景园林学院　原院长　博士/教授

E-mail：cqb@sicau.edu.cn

1963年3月出生，1984年毕业于四川农业大学林学专业。2002年获南京林业大学森林培育学博士学位。国家万人计划领军人才，国务院政府津贴获得者，国务院学科评议组成员；中国林学会园林分会秘书长，中国林学会竹子分会副主任，中国竹产业协会文旅康养分会主任，中国风景园林学会教育专委会副主任，中国风景园林学会园艺疗法与园林康养专业委员会副主任；四川"天府万人计划"创业领军人才，四川省学术和技术带头人，四川省突出贡献专家，四川省工程设计大师。

长期从事风景园林教学研究和人才培养工作，研究领域为风景园林规划设计与竹林风景线融合。主持和主研获国家科技进步奖二等奖1项，省科技进步奖一等奖3项、二等奖6项、三等奖8项、其他奖8项。发表学术论文200余篇，其中SCI收录40余篇，撰写《丛生竹集约培育模式技术》《竹类主题公园规划设计理论与实践》《大熊猫主食竹生物多样性研究》等学术专著7部，主编全国统编教材3部，获省教学成果奖二等奖1项、三等奖1项，先后指导博士、硕士研究生200余人，先后主持各种规划设计项目200余项，其中获国内外规划设计奖20余项。

副主编简介

黄金燕

中国大熊猫保护研究中心　教授级高级工程师

E-mail：huangjinyanabc@sina.com

1965年2月出生，1992年毕业于中南林学院林学系林学专业。四川省林学会会员，国际竹类栽培品种登录委员会委员。现就职于中国大熊猫保护研究中心。

长期从事森林生态学、大熊猫主食竹与栖息地、大熊猫生态生物学与保护生物学及圈养大熊猫野化放归等研究，主持和主研省部级科研项目12项，多次与国内外学者开展以大熊猫保护为主题的科研合作，发表《卧龙自然保护区大熊猫栖息地植物群落多样性研究：丰富度、物种多样性指数和均匀度》（该文获中国科学技术学会“第六届中国科协期刊优秀论文”一等奖）、《大熊猫主食竹拐棍竹地下茎侧芽的数量特征研究》、《放牧对卧龙大熊猫栖息地草本植物物种多样性与竹子生长影响》、《大熊猫主食竹新品种‘花篌竹’》和《大熊猫主食竹新品种‘卧龙红’》等学术论文110余篇，合著《圈养大熊猫野化培训与放归研究》《大熊猫主食竹生物多样性研究》等3部学术著作。

马丽莎

四川农业大学　副教授

E-mail：emalisha@163.com

1959年4月出生，1982年毕业于北京林业大学。先后任职于四川省林业学校和四川农业大学，长期从事植物学教学和竹子研究工作。现被聘担任国际竹类栽培品种登录委员会委员，都江堰市美岚竹业研究院研究员。

先后主持或参与国际、国家、省部级科研课题8项，获省部级科技成果奖3项。作为核心主撰人员出版专著6部：《中国竹类图志》、《中国竹类图志》（续）、《中国观赏竹》、《中国竹亚科属种检索表》、*Illustrated Flora of Bambusoideae in China*（《中国竹类图志》）和《大熊猫主食竹生物多样性研究》；发现并发表竹子新种及种下分类群18个；发表《中国竹亚科植物的耐寒区位区划》等学术论文70余篇；参与“四川卧龙国家级大熊猫自然保护区”等4个国家级大熊猫自然保护区的总体规划设计。

张玉霄

西南林业大学　博士 / 副研究员

E-mail：yxzhang811203@163.com

1981 年 12 月出生，2004 年本科毕业于河北大学，2004 年 9 月考入中国科学院昆明植物研究所，2010 年 3 月获得博士学位。主要从事竹亚科的分类学、分子系统学和 DNA 条形码研究。现任国际竹类栽培品种登录委员会执行委员。

主持国家自然科学基金项目 2 项，中国科学院大科学工程装置子课题 1 项，云南省科技厅农业基础研究联合专项 1 项，西南林业大学校级科研专项 1 项；获得 2019 年“云南省‘万人计划’青年拔尖人才”专项；参与国家级、省部级项目 10 余项。

参编专（译）著 6 部：《中国大山包黑颈鹤自然保护区植物》、《植物系统学》（第三版）、*Plants of China: a Companion to the Flora of China*、《中国竹类图志》（续）、*Illustrated Flora of Bambusoideae in China*（《中国竹类图志》）和《大熊猫主食竹生物多样性研究》；发表竹子新属 2 个，新种 4 个，分类修订若干；已发表学术论文 30 余篇，其中 3 篇发表在国际进化生物学著名期刊 *Molecular Phylogenetics and Evolution* 上。

姚　俊

中国林业科学研究院西南花卉研究开发中心　高级工程师

E-mail：eyaojun@hotmail.com

1980 年 4 月出生，2003 年 7 月毕业于昆明理工大学，获学士学位，2012 年 6 月毕业于西南林业大学，获硕士学位。现从事国际竹类栽培品种登录工作，任国际竹类栽培品种登录中心主任助理。

先后参与国际、国家、省部级科研课题 10 余项，获省部级科技成果奖 4 项。参与出版专著 4 部：《中国竹类图志》（续）、《中国观赏竹》、*Illustrated Flora of Bambusoideae in China*（《中国竹类图志》）和《大熊猫主食竹生物多样性研究》；发现并发表竹子种下分类群 15 个；发表《慈竹属栽培品种整理与新品种定名》《大熊猫主食竹的耐寒区位区划》等学术论文 50 余篇。

Foreword 序

获知由史军义、陈其兵两位教授共同主持，国家林业和草原局野生动植物保护司提供项目支撑，四川农业大学、中国林业科学研究院、中国大熊猫保护研究中心、西南林业大学、昆明理工大学、北京林业大学、都江堰市美岚竹业研究院等多家从事竹子和大熊猫研究单位的专家合作，完成了《大熊猫主食竹图志》的编撰工作，并即将由科学出版社正式出版，感到由衷的高兴。

中国竹类科学研究是中国林业科学研究的重要组成部分。史军义研究员所在的中国林业科学研究院西南花卉研究开发中心是较早开展竹子研究的单位之一，近年来取得了不少可喜的研究成果。此前，史军义等与中国著名竹子分类学家、四川农业大学的易同培教授长期主持西南花卉研究开发中心的竹子研究工作，共同主编并出版了《中国竹类图志》、《中国竹类图志》(续)、《中国观赏竹》、《中国竹亚科属种检索表》等著作，发表了数十个竹子新种和种下新分类群。中国科学院吴征镒院士、中国工程院陈俊愉院士，以及著名竹子专家、时任中国科学院昆明植物研究所所长的李德铢研究员等，也对上述系列成果的取得给予高度赞誉。2013 年，史军义被国际园艺学会授予“国际竹类栽培品种登录权威专家”。前不久，史军义主持完成的另一部专著 *Illustrated Flora of Bambusoideae in China*（《中国竹类图志》），由科学出版社和德国的施普林格（Springer）出版有限公司联合出版。

众所周知，大熊猫因其体色黑白分明、举止逗人、憨态可掬，长期以来深受世界人民尤其是少年儿童的喜爱，是我国国家一级保护动物，被誉为“国宝”“活化石”，极具生态、科研和文化价值。然而，因受人类和环境因素的影响，其生存状态受到严重威胁，形势非常严峻，若不引起足够重视，就有可能从地球上永远消失。幸运的是，这一现象引起了我国政府和相关职能机构、科学家、管理者、基层工作人员，以及世界各国、各界专业和爱心人士的高度关注和重视，并共同努力予以研究和保护，取得了举世瞩目的成就。据全国第四次大熊猫调查结果显示，野生大熊猫的种群数量已从 20 世纪 80 年代初的不足 1200 只，恢复到目前的 1860 多只。圈养大熊猫种群数量也达到了前所未有的水平。根据最新发布的权威信息，截至 2021 年 10 月，圈养大熊猫种群数量达到了 673 只，基本形成了健康、有活力、可持续发展的圈养大熊猫种群。

说到熊猫，大家一定就会联想到竹子，因为竹子是大熊猫的主要食物。然而，人们也许并不知道，并非所有竹子都适合大熊猫食用。因此，史军义研究员及其研究团队通过 10 多年坚持不懈地努力所完成的《大熊猫主食竹图志》，给出了较为全面、准确的答案。书中详尽记载了我国 16 属 127 种(含种下分类群)大熊猫主食竹的形态特征、分布、用途，以及大熊猫对每一种竹子的采食情况等，而且对其中 90% 以上的大熊猫主食竹，配以特征、生境或利用等实景照片，图文并茂，直观形象。这是迄今为止关于中国大熊猫主食竹种质资源调查最全面、最详尽、最丰富、收集资料最新的一部专业著作；是进行大熊猫主食竹类科研、教学、管理、保护和实际利用的重要参考文献。据了解，绝大多数大熊猫主食竹均生长在高海拔地区的深山老林中，山高坡陡，人迹罕至，在目前全国的任何一个竹园、植物园、公园或相对容易到达的低海拔地区，都是无法见到的，因此实为难得，弥足珍贵。

《大熊猫主食竹图志》凝聚了易同培等我国老一辈竹子专家，以及当今仍然活跃在大熊猫主食竹研究领域的众多科研人员的心血，是大家共同奋斗取得的研究成果，是我国科学家对补充、丰富世界竹子研究成果数据库所做出的又一新的重要贡献。

因此，《大熊猫主食竹图志》的问世，对从事大熊猫研究的专家、学者、教师、管理者和一线技术人员，具有很好的参考价值，对促进生态文明建设将发挥积极有效的推动作用，对大熊猫的保护事业和全球范围内的大熊猫交流具有重要的意义。

中国工程院院士

张守攻

2021 年 11 月 25 日

于北京香山

Preface 前言

大熊猫是世界上最重要的濒危物种之一，是中国特有珍稀孑遗动物，也是世界野生动物保护领域的旗舰物种，属于中国国家一级保护动物，被誉为“国宝”“活化石”，极具生态、科研和文化价值。大熊猫因其体色黑白分明、憨态可掬，一直深受世界人民尤其是少年儿童的喜爱。但是，毋庸讳言，大熊猫这种古老珍贵动物的生存状态，却受到日益严峻的来自人类和环境因素的各种威胁，若不引起足够重视，就有可能从地球上永远消失！

这一现象在我国政府及其相关职能机构，一大批科学家、管理者、基层工作人员，以及世界各国、各界专业和爱心人士的共同努力下，已经得到有效遏制和改善，并且取得了举世瞩目的成就。据全国第四次大熊猫调查结果，全国野生大熊猫的种群数量，已经从 20 世纪 80 年代初的不足 1200 只，恢复到目前的 1860 多只。与此同时，圈养大熊猫种群数量也达到了前所未有的水平。据国家林业和草原局最新发布的信息，截至 2021 年 10 月，全球的圈养大熊猫种群数量达到了 673 只，已基本形成了健康、有活力、可持续发展的圈养大熊猫种群。目前中国已与 17 个国家 22 个动物园开展了大熊猫保护合作研究项目，在外参与国际合作研究项目的大熊猫数量达 58 只。大熊猫既架起了国际友好交往的重要桥梁纽带，又将世界大熊猫保护工作者聚集到一起，成为濒危物种全球保护的典范。尽管取得了如此成果，但整个大熊猫保护事业依然任重而道远，我们仍需不断努力。

众所周知，大熊猫的食性已高度特化成以竹子为主要食物。然而，有多少人知道，全世界的木本竹子有 100 多属 1500 多种，仅我国就有 47 属 1076 种及种下分类群（含栽培品种）。是不是每一种竹子都适合大熊猫采食呢？本课题组在易同培教授等老一辈竹子专家数十年研究的基础上，通过 10 多年坚持不懈地努力工作，才终于弄清了大熊猫主食竹的基本情况，并完成了本书的编撰工作，对此给出了相对科学、准确的答案。在这部约 70 万字的科学专著中，作者详尽记载了我国的 127 种（含种下分类群）大熊猫主食竹的形态特征、分布、用途及大熊猫对每一种竹子的采食情况等，而且对其中 90% 以上的大熊猫主食竹种，配发了特征、生境或利用等实景照片，其中绝大多数大熊猫主食竹都是生长在高海拔地区的深山老林之中，山高坡陡、人迹罕至，在目前全国的任何一个竹园、植物园、公园或人们相对容易到达的低海拔地区，都是无法见到的，所以，这些照片来之不易、十分珍贵。

关于对大熊猫主食竹的认知，从 1869 年发现大熊猫就开始了，至今已有大约 150 年的历史。但是，真正现代意义上的大熊猫主食竹科学研究工作，则是从 20 世纪 60 年代才开始的。据有关权威报道，对于全国范围内的大熊猫主食竹，先后进行过至少三次比较系统的调查研究工作。第一次是从 20 世纪 80 年代到 2010 年，其调查结果由易同培等发表在《大熊猫主食竹种及其生物多样性》一文中，该文记录了当时已公开报道的大熊猫主食竹 11 属 64 种 1 变种 3 栽培品种。其中，箣竹属

Bambusa Retz. corr. Schreber 1 种，巴山木竹属 *Bashania* Keng f. et Yi 6 种，方竹属 *Chimonobambusa* Makino 6 种，镰序竹属 *Drepanostachyum* Keng f. 2 种，箭竹属 *Fargesia* Franch. emend. Yi 25 种，箬竹属 *Indocalamus* Nakai 2 种，慈竹属 *Neosinocalamus* Keng f. 1 种 3 栽培品种，刚竹属 *Phyllostachys* Sieb. et Zucc. 5 种 1 变种，苦竹属 *Pleioblastus* Nakai 1 种，筇竹属 *Qiongzhuea* Hsueh et Yi 5 种，玉山竹属 *Yushania* Keng f. 10 种。第二次是 2010~2018 年，其调查结果由史军义等发表在《大熊猫主食竹增补竹种整理》一文中，该文首先依据《国际栽培植物命名法规》（*International Code of Nomenclature for Cultivated Plants*），将慈竹属的黄毛竹、大琴丝竹、金丝慈竹修订为 *Neosinocalamus affinis* 'Chrysotrichus'、*N. affinis* 'Flavidorivens' 和 *N. affinis* 'Viridiflavus' 3 个栽培品种，并新记录了大熊猫主食竹 7 属（有重复）13 种 4 栽培品种。其中，方竹属 2 种 4 栽培品种，箭竹属 2 种，箬竹属 4 种，月月竹属 *Menstruocalamus* Yi 1 种，刚竹属 2 种，茶秆竹属 *Pseudosasa* Makino ex Nakai 1 种，玉山竹属 1 种。第三次是近年来随着《大熊猫主食竹图志》编撰工作的推进，对全国的大熊猫（包括野生和圈养）主食竹又进行了一次系统的补充调查，新发现不同属的大熊猫主食竹 30 种 12 栽培品种。其中，簕竹属 4 种 4 栽培品种，方竹属 1 种，绿竹属 *Dendrocalamopsis* (Chia et H. L. Fung) Keng f. 2 种，牡竹属 *Dendrocalamus* Nees 3 种，箭竹属 2 种，刚竹属 15 种 8 栽培品种，苦竹属 2 种，唐竹属 *Sinobambusa* Makino ex Nakai 1 种。因此，到目前为止，可确认为大熊猫主食竹的竹类植物总共有 16 属 107 种 1 变种 19 栽培品种。其中，簕竹属 4 种 4 栽培品种，巴山木竹属 6 种，方竹属 9 种 4 栽培品种，绿竹属 2 种，牡竹属 3 种，镰序竹属 2 种，箭竹属 29 种，箬竹属 6 种，月月竹属 1 种，慈竹属 1 种 3 栽培品种，刚竹属 23 种 1 变种 8 栽培品种，苦竹属 3 种，茶秆竹属 1 种，筇竹属 5 种，唐竹属 1 种，玉山竹属 11 种。在所有这些大熊猫主食竹中，可归为野生大熊猫主食竹的竹类植物有 13 属 79 种 1 变种 3 栽培品种；可归为圈养大熊猫主食竹的有 11 属 53 种 1 变种 16 栽培品种。当然，二者有相当部分的属种有重复现象。

本书采取图文并茂的形式，集中展现了我国大熊猫主食竹分类学研究的最新成果，既丰富多彩，又直观形象，无疑是对大熊猫主食竹开展定向研究的重要基础性科学资料。相信本书的问世，不仅对于从事竹子或大熊猫研究的专家、学者、教师、管理者和一线技术人员，具有很好的参考和助益作用，而且对于中国当前正在开展的生态文明建设，尤其是大熊猫保护事业的顺利健康发展，具有十分重要的现实意义。

在本书的编写过程中，先后得到了国家林业和草原局、中国林业科学研究院、四川农业大学、中国大熊猫保护研究中心、西南林业大学、昆明理工大学、北京林业大学、都江堰市美岚竹业研究院等数十家单位的领导、相关专家、学者及基层技术人员的大力支持，并邀请到中国工程院张守攻院士为本书作序，在此一并表示由衷的感谢！

由于作者水平所限，书中不足之处在所难免，恳请广大读者批评指正。

《大熊猫主食竹图志》编写委员会

2021 年 12 月 30 日

Contents 目录

第一部分 综 述

1 大熊猫主食竹概述……2

1.1 大熊猫主食竹的基本概念……2

1.2 大熊猫主食竹研究的目的与意义……3

1.2.1 弄清大熊猫主食竹的资源状态……3

1.2.2 弄清大熊猫主食竹的生长规律……4

1.2.3 弄清大熊猫主食竹的营养状态……4

1.2.4 弄清环境因素对大熊猫主食竹生存的影响……5

1.2.5 弄清大熊猫主食竹面临的其他现实问题……5

1.3 大熊猫主食竹研究的历史与现状……6

1.3.1 大熊猫主食竹的资源及分类学研究……6

1.3.2 大熊猫主食竹的生物学研究……8

1.3.3 大熊猫主食竹的生理及营养学研究……9

1.3.4 大熊猫主食竹的生态学研究……10

1.3.5 大熊猫主食竹的资源保护研究……11

1.3.6 大熊猫主食竹的繁育与造林技术研究……12

1.3.7 圈养大熊猫的主食竹研究……12

1.4 当前大熊猫主食竹面临的主要问题……13

1.4.1 大熊猫主食竹面积缩减……13

1.4.2 大熊猫主食竹品质下降……13

1.4.3 大熊猫主食竹干扰加剧……14

1.4.4 大熊猫主食竹耗费严重……14

1.5 本书的基本价值构建……15

1.5.1 本书的编写目的……15

1.5.2 本书的基本构架……15

1.5.3 本书的基本目标……16

1.6 本书的重要术语及注解……16

2 大熊猫主食竹的形态特征……19
2.1 根（root）……20
2.2 地下茎（rhizome）……21
2.2.1 合轴型（sympodium）……21
2.2.2 单轴型（monopodium）……22
2.2.3 复轴型（amphipodium）……23
2.3 秆（culm）……23
2.3.1 秆的组成……23
2.3.2 秆的性状……24
2.4 秆芽（culm-bud）……26
2.5 枝条（branch）……28
2.5.1 单分枝型……28
2.5.2 双分枝型……28
2.5.3 三分枝型……28
2.5.4 多分枝型……28
2.6 先出叶（prophyll）……30
2.7 秆箨（culm-sheath）……30
2.8 叶（leaf）……32
2.9 花（flower）……34
2.9.1 花序（inflorescence）……34
2.9.2 小花（floret）……35
2.9.3 小穗（spikelet）……35
2.10 果实（fruit）和种子（seed）……38
3 大熊猫主食竹的分布……39
3.1 世界竹类分布概况……39
3.1.1 亚太竹区（旧大陆竹区）……39
3.1.2 美洲竹区（新大陆竹区）……39
3.1.3 非洲竹区（旧热带竹区）……39
3.1.4 欧洲引栽竹区……39
3.2 中国竹类分布概况……40
3.2.1 丛生竹区……40
3.2.2 混合竹区……40
3.2.3 散生竹区……41
3.2.4 亚高山竹区……42

3.3 大熊猫主食竹的分布 43
3.3.1 大熊猫主食竹的政区分布 44
3.3.2 大熊猫主食竹的山系分布 50
3.3.3 大熊猫主食竹的分布格局 52
3.3.4 主要大熊猫主食竹林的分布 56
3.3.5 常见野生大熊猫主食竹种的分布 58
4 大熊猫主食竹的耐寒区位区划 60
4.1 区划目的 60
4.2 区划依据 60
4.3 区划说明 61
4.4 区划结果 61
4.4.1 竹属耐寒区位区划结果 61
4.4.2 竹种耐寒区位区划结果 61
4.5 小结 64
4.5.1 大熊猫主食竹在各温区的适应性 64
4.5.2 大熊猫主食竹竹属的温区分布规律 64
4.5.3 大熊猫主食竹竹属的温区分布规律 65

第二部分 分 述

导语 68
1 簕竹属 *Bambusa* Retz. corr. Schreber 70
1.1 孝顺竹 70
1.1a 小琴丝竹 76
1.1b 凤尾竹 78
1.2 硬头黄竹 81
1.3 佛肚竹 84
1.4 龙头竹 86
1.4a 黄金间碧竹 88
1.4b 大佛肚竹 94
2 巴山木竹属 *Bashania* Keng f. et Yi 96
2.1 马边巴山木竹 96
2.2 秦岭木竹 98
2.3 宝兴巴山木竹 99
2.4 冷箭竹 101

2.5 巴山木竹 105
2.6 峨热竹 110
3 方竹属 ***Chimonobambusa*** Makino 112
3.1 狭叶方竹 112
3.2 刺黑竹 115
3.2a 都江堰方竹 119
3.2b 条纹刺黑竹 121
3.2c 紫玉 123
3.3 刺竹子 124
3.4 方竹 127
3.4a 青城翠 130
3.5 溪岸方竹 132
3.6 八月竹 133
3.6a 卧龙红 136
3.7 天全方竹 136
3.8 金佛山方竹 138
3.9 蜘蛛竹 142
4 绿竹属 ***Dendrocalamopsis*** (Chia et H. L. Fung) Keng f. 144
4.1 绿竹 144
4.2 吊丝单 146
5 牡竹属 ***Dendrocalamus*** Nees 148
5.1 麻竹 148
5.2 勃氏甜龙竹 151
5.3 马来甜龙竹 154
6 镰序竹属 ***Drepanostachyum*** Keng f. 156
6.1 钓竹 156
6.2 羊竹子 159
7 箭竹属 ***Fargesia*** Franch. emend. Yi 162
Ⅰ **圆芽箭竹组** Sect. ***Ampullares*** Yi 162
7.1 岩斑竹 163
7.2 扫把竹 165
7.3 墨竹 168
7.4 膜鞘箭竹 169
7.5 细枝箭竹 170

Ⅱ 箭竹组 Sect. ***Fargesia*** ……172
7.6 贴毛箭竹 ……172
7.7 油竹子 ……173
7.8 短鞭箭竹 ……179
7.9 紫耳箭竹 ……180
7.10 缺苞箭竹 ……181
7.11 龙头箭竹 ……184
7.12 清甜箭竹 ……187
7.13 雅容箭竹 ……188
7.14 牛麻箭竹 ……189
7.15 露舌箭竹 ……190
7.16 丰实箭竹 ……192
7.17 九龙箭竹 ……194
7.18 马骆箭竹 ……195
7.19 神农箭竹 ……196
7.20 华西箭竹 ……197
7.21 箭竹 ……202
7.22 团竹 ……203
7.23 小叶箭竹 ……204
7.24 少花箭竹 ……205
7.25 秦岭箭竹 ……206
7.26 拐棍竹 ……209
7.27 青川箭竹 ……210
7.28 糙花箭竹 ……213
7.29 昆明实心竹 ……215
8 箬竹属 ***Indocalamus*** Nakai ……219
8.1 巴山箬竹 ……219
8.2 毛粽叶 ……222
8.3 峨眉箬竹 ……224
8.4 阔叶箬竹 ……226
8.5 箬叶竹 ……229
8.6 半耳箬竹 ……230
9 月月竹属 ***Menstruocalamus*** Yi ……234
9.1 月月竹 ……234

10 慈竹属 ***Neosinocalamus*** Keng f. ········ 238
10.1 慈竹 ········ 238
10.1a 黄毛竹 ········ 243
10.1b 大琴丝竹 ········ 245
10.1c 金丝慈竹 ········ 248
11 刚竹属 ***Phyllostachys*** Sieb. et Zucc. ········ 250
11.1 罗汉竹 ········ 251
11.2 黄槽竹 ········ 253
11.2a 黄秆京竹 ········ 255
11.2b 金镶玉竹 ········ 256
11.3 桂竹 ········ 259
11.4 蓉城竹 ········ 261
11.5 白哺鸡竹 ········ 263
11.6 毛竹 ········ 264
11.6a 龟甲竹 ········ 270
11.7 淡竹 ········ 272
11.8 水竹 ········ 274
11.9 轿杠竹 ········ 277
11.10 台湾桂竹 ········ 277
11.11 美竹 ········ 280
11.12 篌竹 ········ 282
11.12a 黑杆篌竹 ········ 286
11.12b 花篌竹 ········ 287
11.13 紫竹 ········ 287
11.13a 毛金竹 ········ 292
11.14 灰竹 ········ 295
11.15 早园竹 ········ 296
11.16 红边竹 ········ 299
11.17 彭县刚竹 ········ 301
11.18 金竹 ········ 302
11.18a 刚竹 ········ 304
11.19 乌竹 ········ 305
11.20 硬头青竹 ········ 307
11.21 早竹 ········ 310
11.21a 雷竹 ········ 312

11.22 粉绿竹……317
11.23 乌哺鸡竹……319
11.23a 黄秆乌哺鸡竹……321
12 苦竹属 ***Pleioblastus*** Nakai……323
12.1 苦竹……323
12.2 斑苦竹……328
12.3 油苦竹……334
13 茶秆竹属 ***Pseudosasa*** Makino ex Nakai……336
13.1 笔竿竹……336
14 筇竹属 ***Qiongzhuea*** Hsueh et Yi……340
14.1 大叶筇竹……340
14.2 泥巴山筇竹……344
14.3 三月竹……346
14.4 实竹子……349
14.5 筇竹……352
15 唐竹属 ***Sinobambusa*** Makino ex Nakai……358
15.1 唐竹……358
16 玉山竹属 ***Yushania*** Keng f.……363
Ⅰ 短锥玉山竹组 Sect. ***Brevipaniculatae*** Yi……363
16.1 熊竹……364
16.2 短锥玉山竹……365
16.3 空柄玉山竹……368
16.4 白背玉山竹……371
16.5 石棉玉山竹……372
16.6 斑壳玉山竹……373
16.7 紫花玉山竹……376
Ⅱ 玉山竹组 Sect. ***Yushania***……379
16.8 鄂西玉山竹……379
16.9 大风顶玉山竹……383
16.10 雷波玉山竹……386
16.11 马边玉山竹……388
17 国外圈养大熊猫临时用竹……390
17.1 箣竹属……390
17.2 绿竹属……390
17.3 牡竹属……390

17.4 箭竹属……390
17.5 阴阳竹属……390
17.6 刚竹属……391
17.7 苦竹属……391
17.8 茶秆竹属……391
17.9 筇竹属……391
17.10 赤竹属……391
17.11 东笆竹属……391
17.12 业平竹属……391
17.13 泰竹属……391

第三部分 附 录

附录 1 大熊猫主食竹分属检索表……394
附录 2 大熊猫主食竹各属分种检索表……396
附录 3 中国大熊猫自然保护区一览表……408
附录 4 中国竹类植物名录……411

参考文献……442
中文名索引……449
拉丁名索引……451

第一部分 综述

1 大熊猫主食竹概述

1.1 大熊猫主食竹的基本概念

大熊猫（学名：*Ailuropoda melanoleuca*，英文名称：giant panda），属于食肉目大熊猫科、大熊猫属唯一的哺乳动物，体色为黑白两色，有着圆圆的脸颊、大大的黑眼圈、胖嘟嘟的身体，以及标志性的内八字的行走方式，憨态可掬、举止逗人，因而深受全世界人民尤其是少年儿童的喜爱。

大熊猫是世界上最重要的濒危物种之一，是我国特有珍稀孑遗物种，也是世界野生动物保护领域的旗舰物种，属于我国国家一级保护动物，被誉为“国宝”“活化石”，极具生态、科研和文化价值，其生存和保护状况一直备受世界人民的关注。野外大熊猫的寿命仅为18~20岁；在圈养状态下，大熊猫的寿命则可达到甚至超过30岁。根据2021年6月国家林业局公开发布的全国第四次大熊猫调查报告：全国野生大熊猫种群数量为1864只，野生大熊猫栖息地（适合大熊猫生存繁衍且有大熊猫分布）面积为258万hm^2，潜在栖息地（与大熊猫栖息地相连且适合大熊猫生存繁衍）面积为91万hm^2，总面积达349万hm^2，分布于四川、陕西、甘肃三省的17个市（州）、54个县（市、区）的200多个乡镇。有大熊猫分布和栖息地分布的保护区数量达到67处。据国家林业和草原局的数据，截至2021年10月，全球圈养大熊猫种群规模已经达到673只。

众所周知，竹子是大熊猫的主要食物。竹子泛指禾本科（Poaceae）竹亚科（Bambusoideae）的所有植物。世界禾本科植物专家普遍认为全球范围内的禾本科竹亚科植物包括木本和草本两大类。一类是木本竹类，通称“竹类”（woody bamboos），一般称为竹子（bamboos），通常为多年生，秆相对高大、木质化程度高，茎分枝，并有真花序和假花序之分；另一类是草本竹类，又称草本竹型禾草（herbaceous bambusoides grasses），通称“箣类”（herbaceous bamdoos）。箣类为草本，箣（zhe）字是由汉字竹（zhu）与禾（he）的拼音组合而成，其茎不分枝，似禾草，但叶片表皮细胞和硅质细胞的形态、微毛细胞、气孔两侧的保卫细胞及胚的类型与竹类相同。箣类只有真花序，无假花序。大熊猫取食的是木本竹类。

全世界共有竹类植物120多属、1700多种。其中，木本竹类100多属、1500多种；草本竹类20多属、200多种。主要分布于热带、亚热带湿润季风型气候区的低海拔地区，只有少数几种可分布到温带亚湿润季风区，极少数可以分布到海拔3800~4300m的亚高山。木本竹类植物为多年生，数量多，分布面积大，不但可以单独形成一种特殊竹林景观，组成单优种的纯林，成为世界自然植被中的一种特殊类型，同时也是针阔叶林下的一个主要植物层片，又成为形成森林植被的不同组成的一个类型。

中国是世界竹类植物种类最多、分布最广、面积最大、产量最高、栽培时间最长、应用历史最悠久的国家，素有“竹子王国”之称。据科学出版社 2008 年出版的《中国竹类图志》和 2017 年出版的《中国竹类图志》（续）记载，中国迄今为止按照《国际植物命名法规》（*International Code of Botanical Nomenclature*，ICBN）后更名为《国际藻类、菌物和植物命名法规》（*International Code of Nomenclature for Algae*，*Fungi*，*and Plants*，ICN）公开发表的竹类植物（含引进竹）有 47 属 770 种 55 变种 251 栽培品种，计 1076 种及种下分类群。

在自然界，并非所有竹类植物都能作为大熊猫的食物。人们通常将大熊猫习惯采食的竹子称为大熊猫主食竹。严格来说，大熊猫主食竹主要是指大熊猫在自然状态下可以有效获取并主动采食的竹类植物。但是在现实中，人们则是将大熊猫在自然状态下自由采食和在圈养条件下人工喂食的竹类植物一律称为大熊猫主食竹。由于大熊猫食性单一，主食竹的地理分布是决定大熊猫地理分布的重要影响因素之一。因此，对大熊猫主食竹的种类、分布及相关学科进行深入系统研究，对于深入了解大熊猫迁徙历史和演化、推动大熊猫保护工作科学、健康、有序发展，尤其是迁地保护意义重大。

作为理想的大熊猫主食竹，通常应当具备以下 3 个基本条件：

① 必须是大熊猫在自然状态下或在人工圈养条件下能够有效获得并取食的竹类植物；

② 必须是具有一定面积的自然生长规模，且能满足野生大熊猫长期自然采食需求的竹类植物；

③ 必须是具有一定种植面积和数量，且能长久持续或阶段性提供人工圈养大熊猫投喂和采食需求的竹类植物。

处在以下 4 种状态的竹类植物不属于大熊猫主食竹：

① 得不到，即无论在自然状态或人工圈养条件下，大熊猫均很难有效获取的竹类植物；

② 不采食，即无论在自然状态或人工圈养条件下，大熊猫均拒绝取食的竹类植物；

③ 难寻觅，即在自然状态下分布范围狭窄、本身数量很少又极难寻找或采集、无法作为大熊猫主食竹加以利用的竹类植物；

④ 种不成，即受自身生物学特性的限制，大熊猫虽然能吃，但在目前条件下不可能大量繁育和种植的竹类植物。

根据以上界定，经数十年来各地从事大熊猫或竹子研究的专家、学者和研究人员，以及相关组织机构对大熊猫主食竹的系统调查和深入研究，包括野外观察记载、圈养饲喂实践和与国内外同行的信息交流，目前，可以归为大熊猫主食竹的竹类植物共有 16 属 107 种 1 变种。此外，还有根据《国际栽培植物命名法规》（*International Code of Nomenclature for Cultivated Plants*，ICNCP）整理、登录或发表的 18 个大熊猫主食竹栽培品种。

1.2 大熊猫主食竹研究的目的与意义

大熊猫是世界上最重要的濒危物种之一，竹类植物是大熊猫的主要食物来源。开展针对大熊猫主食竹的研究，目的在于弄清大熊猫主食竹的物种类别、资源分布、生长规律、环境影响、繁殖培育、竹林营造和营养状态等，从而为大熊猫主食竹资源的有效保护、合理利用、规范管理及健康发展提供坚实有力的科学支撑，最终推动整个大熊猫保护事业的可持续发展。因此，对大熊猫主食竹进行相关科学研究，具有重要的理论和实践意义。

1.2.1 弄清大熊猫主食竹的资源状态

通过对大熊猫主食竹的研究，从分类学角

筇竹生境

度，厘清大熊猫主食竹究竟有哪些属、哪些种及种下分类群，它们的形态特征如何、都有哪些特点和价值，以及主要分布在什么地方，以便帮助从事大熊猫保护工作的相关研究者、教育者、管理者、宣传者，准确了解大熊猫主食竹的种类归属及大熊猫主食竹的形态特征，查阅并收集大熊猫主食竹的分布、区位、海拔、价值等相关信息。这对科学保护、收集、保存、展示、研究、开发和利用大熊猫主食竹的种质资源，以及教授和宣传关于大熊猫主食竹种质资源的相关知识等，具有重要意义。

1.2.2 弄清大熊猫主食竹的生长规律

通过对大熊猫主食竹的研究，从生物学的角度，探索大熊猫主食竹的生长、变化情况，以便帮助从事大熊猫保护工作的相关研究者、教育者、管理者和基层工作人员，准确了解大熊猫主食竹的繁殖、发笋、分蘖、生长、开花、结实等自然规律，对于实施大熊猫主食竹资源的科学保护和管理、大熊猫主食竹的人工繁育、衰弱主食竹林的人工抚育和更新，以及大面积营造异龄竹、混交竹，规避因主食竹林大面积开花带来的大熊猫生存风险等，具有重要意义。

1.2.3 弄清大熊猫主食竹的营养状态

通过对大熊猫主食竹的研究，从营养学的角度，探索大熊猫主食竹不同营养器官的营养构成、组成比例、营养分布、获得效率，以及对大熊猫健康生长的价值和意义等，以便帮助从事大熊猫保护工作的相关研究者、教育者、

圈养大熊猫

管理者和各地动物园的大熊猫饲养人员，准确掌握大熊猫主食竹不同种类、不同部位及在不同季节的营养状况，从而为大熊猫的科学采食提供帮助。弄清大熊猫主食竹的营养状态，对于大熊猫主食竹的资源保护、分类管理、合理配置、高效利用和大熊猫的科学采食等，具有重要意义。

1.2.4 弄清环境因素对大熊猫主食竹生存的影响

通过对大熊猫主食竹的研究，从生态学的角度，探索环境因素对大熊猫主食竹生存的影响，以便帮助从事大熊猫保护工作的相关研究者、教育者、管理者、宣传者，准确了解、获取、教授和宣传环境因素对大熊猫主食竹生长及大熊猫采食情况的影响，从而因地制宜、因时制宜、适地适竹、针对性地制定大熊猫主食竹的保护策略、保护措施，以及主食竹整体数量与质量的提升和改善方案。

1.2.5 弄清大熊猫主食竹面临的其他现实问题

通过对大熊猫主食竹的研究，从管理学的角度，关注大熊猫主食竹需求与供给之间的相互关系，以及对于该关系正常化造成的各种障碍和问题，以便帮助从事大熊猫保护工作的相关研究者、教育者、管理者和与大熊猫关系密切的一线工作人员，准确了解、全面认识各种自然和非自然因素对大熊猫主食竹带来的不利影响。目的在于动员各种积极因素、整合各种有效资源、科学应对大熊猫主食竹供给所面临的资源破坏、人为干扰、效率低下、浪费严重、成本不断上升等一系列问题，创造一个有利于大熊猫主食竹健康发展，进而有利于大熊猫保护事业健康发展的良好局面。

筱竹加工

1.3 大熊猫主食竹研究的历史与现状

在历史上，大熊猫主食竹的科学研究工作应该是与大熊猫本身的科学研究工作同步进行的，大约始于20世纪30年代。最初对于大熊猫主食竹的认知，仅仅是作为大熊猫的食物加以记载。20世纪60年代以后，各地才开始真正现代意义上的大熊猫主食竹系统研究工作。更多、更广泛的大熊猫主食竹研究工作，则是从20世纪80年代开始的。

到目前为止，关于大熊猫主食竹的科学研究主要开展了以下几方面的工作。

1.3.1 大熊猫主食竹的资源及分类学研究

大熊猫主食竹的分布与中国野生大熊猫的分布密切相关。中国的野生大熊猫主要集中分布在六大区域，即秦岭山系、岷山山系、邛崃山系、大相岭山系、小相岭山系和凉山山系，而大熊猫主食竹的主要资源分布情况也大致如此。因此，对大熊猫主食竹的资源研究是从中国大熊猫的本底资源调查开始的。该项工作应该是关于大熊猫主食竹各项研究中起步最早的一项工作，大约始于20世纪30年代，人们逐步认识“大熊猫吃竹子”应该也是从这一时期开始的。但最初只是在寻找大熊猫、了解大熊猫的食物时，顺带记载了大熊猫栖息环境中的主食竹的情况。针对大熊猫主食竹本底资源的系统性调查和研究工作则是从20世纪60年代初开始的。以易同培为代表的老一代植物分类学家率先开展了关于大熊猫主食竹分类学的系统研究工作，他先后发现、整理并发表的60多个大熊猫主食竹新种，并于1985年首次对大熊猫主食竹种的分类和分布进行了全面系统总结，研究成果分别发表在当年《竹子研究汇刊》的第一期和第二期上，为后来大熊猫主食竹的研究奠定了坚实的分类学基础。

关于大熊猫主食竹资源的主要研究报道大致如下：

易同培（1985）在其长期开展竹类植物分类学研究的基础上，对全国大熊猫主食竹种的分类和分布进行了比较全面地总结，在《竹子研究汇刊》上发表的《大熊猫主食竹种的分类和分布（之一）》和《大熊猫主食竹种的分类和分布（之二）》，共记载大熊猫主食竹 8 属 51 种。

1986 年，以南充师院大猫熊调查队的名义，在《南充师院学报》上发表的《青川县唐家河自然保护区大熊猫食物基地竹类分布、结构及动态》。

1987 年，四川科学技术出版社出版了卧龙自然保护区管理局、南充师范学院生物系和四川省林业厅保护处合著的《卧龙植被及资源植物》；田星群在《竹子研究汇刊》上发表的《秦岭地区的竹类资源》；邵际兴在《生态学杂志》上发表的《白水江自然保护区大熊猫的主食竹类及灾情调查》；孙纪周等在《兰州大学学报》（自然科学版）上发表的《白水江自然保护区竹类的分类和分布》。

1989 年，田星群对秦岭山系野生大熊猫分布区的各竹种进行了分类及分布范围的研究，得出分布区内共有竹类 6 属 19 种；邵际兴等在《竹子研究汇刊》上发表的《甘肃竹子的种类及分布》中涉及了大熊猫主食竹；任国业在《遥感信息》上介绍了一种关于大熊猫主食竹调查的新方法——大熊猫主食竹资源的遥感调查；石成忠在《甘肃林业科技》上发表的《白水江自然保护区竹子的再研究》。

1990 年，黄华梨等在《竹子研究汇刊》上发表的《甘肃大熊猫栖息地内的竹类资源》；田星群在《兽类学报》上发表的《秦岭大熊猫食物基地的初步研究》。

1992 年，杨道贵等对王朗引种区大熊猫主食竹生长规律进行了研究，表明区内生长表现较好的大熊猫主食竹有糙花箭竹 *Fargesia scabrida* Yi、青川箭竹 *F. rufa* Yi、缺苞箭竹 *F. denudata* Yi、石棉玉山竹 *Yushania lineolata* Yi 和冷箭竹 *Bashania faberi* (Rendle) Yi 5 个竹种。

1993 年，秦自生等在四川卧龙自然保护区内进行的研究表明，该区内位于海拔 2300~3600m 的冷箭竹和分布于海拔 1600~2650m 的拐棍竹 *Fargesia robusta* Yi 为该区大熊猫的主食竹种；任国业等在《西南农业学报》上发表的《应用地理信息系统调查与管理大熊猫主食竹资源》。

1995 年，黄华梨对甘肃省文县白水江自然保护区内的竹类资源进行了调查研究，得出区内共有竹类 7 属 15 种，其中箭竹属的缺苞箭竹、青川箭竹、龙头箭竹 *Fargesia dracocephala* Yi、糙花箭竹和团竹 *F. obliqua* Yi 5 个竹种可以作为大熊猫主食竹，并在《甘肃林业科技》上发表了《白水江自然保护区大熊猫主食竹类资源及其研究方向雏议》。

1996 年，周昂等应用原子吸收光谱技术对冕宁冶勒自然保护区大、小熊猫主食竹类微量元素进行分析，得出此区内大熊猫的主食竹仅为峨热竹 *Bashania spanostachya* Yi；魏辅文等在《兽类学报》上发表的《马边大风顶自然保护区大熊猫对竹类资源的选择利用》。

1997 年，徐新民等在《四川师范学院学报》（自然科学版）上发表的《马边大风顶大熊猫的年龄结构及其食物资源初析》。

2000 年，胡杰等对位于青藏高原岷山南段的黄龙自然保护区分布的大熊猫主食竹进行调查，区内共有竹种 2 属 3 种，分别为冷箭竹、缺苞箭竹和华西箭竹。

2002 年，西北大学李云完成其学位论文《秦岭大熊猫主食竹的分类、分布及巴山木竹生物量研究》，在研究秦岭大熊猫主食竹的分类、分布时，对巴山木竹的生物量进行了报道，探明了在秦岭南坡中段的陕西长青国家级自然保护区内的野生大熊猫主食竹有 4 属 5 种。

2006 年，冯永辉等在《西北大学学报》（自然科学版）上发表的《秦岭大熊猫主食竹的分类学研究（Ⅱ）》；郑蓉等在《福建林业科技》上发表的《DNA 分子标记在竹子分类研究中的应用》。

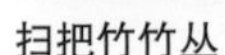
扫把竹竹丛

筱竹采伐迹地

2007 年，卞萌等在《生态学报》上发表的《用间接遥感方法探测大熊猫栖息地竹林分布》。

2008 年，易同培等在其编著的《中国竹类图志》一书中，对野生大熊猫采食的竹子进行了描述。

2010 年，王逸之等在《内蒙古林业调查设计》上发表的《大熊猫主食竹种研究综述》；易同培等在《四川林业科技》上发表的《大熊猫主食竹种及其生物多样性》。

2011 年，何晓军等在《陕西林业》上发表的《太白山大熊猫主食竹的种类与分布》。

2014 年，王冰洁等在《甘肃科技》上发表的《甘肃大熊猫食用竹的分类与分布》；汶录凤等在《陕西农业科学》上发表的《太白山大熊猫主食竹的种类与分布》。

2016 年，张雨申等在《陕西师范大学学报》（自然科学版）发表了《秦岭大熊猫主食竹一新纪录——神农箭竹》。

2018 年，史军义等在《世界竹藤通讯》上发表的《大熊猫主食竹增补竹种整理》，又记录了大熊猫主食竹 7 属 13 种 4 栽培品种。

1.3.2 大熊猫主食竹的生物学研究

大熊猫的生物学研究起步相对较晚，较具代表性的论著如下：

1985 年，秦自生等在《西北植物学报》上发表了《冷箭竹生殖特性研究》。

1989 年，田星群在《竹子研究汇刊》上发表的《巴山木竹发笋生长规律的观察》。

1990 年，杨道贵等在《四川林业科技》上发表的《引种大熊猫主食竹种早期生物量的测定》。

1991 年，秦自生等在《四川师范学院学报》（自然科学版）上发表的《拐棍竹笋子生长发育规律研究》；王金锡等在《竹子研究汇刊》上发表的《缺苞箭竹生长发育规律初步研究》；牟克华等在《竹子研究汇刊》上发表的《大熊猫两种主食竹——冷箭竹生物学特性的研究》。

1992 年，杨道贵等在《竹子研究汇刊》上发表的《王朗引种区大熊猫主食竹生长发育规律的研究》。

1993 年，秦自生等分别在《竹子研究汇刊》

和《西华师范大学学报》（自然科学版）上发表的《拐棍竹生物学特性的研究》和《生态因子对冷箭竹生长发育的影响》。

1995 年，秦自生等在《西北植物学报》上发表了《冷箭竹生殖特性研究》；周世强在《植物学通报》上发表的《冷箭竹无性系种群生物量的初步研究》。

2000 年，周世强等在《竹子研究汇刊》上发表的《冷箭竹更新幼龄无性系种群鞭根结构的研究》。

2002 年，西北大学李云完成学位论文《秦岭大熊猫主食竹的分类、分布及巴山木竹生物量研究》；周世强等在《四川林业科技》上发表的《冷箭竹更新幼龄种群生长发育特性的初步研究》。

2005 年，南京林业大学王太鑫完成学位论文《巴山木竹种群生物学研究》。

2006 年，西北大学的冯永辉完成学位论文《佛坪、长青的保护区箭竹属大熊猫主食竹分布及生物量研究》。

2007 年，赵春章等在《种子》上发表的《华西箭竹（*Fargesia nitida*）种子特征及其萌发特性》。

2008 年，黄金燕等在《竹子研究汇刊》上发表的《卧龙自然保护区拐棍竹地下茎结构特点研究》；西北农林科技大学刘冰完成学位论文《秦岭大熊猫主食竹及其特性研究》。

2009 年，北京林业大学解蕊完成了学俭论文《亚高山不同针叶林下大熊猫主食竹的克隆生长》。

2011 年，黄荣澄等在《四川大学学报（自然科学版）》上发表的《大熊猫主食竹八月竹笋期生长发育规律初步研究》和《大熊猫主食竹——冷箭竹生物学特性的研究》。

2012 年，曾涛等在《四川动物》上发表的《九寨沟大熊猫主食竹生物量模型初步研究》。

2013 年，黄金燕等在《竹子研究汇刊》上发表的《大熊猫主食竹拐棍竹地下茎侧芽的数量特征研究》；曾涛等在第二届中国西部动物学学术研讨会上发表的《九寨沟大熊猫主食竹开花种群特征》；魏宇航等在《重庆师范大学学报》（自然科学版）上发表了《克隆整合在糙花箭竹补偿更新中的作用》。

1.3.3 大熊猫主食竹的生理及营养学研究

关于大熊猫主食竹的生理及营养学研究，起步时间与大熊猫主食竹生物学研究起步的时间大体相当。较具代表性的论著如下：

1988 年，兰立波等在《山地研究》上发表的《川西山区大熊猫主食竹野外光谱特性》。

1989 年，马志贵等在《竹子研究汇刊》上发表的《缺苞箭竹养分含量动态特性的研究》；罗定泽等在《武汉植物学研究》上发表的《四川王朗自然保护区大熊猫主食竹——缺苞箭竹（*Fargesia denudata*）不同发育时期酯酶和 α-淀粉酶同工酶的研究》。

1991 年，廖志琴等在《竹子研究汇刊》上发表的《大熊猫的几种主食竹叶绿素含量研究》。

1996 年，周昂等在《四川师范学院学报》（自然科学版）上发表的《冶勒自然保护区大、小熊猫主食竹类微量元素的初步研究》。

1997 年，李红等在《西南农业学报》上发表的《低山平坝大熊猫的五种主食竹四种微量元素含量》；唐平等在《四川师范学院学报》（自然科学版）上发表的《冶勒自然保护区大熊猫摄食行为及营养初探》。

2001 年，赵晓虹等在《东北林业大学学报》上发表的《竹子中单宁含量的测定及其对大熊猫采食量的影响》；刘选珍在《兽类学报》上发表的《圈养大熊猫低山竹类营养特点的初步研究》。

2007 年，刘颖颖等在《世界竹藤通讯》上发表的《大熊猫栖息地竹子及开花现象综述》。

2008 年，刘冰等在《安徽农业科学》上发表的《秦岭大熊猫主食竹氨基酸含量的测定及营养评价》。

2010年，北京林业大学的何东阳完成其学位论文《大熊猫取食竹选择、消化率及营养和能量对策的研究》。

2012年，刘雪华等在《光谱学与光谱分析》上发表的《大熊猫主食竹开花后叶片光谱特性的变化》；王逸之等在《林业工程学报》上发表的《巴山木竹笋和叶营养成分分析》；张智勇等在《北京林业大学学报》上发表的《邛崃山系3种主食竹单宁及营养成分含量对大熊猫取食选择性的影响》。

2013年，屈元元等在《四川农业大学学报》上发表的《圈养大熊猫主食竹及其营养成分比较研究》；杨振民等在《陕西林业科技》上发表的《秦岭北麓大熊猫主食竹矿物元素含量分析》。

2015年，雷霆等在《世界竹藤通讯》上发表的《大熊猫主食竹巴山木竹挥发性成分分析》；李倜等在《黑龙江畜牧兽医》上发表的《大熊猫营养与消化代谢研究的回顾与展望》；孙雪等在《野生动物学报》上发表的《大熊猫取食竹种纤维类物质分析》。

2016年，西华师范大学的曹弦、廖婷婷、王乐，四川农业大学的冯斌，分别完成各自学位论文《佛坪大熊猫（*Ailuropoda melanoleuca*）主食竹巴山木竹单宁酸含量的时空变化》《圈养成年雌性大熊猫（*Ailuropoda melanoleuca*）体况评分标准与营养需要参考范围的制定》《秦岭大熊猫（*Ailuropoda melanoleuca*）主食竹巴山木竹（*Bashania fargesii*）中有机养分及次生代谢产物分析》《林冠遮阴与海拔对大熊猫主食竹生长发育、适口性和营养成分影响——以缺苞箭竹（*Fargesia denudata*）为例》；李亚军等在《兽类学报》上发表的《海拔对大熊猫主食竹结构、营养及大熊猫季节性分布的影响》。

2017年，王丹林等在《生态学报》上发表的《海拔对岷山大熊猫主食竹营养成分和氨基酸含量的影响》。

1.3.4 大熊猫主食竹的生态学研究

大熊猫主食竹的生态学研究起步比较早，并以当时的四川省林业科学研究所和四川南充师范学院为突出代表，研究内容也十分丰富，但相比之下，该项研究还是稍晚于大熊猫主食竹的资源及分类学研究。较具代表性的论著如下：

1985年，史军义在《生物学通报》上发表的《环境因素对大熊猫生存的影响》；同年，秦自生也在《竹子研究汇刊》上发表的《四川大熊猫的生态环境及主食竹种更新》。

1989年，秦自生等在《竹子研究汇刊》上发表的《冷箭竹种子特性及自然更新》。

1991年，贾炅等在《北京师范大学学报》（自然科学版）上发表的《四川王朗自然保护区大熊猫主食竹天然更新》。

1992年，秦自生等在《四川师范学院学报》（自然科学版）上发表的《大熊猫主食竹类的种群动态和生物量研究》；蔡绪慎等在《竹子研究汇刊》上发表的《拐棍竹种群动态的初步研究》。

1993年，中国林业出版社出版了秦自生等的《卧龙大熊猫生态环境的竹子与森林动态演替》，四川科学技术出版社出版了王金锡等的《大熊猫主食竹生态学研究》，这是全国最早专门讨论大熊猫主食竹生态学问题的专业书籍。同年，秦自生等还在《四川环境》上发表了《大熊猫主食竹种秆龄鉴定及种群动态评估》。

1994年，秦自生等在《竹子研究汇刊》上发表的《大熊猫栖息地主食竹类种群结构和动态变化》；黄华梨在《竹子研究汇刊》上发表的《缺苞箭竹天然更新的初步研究》。

1995年，杨道贵等在《竹子研究汇刊》上发表的《大熊猫主食竹引种区生态气候相似距的研究》；王继延等在《华东师范大学学报》（自然科学版）上发表的《大熊猫与箭竹的数学模型》。

1996 年，周世强、黄金燕在《竹子研究汇刊》上发表了《冷箭竹更新幼龄无性系种群密度的研究》。

1997 年，贵州科技出版社出版了李承彪主编的《大熊猫主食竹研究》一书，这是全国第一部全面研究大熊猫主食竹问题的科学论著，书中用大量篇幅讨论了大熊猫主食竹的生态学问题。

1998 年，周世强等在《竹子研究汇刊》上先后发表的《冷箭竹更新幼龄无性系种群结构的研究》和《冷箭竹更新幼龄无性系种群冠层结构的研究》。

2000 年，周世强在《四川林勘设计》上发表的《竹类种群动态理论模式的研究》。

2002 年，北京林业大学的申国珍完成学位论文《大熊猫栖息地恢复研究》。

2004 年，周世强等在《四川动物》上发表的《GIS 在卧龙野生大熊猫种群动态及栖息地监测中的应用》。

2005 年，王太鑫等在《南京林业大学学报》（自然科学版）上发表的《巴山木竹无性系种群的分布格局》；吴福忠等在《世界科技研究与发展》上发表的《大熊猫主食竹群落系统生态学过程研究进展》。

2008 年，史军义等在《林业科学研究》上发表的《我国巴山木竹属植物及其重要经济和生态价值》。

2009 年，王岑涅等在《世界竹藤通讯》上发表的《震后卧龙——蜂桶寨生态廊道大熊猫主食竹选择与配置规划》。

2010 年，刘香东等在《生态学杂志》上发表的《采笋对大熊猫主食竹八月竹竹笋生长的影响》；康东伟等在第九届中国林业青年学术年会上发表的《大熊猫主食竹——缺苞箭竹的生境与干扰状况研究》；解蕊等在《植物生态学报》上发表的《林冠环境对亚高山针叶林下缺苞箭竹生物量分配和克隆形态的影响》。

2012 年，廖丽欢等在《生态学报》上发表的《汶川地震对大熊猫主食竹——拐棍竹竹笋生长发育的影响》；缪宁等在《应用生态学报》上发表的《2008 年汶川地震后拐棍竹无性系种群的更新状况及影响因子》；王光磊等在《西华师范大学学报》（自然科学版）上发表的《森林砍伐对马边大熊猫主食竹大叶筇竹生长的影响》。

2013 年，李波等在《科学通报》上发表的《岷山北部大熊猫主食竹天然更新与生态因子的关系》；宋国华等在《北京建筑工程学院学报》上发表的《“林木、主食竹和大熊猫”非线性动力学模型的周期解》。

2014 年，刘明冲等在《四川林业科技》上发表的《卧龙自然保护区 2013 年大熊猫主食竹监测分析报告》。

2015 年，周世强等在《竹子研究汇刊》上发表的《自然与人为干扰对大熊猫主食竹种群生态影响的研究进展》。

2016 年，张蒙等在《数学的实践与认识》上发表的《大熊猫主食竹生态系统恢复力研究》。

2017 年，黄金燕等在《竹子学报》上发表了《放牧对卧龙大熊猫栖息地草本植物物种多样性与竹子生长影响》；晏婷婷等在《生态学报》上发表的《气候变化对邛崃山系大熊猫主食竹和栖息地分布的影响》；罗朝阳在《绿色科技》上发表的《美姑大风顶自然保护区人工林对大熊猫主食竹的影响分析》。

1.3.5 大熊猫主食竹的资源保护研究

在大熊猫主食竹的资源保护研究方面，关于大熊猫保护和大熊猫主食竹研究的论著几乎都有或多或少的涉及，但集中对这一问题进行专题讨论的论著的确不多。其中较具代表性的有：

1986 年，史军义在《资源开发与保护》上发表的《对保护大熊猫的几点意见》。

1992 年，四川科学技术出版社出版的由卧龙自然保护区与四川师范学院合编的《卧龙自然保护区动植物资源及保护》；张金钟等在《四川林业科技》发表的《粘虫危害大熊猫主食竹的初步研究》。

2004 年，肖燚等在《生态学报》上发表的《岷山地区大熊猫生境评价与保护对策研究》。

2010 年，党高弟等在《陕西林业》上发表的《陕西天保工程区大熊猫栖息地竹子可持续利用探讨》。

2011 年，王光磊等在第七届全国野生动物生态与资源保护学术研讨会上发表的《20 年来马边大风顶自然保护区大熊猫主食竹——大叶筇竹的变化及保护措施》。

2014 年，刘小斌等在《陕西林业科技》上发表的《佛坪自然保护区大熊猫主食竹害虫种类及现状调查》。

2018 年，周卷华等在《绿色科技》上发表了《陕西天保工程区大熊猫栖息地竹子可持续利用探讨》。

1.3.6 大熊猫主食竹的繁育与造林技术研究

关于大熊猫主食竹的繁育与造林技术研究，总体起步更晚，相关著述相对比较少，但近年来的发展较快。其中较具代表性的如下：

1989 年，向性明等在《林业科学》上发表了《紫箭竹、缺苞箭竹种子储藏试验》。

1990 年，郭建林在《竹子研究汇刊》上发表的《白水江大熊猫食用竹引种初报》；向性明等在《四川林业科技》上发表的《大熊猫主食竹——紫箭竹种子发芽出苗率的研究》。

1993 年，刘兴良在《四川林业科技》上发表的《大熊猫主食竹——紫箭竹种子育苗技术的研究》。

1995 年，史立新等在《竹类研究》上发表的《大熊猫主食竹母竹移植更新复壮实验研究》；周世强在《竹类研究》上发表的《更新复壮技术对大熊猫主食竹竹笋密度及生长发育影响的初步研究》。

1996 年，刘兴良等在《竹类研究》上发表的《大熊猫主食竹人工栽培技术实验研究——单因素造林实验成效分析》。

1997 年，刘兴良等在《竹类研究》上发表的《大熊猫主食竹人工栽培技术试验研究Ⅲ、正交试验设计造林成效分析》。

2006 年，刘明冲等在《四川林业科技》上发表的《卧龙自然保护区退耕还竹成效调查报告》；周世强等在《四川林勘设计》上发表的《卧龙特区大熊猫竹子基地施肥实验成效分析》。

2012 年，羊绍辉等在《四川林业科技》上发表的《天全方竹低产林改造技术初探》。

2014 年，史军义等在《浙江林业科技》上发表的《大熊猫主食竹的耐寒区位区划》。

2018 年，黄金燕等在《世界竹藤通讯》发表了《卧龙保护区人工种植大熊猫可食竹环境适应性初步研究》。

2019 年，刘巅等在《竹子学报》上发表了《卧龙保护区人工种植大熊猫主食竹成活率及影响因素》。

1.3.7 圈养大熊猫的主食竹研究

针对圈养大熊猫的主食竹研究工作，总体来讲，起步较晚。

2004 年，莫晓燕等在《无锡轻工大学学报》上发表的《圈养秦岭大熊猫 2 种主食竹叶维生素 C 含量分析》和在《西北农林科技大学学报》（自然科学版）上发表的《圈养秦岭大熊猫两种主食竹中元素含量初探》。

2005 年，刘选珍等在《经济动物学报》上发表了《圈养大熊猫主食竹的氨基酸分析》。

2013 年，邓怀庆等在《四川动物》上发表的《圈养大熊猫主食竹消化率的两种测定方法比较》。

2015 年，赵金刚等在《西华师范大学学报》

（自然科学版）上发表的《圈养大熊猫冬季主食竹营养成分分析》。

近年来，一些关于大熊猫优质主食竹新品种的研发繁殖、国际登录、定向培育、营养分析等内容的文章，也开始陆续见诸报道。

2014 年，史军义等在《林业科学研究》上发表的《竹类国际栽培品种登录的原则与方法》；在《园艺学报》上发表的《方竹属刺黑竹新品种‘都江堰方竹’》；在《天然产物研究与开发》上发表的《‘都江堰方竹’竹笋营养成分分析》。

2016 年，史军义等在《世界竹藤通讯》上发表的《国际竹类栽培品种登录的理论与实践》。

2018 年，吴劲旭等在《世界竹藤通讯》上发表的《大熊猫主食竹一新品种‘青城翠’》。

2019 年，魏明等在《世界竹藤通讯》上发表了《大熊猫主食竹新品种‘黑秆篌竹’》。

2021 年，黄金燕等在《世界竹藤通讯》上发表了《大熊猫主食竹新品种‘花篌竹’》。

2022 年，黄金燕等在《竹子学报》上发表了《大熊猫主食竹新品种‘卧龙红’》。

如果能在圈养大熊猫的主食竹研究上投入更多关注，今后人们完全可以在不增加或少增加土地、人力、经费、时间和精力的情况下，创造更多、更好的主食竹资源，不仅可以满足日益增长的圈养大熊猫种群的主食竹供给需求，还可以通过在野生大熊猫的主要分布区适当营造成片的优质主食竹林来改善野外大熊猫的采食环境，并在一定程度上避免或减轻因竹子大面积开花给大熊猫带来的生存风险。这对整个大熊猫保护事业来讲，其意义不言而喻。

1.4 当前大熊猫主食竹面临的主要问题

大熊猫主食竹研究面临的主要问题如下。

1.4.1 大熊猫主食竹面积缩减

对于野生大熊猫的主食竹而言，其总体分布面积是呈缩减趋势。归结起来，原因不外以下几个方面。

1）经济种植区的扩大

例如，在大熊猫主食竹分布区大面积种植粮食、中药材，或营造其他经济作物等，从而挤占大熊猫主食竹的生存空间。

2）放牧区的扩大

例如，在大熊猫主食竹分布区，不适当地增加牧业种类、扩大牧区范围等，从而压缩大熊猫的活动空间，导致干扰区的许多大熊猫主食竹事实上无法利用。

3）旅游开发区的建设

凡在大熊猫主食竹分布区进行旅游开发，必然实施大量基础建设，随之涌入大量人流，继而造成环境污染，从而导致竹林面积缩减、竹林生长衰败，严重时甚至出现竹子大面积死亡现象，其负面效果不可低估。

4）公共基础建设

例如，在大熊猫主食竹分布区内修建的道路、水库、居民点等。

1.4.2 大熊猫主食竹品质下降

对于野生大熊猫的主食竹而言，其总体品质也呈降低趋势。主要表现在以下几个方面。

1）生物量减少

即同样面积的大熊猫主食竹，由于气候变暖、严重干旱、牲畜啃食等，造成竹林高度、直径减小，其生物量也越来越小。直接后果是，大熊猫必须比以往耗费更多的时间、花更多的精力、走更多的路，才能满足自身的日常食物需求。

2）碎片化现象

即因人类活动、自然灾害、竹子开花等各种因素，造成的大熊猫主食竹林的不连续现象，使原先成片的主食竹林被分割成一个一个的孤岛，从而大大增加了野生大熊猫的交流难度和主食竹的取食难度。

3）污染物超标

农业生产中大量使用化肥、农药等，同样会造成大熊猫主食竹体内的污染物超标，必然会降低大熊猫主食竹的营养水平。

1.4.3 大熊猫主食竹干扰加剧

对野生大熊猫正常活动的干扰，会直接或间接造成对其主食竹的干扰。主要分为以下两种情况。

1）人为干扰

采笋、采药、盗猎、旅游、登山等人为因素造成的干扰，这些活动不一定占用大熊猫主食竹的分布空间，但有可能直接吓走大熊猫，从而影响其取食；也可能因为频繁发出噪声或气味，导致大熊猫不敢进入靠近噪声和味源的竹林采食竹子。即便竹林生长正常，甚至是大熊猫喜食的竹子，也会因为各种杂音和难闻气味的影响而无法加以利用。

2）非人为干扰

非人为干扰不一定直接挤占大熊猫主食竹的生存空间，但可能影响大熊猫对主食竹的采食与否、采食效率及采食效果。例如，竹子大面积开花、火灾、地震、洪水、泥石流、暴风雪及低温冰冻天气、酸雨、竹子病虫灾害等，都会对大熊猫主食竹的正常生长带来不利影响。

高温致使人类的经济活动海拔上移，挤占了大熊猫主食竹的生长空间；低温造成高海拔地区的大熊猫主食竹生长上线下移，致使林区面积大幅度减少。

1.4.4 大熊猫主食竹耗费严重

所谓耗费严重，主要是针对圈养大熊猫主食竹而言。

在自然状态下，大熊猫每天消耗的主食竹数量远远大于其实际取食的主食竹数量，主食竹利用效率仅为10%~20%；在人工圈养条件下，大熊猫对所投喂的竹子依然吃得少、扔得多，主食竹利用效率也只有20%~40%，仅个别竹笋的利用率可达60%以上。随着圈养大熊猫的数量不断增多，可用主食竹的运输距离越来越远、采集和运输成本越来越高，这些问题一直困扰着我国每一个大熊猫养殖基地的管理者和饲养人员。

对于上述大熊猫主食竹所面临的诸多问题，需要科学家、管理者和一线专业技术工作者、大熊猫保护工作者们认真加以研究，通过不断探索、实践和总结，最终提出切实可行的解决方法。这些就是下一步大熊猫主食竹研究所应当关注和努力的方向。

1.5　本书的基本价值构建

1.5.1　本书的编写目的

大熊猫是我国一级保护野生动物，是我国的国宝，是全世界人民尤其是少年儿童喜欢的动物。竹子是大熊猫的主要食物，是大熊猫生存环境中不可或缺的构成要素。但是，长期以来，关于大熊猫主食竹的研究工作一直处于相对零散的状态，研究单位分散，研究力量分散，研究时间分散，研究内容分散，研究成果不系统、不全面，也不够深入，对于大熊猫主食竹的发展还无法形成强有力的科技支撑作用。因此，大熊猫主食竹所面临的各种现实问题依然十分严峻。

大熊猫主食竹同其他竹类植物一样，有其自身的生长发育规律。大熊猫主食竹的前期研究工作，尽管零星、分散、不够深入，但细加梳理，还是在一些竹种、一些方面、一些领域进行了十分有益的探索，并且取得了大量有价值的阶段性成果。这些成果对于大熊猫主食竹的后续研究，无疑具有十分重要的借鉴作用。

目前，大熊猫保护工作成绩斐然，大熊猫野生种群平稳发展，大熊猫圈养种群蓬勃发展，使越来越多国家和地区的人民，有更多观赏大熊猫的条件和机会。但伴随而来的是大熊猫主食竹的数量与质量保障及供需矛盾问题，如不加以足够重视，未雨绸缪，有可能引发意想不到的严重后果。组织编撰《大熊猫主食竹图志》一书，就是试图将此前国内外进行大熊猫主食竹资源研究的理论和实践，尤其是对国内外业已完成并正式报道的研究成果，进行一次系统全面的整理，认真总结已有经验、充分利用现有条件，努力整合各种资源，以便抛砖引玉，为后继研究提供关于大熊猫主食竹的更集中、更全面、更完整的参考资料，为推动大熊猫主食竹下一步的深入探讨和健康发展提供助力，从而在满足日益增长的大熊猫食物需求的同时，也满足人们日益增长的接触、认识和欣赏大熊猫的精神需求，最终为大熊猫的保护事业做出一点力所能及的有益贡献。

1.5.2　本书的基本构架

本书共分三部分：第一部分为综述，第二部分为分述；第三部分为附录。其中综述部分分为 4 章，第 1 章大熊猫主食竹概述，包括大熊猫主食竹的基本概念、大熊猫主食竹研究的目的与意义、大熊猫主食竹研究的历史与现状、当前大熊猫主食竹面临的主要问题、本书的基本价值构建，以及重要术语及注解；第 2 章大熊猫主食竹的形态特征，包括大熊猫主食竹的根、地下茎、秆、秆芽、枝条、先出叶、秆箨、叶、花、果实和种子等；第 3 章大熊猫主食竹的分布，包括世界竹类分布概况、中国竹类分布概况及大熊猫主食竹的分布；第 4 章大熊猫主食竹的耐寒区位区划，包括区划目的、区划依据、区划说明和区划结果。分述部分是按竹属分别介绍大熊猫主食竹各种及种下分类群的竹子名称、来源引证、特征描述、基本用途、具体分布及大熊猫采食情况等，共分为 17 章，第 1 章簕竹属 *Bambusa* Retz. corr. Schreber；第 2 章巴山木竹属 *Bashania* Keng f. et Yi；第 3 章方竹属 *Chimonobambusa* Makino；第 4 章绿竹属 *Dendrocalamopsis* (Chia et H. L. Fung) Keng f.；第 5 章牡竹属 *Dendrocalamus* Nees；第 6 章镰序竹属 *Drepanostachyum* Keng f.；第 7 章箭竹属 *Fargesia* Franch. emend. Yi；第 8 章箬竹属 *Indocalamus* Nakai；第 9 章月月竹属 *Menstruocalamus* Yi；第 10 章慈竹属 *Neosinocalamus* Keng f.；第 11 章刚竹属 *Phyllostachys* Sieb. et Zucc.；第 12 章苦竹属 *Pleioblastus* Nakai；第 13 章茶秆竹属 *Pseudosasa* Makino ex Nakai；第 14 章筇竹属 *Qiongzhuea* Hsueh et Yi；第 15 章

唐竹属 *Sinobambusa* Makino ex Nakai；第 16 章玉山竹属 *Yushania* Keng f；第 17 章国外圈养大熊猫临时用竹。附录部分共罗列了 4 项内容，分别是大熊猫主食竹分属检索表、分种检索表、中国大熊猫自然保护区一览表和中国竹类植物名录。此外，书末还附有参考文献，以利查阅。

1.5.3 本书的基本目标

通过本书的编写，希望能够实现如下主要目标。

1）继承前人对大熊猫主食竹研究的成果

本书的编写，从理论到实践，都只是作者对大熊猫主食竹尤其是对大熊猫主食竹分类学深度学习、了解和认识的一次有益尝试，权作抛砖引玉。其目的在于：一是以此为载体，将业已明了的大熊猫主食竹资源情况，进行一次系统的梳理和总结，以便推荐和介绍给那些尚未接触和认识，但又有相关需求的单位、机构、学校、企业和个人；二是通过此项工作，引起更多人对大熊猫主食竹研究与开发问题的兴趣和关注；三是为大熊猫主食竹研究、开发与利用的后继工作提供关于大熊猫主食竹分类学研究方面相对全面的资料和参考。

2）提升大熊猫主食竹资源的利用效率

本书的编写是试图利用对前人所做工作相关信息、数据和资料的调查、收集、整理和研究，在理性、细致、全面、客观分析的基础上，重新审视大熊猫主食竹这一宝贵资源的科学价值和社会价值，并且立足现有资源、人才、技术、设备、信息、资金等各种现实条件，通过改善环境、改进技术、优化管理，进一步探讨大熊猫主食竹资源科学利用、集约利用的可操作性及其理论依据，提升大熊猫主食竹资源的利用效率和利用效果，从而最终实现人类保护大熊猫的长远目标。

3）推动大熊猫主食竹的健康发展

大熊猫主食竹属于多年生木本植物，种类多、分布广、立地条件要求不高，且一次种植、多年受益。大熊猫主食竹不只是大熊猫的主要食物，与其他竹类植物一样，也可用于建材、食品、造纸、药材、观赏等，同样具有保持水土、涵养水源、净化空气、调节气候等多重功能。现实社会中，大熊猫主食竹中的许多种类，其竹笋还是人类喜爱乐食的优质食品，被称为“蔬中珍品”，在我国已有悠久的食用历史，相比其他蔬菜而言，竹笋更环保、更绿色，且营养丰富，因而具有十分广阔的应用前景。通过本书的编写，作者希望更多接触、了解、认识大熊猫主食竹的相关信息和知识，发掘其多重价值，为大熊猫主食竹的利用拓展和未来发展提供更具操作性的意见和建议。

1.6 本书的重要术语及注解

本书的重要术语及注解是以其汉语拼音进行排序的。

丛生竹：指没有横走得的地下竹鞭，节上无芽、无根，而是靠竹秆基部两侧的芽萌发成竹笋并长出新秆，竹秆在地面呈密集丛状生长的竹子类型。

大熊猫主食竹：按传统，是指大熊猫在自然状态下主动采食的竹类植物，现在则泛指大熊猫在自然状态下自由采食和在圈养条件下人工喂食的竹类植物。

单分枝：指秆在每节上仅单生一个分枝，通常直立，其直径粗细与主秆大体相近或略小。

单轴型：指母竹秆基上的侧芽只可以长成根状茎，即能在地下作长距离横走，竹鞭具节和节间，节上有鳞片状退化的叶和鞭根，每节通常有一枚鞭芽，交互排列，有的鞭芽抽长成新竹鞭，在土中蔓延生长；有的鞭芽发育成笋，出土长成新竹，其地上部分分散，呈片状生长。

地下茎：是竹子贮藏和输导养分的主要器官，具有很强的分生繁殖能力，其侧芽可以萌发为新的地下茎或抽笋成竹。地下茎具有节和节间，节上有小而退化的鳞片状叶，叶腋有腋芽及不定根。

定向培育：根据大熊猫食用功能价值最大化原则，运用有效的科学和技术手段，推动大熊猫主食竹的科研、开发、培育、生产、利用，向着最有利于大熊猫保护事业的方向发展。对于定向培育的大熊猫主食竹，通常要求其性状相对稳定、品质相对优异、技术相对成熟，有利于组织其科学化、标准化和规模化生产，目的是在同等时间和空间条件下，选择、培育和发展具有一个或多个功能指向明确的优势特点的大熊猫主食竹品种，在不造成环境压力的情况下，尽可能满足大熊猫的采食和栖息需求。

多分枝：指秆在每节上具数个至十余个分枝，排列成半轮生状，常开展，先端下垂。

分类学：指研究大熊猫主食竹的起源、亲缘关系、进化规律及不同类群之间的形态差异进而将其分门别类的基础科学。

复轴型：指母竹秆基上的侧芽既可长成细长的根状茎，在地中横走，并从竹鞭节上的侧芽抽笋长成新竹，秆稀疏散生，又可以从母竹秆基的侧芽直接萌发成笋，长成密丛的竹秆。

秆：指竹子地上部分的营养器官，是竹子的主体，由秆身、秆基、秆柄三部分组成。

秆柄：指竹秆的最下部分，连接于母竹秆基或地下茎，直径细小，节间很短，通常实心，强韧，由十余节至数十节组成，有节和节间，节间圆柱形或圆筒形，节上有退化的叶，但不生根、不长芽。

秆基：指位于竹秆下部、埋于地下的数节至十数节秆部结构，通常节间短缩，直径粗大，节上密生不定根（称为竹根），形成庞大的须根系。

秆身：指竹秆地上的主体部分，通常端直，圆筒形，中空、有节。两节之间称为节间。每节有彼此相距很近的两个圆环，上环为秆环，为居间分生组织停止生长后留下的环痕；下环称为箨环，系秆箨脱落后留下的环痕。

秆箨：指包裹在竹秆每节上的变态叶，形态大小基本固定，也称笋叶。秆箨由箨鞘、箨舌、箨耳和箨片四部分组成。

秆芽：指竹秆分枝秆节上的芽状结构。

根：由处于地面以下的秆基或根状茎（俗称为竹鞭或马鞭）的节上发出，其粗细大体相似，具有支持竹子植物体及从土壤中吸收水分和养分功能的器官。

花序：指小穗在花序轴上有规律的排列方式。

合轴型：指由母竹秆基上的侧芽直接出土成笋，长成新竹，次年新竹秆基部的侧芽又发生下一代新竹，如此不断重复，形成由母竹和一系列新竹的秆基和秆柄所构成的地下茎系统。

混生竹：兼有单轴型和合轴型地下茎特点、地面竹秆同样兼具丛生竹和散生竹两者表现的竹子类型。

假花序：又称续次发生花序或不定位花序，它连续发生在营养轴的各节上，此轴仍具节和中空的节间，并不特化为真正的花序；生于这类花序上的通常或大多是假小穗，它无柄或近无柄，其下方苞片或颖片内存在有潜伏芽或先出叶。假花序的假小穗单一或多枚生在苞片或佛焰苞的腋内，成丛排列较紧密或聚成头状或球形的簇团，因而在小穗丛下方就托附有一组苞片。

三分枝：指秆在每节上具三个分枝，中央为主枝，其两侧各有一个次生枝。

散生竹：指地下茎为单轴型、地面竹秆不

密集成丛而是呈稀疏散生状的竹类植物。

生态学：这里指研究大熊猫主食竹与其周围环境（包括生物环境和非生物环境）相互关系的基础科学。

生物学：这里指研究大熊猫主食竹生命现象和生命活动规律的基础科学。

双分枝：指秆在每节上有两个分枝，常开展，其中主枝较粗而长，侧生的次生枝相对较细而稍短。

笋壳：指笋体各节上包裹的一枚变态叶，生于箨环上，对竹笋的生长有保护功能。

箨耳：指箨鞘顶部或箨片基部与箨鞘相连接处的两侧各有一个的附属结构。箨耳边缘通常具硬质粗糙的毛，称为缝毛。许多竹种箨耳缺失，或在两肩仅具缝毛。

箨片：生于箨鞘顶端，是一枚不完全的叶片，无叶柄、无中脉，脱落或宿存，形态因竹种不同而有差别。

箨鞘：指秆箨上宽大的主体部分，包围于秆的节间，软骨质、革质或纸质，有纵肋，有时具斑纹或毛被，边缘相交而叠盖，覆在上面的一边缘称为外缘，被盖着的下面一边缘称为内缘。

箨舌：指位于箨鞘顶端腹面的膜质结构，通常狭窄，边缘有时生纤毛。

小穗：组成花序的基本单位，通常被认为是一退化的变态小枝，包括小穗轴及生于其上作覆瓦状两行排列的苞片和位于苞片腋内的小花，具或长或短的小穗柄，在假花序中一般无柄。

小花：指竹子花颖上方各节苞片内具有花内容的结构，由外稃、内稃、鳞被、雄蕊和雌蕊组成。

形态特征：指大熊猫主食竹的根、茎、叶、花、果实、种子的关系、形状、大小、形象、数量、颜色等，通常用文字描述和图形显示加以表达。

叶：指生于末级分枝各节上担负竹子光合作用的披针形、片状器官，常一至数枚不等，交互着生而排列成两行。

叶柄：指叶片基部收缩成一短柄的柱状结构。

叶鞘：指包裹于小枝节间的软骨质、革质或纸质结构，具纵肋，上部中间常有一纵脊。

真花序：也称为单次发生花序或定位花序，具有总梗及由此梗向上延伸的花序轴，整个花序一次性发生；小穗具有明显的小穗柄，在小穗基部的苞片或颖之腋内无潜伏芽，花序轴的分枝多呈圆锥形、总状或近似穗形。

枝条：指竹秆身上的芽萌发而成的器官。枝条亦有节和节间，节也有枝环和鞘环之分。

种子：指竹子开花后结出的果实，有颖果、囊果或坚果。大熊猫主食竹通常为颖果，属单子果实，果皮质薄，干燥而不开裂，与种皮紧密结合，不易剥离，形体较小。

竹笋：指竹子秆基或根状茎上的芽萌发冒出土面的幼体。

竹栽培品种：又称竹品种或栽培竹，是相对野生竹或自然起源的竹类植物而言，这里是指通过人类有意活动、选择、分离、引种、培育和生产出来的大熊猫主食竹的种下分类群。

资源调查：这里指以大熊猫主食竹为对象进行的关于其种类、分布、面积、数量、质量，以及生长、开花、动态、管理等的考察、记录、统计、整理、分析等系列活动。

2 大熊猫主食竹的形态特征

大熊猫主食竹一般都是竹秆直立；节间长，圆筒形，中空；箨环为箨鞘脱落后所留下的环形痕迹，通常明显或显著隆起；秆环为居间分生组织停止生长后所留下的环痕，平或隆起；箨环和秆环之间称为节内，是气生根刺着生处及秆内横隔板生长位置。秆基或地下茎上的芽萌发成竹笋；秆节上具 1 芽或 *n* 芽，发育完全的芽以后萌发成 1 枚或数枚枝条。秆上生长的变态叶称为秆箨；箨鞘宽大，是秆箨的主体，初期紧包竹秆，随着竹秆成熟生长而脱落，少有宿存；在箨鞘顶端两侧如存在附属物则称为箨耳，其流苏状毛称为縫毛，有的竹种箨耳和縫毛缺失；箨鞘顶端居中的缩小片状物称为箨片，无柄，直立或反折；箨鞘整个顶端内侧的线状物称为箨舌，低矮。最后小枝上具正常营养叶，由叶鞘、叶耳、叶舌、叶柄和叶片组成。花序分两种类型：假花序亦称续次发生花序，这类花序的基本结构是假小穗，它是由 1 枚小穗顶生于极为短缩的小枝上所形成的，在此小枝基部内侧生有 1 片前出叶，其上方的叶器官呈颖状或外稃状，且连同顶生的小穗在外观上有些类似“小穗”，但此实为一复合体，它下方属于小枝的部分之苞片腋内常有小枝芽，如果此腋芽发育则可成长为次生假小穗，后者的腋芽也可能发育成另一假小穗，如此重复，最后可形成一团假小穗丛，着生在主秆及其分枝的节上形成穗状、圆锥状或头状的花枝，其主轴及分枝并不特化，仍与营养枝无异，有明显的节和中空节间；真花序亦称单次发生花序，其着生部位都是在植株营养体某些部分最上方的 1 片营养叶之上，花序轴及其分枝（包括小穗柄）常为实心，分枝处及小穗着生处均无明显的节，有时可具小型苞片，在其腋内一般无芽，仅在枝腋偶具瘤枕。小穗有柄或无柄，含 1~*n* 朵小花；颖 1~*n* 枚或不存在；外稃具数枚纵脉，先端无芒或具小尖头，稀具芒；内稃背部具 2 脊或少成圆弧形而无脊，先端钝或 2 齿裂；鳞被 3 枚，稀可缺失或多至 6 枚，甚至更多；雄蕊（2）3~6 枚，稀可为多数，花丝细长，分离或少有联合为管状或片状而成为单体雄蕊；雌蕊 1 枚，子房无柄，稀具短柄，花柱 1~3 枚，柱头（1）2~3 枚，稀更多，常为羽毛状。颖果，少有坚果状或浆果状，成熟时全为稃片所包或部分外露；胚多为 F+PP 型。染色体基数 X=12。

竹亚科的模式属：

簕竹属 ***Bambusa*** **Retz. corr. Schreber**

根据科学出版社 2008 年出版的《中国竹类图志》、2017 年出版的《中国竹类图志》（续）和 2020 年《世界竹藤通讯》发表的《中国竹品种报告》记载，迄今为止，我国共公开发表了竹类植物 47 属 770 种 55 变种 251 栽培品种，计 1076 种及种下分类群。其中，可确认为大熊猫主食竹类植物有 16 属 107 种 1 变种 19 栽培品种，计 127 种及种下分类群。其中，就有大熊猫在自然状态下可自由采食的竹子 13 属 83 种及种下分类群，并以箭竹属最多，玉山竹属次之。圈养大熊猫主要采食的是人工投放的竹子，有 11 属 68 种及种下分类群，并以刚竹属、方竹属和苦竹属竹种为多。但在这两种情况下的大熊猫主食竹种类有所重叠。在欧洲，有的动物园则是根据当地具体的竹子资源状况，选择易获竹类作为大熊猫的临时食用竹。

已知的大熊猫主食竹，均为多年生木本竹类植物，其秆的木质化程度一般高而坚韧，营养器官由根、地下茎、竹秆、秆芽、枝条、先出叶、叶、秆箨等组成，生殖器官为花、果实和种子。本章内容所涉竹种的拉丁学名均参见书末附录 4：中国竹类植物名录。

2.1 根（root）

大熊猫主食竹为须根系（fibrous root system）。根由处于地面以下的秆基或根状茎（rootstock）（俗称为竹鞭或马鞭）的节上发出，其粗细大体相似，具有支持竹子植物体及从土壤中吸收水分和养分的功能。从秆基分生出的根称为竹根，系支柱根（stilt root）；从根状茎节上所分生出的根则称为鞭根（diffuse root）。方竹属和香竹属。植物地面以上秆节上发出的刺状物称为气生根（spine-aerial root），这些气生根不具吸收水分和养分的功能，但却具有竹子自我保护的作用（图 2-1）。

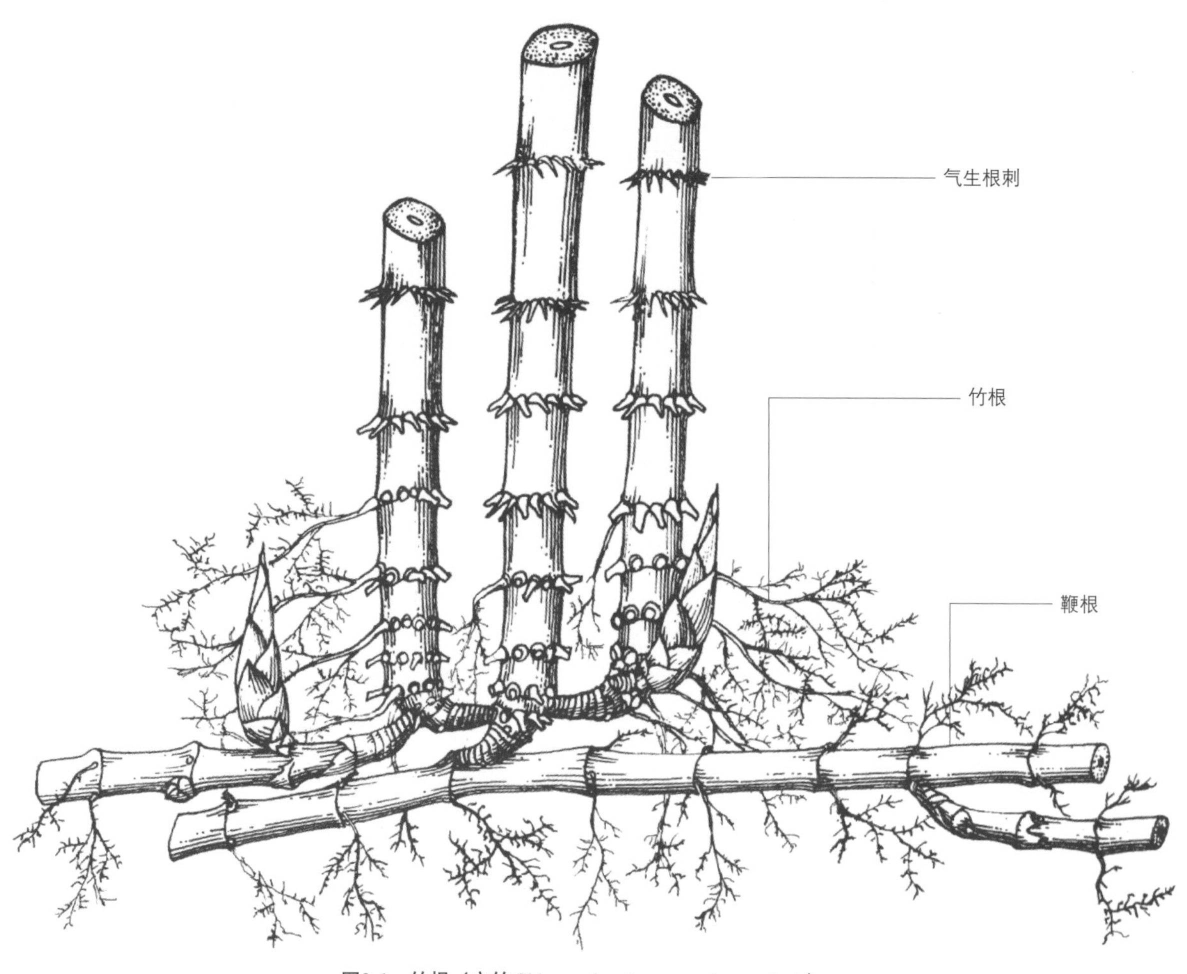

图2-1　竹根（方竹*Chimonobambusa quadrangularis*）

2.2 地下茎（rhizome）

大熊猫主食竹的竹秆地下部分和根状茎，统称为地下茎。地下茎具有节和节间，节上有小而退化的鳞片状叶，叶腋有腋芽及不定根，是贮藏和输导养分的主要器官，并且具有很强大的分生繁殖能力，其侧芽可以萌发为新的地下茎或抽笋成竹。根据大熊猫主食竹地下茎营养器官的繁殖特点和形态特征，可以划分为三种类型（图 2-2）。

2.2.1 合轴型（sympodium）

合轴型是指由母竹秆基上的侧芽直接出土成笋，长成新竹，次年新竹秆基部的侧芽又发生下一代新竹，如此不断重复，形成由母竹和一系列新竹的秆基和秆柄所构成的地下茎系统。这种类型的地下茎不具备能在地下无限横走的根状茎，但其秆柄在长度上有所差异。其中秆柄短缩，其所形成的新竹距离老竹很近，竹秆密集成丛，秆基堆集成群，具有这种形态特征的竹子，称为合轴丛生亚型，亦即通称的丛生竹，如簕竹属 *Bambusa*、慈竹属 *Neosinocalamus*、箭竹属 *Fargesia* 等［图 2-2-（a）］。母竹秆柄细长，形成假竹鞭，能在地中延伸一段距离（长可达 50~100cm），由假竹鞭先端的顶芽出土成竹，地面竹秆散生，称为合轴散生亚型，如玉山竹属 *Yushania*［图 2-2-（b）］。母竹秆基的芽既可萌发为具极短秆柄的顶芽出土成秆的小竹丛，也可萌发成延伸较长的秆柄而使地面秆散生的合轴混合型地下茎，使地面秆散生兼小丛生，如生于湿地或沼泽的空柄玉山竹 *Yushania cava*［图 2-2-（c）］。

此外，也有竹子在秆基的芽，常萌发成

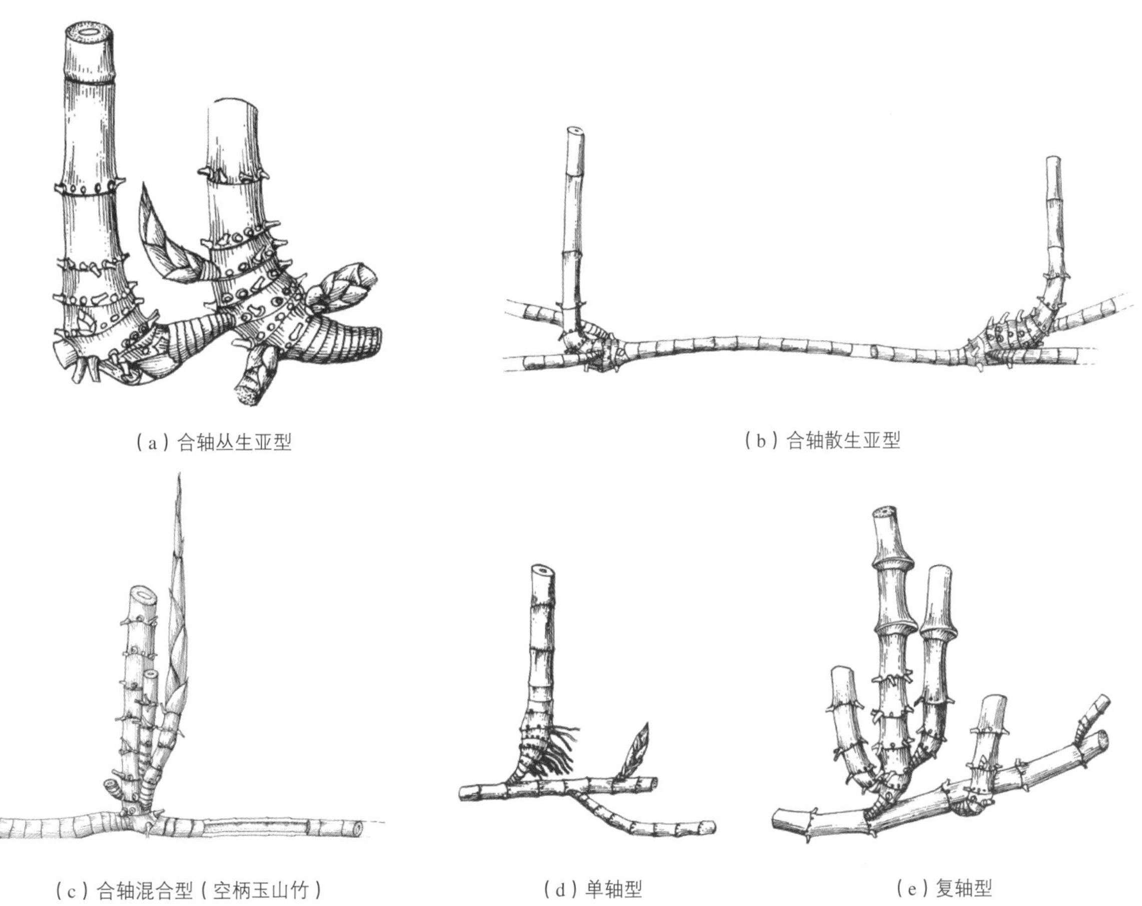
（a）合轴丛生亚型　（b）合轴散生亚型　（c）合轴混合型（空柄玉山竹）　（d）单轴型　（e）复轴型

图2-2　竹的地下茎类型

为仅有秆柄延伸而无秆基和地上秆生长，形成具有类似支柱根（prop root）的不完全地下茎（incomplete rhizome），它起着支撑地上高大竹秆和复杂而庞大的枝叶系统的作用（图 2-3）。

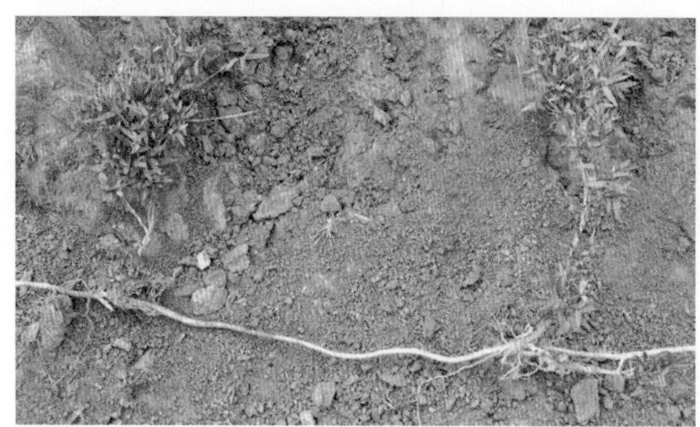

紫花玉山竹-地下茎（合轴型）

斑壳玉山竹-地下茎（合轴型）

空柄玉山竹-地下茎（合轴型）

马边玉山竹-地下茎（合轴型）

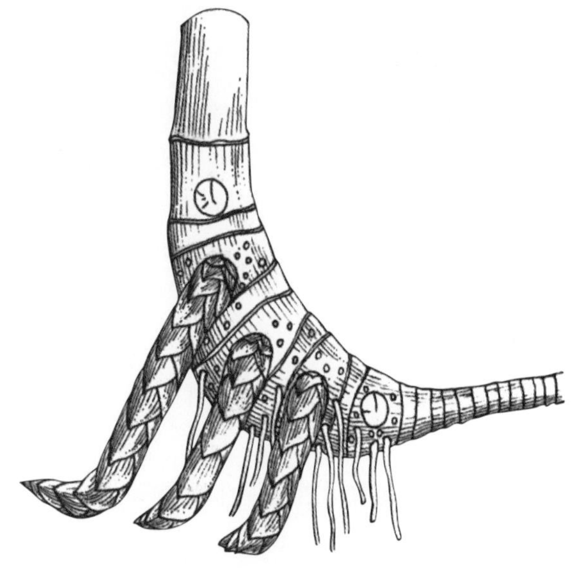

图2-3　竹支柱根的秆柄（引自F. A. McClure）

2.2.2　**单轴型**（monopodium）

单轴型指母竹秆基上的侧芽只可以长成根状茎，即竹鞭。竹鞭细长，在地下能作长距离横走，具节和节间，节上有鳞片状退化叶和鞭根。每节通常有一枚鞭芽，交互排列，有的鞭芽抽长成新竹鞭，在土中蔓延生长；有的鞭芽发育成笋，出土长成新竹，其秆稀疏散生，形成成片竹林。竹类经营中称单轴型竹子为散生竹，如刚竹属 *Phyllostachys*。

紫竹-地下茎（单轴型）

2.2.3 复轴型（amphipodium）

复轴型是指母竹秆基上的侧芽既可长成细长的根状茎，在地中横走，并从竹鞭节上的侧芽抽笋长成新竹，秆稀疏散生，又可以从母竹秆基的侧芽直接萌发成笋，长成密丛的竹秆。这种兼有单轴型和合轴型地下茎特点的竹子称为复轴混生型竹类，如筇竹属 *Qiongzhuea*、方竹属、苦竹属 *Pleioblastus*、巴山木竹属 *Bashania*、箬竹属 *Indocalamus*。

昆明实心竹-地下茎（复轴型）

冷箭竹-地下茎（复轴型）

2.3 秆（culm）

2.3.1 秆的组成

大熊猫主食竹的茎特称为秆或竿，是竹子的主体，由秆身、秆基、秆柄三部分组成（图 2-4）。

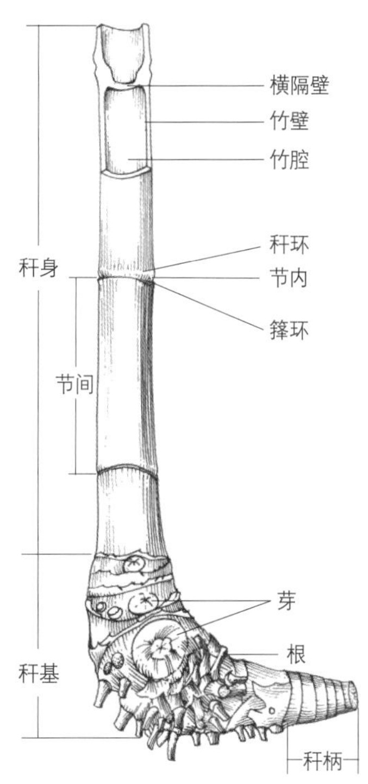

图2-4 竹秆的结构

1）秆身（culm trunk）

秆身是指竹秆的地上部分，通常端直，圆筒形，中空、有节（node），两节之间称为节间（internode）。每节有彼此相距很近的两环，下环称为箨环（sheath-node），系秆箨脱落后留下的环痕；上环为秆环（culm-node），为居间分生组织停止生长后留下的环痕。两环痕间称为节内（intranode），秆内的木质横隔壁（diaphragm）即着生于此处，使秆更加坚固。随竹种的不同，节间长短、数目及形状有所变化。节间中空部分叫竹腔，木质坚硬部分叫秆壁或竹壁（culm-wall）。在形态学描述上，通常将处于地上部分的秆身，简称为秆。

2）秆基（culm-base）

秆基位于竹秆的下部，通常埋于地下，由数节至十数节组成，节间短缩，直径粗大，节上密生不定根，称为竹根，形成庞大的须根系。秆基具有数枚大形芽，与分枝方向交互排列。地下茎为合轴型竹类，如慈竹属和簕竹属等秆基的芽可以萌笋成竹；单轴型竹类秆基的芽通常为休眠（潜伏）芽，不发育。如刚竹属；复轴型竹类秆基的芽既可以抽笋成竹，也可以长成根状茎，如方竹属。

3）秆柄（culm-neck）

秆柄是指竹秆的最下部分，连接于母竹秆基或根状茎，直径细小，节间很短，通常实心，强韧，由十余节至数十节组成，有节和节间，节间圆柱形或圆筒形，节上有退化的叶，但不生根，绝不长芽。慈竹属、簕竹属、箣竹属等丛生竹类秆柄很短，粗壮，不延伸；玉山竹属秆柄细长，节间长度与粗度之比大于 1，实心，或有的竹种如空柄玉山竹的整个秆柄内腔节部全无横隔壁而为空心，在地中横走的距离可达 50cm 以上，使秆散生而形成遍布的成片竹林。

2.3.2 秆的性状

大熊猫主食竹绝大多数的秆都是直立于地面，但有的竹子秆梢端挺直，不作任何弯曲，如方竹 *Chimonobambusa quadrangularis*；有的幼竹秆梢部为钓丝状下垂，形体非常美观，如慈竹 *Neosinocalamus affinis*。

此外，还有少数大熊猫主食竹的秆为斜依型，如钓竹 *Drepanostachyum breviligulatum*。

刺黑竹-秆

黄金间碧竹-秆

冷箭竹-秆

筇竹-秆

扫把竹-秆

紫玉-秆

2.4 秆芽（culm-bud）

大熊猫主食竹的芽与其他竹类植物的芽相同，属鳞芽，即芽被数枚鳞片所覆盖。竹秆除秆基上的芽外，秆身各节上亦具芽，但秆下部各节上的芽往往不发育。秆身芽的形状因竹种不同而有差异，慈竹属的芽多为扁桃形或扁圆形；箣竹属秆身基部的芽有时为锥柱状；方竹属的芽在秆的每节上为3枚，呈锥形或锥柱形；箭竹属多数种的芽为长卵形，外观上很像一个芽，而另一部分种的秆芽为多数，组成半圆形，如细枝箭竹 *Fargesia stenoclada*。

秆芽的形态及数目是鉴别大熊猫主食竹种的依据之一，采集标本时应注意不要忽略。每一秆芽内侧均具有一枚大型先出叶，包在芽的外面，起着保护作用（图2-5）。

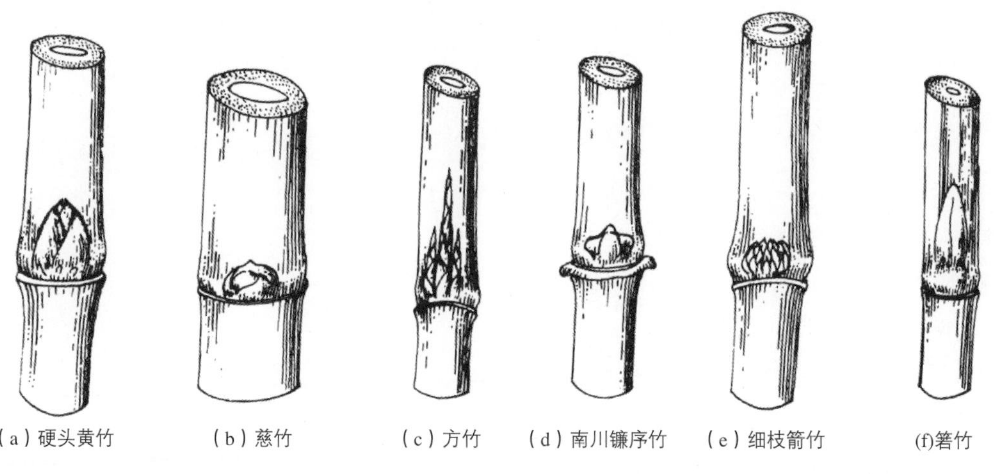

图2-5　秆芽的形态

半耳若竹-芽

扫把竹-芽

方竹-芽

昆明实心竹-芽

月月竹-芽

油竹子-芽

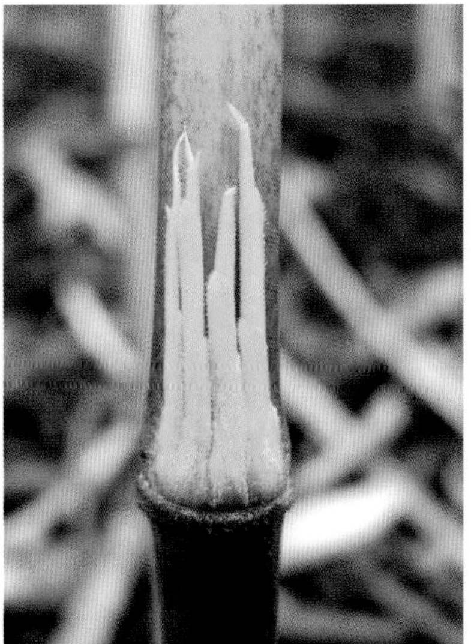
泥巴山筇竹-芽

狭叶方竹-芽

秦岭箭竹-芽

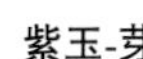
紫玉-芽

钓竹-芽

2.5 枝条（branch）

枝条是指大熊猫主食竹秆节上的芽萌发而成的器官。枝条亦有节和节间，节也有枝环和鞘环之分。节间中空、实心或近于实心，多为圆筒形，少数竹种也有其他形状，如刚竹属枝条基部节间为三棱形。由于秆下部的芽通常败育，故秆下部一般无枝。主枝直立、斜展或弧形下垂，其节上常可再发生次级枝。簕竹属有些竹种的侧生小枝短缩无叶而硬化成锐刺。竹秆每节分枝数目因竹种而异，一般可分为以下四种类型（图 2-6）。

2.5.1 单分枝型

秆的每节上仅单生一个分枝，其直径粗细与主秆大体相近而稍小，通常直立，如箬竹属 *Indocalamus* 的竹种。

2.5.2 双分枝型

秆的每节上有两个分枝，其中主枝较粗而长，侧生的次生枝相对较细而稍短，常开展，如刚竹属。

2.5.3 三分枝型

秆的每节上具三个分枝，中央为主枝，其两侧各有一个次生枝，如方竹属、筇竹属的竹种。

2.5.4 多分枝型

秆的每节上具数个至十余个分枝，排列成半轮生状，开展，先端下垂，如簕竹属、牡竹属、箭竹属等的竹种。在多分枝型竹种中，有的主枝很长，俨如一根小径竹，其侧枝较细小，如硬头黄竹 *Bambusa rigida*；有的主枝和侧枝大小相近，无明显区别，如慈竹 *Neosinocalamus affinis*、箭竹 *Fargesia spathacea*、拐棍竹 *F. robusta*、细枝箭竹等。

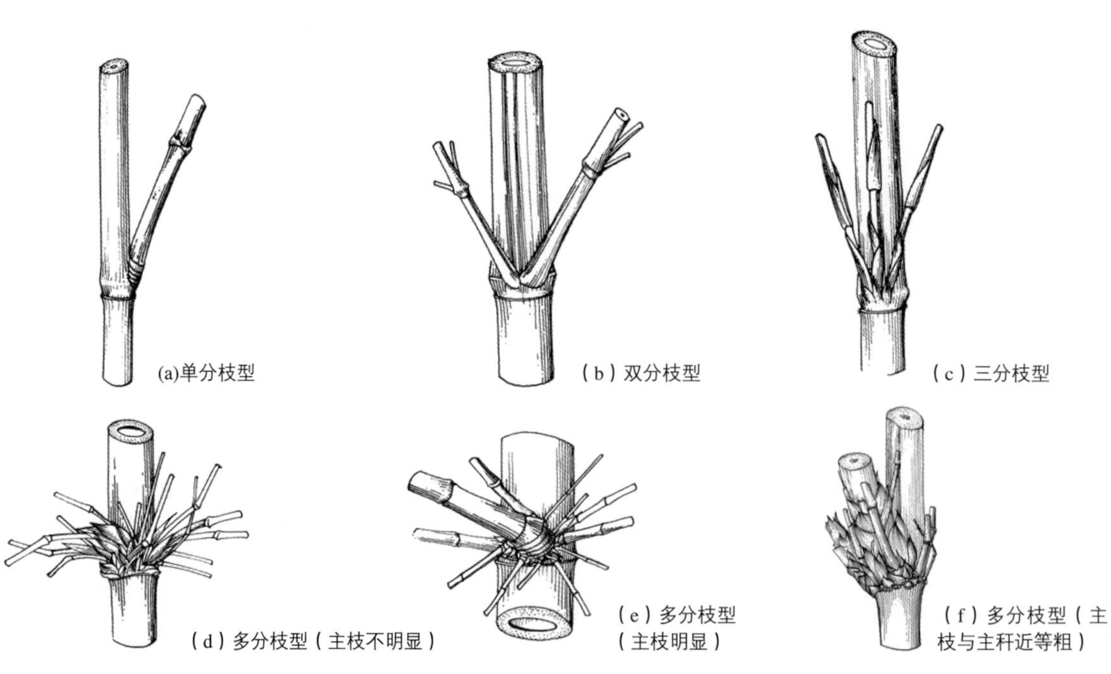

图2-6 秆的分枝类型

单分枝-峨眉箬竹

单分枝-大风顶玉山竹

双分枝-筱竹

三分枝-巴山木竹

三分枝-筇竹

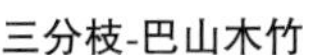

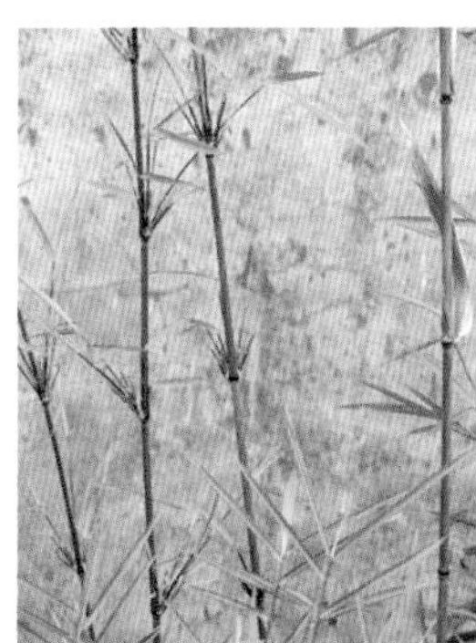

多分枝-扫把竹

多分枝-慈竹

多分枝-短锥玉山竹

2.6 先出叶（prophyll）

先出叶也称前出叶，是指一个小枝和主茎之间最先出现的一个膜质结构物，在其秆芽、枝芽、地下茎的芽和花芽中均存在。假花序中的假小穗基部与主轴间就常生有一枚先出叶，在它上方节上生长着苞片，苞片腋间具芽，此芽可萌发成为新的假小穗。花序分枝与主轴间是否存在先出叶，是区分假花序与真花序的唯一标准，因而先出叶在竹类植物分类上具有非常重要的意义。先出叶的形态大多数很似一朵小花中的内稃，即先出叶靠近主轴一面扁平，通常具 2 龙骨状纵脊，脊外两侧分别向内方紧压，并包着芽的全部或部分。

2.7 秆箨 (culm-sheath)

秆基或根状茎上的芽萌发冒出土面的幼体称为笋（bamboo shoot）。笋体各节均包裹有一枚变态叶，生于箨环上，对竹笋的生长有保护功能。竹笋抽出地表后，靠节部居间分生组织细胞迅速分裂，高生长非常迅速，逐渐形成幼竹。随着幼竹的生长，其秆上的变态叶也有一定程度的增大，直到生长停止，形态大小即固定，称为秆箨（俗称为笋壳或笋叶）。秆箨由箨鞘、箨舌、箨耳和箨片四部分组成（图 2-7）。箨鞘宽大，是秆箨的主体，包围于秆的节间，软骨质、革质或纸质，有纵肋，有时具斑纹或毛被，边缘相交而叠盖，覆在上面的一边缘称为外缘，被盖着的下面一边缘称为内缘。箨舌位于箨鞘顶端的腹面，膜质，通常狭窄，边缘有时生纤毛。箨鞘顶部或箨片基部与箨鞘相连接处的两侧各有一个附属物，称为箨耳。箨耳边缘通常具硬质粗糙的毛，称为繸毛。许多竹种箨耳缺失，或在两肩仅具繸毛。箨片生于箨鞘顶端，是一枚不完全的叶片，无叶柄、无中脉，脱落或宿存，形态因竹种不同而有差别。

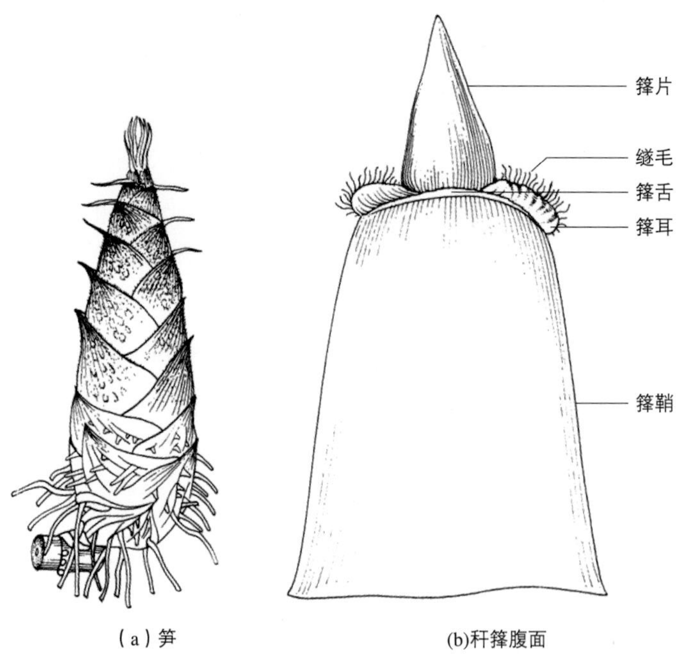

图2-7　笋及秆箨腹面形态

巴山木竹-箨

刺黑竹-箨

峨热竹-箨

篌竹-箨

金佛山方竹-箨

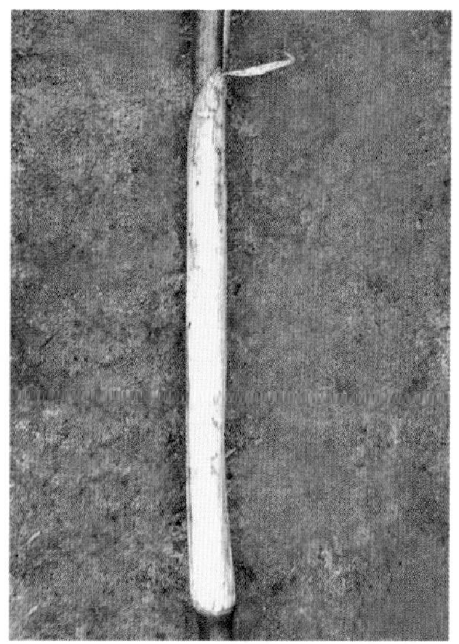
冷箭竹-箨

毛金竹-箨

筇竹-箨

紫花玉山竹-箨

2.8 叶（leaf）

竹叶生于末级分枝各节上，一至数枚不等，交互着生而排列成两行，为光合作用的主要器官。每叶主要由叶鞘（leaf-sheath）和叶片（leaf-blade）两部分组成（图 2-8）。叶鞘包裹小枝节间，具纵肋，上部中间常有一纵脊。叶片常为披针形，少有其他形态（图 2-9），有中脉（midrib）及平行侧脉或称次脉（secondary veins），小横脉（transverse veins）与再次脉组成方格状；叶片基部收缩成一短柄，称为叶柄（petiole）。叶鞘与叶柄连接处的内侧有膜质的叶舌（ligule）。叶耳（auricle）通常较小，边缘常有缝毛；有的竹种无叶耳，仅在两肩有数条缝毛；还有的竹种既无叶耳，也无缝毛。

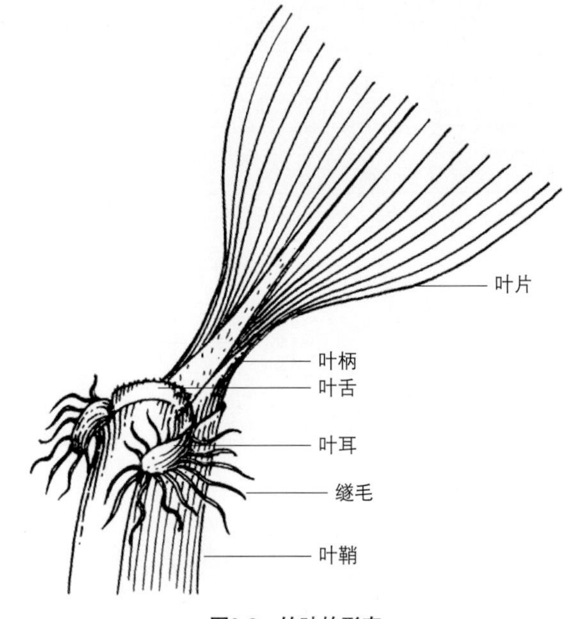

图2-8　竹叶的形态

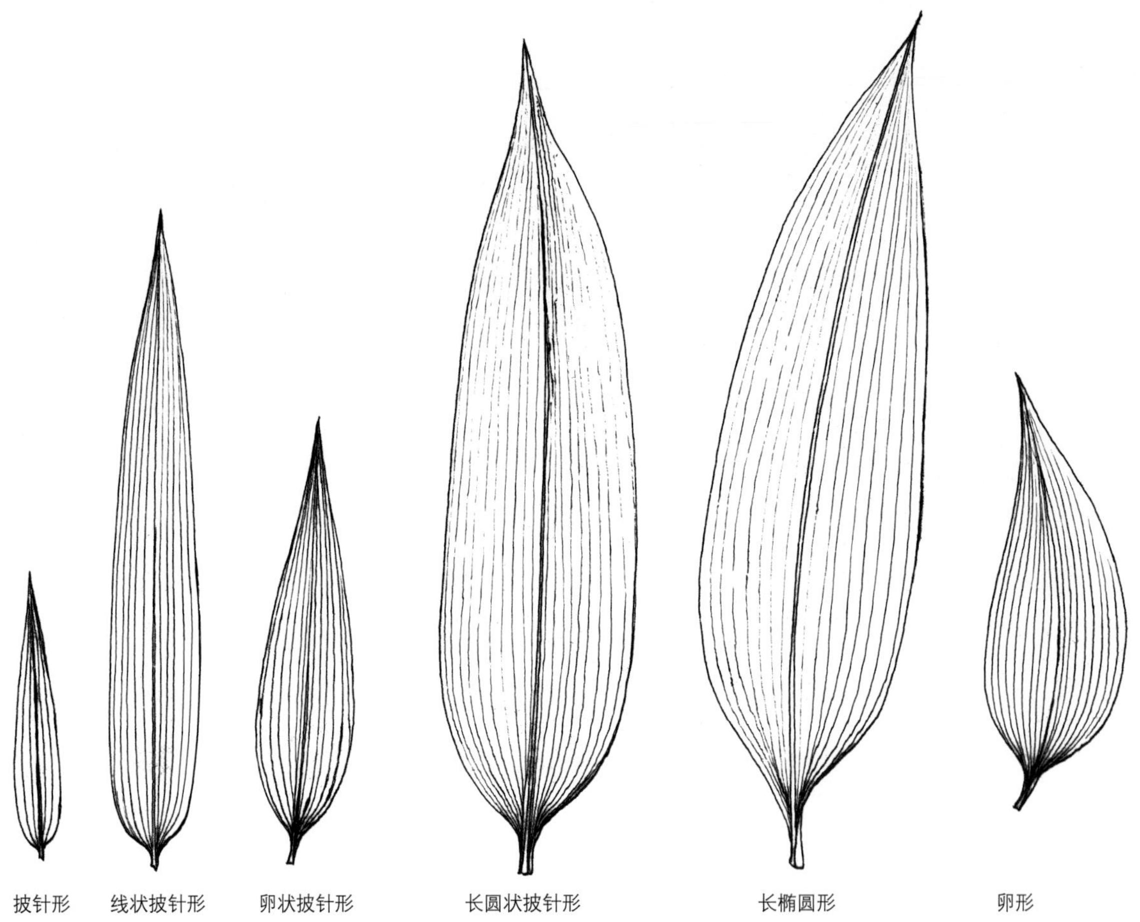

图2-9　叶形

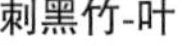

刺黑竹-叶

华西箭竹-叶

凤尾竹-叶

马边玉山竹-叶

阔叶箬竹-叶

2.9 花（flower）

2.9.1 花序（inflorescence）

大熊猫主食竹与其他竹类植物一样，不经常开花，花的构造也基本相同。其花被退化为鳞片状或膜片状，细小，无鲜艳的颜色和香气，形态比较特殊。竹类花序为复花序（compound inflorescence），其组成花序的基本单位是小穗。小穗在花序轴上有规律的排列方式，称为花序。这就是说竹类不像被子植物那样是以花为基本单位来组成花序，而是改用小穗来组成花序。竹类花序可以明显地划分为真花序（genuine inflorescence）和假花序（false inflorescence）两大类（图 2-10）。真花序也称为单次发生花序（semelauctant inflorescence）或定位花序（determinate inflorescence），具有总梗（peduncle）及由此梗向上延伸的花序轴（rachis），整个花序一次性发生；小穗具有明显的小穗柄（pedicel），在小穗基部的苞片（bract）或颖之腋内无潜伏芽（latent bud），花序轴的分枝多呈圆锥形、总状或近似穗形等方式。假花序亦称为续次发生花序（iterauctant inflorescence）或不定位花序（indeterminate inflorescence），它连续发生在营养轴的各节上，此轴仍具节和中空的节间，并不特化为真正的花序；生于这类花序上的通常或大多是假小穗（pseudospikelet），它无柄或近无柄，其下方苞片或颖片内存在有潜伏芽或先出叶。假花序的假小穗单一或多枚生在苞片或佛焰苞的腋内，成丛排列较紧密或聚成头状或球形的簇团，因而在小穗丛下方就托附有一组苞片，尚且少数竹类所有苞片或最下部一枚苞片常形成叶状佛焰苞（spathe）（图 2-11）。

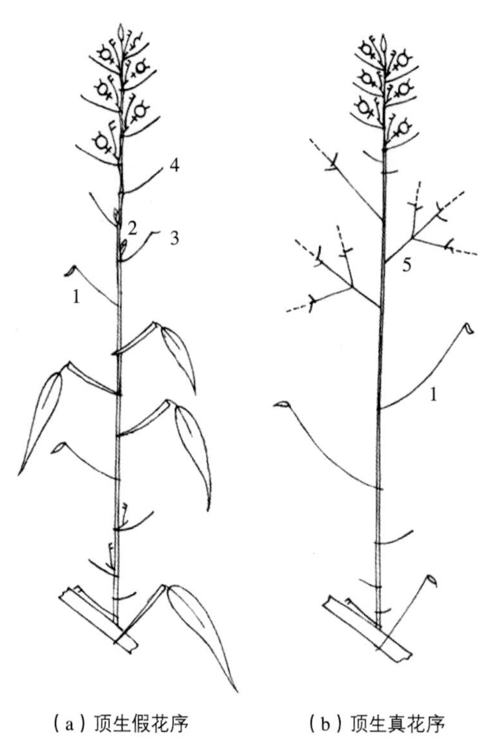

（a）顶生假花序　　（b）顶生真花序

1. 前出叶；2. 腋芽；3. 苞片；4. 颖；
5. 发育小穗。

图2-10　真花序和假花序（引自F. A. McClure）

1. 假花序；
2~5. 真花序：2. 花序侧生；3. 花序顶生，由叶鞘扩大为佛焰苞的一侧伸出；4. 花序顶生；
5. 花序顶生，小穗基部的小花败育。

图2-11　竹子花序及解剖分析示意图

2.9.2 小花（floret）

颖上方各节苞片内具有花内容的部分称为小花，它由外稃、内稃、鳞被、雄蕊和雌蕊组成（图 2-12）。外稃（lemma）是在颖之上各苞片的改称，其外形与颖相似，渐尖或具小尖头，甚至具硬芒，具平行脉。内稃（palea）位于外稃相对的近轴面，它与先出叶同源，质地较薄，先端钝圆或微凹，背部常具 2 脊。鳞被或称浆片（lodicule）系退化的内轮花被片，通常 3 枚轮生，膜质，具维管束脉纹，某些种类无鳞被或少于 3 片。雄蕊 3 枚或 6 枚，稀可更少或更多，花丝细长，分离或少有联合为管状，花药 2 室纵裂。雌蕊子房上位，1 室，具 1 枚倒生胚珠，子房先端收缩变细为花柱，1 枚或 2~3 枚，实心或稀中空，顶端具呈羽毛状或试管刷状的柱头。

2.9.3 小穗（spikelet）

大熊猫主食竹花的小穗包括小穗轴（rachilla）及生于其上作覆瓦状两行排列的苞片和位于苞片腋内的小花，具或长或短的小穗柄，或在假花序中一般无柄。发生学观点认为小穗则是一退化的变态小枝，小穗轴即为茎，苞片即为茎上所着生的变态叶，小花是生于苞片腋内的短缩次生枝（图 2-13）。小穗含一至数朵小花，后者的小穗

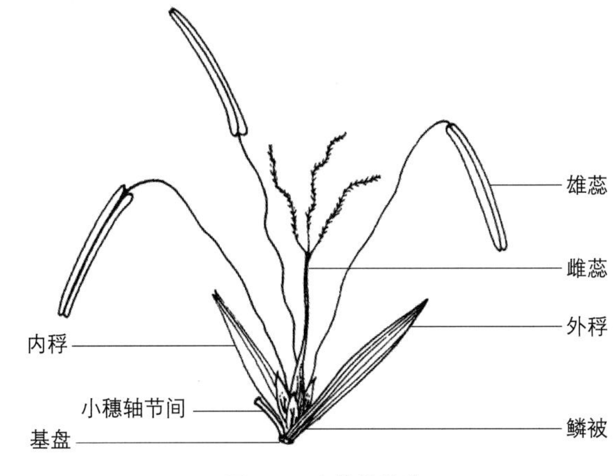

图2-12　小花的构造

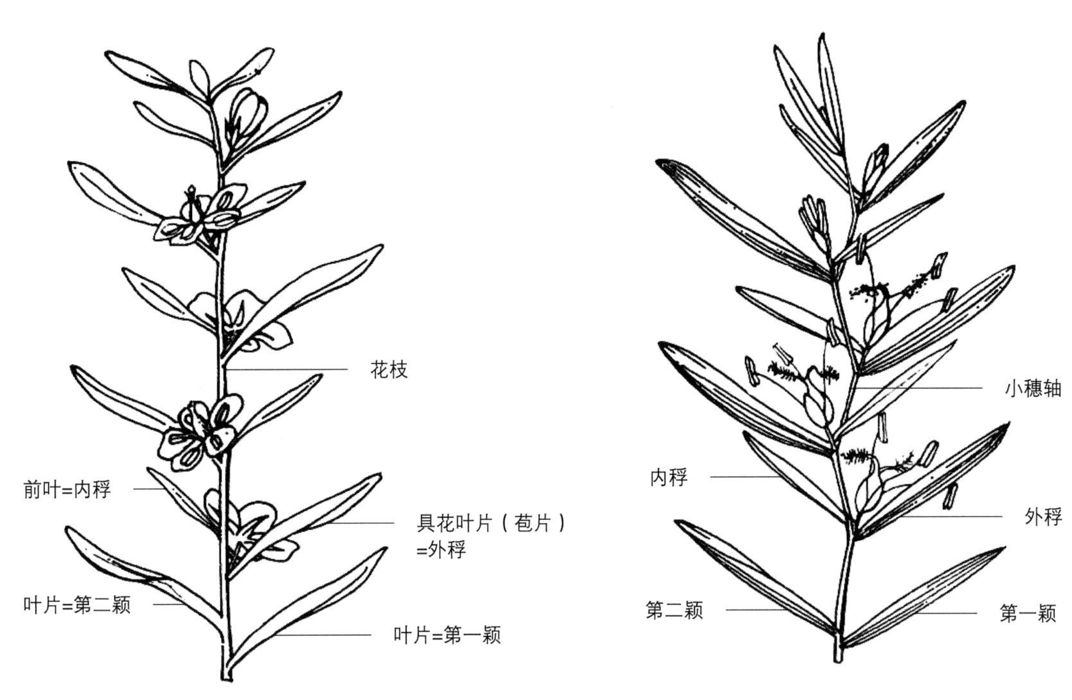

图2-13　普通有花植物花枝（a）与禾本科植物小穗（b）的对照示意图（引自A. Chase）

轴节间（rachilla-segment）成熟时通常在各小花间逐节断落，其折断处往往在各小花之下，因而小穗轴节间就宿存于小花内稃的后方。少数竹类小穗轴节间成熟时不自然逐节断落，而仅从颖的上面或下面的节上脱落。小穗顶生的小花通常不孕，或在小穗顶端具一段短小的小穗轴，基部小花发育或有时不发育或发育不完全。小穗最下方常具 2 枚或更多空虚无物的苞片，称为颖（glume），有时由下而上逐渐变宽大。

早园竹-花

团竹-花

月月竹-花

孝顺竹-花

篌竹-花

黄金间碧竹-花

刺黑竹-花

麻竹-花

秦岭箭竹-花

阔叶箬竹-花

慈竹-花

油竹子-花

硬头黄竹-花

方竹-花

2.10 果实（fruit）和种子（seed）

大熊猫主食竹的果实与其他竹类一样，为颖果（caryopsis），单子果实，果皮质薄，干燥而不开裂，与种皮紧密结合，不易剥离，形体较小，很像种子。胚位于颖果基部，与外稃相对，在其相反的一侧具有线形或点状痕迹，称为种脐（hilum），亦即胚珠生于胎座上的接合点，其中线形种脐亦可称为腹沟（ventral sulcus）。胚小，多为 F+PP 型。胚乳丰富。此外，部分大熊猫主食竹还具有其他类型的果实，如慈竹属的果实为囊果（saccat fruit），其果皮薄，易与种子相分离；方竹属果实为坚果状（nut），果皮厚而坚韧，也可与种皮剥离。竹种不同，果实形态、大小各有差异（图 2-14）。

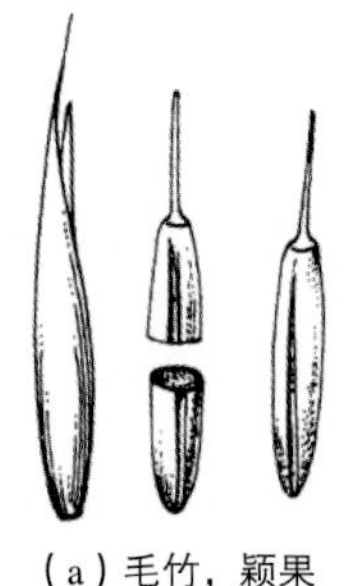

（a）毛竹，颖果

（b）方竹，厚皮质颖果（坚果状）

（c）筇竹，厚皮质颖果（坚果状）

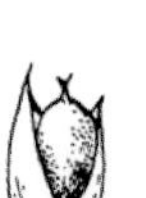

（d）实竹子，厚皮质颖果（坚果状）

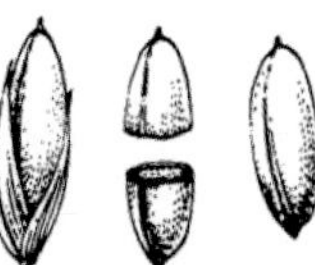

（e）月月竹，颖果（果皮中等厚度）

（f）缺苞箭竹，颖果

图2-14 果实类型

月月竹-果

方竹-果

筇竹-果

巴山木竹-果

3 大熊猫主食竹的分布

3.1 世界竹类分布概况

世界竹类植物的地理分布，大致可划分为四个竹区。

3.1.1 亚太竹区（旧大陆竹区）

本区南自42°S的新西兰，北达51°N的俄罗斯远东地区的萨哈林岛（库页岛）中部，东抵太平洋诸岛屿，西迄印度西南部，是世界竹亚科属、种和生物多样性最丰富的地区，既有丛生竹，也有散生竹，同时也是竹林面积最大的竹区。主要产竹国有中国、印度、缅甸、泰国、孟加拉国、柬埔寨、越南和日本。据统计，亚太竹区共有竹类58属近1000种，分别占世界竹类属、种的72.5%和75%。

3.1.2 美洲竹区（新大陆竹区）

本区包括南北美洲，其中北美竹种少，中、南美竹种多。据统计，地处北美洲的美国天然生木本竹子仅1属1种2亚种，而从24°N的墨西哥索诺拉州到47°S的南部，该区就有木本竹子20属334种，这总数共21属335种2亚种的竹子，均为美洲所特产。不言而喻，美洲是世界第二大天然产竹区，也是竹类分布中心之一。美洲所产竹类除单种属的北美箭竹属 *Arundinaria* Michaux 及丘斯夸竹属 *Chusquea* Kunth 部分种为复轴型或单轴型地下茎外，其余所有竹属地下茎均为合轴型，且多为合轴丛生亚型，仅少数属是合轴散生亚型。由于竹子经济价值大，用途广泛，美洲（主要是美国）还从亚洲各地引种木本经济竹种18属87种，其中引入最多的刚竹属24种，簕竹属22种，约占全部引入竹种的53%。

3.1.3 非洲竹区（旧热带竹区）

本区竹子分布范围较小，南起22°S的莫桑比克南部，北至16°N的苏丹东部，由非洲西海岸的塞内加尔南部、几内亚、利比里亚、科特迪瓦向东南经尼日利亚南部、刚果（布）、刚果（金）等直到东海岸的马达加斯加岛，形成从西北到东南横跨非洲大陆热带雨林和常绿落叶阔叶混交林的狭长地带，即是本区竹子分布的中心。非洲北部的苏丹、埃塞俄比亚等温带山地森林地区亦有成片竹林生长。

3.1.4 欧洲引栽竹区

欧洲没有自然生长的竹种，仅在园林中有竹子引种栽培。自19世纪中叶开始，在一个多世纪的时间里，尤其在近20~30年，据统计，欧洲从中国、日本和东南亚以至美洲国家共引种33属200余种竹子（含变种变型，下同），各地园林景观配置中不乏竹子栽培。在竹子引种的来源上，我国中亚热带和北亚热带地区所产的竹种引种最多，它们耐寒力强，可塑性大，大多数种类适应欧洲气候、土壤，不同种类在不同地区生长颇佳。大多数产于南亚热带的喜温性竹种，在欧洲不能露地栽培，只能栽培于温室或盆栽，冬季入室内越冬供观赏。

3.2 中国竹类分布概况

根据竹子对气候、土壤、地形等生态因子的适应特点，可将中国竹类植物的分布划分为四个区，其中有两个区又分别区划为二亚区。

3.2.1 丛生竹区

本竹区北起浙江温州雁荡山南部、福建戴云山到两广南岭以南，西到四川西南部、云南和西藏东南部，主要是中亚热带和南亚热带地区。1 月平均气温在 4℃等温线以南。土壤类型主要是砖红壤、赤红壤、红壤和黄壤。

丛生竹种类丰富，主要有簕竹属 *Bambusa* Reetz. corr. Schreber、单竹属 *Lingnania* McClure、牡竹属 *Dendrocalamus* Nees、绿竹属 *Dendrocalamopsis* (Chia et H. L. Fung) Keng f.、箣竹属 *Schizostachyum* Nees、单枝竹属 *Bonia* Balasa、梨藤竹属 *Melocalamus* Benth.、空竹属 *Cephalostachyum* Munro、泰竹属 *Thyrsostachys* Gamble、新小竹属 *Neomicrocalamus* Keng f.、慈竹属 *Neosinocalamus* Keng f.、香竹属 *Chimonocalamus* Hsueh et Yi，亚高山有大量箭竹属 *Fargesia* Franch. emend. Yi 竹种分布。散生竹少，秆小型至中型，常见有大节竹属 *Indosasa* McClure、少穗竹属 *Oligostachyum* Z. P. Wang et G. H. Ye、唐竹属 *Sinobambusa* Makino ex Nakai、酸竹属 *Acidosasa* C. D. Chu et C. S. Chao、苦竹属 *Pleioblastus* Nakai、箬竹属 *Indocalamus* Nakai 等。东南沿海地区平原、丘陵，在沿江、沿海岸边多为人工栽培的竹林植被，野生丛生竹林很少，西部丛生竹除农庄栽培较多外，也常见有面积大小不等的野生竹林或生于林中的木竹混生林。

根据不同大气环流影响所形成的降水量季节分配差异，丛生竹区可分为两亚区。两亚区的分界线大体以云南、广西交界的南盘江口到文山一线划分。

1）东南季风丛生竹亚区

受太平洋暖湿气流影响，四季降水量分配相对均匀，冬春季节有一定数量的降水，无明显干湿季节之分。本亚区的竹种主要是簕竹属、单竹属、绿竹属等大中型竹，也有藤本类竹种，如箣竹属、悬竹属 *Ampelocalamus* S. L. Chen，T. H. Wen et G. Y. Shen。

2）西南季风丛生竹亚区

这个亚区由于受西风环流与印度洋南亚季风、太平洋东南季风的交替控制，干湿季十分明显。每年 10 月，西风带向南移动，其南支西风急流来自秉性干燥温暖西亚的广大热带、亚热带地区，形成干季。到次年 5 月，随着西风带的迅速北撤，南支西风突然消失，而来自印度洋和孟加拉湾热带洋面的西南季风和来自太平洋南海的东南季风推进，挟带大量水汽，形成雨季。适应这一气候类型的竹种主要为牡竹属、梨藤竹属、空竹属、泰竹属、薄竹属 *Leptocanna* Chia et H. L. Fung、香竹属 *Chimonocalamus* Hsueh et Yi，还有散生竹大节竹属，以及大量的亚高山箭竹属和玉山竹属 *Yushania* Keng f. 竹种。

3.2.2 混合竹区

这个竹区的地理范围基本上是四川盆地，西界与亚高山竹区相连，北界起甘肃白龙江下游碧口，以广元、米仓山、大巴山、巫山为东界，在长江以南以四川、重庆、贵州分界，到合江沿赤水河，直到四川宜宾和云南五莲峰北部向北至大相岭东坡，西界与亚高山竹区相衔接。

四川盆地四面环山，地形特殊，气候条件有许多特点。盆地北部有秦岭和大巴山的双重阻挡，冬季北方寒流入侵相对较小。巫山海拔较低，加上江面仅有海拔100m的长江口，东南沿海的太平洋暖湿气流容易进入重庆和四川。印度洋热带气流顺横断山脉河谷从南方北上，对盆地气候也有一定影响。因而，四川盆地的气温较相同纬度的湖北、安徽都要高。据统计，四川盆地年平均气温比这两省高2℃，1月平均气温高2~6℃，1月平均最低气温高2~6℃。年平均气温等于或低于5℃的日数少20d以上，等于0℃的日数少10d以上，平均气温等于或低于5℃的开始日期晚出现20d，平均气温等于或低于5℃的终止日期早出现30~40d，形成冬天较短而温湿的气候。盆地内部土壤主要为紫色土，黄壤较少，肥力较高。盆周边缘山地土壤类型垂直分布明显，海拔700~1600m为山地黄壤，海拔1600~2200m为山地黄棕壤，海拔2200~2800m为山地灰棕壤，海拔2800~3500m为山地棕色灰化土。植被属亚热带湿润性常绿阔叶林区，以壳斗科、樟科树种为主组成常绿阔叶林，以马尾松、柏木、杉木组成亚热带针叶林。盆周山地随海拔升高，水热条件和土壤类型发生了变化，植被也相应产生了不同的垂直带谱，即常绿阔叶林带—常绿落叶阔叶混交林带—针阔叶混交林带—亚高山针叶林带—高山灌丛草甸带。

这一竹区的气候特点是既适宜于喜温暖湿润的丛生竹生长，也适宜于相对耐寒的散生竹生长。常见的丛生竹为慈竹 *Neosinocalamus affinis* (Rendle) Keng f. 和硬头黄竹 *Bambusa rigida* Keng et Keng f.，长江河谷沿岸常见高大的车筒竹 *B. sinospinosa* McClure，还有特产的牛儿竹 *B. prominens* H. L. Fung et C. Y. Sia、锦竹 *B. subaequalis* H. L. Fung et C. Y. Sia 和冬竹 *Dendrocalamus inermis* (Keng et Keng f.) Yi。散生竹主要为刚竹属 *Phyllostachys* Sieb. et Zucc. 的毛竹 *Phyllostachys edulis* (Carr.) H. de Leh.、篌竹 *P. nidularia* Munro、水竹 *P. heteroclada* Oliv.、毛金竹 *P. nigra* (Lodd. ex Lindl.) Munro var. *henonis* (Mitford) Stapf ex Rendle、桂竹 *P. bambusoides* Sieb. et Zucc.，苦竹属的斑苦竹 *Pleioblastus maculatus* (McClure) C. D. Chu et C. S. Chao 及特产竹种月月竹属的月月竹 *Menstruocalamus sichuanensis* (Yi) Yi。盆周山区有多种亚高山竹种，如箭竹属、玉山竹属 *Yushania* Keng f. 和巴山木竹属 *Bashania* Keng f. et Yi 等的种类，南部盆缘还有方竹属 *Chimonobambusa* Makino 和筇竹属 *Qiongzhuea* Hsueh et Yi 的种类。

3.2.3 散生竹区

本区北界为我国竹子分布的北界，东临渤海、黄海、东海，南界为丛生竹区的北线，西界为亚高山竹区和混合竹区的东界线，是我国最大的竹区。区内分布的主要竹类为散生竹，以刚竹属种类最多，乃该属分布的中心。此外也有复轴混生型竹种的苦竹属、唐竹属、箬竹属、井冈寒竹属、赤竹属 *Sasa* Makino et Shibata、少穗竹属、茶秆竹属 *Pseudosasa* Makino ex Nakai 等。还有特产的短穗竹属 *Brachystachyum* Keng 及有较多种的倭竹属 *Shibataea* Makino ex Nakai。本竹区可分以下两个亚区。

1）降水性散生竹亚区

本亚区位于散生竹区的南半部，以灌溉性散生竹区的南界为本亚区的北界，西部是北起甘肃白龙江下游的武都，向东经成县到陕西太白县，沿秦岭山脊向东到河南熊耳山、伏牛山经信阳入安徽沿淮河水系进江苏宝应、兴化为界。南界为丛生竹区的北界。西界是混合竹区。

亚区地域广阔，气候差别很大。例如，北界边缘的安徽佛子岭、金寨到河南固始、信阳一线，年平均气温14.5℃，极端最低气温–20.5~–12.2℃，而南岭南坡年气温19.1~20.4℃，极端最低气温只有–6.2~–4.9℃。年降水量1100~1750mm，而武夷山区可达2000mm。

毛竹是本亚区栽培最广泛的笋材两用经济竹种，并有大面积人工纯毛竹林。桂竹、台湾桂竹 *Phyllostachys makinoi* Hayata、淡竹 *P. glauca* McClure、毛金竹的栽培也广泛。著名笋用竹种有早竹 *P. violascens* (Carr.) A. et C. Riv.、雷竹 *P. violascens* 'Prevernalis'、乌哺鸡竹 *P. vivax* McClure、红哺鸡竹 *P. iridescens* C. Y. Yao et C. Y. Chen、白哺鸡竹 *P. dulcis* McClure、红壳雷竹 *P. incarnata* Wen及高产笋量的角竹 *P. fimbriligula* Wen。其他散生竹的种类也较多。观赏竹种也较丰富，如紫竹 *Phyllostachys nigra* (Lodd. ex Lindl.) Munro、花毛竹 *P. edulis* (Carr.) H. de Lehaie f. *huamozhu* (Wen) Chao et Renv.、龟甲竹 *P. edulis* (Carr.) H. de Lehaie f. *heterocycla* (Carr.) Yi、圣音毛竹 *P. edulis* (Carr.) H. de Lehaie f. *tubaeformis* (S. Y. Wang) Ohrnberger、罗汉竹 *P. aurea* Carr. ex A. et C. Riv.、金镶玉竹 *P. aureosulcata* McClure f. *spectabilis* C. D. Chu et C. S. Chao、筠竹 *P. glauca* McClure f. *yunzhu* J. L. Lu、黄秆乌哺鸡 *P. vivax* McClure f. *aureocaulis* N. X. Ma。地被竹品种也较多，如铺地竹 *Sasa argenteostriata* (Regel) E. G. Camus、菲黄竹 *S. auricoma* (Mitford) E. G. Camus、菲白竹 *Pleioblastus fortunei* (Van Houtte) Nakai、翠竹 *P. pygmaea* (Miq.) Nakai、鹅毛竹 *Shibataea chinensis* Nakai、狭叶倭竹 *S. lanceifolia* C. H. Hu等。

2）灌溉性散生竹亚区

本亚区位于降水性散生竹亚区的北部。西界为混合竹区的东界，南界是降水性散生竹亚区的北界，从秦岭北坡经陕西西安到山西太行山达北京为该亚区北界。

气温和降水是影响竹子自然分布的主要因素，一些散生竹在冬季能抵御–20℃以下的低温，但不能忍受这个季节的干冷气候。为创造竹子的适生环境，在秦岭以北的黄河流域栽培竹子，必须在冬、春季及发笋期施行人工灌水，竹子才能正常生长。

适应本亚区生长的竹种不多，主要为刚竹属 *Phyllostachys* Sieb. et Zucc. 的一些竹种。例如，桂竹、斑竹 *P. bambusoides* Sieb. et Zucc. f. *lacrima-deae* Keng f. et Wen、淡竹 *P. glauca* McClure、变竹 *P. glauca* McClure var. *variabilis* J. L. Lu、筠竹 *P. glauca* McClure f. *yunzhu* J. L. Lu、曲秆竹 *P. flexuosa* (Carr.) A. et C. Riv. 等。此外，孝顺竹 *Bambusa multiplex* (Lour.) Raeuschel ex J. A. et J. H. Schult. 是丛生竹中比较耐寒竹种，筇竹 *Qiongzhuea tumidinoda* Hsueh et Yi 是川、滇中山地区的特产竹种，它们在西安楼观台森林公园引栽成功，巴山木竹还可以引栽到北京。

3.2.4 亚高山竹区

我国西部青藏高原南部和东南部地势高，海拔多在1500~1800m或以上，一些喜温性竹种不能生长，取而代之的是种类丰富的喜湿耐寒竹种。这一竹区北界是西起西藏吉隆喜马拉雅山麓河谷到聂拉木、亚东、错那、米林、林芝、易贡，向南连接横断山脉的云南德钦、进入四川雅江、向东折入黑水，北上若尔盖东部与甘肃迭部南面、宕昌、岷县、兰州，东入宁夏隆德和泾源的六盘山区接陇山，这也是我国竹子自然分布的北线，往北仅有个别城市有少量人工引种栽培的竹子。南界从西藏吉隆南部开始，沿喜马拉雅山国境线一侧至错那东南、波密、察隅北部，云南贡山、丽江，四川盐源、西昌、布拖，沿大凉山、大相岭与混合竹区的西界相连接，入陕西勉县，越秦岭相接于本区的东部。

西藏林芝海拔3100m，年平均气温8.5℃，7月平均气温15.5℃，1月平均气温0.2℃，极端最低气温–15.3℃，年降水量654.1mm，全年平均相对湿度 66%；四川马尔康海拔 2664m，年平均气温 8.6℃，7 月平均气温 16.4℃，1 月平均气温 –0.8℃，极端最低气温 –17.5℃，年降水量 760.9mm，全年平均相对湿度 61%。这种气候条件适宜于亚高山竹类生长，特别是在云杉、冷杉或松林下竹类是常见的下木之一。该区箭竹属种类较多，拉萨罗布林卡有西藏箭竹 *Fargesia macclureana* (Bor) Stapleton 栽培，巴山木竹 *Bashania fargesii* (E. G. Camus) Keng f. et Yi 在本区东部分布普遍，兰州园林上广泛栽培本种竹子，西宁有矮箭竹 *F. demissa* Yi 栽培，其次有玉山竹属竹种。刚竹属 *Phyllostachys* Sieb. et Zucc. 也见有栽培，如拉萨市罗布林卡就栽培有毛金竹 *Phyllostachys nigra* (Lodd. ex Lindl.) Munro var. *henonis* (Mitford) Stapf ex Rendle，生长较好。

3.3 大熊猫主食竹的分布

我国先后于 20 世纪 70 年代、80 年代和 21 世纪初开展了三次全国性的大熊猫调查，在国家实施西部大开发、天然林保护工程、全国野生动植物保护及自然保护区建设工程等重大生态工程 10 年后，又于 2011~2014 年开展了全国第四次大熊猫调查。据调查，野生大熊猫的分布区唯有中国，野生大熊猫主食竹的分布自然也在中国。权威资料显示，中国大熊猫栖息地的面积约 2 576 595hm^2，潜在栖息地面积约 911 193hm^2，竹林面积约 2 330 525hm^2，竹子蓄积量约 18 000 000t；主要分布范围在东经 101°54′06″~108°37′08″，北纬 28°09′35″~34°00′07″，海拔（1200）2000~3000（3600）m，从南到北直线距离约 750km，东西宽 50~180km，处于中国地形第一级阶梯向第二级阶梯的过渡地带上，呈狭长弧状分布，但并不连续，而是呈现岛状的间断分布；除秦岭山系外，其他山系均处于华西雨屏带上，年降水量在 850~1500mm，个别地区可高达 2000mm，年气温 3.0~8.5℃，1 月气温 –6~1℃，7 月气温 11~17.5℃；空气相对湿度 70%~85%；日照时数 1040~1830h；雾日 5~322d；土壤为山地黄棕壤和棕壤；植被为山地阔叶林、针阔混交林和暗针叶林。

到目前为止，可确认为大熊猫主食竹的竹类植物总共有 16 属 107 种 1 变种 19 栽培品种。其中：簕竹属 *Bambusa* Retz. corr. Schreber 4 种 4 栽培品种，巴山木竹属 *Bashania* Keng f. et Yi 6 种，方竹属 *Chimonobambusa* Makino 9 种 4 栽培品种，绿竹属 *Dendrocalamopsis* (Chia et H. L. Fung) Keng f. 2 种，牡竹属 *Dendrocalamus* Nees 3 种，镰序竹属 *Drepanostachyum* Keng f. 2 种，箭竹属 *Fargesia* Franch. emend. Yi 29 种，箬竹属 *Indocalamus* Nakai 8 种，月月竹属 *Menstruocalamus* Yi 1 种，慈竹属 *Neosinocalamus* Keng f. 1 种 3 栽培品种，刚竹属 *Phyllostachys* Sieb. et Zucc. 23 种 1 变种 6 栽培品种，苦竹属 *Pleioblastus* Nakai 3 种，茶秆竹属 *Pseudosasa* Makino ex Nakai 1 种，筇竹属 *Qiongzhuea* Hsueh et Yi 5 种，唐竹属 *Sinobambusa* Makino ex Nakai 1 种，玉山竹属 *Yushania* Keng f. 11 种。四川大熊猫数量约占全国大熊猫总数的 81%，其所采食的竹属全产，采食的竹种约占全国大熊猫主食竹的 96.8%，只有秦岭箭竹 *Fargesia qinlingensis* Yi 和龙头箭竹 *F. dracocephala* Yi 不产于四川大熊猫分布区。

野生大熊猫主要分布于中国的四川省、陕西省和甘肃省的岷山、邛崃山、凉山、大相岭、小相岭和秦岭等六大山系的 17 个市（州）49 个县（市、区），而大熊猫主食竹的分布则基本与野生大熊猫的分布相一致，但范围更广，遍及全国 17 个市（州）约 55 个县（市、区），且主要集中在各大熊猫栖息地中（表 3-1）。

表 3-1　全国大熊猫栖息地主要竹种分布面积一览表

地区	主要竹子种类	分布面积 / hm^2	占各省栖息地面积比例 / %	占全国栖息地面积比例 / %
四川	7 属 32 种	1 887 100	93.09	73.24
陕西	5 属 7 种	314 807	87.30	12.22
甘肃	3 属 9 种 1 变种	128 618	68.14	4.99
全国	8 属 37 种	2 330 525	90.44	90.44

3.3.1　大熊猫主食竹的政区分布

大熊猫主食竹的政区分布，主要是指在自然状态下，野生大熊猫主食竹在不同省、市（州）、县（特区）的分布状况。权威资料显示，野生大熊猫主食竹分布区主要位于中国四川、陕西、甘肃三省的 17 个市（州）、55 个县（市、区）。

3.3.1.1　四川省

四川省的野生大熊猫主食竹，主要分布于该省的西部地区，有 11 市（州）、41 县（市、区），地理坐标为东经 101°55′00″~105°27′00″，北纬 28°12′00″~33°34′12″ 之间，东起青川县姚渡镇，西至九龙县斜卡乡，南起雷波县拉咪乡，北至九寨沟县大录乡。总面积约 243.85 万 hm^2。

主要主食竹竹类有 7 属 32 种，竹林面积约 235 万 hm^2，约占全国大熊猫主食竹总面积的 77%。其中，分布面积最大的前 3 种竹种为缺苞箭竹 *Fargesia denudata* Yi、冷箭竹 *Bashania faberi* (Rendle) Yi和短锥玉山竹 *Yushania brevipaniculata* (Hand.-Mazz.) Yi，面积分别为 41.11 万 hm^2、39.55 万 hm^2、13.38 万 hm^2，合计 90.04 万 hm^2，约占全省大熊猫主食竹分布面积的 40.02%。在四川的各山系中，岷山山系大熊猫主食竹的分布面积约 80.40 万 hm^2，分布面积最大的 3 种竹子依次为缺苞箭竹、青川箭竹 *Fargesia rufa* Yi、糙花箭竹 *F. scabrida* Yi，分别为 41.01 万 hm^2、12.51 万 hm^2、9.07 万 hm^2，合计 62.59 万 hm^2，约占该山系大熊猫主食竹分布面积的 77.85%；邛崃山山系大熊猫主食竹的分布面积约 72.66 万 hm^2，分布面积最大的 3 种竹子依次为冷箭竹、短锥玉山竹、拐棍竹 *F. robusta* Yi，分别为 34.01 万 hm^2、11.11 万 hm^2、8.77 万 hm^2，合计 53.89 万 hm^2，约占该山系大熊猫主食竹分布面积的 74.17%；大相岭山系大熊猫主食竹的分布面积约 14.33 万 hm^2，分布面积最大的 3 种竹子依次为八月竹 *Chimonobambusa szechuanensis* (Rendle) Keng f.、冷箭竹、短锥玉山竹，分别为 6.04 万 hm^2、3.41 万 hm^2、2.27 万 hm^2，合计 11.72 万 hm^2，约占该山系大熊猫主食竹分布面积的 81.79%；小相岭山系大熊猫主食竹的分布面积约 19.07 万 hm^2，分布面积最大的 3 种竹子依次为石棉玉山竹 *Yushania lineolata* Yi、峨热竹 *Bashania spanostacha* Yi、丰实箭竹 *Fargesia ferax* (Keng) Yi，分别为 4.49 万 hm^2、4.06 万 hm^2、3.11 万 hm^2，合计 11.66 万 hm^2，约占该山系大熊猫主食竹分布面积的 61.14%；凉山山系大熊猫主食竹的分布面积约 51.51 万 hm^2，分布面积最大的 3 种竹子依次为斑壳玉山竹 *Yushania maculata* Yi、白背玉山竹 *Y. glauca* Yi & T. L. Long 和八月竹，分别为 8.42 万 hm^2、7.42 万 hm^2、4.94 万 hm^2，合计 20.33 万 hm^2，约占该山系大熊猫主食竹分布面积的 40.34%；秦岭山系（四川部分）大熊猫主食竹的分布面积约 8825hm^2，分布面积最大的 3 种竹子依次为糙花箭竹、缺苞箭竹、巴山木竹 *Bashania fargesii* (E. G. Camus) Keng f. & Yi，分别为 7256hm^2、1088hm^2、481hm^2，分别占该山系 3 种大熊猫主食竹分布面积的 82.22%、12.33%、5.45%。

1）成都市

成都市的大熊猫主食竹主要分布于都江堰、

彭州、邛崃、大邑、崇州 5 个县（市）。

a. 都江堰市：大熊猫主食竹主要有慈竹 *Neosinocalamus affinis* (Rendle) Keng f.、黄毛竹 *N. affinis* 'Chrysotrichus'、唐竹 *Sinobambusa tootsik* (Sieb.) Makino、刺黑竹 *Chimonobambusa neopurpurea* Yi、刺竹子 *Ch. pachystachys* Hsueh et Yi、桂竹 *Phyllostachys bambusoides* Sieb. et Zucc.、蓉城竹 *P. bissetii* McClure、篌竹 *P. nidularia* Munro、硬头青竹 *P. veitchiana* Rendle、毛金竹 *P. nigra* (Lodd. ex Lindl.) Munro var. *henonis* (Mitford) Stapf ex Rendle、拐棍竹 *Fargesia robusta* Yi、短锥玉山竹 *Yushania brevipaniculata* (Hand.-Mazz.) Yi、笔竿竹 *Pseudosasa guanxianensis* Yi、冷箭竹 *Bashania faberi* (Rendle) Yi、半耳箬竹 *Indocalamus semifalcatus* (H. R. Zhao et Y. L. Yang)Yi 等。

b. 彭州市：大熊猫主食竹主要有慈竹 *Neosinocalamus affinis* (Rendle) Keng f.、刺黑竹 *Chimonobambusa neopurpurea* Yi、桂竹 *Phyllostachys bambusoides* Sieb. et Zucc.、篌竹 *P. nidularia* Munro、彭县刚竹 *P. sapida* Yi、细枝箭竹 *Fargesia stenoclada* Yi、拐棍竹 *F. robusta* Yi、短锥玉山竹 *Yushania brevipaniculata* (Hand.-Mazz.) Yi、冷箭竹 *Bashania faberi* (Rendle) Yi 等。

c. 邛崃市：大熊猫主食竹主要有慈竹 *Neosinocalamus affinis* (Rendle) Keng f.、金丝慈竹 *N. affinis* 'Viridiflavus'、溪岸方竹 *Chimonobambusa rivularis* Yi、篌竹 *Phyllostachys nidularia* Munro、拐棍竹 *Fargesia robusta* Yi、短锥玉山竹 *Yushania brevipaniculata* (Hand.-Mazz.) Yi 等。

d. 大邑县：大熊猫主食竹主要有慈竹 *Neosinocalamus affinis* (Rendle) Keng f.、桂竹 *Phyllostachys bambusoides* Sieb. et Zucc.、油竹子 *Fargesia angustissima* Yi、拐棍竹 *F. robusta* Yi、冷箭竹 *Bashania faberi* (Rendle) Yi 等。

e. 崇州市：大熊猫主食竹主要有孝顺竹 *Bambusa multiplex* (Lour.) Raeuschel ex J. A. et J. H. Schult.、黄毛竹 *Neosinocalamus affinis* 'Chrysotrichus'、刺竹子 *Chimonobambusa pachystachys* Hsueh et Yi、油竹子 *Fargesia angustissima* Yi、拐棍竹 *F. robusta* Yi、短锥玉山竹 *Yushania brevipaniculata* (Hand.-Mazz.) Yi、冷箭竹 *Bashania faberi* (Rendle) Yi、毛粽叶 *Indocalamus chongzhouensis* Yi et L.Yang、篌竹、金竹 *Phyllostachys sulphurea* (Carr.) A. et C. Riv. 等。

2）绵阳市

绵阳市的大熊猫主食竹主要分布于平武、北川、安州 3 个县（区）。

a. 平武县：大熊猫主食竹主要有钓竹 *Drepanostachyum breviligulatum* Yi、毛金竹 *Phyllostachys nigra* (Lodd. ex Lindl.) Munro var. *henonis* (Mitford) Stapf ex Rendle、缺苞箭竹 *Fargesia denudata* Yi、团竹 *F. obliqua* Yi、青川箭竹 *F. rufa* Yi、糙花箭竹 *F. scabrida* Yi、短锥玉山竹 *Yushania brevipaniculata* (Hand.-Mazz.) Yi、冷箭竹 *Bashania faberi* (Rendle) Yi 等。

b. 北川县：大熊猫主食竹主要有油竹子 *Fargesia angustissima* Yi、缺苞箭竹 *F. denudata* Yi、团竹 *F. obliqua* Yi、青川箭竹 *F. rufa* Yi、短锥玉山竹 *Yushania brevipaniculata* (Hand.-Mazz.) Yi、冷箭竹 *Bashania faberi* (Rendle) Yi 等。

c. 安州区：大熊猫主食竹主要有刺黑竹 *Chimonobambusa neopurpurea* Yi、缺苞箭竹 *Fargesia denudata* Yi、糙花箭竹 *F. scabrida* Yi、短锥玉山竹 *Yushania brevipaniculata* (Hand.-Mazz.) Yi 等。

3）乐山市

乐山市的大熊猫主食竹主要分布于沙湾、马边、峨边、峨眉山、金口河、沐川 6 县（市、区）。

a. 沙湾区：大熊猫主食竹主要有金竹 *Phyllostachys sulphurea* (Carr.) Riviere、短锥玉山竹 *Yushania brevipaniculata* (Hand-Mazz.) Yi、马边玉山竹 *Y. mabianensis* Yi、三月竹 *Qiongzhuea opienensis* Hsueh et Yi、实竹子 *Q. rigidula* Hsueh et Yi 等。

b. 马边县：大熊猫主食竹主要有刺竹子 *Chimonobambusa pachystachys* Hsueh et Yi、蜘蛛竹 *Ch. zhizhuzhu* Yi、大叶筇竹 *Qiongzhuea macrophyl-*

la hsueh Yi、三月竹 *Q. opienensis* Hsueh et Yi、实竹子 *Q. rigidula* Hsueh et Yi、筇竹 *Q. tumidinoda* Hsueh et Yi、少花箭竹 *Fargesia pauciflora* (Keng) Yi、熊竹 *Yushania ailuropodina* Yi、大风顶玉山竹 *Y. dafengdingensis* Yi、马边玉山竹 *Y. mabianensis* Yi、白背玉山竹 *Y. glauca* Yi et T. L. Long、笔竿竹 *Pseudosasa guanxianensis* Yi、马边巴山木竹 *Bashania abietina* Yi、峨眉箬竹 *Indocalamus emeiensis* C. D. Chu et C. S. Chao、冷箭竹等。

c. 峨边县：大熊猫主食竹主要有八月竹 *Chimonobambusa szechuanensis* (Rendle) Keng f.、蜘蛛竹 *Ch. zhizhuzhu* Yi、泥巴山筇竹 *Qiongzhuea multigemmia* Yi et T. L. Long、三月竹 *Q. opienensis* *Hsueh et* Yi、实竹子 *Q. rigidula* Hsueh et Yi、短锥玉山竹 *Yushania brevipaniculata* (Hand.-Mazz.) Yi、白背玉山竹 *Y. glauca* Yi、熊竹 *Y. ailuropodina* Yi、冷箭竹 *Bashania faberi* (Rendle) Yi 等。

d. 峨眉山市：大熊猫主食竹主要有大琴丝竹 *Neosinocalamus affinis* 'Flavidorivens'、刺竹子 *Chimonobambusa pachystachys* Hsueh et Yi、八月竹 *Chimonobambusa szechuanensis* (Rendle) Keng f.、短锥玉山竹 *Yushania brevipaniculata* (Hand.-Mazz.) Yi、冷箭竹 *Bashania faberi* (Rendle) Yi、峨眉箬竹 *Indocalamus emeiensis* C. D. Chu et C. S. Chao 等。

e. 金口河区：大熊猫主食竹主要有八月竹 *Chimonobambusa szechuanensis* (Rendle) Keng f.、羊竹子 *Drepanostachyum saxatile* (Hsueh et Yi) Keng f. ex Yi、冷箭竹 *Bashania faberi* (Rendle) Yi、短锥玉山竹 *Yushania brevipaniculata* (Hand.-Mazz.) Yi 等。

f. 沐川县：大熊猫主食竹主要有八月竹 *Chimonobambusa szechuanensis* (Rendle) Keng f.、刺黑竹 *Ch. neopurpurea* Yi、三月竹 *Qiongzhuea opienensis* Hsueh et Yi、实竹子 *Q. rigidula* Hsueh et Yi、水竹 *Phyllostachys heteroclada* Oliver、毛金竹 *P. nigra* (Lodd. ex Lindl.) Munro var. *henonis* (Mitf.) Stapf ex Rendle、斑苦竹 *Pleioblastus maculatus* (McClure) C.D. Chu et C. S. Chao、沐川玉山竹 *Yushania exilis* Yi 和抱鸡竹 *Y. punctulata* Yi 等。

4）德阳市

德阳市的大熊猫主食竹主要分布于绵竹、什邡两个市。

a. 绵竹市：大熊猫主食竹主要有慈竹 *Neosinocalamus affinis* (Rendle) Keng f.、桂竹 *Phyllostachys bambusoides* Sieb. et Zucc.、金竹 *P. sulphurea* (Carr.) A. et C. Riv.、短锥玉山竹 *Yushania brevipaniculata* (Hand.-Mazz.) Yi、笔竿竹 *Pseudosasa guanxianensis* Yi 等。

b. 什邡市：大熊猫主食竹主要有慈竹 *Neosinocalamus affinis* (Rendle) Keng f.、桂竹 *Phyllostachys bambusoides* Sieb. et Zucc.、细枝箭竹 *Fargesia stenoclada* Yi、糙花箭竹 *F. scabrida* Yi、短锥玉山竹 *Yushania brevipaniculata* (Hand.-Mazz.) Yi 等。

5）眉山市

眉山市的大熊猫主食竹主要分布于洪雅 1 个县。

洪雅县：大熊猫主食竹主要有刺竹子 *Chimonobambusa pachystachys* Hsueh et Yi、八月竹 *Ch. szechuanensis* (Rendle) Keng f.、桂竹 *Phyllostachys bambusoides* Sieb. et Zucc.、短锥玉山竹 *Yushania brevipaniculata* (Hand.-Mazz.) Yi、冷箭竹 *Bashania faberi* (Rendle) Yi 等。

6）广元市

广元市的大熊猫主食竹主要分布于青川 1 个县。

青川县：大熊猫主食竹主要有缺苞箭竹 *Fargesia denudata* Yi、青川箭竹 *F. rufa* Yi、糙花箭竹 *F. scabrida* Yi、冷箭竹 *Bashania faberi* (Rendle) Yi、巴山木竹 *B. fargesii* (E. G. Camus) Keng f. et Yi、金竹 *Phyllostachys sulphurea* (Carr.) A. et C. Riv.、毛金竹 *P. nigra* (Lodd. ex Lindl.) Munro var. *henonis* (Mitford) Stapf ex Rendle、阔叶箬竹 *Indocalamus latifolius* (Keng) McClure 等。

7）雅安市

雅安市的大熊猫主食竹主要分布于宝兴、天全、芦山、荥经、石棉 5 个县。

a. 宝兴县：大熊猫主食竹主要有蓉城竹 *Phyllostachys bissetii* McClure、水竹 *P. heteroclada* Oliv.、美竹 *P. mannii* Gamble、彭县刚竹 *P. sapida* Yi、硬头青竹 *P. veitchiana* Rendle、篌竹、毛金竹 *P. nigra* (Lodd. ex Lindl.) Munro var. *henonis* (Mitford) Stapf ex Rendle、短锥玉山竹 *Yushania brevipaniculata* (Hand.-Mazz.) Yi、宝兴巴山木竹 *Bashania baoxingensis* Yi、冷箭竹 *B. faberi* (Rendle) Yi、峨眉箬竹 *Indocalamus emeiensis* C. D. Chu et C. S. Chao、八月竹等。

b. 天全县：大熊猫主食竹主要有天全方竹 *Chimonobambusa tianquanensis* Yi、水竹 *Phyllostachys heteroclada* Oliv.、篌竹、毛金竹 *P. nigra* (Lodd. ex Lindl.) Munro var. *henonis* (Mitford) Stapf ex Rendle、墨竹 *Fargesia incrassata* Yi、短鞭箭竹 *F. brevistipedis* Yi、短锥玉山竹 *Yushania brevipaniculata* (Hand.-Mazz.) Yi、冷箭竹 *Bashania faberi* (Rendle) Yi、八月竹等。

c. 芦山县：大熊猫主食竹主要有水竹 *Phyllostachys heteroclada* Oliv.、篌竹 *P. nidularia* Munro、油竹子 *Fargesia angustissima* Yi、毛金竹 *P. nigra* (Lodd. ex Lindl.) Munro var. *henonis* (Mitford) Stapf ex Rendle、短锥玉山竹 *Yushania brevipaniculata* (Hand.-Mazz.) Yi、八月竹等。

d. 荥经县：大熊猫主食竹主要有八月竹 *Chimonobambusa szechuanensis* (Rendle) Keng f.、泥巴山筇竹 *Qiongzhuea multigemmia* Yi、毛金竹 *Phyllostachys nigra* (Lodd. ex Lindl.) Munro var. *henonis* (Mitford) Stapf ex Rendle、篌竹 *P. nidularia* Munro、短锥玉山竹 *Yushania brevipaniculata* (Hand.-Mazz.) Yi、金竹 *Phyllostachys sulphurea* (Carr.) A. et C. Riv. 等。

e. 石棉县：大熊猫主食竹主要有丰实箭竹 *Fargesia ferax* (Keng) Yi、蛾热竹 *Bashania spanostachya* Yi、空柄玉山竹 *Yushania cava* Yi、石棉玉山竹 *Y. lineolata* Yi、鄂西玉山竹 *Y. confusa* (McClure) Z. P. Wang et G. H. Ye 等。

8）宜宾市

宜宾市的大熊猫主食竹仅分布于屏山县的老君山国家级自然保护区。

屏山县：大熊猫主食竹主要有冷箭竹 *Bashania faberi* (Rendle) Yi、刺竹子 *Chimonobambusa pachystachys* Hsueh et Yi、八月竹 *Ch. szechuanensis* (Rendle) Keng f.、狭叶方竹 *Ch. angustifolia* C. D. Chu et C. S. Chao、刺黑竹 *Ch. neopurpurea* Yi、屏山方竹 *Ch. pingshanensis* Yi et J. Y. Shi、水竹 *Phyllostachys heteroclada* Oliver、篌竹 *P. nidularia* Munro、毛金竹 *P. nigra* (Lodd. ex Lindl.) Munro var. *henonis* (Mitf.) Stapf ex Rendle、灰竹 *P. nuda* McClure、金竹 *P. sulphurea* (Carr.) Riviere、苦竹 *Pleioblastus amarus* (Keng) Keng f、筇竹 *Qiongzhuea tumidinoda* Hsueh et Yi、沐川玉山竹 *Yushania exilis* Yi、马边玉山竹 *Y. mabianensis* Yi、鄂西玉山竹 *Y. confusa* (McClure) Z. P. Wang et G. H. Ye 和屏山玉山竹 *Y. pingshanensis* Yi 等。

9）阿坝藏族羌族自治州

阿坝藏族羌族自治州的大熊猫主食竹主要分布于九寨沟、松潘、茂县、汶川、理县、小金、黑水、若尔盖、卧龙等 8 县 1 特区。

a. 九寨沟县：大熊猫主食竹主要有缺苞箭竹 *Fargesia denudata* Yi、华西箭竹 *F. nitida* (Mitford) Keng f. ex Yi、团竹 *F. obliqua* Yi、冷箭竹 *Bashania faberi* (Rendle) Yi 等。

b. 松潘县：大熊猫主食竹主要有缺苞箭竹 *Fargesia denudata* Yi、华西箭竹 *F. nitida* (Mitford) Keng f. ex Yi、团竹 *F. obliqua* Yi、糙花箭竹 *F. scabrida* Yi、冷箭竹 *Bashania faberi* (Rendle) Yi、金竹 *Phyllostachys sulphurea* (Carr.) A. et C. Riv. 等。

c. 茂县：大熊猫主食竹主要有华西箭竹 *Fargesia nitida* (Mitford) Keng f. ex Yi、团竹 *F.*

obliqua Yi、青川箭竹 *F. rufa* Yi、短锥玉山竹 *Yushania brevipaniculata* (Hand.-Mazz.) Yi、冷箭竹 *Bashania faberi* (Rendle) Yi 等。

d. 汶川县：大熊猫主食竹主要有篌竹、油竹子 *Fargesia angustissima* Yi、华西箭竹 *F. nitida* (Mitford) Keng f. ex Yi、拐棍竹 *F. robusta* Yi、短锥玉山竹 *Yushania brevipaniculata* (Hand.-Mazz.) Yi、冷箭竹 *Bashania faberi* (Rendle) Yi 等。

e. 理县：大熊猫主食竹主要有华西箭竹 *Fargesia nitida* (Mitford) Keng f. ex Yi、拐棍竹 *F. robusta* Yi、冷箭竹 *Bashania faberi* (Rendle) Yi 等。

f. 小金县：大熊猫主食竹主要有华西箭竹 *Fargesia nitida* (Mitford) Keng f. ex Yi 和短锥玉山竹 *Yushania brevipaniculata* (Hand.-Mazz.) Yi 等。

g. 黑水县：大熊猫主食竹主要有华西箭竹 *Fargesia nitida* (Mitford) Keng f. ex Yi、拐棍竹 *F. robusta* Yi、冷箭竹 *Bashania faberi* (Rendle) Yi 等。

h. 若尔盖县：大熊猫主食竹主要有华西箭竹 *Fargesia nitida* (Mitford) Keng f. ex Yi、缺苞箭竹 *F. benudata* Yi 等。

i. 卧龙特区：大熊猫主食竹主要有桂竹 *Phyllostachys bambusoides* Sieb. et Zucc.、美竹 *P. mannii* Gamble、油竹子、篌竹、*Fargesia angustissima* Yi、华西箭竹 *F. nitida* (Mitford) Keng f. ex Yi、拐棍竹 *F. robusta* Yi、斑苦竹 *Pleioblastus maculatus* (McClure) C. D. Chu et C. S. Chao、冷箭竹 *Bashania faberi* (Rendle) Yi、短锥玉山竹 *Yushania brevipaniculata* (Hand.-Mazz.) Yi 等。

10）凉山彝族自治州

凉山彝族自治州的大熊猫主食竹主要分布于雷波、美姑、冕宁、越西、甘洛等 5 个县。

a. 雷波县：大熊猫主食竹主要有大叶筇竹 *Qiongzhuea macrophylla* Hsueh et Yi、筇竹 *Q. tumidinoda* Hsueh et Yi、丰实箭竹 *Fargesia ferax* (Keng) Yi、少花箭竹 *F. pauciflora* (Keng) Yi、白背玉山竹 *Yushania glauca* Yi et T. L long、鄂西玉山竹 *Y. confusa* (McClure) Z. P. Wang et G. H. Ye、雷波玉山竹 *Y. leiboensis* Yi、马边玉山竹 *Y. mabianensis* Yi、短锥玉山竹 *Y. brevipaniculata* (Hand.-Mazz.) Yi、刺黑竹 *Chimonobambusa neopurpurea* Yi et T. L long、冷箭竹等。

b. 美姑县：大熊猫主食竹主要有八月竹 *Chimonobambusa szechuanensis* (Rendle) Keng f.、熊竹 *Yushania ailuropodina* Yi、短锥玉山竹 *Y. brevipaniculata* (Hand.-Mazz.) Yi、大风顶玉山竹 *Y. dafengdingensis* Yi、白背玉山竹 *Y. glauca* Yi et T. L. Long、斑壳玉山竹 *Y. maculata* Yi、冷箭竹等。

c. 冕宁县：大熊猫主食竹主要有美竹 *Phyllostachys mannii* Gamble、岩斑竹 *Fargesia canaliculata* Yi、膜鞘箭竹 *F. membranacea* Yi、贴毛箭竹 *F. adpressa* Yi、清甜箭竹 *F. dulcicula* Yi、雅容箭竹 *F. elegans* Yi、露舌箭竹 *F. exposita* Yi、扫把竹 *F. fractiflexa* Yi、丰实箭竹 *F. ferax* (Keng) Yi、马骆箭竹 *F. maluo* Yi、小叶箭竹 *F. parvifolia* Yi、昆明实心竹 *F. yunnanensis* Hsueh et Yi、空柄玉山竹 *Yushania cava* Yi、石棉玉山竹 *Y. lineolata* Yi、斑壳玉山竹 *Y. maculata* Yi、紫花玉山竹 *Y. violascens* (Keng) Yi、峨热竹 *Bashania spanostachya* Yi 等。

d. 越西县：大熊猫主食竹主要有美竹 *Phyllostachys mannii* Gamble、丰实箭竹 *Fargesia ferax* (Keng) Yi、冷箭竹 *Bashania faberi* (Rendle) Yi、石棉玉山竹 *Yushania lineolata* Yi、短锥玉山竹 *Y. brevipaniculata* (Hand.-Mazz.) Yi、斑壳玉山竹 *Y. maculata* Yi 等。

e. 甘洛县：大熊猫主食竹主要有美竹 *Phyllostachys mannii* Gamble、丰实箭竹 *Fargesia ferax* (Keng) Yi、冷箭竹 *Bashania faberi* (Rendle) Yi、短锥玉山竹 *Yushania brevipaniculata* (Hand.-Mazz.) Yi、斑壳玉山竹 *Y. maculata* Yi 等。

11）甘孜藏族自治州

甘孜藏族自治州的大熊猫主食竹主要分布于康定、泸定、九龙 3 个县（市）。

a. 康定市：大熊猫主食竹主要有水竹 *Phyllostachys heteroclada* Oliv.、牛麻箭竹 *Fargesia emaculata* Yi、丰实箭竹 *F. ferax* (Keng) Yi、冷箭竹 *Bashania faberi* (Rendle) Yi 等。

b. 泸定县：大熊猫主食竹主要有硬头黄竹 *Bambusa rigida* Keng et Keng f.、美竹 *Phyllostachys mannii* Gamble、扫把竹 *Fargesia fractiflexa* Yi、丰实箭竹 *F. ferax* (Keng) Yi、短锥玉山竹 *Yushania brevipaniculata* (Hand.-Mazz.) Yi、冷箭竹 *Bashania faberi* (Rendle) Yi 等。

c. 九龙县：大熊猫主食竹主要有岩斑竹 *Fargesia canaliculata* Yi、贴毛箭竹 *F. adpressa* Yi、九龙箭竹 *F. jiulongensis* Yi、丰实箭竹 *F. ferax* (Keng) Yi 等。

3.3.1.2 陕西省

陕西省的野生大熊猫主食竹，主要分布于该省的秦岭南坡，有 4 市（州）、10 县，地理坐标为东经 105°29′10″~108°36′48″、北纬 32°52′31″~34°00′06″之间，东起宁陕县泰山庙乡，西至宁强县青木川镇，南起宁强县青木川镇（保护区），北至周至县厚畛子镇，总面积约 60.52 万 hm^2。

主要主食竹种有 5 属 7 种，分布面积约 450 593 hm^2，占全国大熊猫主食竹面积的 14.8%。其中，分布面积最大的是秦岭箭竹 *Fargesia qinlingensis* Yi，占该省大熊猫主食竹分布面积的 61.49%；其次为巴山木竹 *Bashania fargesii* (E. G. Camus) Keng f. et Yi，占主食竹分布面积的 32.44%；再次为龙头箭竹 *Fargesia dracocephala* Yi，占主食竹分布面积的 3.35%。

1）汉中市

汉中市的大熊猫主食竹主要分布于洋县、佛坪、城固、宁强、留坝等 5 个县。

a. 洋县：大熊猫主食竹主要有秦岭箭竹 *Fargesia qinlingensis* Yi、龙头箭竹 *F. dracocephala* Yi、华西箭竹、秦岭木竹 *Bashania aristata* Y. Ren，Y. Li et G. D. Dang、巴山木竹 *B. fargesii* (E. G. Camus) Keng f. et Yi、巴山箬竹 *Indocalamus bashanensis* (C. D. Chu et C. S. Chao) H. R. Zhao et Y. L. Yang、阔叶箬竹 *I. latifolius* (Keng) McClure、金竹 *Phyllostachys sulphurea* (Carr.) A. et C. Riv. 等。

b. 佛坪县：大熊猫主食竹主要有紫耳箭竹 *F. decurvata* J. L. Lu、龙头箭竹 *F. dracocephala* Yi、华西箭竹、秦岭箭竹 *F. qinlingensis* Yi、秦岭木竹 *Bashania aristata* Y. Ren, Y. Li et G. D. Dang、巴山木竹 *B. fargesii* (E. G. Camus) Keng f. et Yi、巴山箬竹 *Indocalamus bashanensis* (C. D. Chu et C. S. Chao) H. R. Zhao et Y. L. Yang 等。

c. 城固县：大熊猫主食竹主要有巴山木竹 *Bashania fargesii* (E. G. Camus)Keng f. et Yi、阔叶箬竹 *Indocalamus latifolius* (Keng) McClure、巴山箬竹 *I. bashanensis* (C. D. Chu et C. S. Chao) H. R. Zhao et Y. L. Yang 等。

d. 宁强县：大熊猫主食竹主要有巴山木竹 *Bashania fargesii* (E. G. Camus)Keng f. et Yi、巴山箬竹 *Indocalamus bashanensis* (C. D. Chu et C. S. Chao) H. R. Zhao et Y. L. Yang、阔叶箬竹 *I. latifolius* (Keng) McClure 等。

e. 留坝县：大熊猫主食竹主要有巴山木竹 *Bashania fargesii* (E. G. Camus)Keng f. et Yi、巴山箬竹 *Indocalamus bashanensis* (C. D. Chu et C. S. Chao) H. R. Zhao et Y. L. Yang、阔叶箬竹 *I. latifolius* (Keng) McClure 等。

2）西安市

西安市的大熊猫主食竹主要分布于周至、户县两个县。

a. 周至县：大熊猫主食竹主要有桂竹 *Phyllostachys bambusoides* Sieb. et Zucc.、巴山木竹 *Bashania fargesii* (E. G. Camus) Keng f. et Yi、巴山箬竹 *Indocalamus bashanensis* (C. D. Chu et C. S. Chao) H. R. Zhao et Y. L. Yang、阔叶箬竹 *I. latifolius* (Keng) McClure 等。

b. 户县：大熊猫主食竹主要有巴山木竹 *Bashania fargesii* (E. G. Camus) Keng f. et Yi、巴山箬竹 *Indocalamus bashanensis* (C. D. Chu et C. S. Chao) H. R. Zhao et Y. L. Yang、阔叶箬竹 *I. latifolius* (Keng) McClure 等。

3）宝鸡市

宝鸡市的大熊猫主食竹主要分布于太白、

凤县两个县。

a. 太白县：大熊猫主食竹主要有巴山木竹 *Bashania fargesii* (E. G. Camus) Keng f. et Yi、巴山箬竹 *Indocalamus bashanensis* (C. D. Chu et C. S. Chao) H. R. Zhao et Y. L. Yang、阔叶箬竹 *I. latifolius* (Keng) McClure 等。

b. 凤县：大熊猫主食竹主要有巴山木竹 *Bashania fargesii* (E. G. Camus) Keng f. et Yi、巴山箬竹 *Indocalamus bashanensis* (C. D. Chu et C. S. Chao) H. R. Zhao et Y. L. Yang、阔叶箬竹 *I. latifolius* (Keng) McClure 等。

4）安康市

安康市的大熊猫主食竹主要分布于宁陕1县。

宁陕县：大熊猫主食竹主要有神农箭竹、华西箭竹、巴山木竹 *Bashania fargesii* (E. G. Camus) Keng f. et Yi、巴山箬竹 *Indocalamus bashanensis* (C. D. Chu et C. S. Chao) H. R. Zhao et Y. L. Yang、阔叶箬竹 *I. latifolius* (Keng) McClure、金竹 *Phyllostachys sulphurea* (Carr.) A. et C. Riv. 等。

3.3.1.3 甘肃省

甘肃省的野生大熊猫主食竹，主要分布于该省南部的岷山摩天岭北坡，有2市（州）、4县（区），地理坐标为东经103°06′55″~105°36′12″、北纬32°35′44″~34°00′36″之间，东起武都区枫相乡，西至迭部县达拉乡，南起文县范坝乡，北至迭部县旺藏乡。总面积约44.41万hm^2。

主要主食竹种有3属9种1变种，分布面积约24.9万hm^2，占全国大熊猫主食竹面积的8.2%。其中，分布面积最大的是缺苞箭竹，占该省大熊猫主食竹分布面积的20.10%，其次为华西箭竹 *F. nitida* (Mitford) Keng f. ex Yi，占主食竹分布面积的12.69%；再次为青川箭竹 *F. rufa* Yi，占主食竹分布面积的11.25%。

1）陇南市

陇南市的大熊猫主食竹主要分布于文县、武都两个县（区）。

a. 文县：大熊猫主食竹主要有狭叶方竹 *Chimonobambusa angustifolia* C. D. Chu et C. S. Chao、桂竹 *Phyllostachys bambusoides* Sieb. et Zucc.、毛金竹 *P. nigra* (Lodd. ex Lindl.) Munro var. *henonis* (Mitford) Stapf ex Rendle、缺苞箭竹 *Fargesia denudata* Yi、箭竹、龙头箭竹 *F. dracocephala* Yi、团竹 *F. obliqua* Yi、团竹、龙头箭竹、青川箭竹 *F. rufa* Yi、华西箭竹 *F. nitida* (Mitford) Keng f. ex Yi、糙花箭竹 *F. scabrida* Yi、巴山木竹 *Bashania fargesii* (E. G. Camus) Keng f. et Yi 等。

b. 武都区：大熊猫主食竹主要有缺苞箭竹 *Fargesia denudata* Yi、糙花箭竹 *F. scabrida* Yi、青川箭竹 *F. rufa* Yi、巴山木竹 *Bashania fargesii* (E. G. Camus) Keng f. et Yi、巴山箬竹 *Indocalamus bashanensis* (C. D. Chu et C. S. Chao) H. R. Zhao et Y. L. Yang、阔叶箬竹 *I. latifolius* (Keng) McClure 等。

2）甘南藏族自治州

甘南藏族自治州的大熊猫主食竹主要分布于迭部、舟曲两个县。

a. 迭部县：大熊猫主食竹主要有团竹 *Fargesia obliqua* Yi、华西箭竹 *F. nitida* (Mitford) Keng f. ex Yi、缺苞箭竹 *F. denudata* Yi、糙花箭竹 *F. scabrida* Yi、巴山木竹 *Bashania fargesii* (E. G. Camus) Keng f. et Yi、巴山箬竹 *Indocalamus bashanensis* (C. D. Chu et C. S. Chao) H. R. Zhao et Y. L. Yang、阔叶箬竹 *I. latifolius* (Keng) McClure 等。

b. 舟曲县：大熊猫主食竹主要有缺苞箭竹 *F. denudata* Yi、华西箭竹 *F. uitida* (Mitford) Keng f. ex Yi、巴山木竹 *Bashania fargesii* (E. G. Camus) Keng f. et Yi、巴山箬竹 *Indocalamus bashanensis* (C. D. Chu et C. S. Chao) H. R. Zhao et Y. L. Yang、阔叶箬竹 *I. latifolius* (Keng) McClure 等。

3.3.2 大熊猫主食竹的山系分布

大熊猫主食竹的山系分布，主要是指在自然状态下、大熊猫主食竹在不同山系的分布状况，与野生大熊猫栖息地和潜在栖息地的面积分布情况大体一致。

根据全国第四次大熊猫调查报告，目前野生大熊猫的栖息地、潜在栖息地在各主要山系的分布面积状况如表 3-2 所示。

表 3-2　各山系大熊猫栖息地、潜在栖息地面积一览表

山系	栖息地面积 / hm^2	栖息地比例 / %	潜在栖息地面积 / hm^2
秦岭	371 915	14.43	276 817
岷山	971 319	37.70	313 468
邛崃山	688 759	26.73	98 764
大相岭	122 869	4.77	32 149
小相岭	119 364	4.63	51 852
凉山	302 369	11.74	138 143
合计	2 576 595	100.00	911 193

3.3.2.1　秦岭山系

大熊猫主食竹在秦岭山系，主要分布在山脉中段的南坡，在北坡和西段有少量分布。分布范围包括陕西省城固、佛坪、留坝、宁强、洋县、宁陕、太白、凤县、周至、户县10个县，以及四川省的青川县和甘肃省的武都区，共计 12 个县（区）、20 多个乡镇，地理位置为东经 105°05′32″~108°47′57″ 、北纬32°50′18″~34°00′18″之间。

秦岭山系的大熊猫主食竹主要有 5 属 10 种，其中，面积最大的竹种为秦岭箭竹 *Fargesia qinlingensis* Yi，面积 193 576hm²，占该山系大熊猫主食竹面积的 59.64%；其次为巴山木竹 *Bashania fargesii* (E. G. Camus) Keng f. et Yi，面积 103 589hm²，占该山系大熊猫主食竹面积的 31.91%；再次为龙头箭竹 *Fargesia dracocephala* Yi，面积 11 229hm²，占该山系大熊猫主食竹面积的 3.46%。

3.3.2.2　岷山山系

岷山山系是我国野生大熊猫的主要分布区。野生大熊猫主食竹在岷山山系的分布范围包括甘肃省的文县、迭部、舟曲 3 个县 20 个乡镇和四川省的平武、松潘、北川、青川、茂县、九寨沟、若尔盖、都江堰、安州、彭州、绵竹、什邡等12 个县（市）52 个乡镇，共计 15 个县（市）72 个乡镇，地理位置为东经 103°08′24″~105°35′22″、北纬 31°04′18″~33°58′28″之间。局部地区（如都江堰）大熊猫主食竹横跨岷山和邛崃山两个山系，为便于统计，此处纳入岷山山系。

岷山山系的大熊猫主食竹主要有 5 属 17 种，其中，面积最大的竹种为缺苞箭竹 *Fargesia denudata* Yi，面积 431 009hm²，占该山系大熊猫主食竹面积的 51.86%；其次为青川箭竹 *Fargesia rufa* Yi，面积 134 811hm²、占该山系大熊猫主食竹面积的16.22%；再次为糙花箭竹 *Fargesia scabrida* Yi，面积85 073hm²，占该山系大熊猫主食竹面积的10.24%。

3.3.2.3　邛崃山山系

野生大熊猫主食竹在邛崃山山系的分布范围包括宝兴、卧龙、汶川、邛崃、黑水、天全、芦山、崇州、大邑、荥经、理县、都江堰、康定、小金、泸定等 15 个县（市、区）的 70 多个乡镇，地理位置为东经 102°10′48″~103°32′24″、北纬 29°38′24″~31°30′36″之间，但主要分布在邛崃山山系中、南段，即卧龙、汶川、宝兴和天全4县（区）境内，北段数量相对较少。

邛崃山系的大熊猫主食竹主要有6属18种，其中，面积最大的竹种为冷箭竹 *Bashania faberi* (Rendle) Yi，297 643hm^2，占该山系大熊猫主食竹面积的45.93%；其次为短锥玉山竹 *Yushania brevipaniculata* (Hand.-Mazz.) Yi，面积105 958hm^2，占该山系大熊猫主食竹面积的16.35%；再次为拐棍竹 *Fargesia robusta* Yi，面积84 485hm^2，占该山系大熊猫主食竹面积的13.04%。

3.3.2.4 凉山山系

野生大熊猫主食竹在凉山山系的分布范围包括峨边、美姑、雷波、马边、甘洛、越西、屏山、沐川、金口河等9个县（区）的33个乡镇，地理位置为东经102°37′12″~103°45′00″、北纬28°12′00″~29°11′24″之间，但主要分布于凉山山系的中部。

凉山山系的大熊猫主食竹主要有5属15种，其中，面积最大的竹种为斑壳玉山竹 *Yushania maculata* Yi，面积48 219hm^2，占该山系大熊猫主食竹面积的15.82%；其次为白背玉山竹 *Yushania glauca* Yi，面积46 026hm^2，占该山系大熊猫主食竹面积的15.10%；再次为三月竹 *Qiongzhuea opienensis* Hsueh et Yi，面积38 743hm^2，占该山系大熊猫主食竹面积的12.71%。

3.3.2.5 大相岭山系

野生大熊猫主食竹在大相岭山系的分布范围包括雨城、荥经、洪雅、峨眉山、金口河、沙湾等6个县（市、区）的10个乡镇，地理位置为东经102°36′00″~103°11′24″、北纬29°22′48″~29°48′00″之间，但主要分布于大相岭山系东北坡，局部地区（如荥经）大熊猫主食竹分布横跨大相岭和邛崃山两个山系，为便于统计，此处纳入大相岭山系。

大相岭山系的大熊猫主食竹主要有6属9种，其中，面积最大的竹种为八月竹 *Chimonobambusa szechuanensis* (Rendle) Keng f.，面积49 979hm^2，占该山系大熊猫主食竹面积的46.42%；其次为冷箭竹 *Bashania faberi* (Rendle) Yi，面积25 307hm^2、占该山系大熊猫主食竹面积的23.50%；再次为短锥玉山竹 *Yushania brevipaniculata* (Hand.-Mazz.) Yi，面积17 249hm^2，占该山系大熊猫主食竹面积的16.02%。

3.3.2.6 小相岭山系

野生大熊猫主食竹在小相岭山系的分布范围包括石棉、冕宁、九龙3个县的10个乡镇，地理位置为东经101°51′00″~102°33′00″、北纬28°24′36″~29°20′24″之间。

小相岭山系的大熊猫主食竹主要有3属7种，其中，面积最大的竹种为峨热竹 *Bashania spanostachya* Yi，面积43 590hm^2，占该山系大熊猫主食竹面积的38.08%；其次为石棉玉山竹 *Yushania lineolata* Yi，面积32 081hm^2，占该山系大熊猫主食竹面积的28.02%；再次为丰实箭竹 *Fargesia ferax* (Keng) Yi，面积14 290hm^2，占该山系大熊猫主食竹面积的12.48%。

3.3.3 大熊猫主食竹的分布格局

3.3.3.1 全国大熊猫栖息地的格局

第四次大熊猫调查表明，全国大熊猫栖息地总面积为2 576 595hm^2，其中四川省大熊猫栖息地总面积2 027 244hm^2，占78.68%；陕西省大熊猫栖息地总面积为360 587hm^2，占13.99%；甘肃省大熊猫栖息地总面积为188 764hm^2，占7.33%。在六大山系中，栖息地面积最大的是岷山山系，为971 319hm^2，其后依次为邛崃山山系、秦岭山系、凉山山系、大相岭山系和小相岭山系，面积依次为688 759hm^2、371 915hm^2、302 369hm^2、

122 869hm²、119 364hm²。

由于自然隔离和人为干扰，全国大熊猫栖息地被隔离成33个栖息地斑块。在33个斑块中，面积小于1万 hm² 的栖息地斑块有9块，面积共45 284hm²，这些小斑块隔离严重，斑块之间由于地形、植被和竹子长势差、人为活动频繁、路网干扰等因素导致连接困难；面积为1万~10万 hm² 的栖息地斑块有16块，面积共708 708hm²；面积大于10万 hm² 的栖息地斑块有8块，面积共1 822 603hm²，占全国大熊猫栖息地总面积的70.7%。这8个斑块面积较大，保障了大熊猫栖息地景观的完整性和种群生存的需要，主要分布在岷山山系中北部，邛崃山山系中北部和秦岭山系中部。

在33块大熊猫栖息地斑块中，四川22块、陕西6块、甘肃8块，有的部分连片重合。其中，四川、陕西、甘肃交界处的斑块由三省合并为西秦岭的秦岭F斑块，岷山东北部跨甘肃文县和四川青川、平武县的斑块合并为岷山G斑块。六大山系中，秦岭划分为6个斑块、岷山12个斑块、邛崃山5个斑块、大相岭3个斑块、小相岭2个斑块、凉山5个斑块（表3-3）。其中，全国大熊猫栖息地斑块面积最大的是岷山K，面积为319 926hm²，占全国大熊猫栖息地总面积的12.42%；其次是邛崃山C，面积为256 779hm²，占全国大熊猫栖息地总面积的9.97%；第三是邛崃山B，面积为255 833hm²，占全国大熊猫栖息地总面积的9.93%。栖息地斑块面积小、较破碎的区域为邛崃山E、岷山I、岷山H等斑块。

3.3.3.2　各省大熊猫栖息地的格局

1）四川省

四川省大熊猫栖息地总面积为2 027 244hm²，由于自然隔离和人为干扰，四川省大熊猫栖息地共分为22个栖息地斑块（表3-3）。其中，大熊猫栖息地斑块面积最大的是岷山K，面积为319 926hm²，占四川省大熊猫栖息地总面积15.78%；其次是邛崃山C，面积为256 779hm²，占四川省大熊猫栖息地总面积12.65%；第三是邛崃山B，面积为255 833hm²，占四川省大熊猫栖息地总面积12.62%；栖息地斑块面积小、较破碎的区域是邛崃山E。

2）陕西省

陕西省大熊猫栖息地总面积为360 587hm²，由于自然隔离和人为干扰，陕西省大熊猫栖息地共分为6个栖息地斑块（表3-3）。其中，大熊猫栖息地斑块面积最大的是秦岭C，面积为205 359hm²，占陕西省大熊猫栖息地总面积的56.96%；其次是秦岭D，面积为64 101hm²，占陕西省大熊猫栖息地总面积的17.78%；第三是秦岭B，面积为59 422hm²，占陕西省大熊猫栖息地总面积的16.48%；栖息地斑块面积小、较破碎的区域是太白河，包括秦岭E。

3）甘肃省

甘肃省大熊猫栖息地总面积为188 764hm²，由于自然隔离和人为干扰，甘肃省大熊猫栖息地共分为8个栖息地斑块（表3-3）。其中，大熊猫栖息地斑块面积最大的是岷山G斑块（甘肃部分），面积为105 510hm²，占甘肃省大熊猫栖息地总面积的55.90%；其次是岷山B斑块，面积为23 881hm²，占甘肃省大熊猫栖息地面积的12.65%；第三是岷山C斑块，面积为20 508hm²，占甘肃省大熊猫栖息地总面积的10.86%。

3.3.3.3　各山系大熊猫栖息地的格局

1）秦岭山系

秦岭山系大熊猫栖息地面积为371 915hm²，由于自然隔离和人为干扰，秦岭山系大熊猫栖息地共分为6个斑块（表3-3）。其中秦岭C斑块大熊猫栖息地完整程度高，栖息地质量较好，面积为205 359hm²，占秦岭山系大熊猫栖息地

表 3-3　全国大熊猫栖息地斑块、质量统计表

斑块名称	栖息地面积 / hm²					山系	省	县
	适宜	较适宜	一般	小计	比例 / %			
秦岭 A	10 227	8 484	2 430	21 141	0.82	秦岭	陕西	宁陕、镇安
秦岭 B	23 413	23 254	12 755	59 422	2.31	秦岭	陕西	宁陕、周至、户县
秦岭 C	87 646	64 306	53 407	205 359	7.97	秦岭	陕西	太白、周至、洋县、佛坪
秦岭 D	24 844	22 832	16 425	64 101	2.49	秦岭	陕西	太白、留坝、城固、洋县
秦岭 E	2 696	3 966	2 385	9 047	0.35	秦岭	陕西	太白、留坝
秦岭 F	2 640	5 231	4 974	12 845	0.50	秦岭	四川、陕西、甘肃	宁强、武都、青川
岷山 A	3 244	7 514	2 817	13 575	0.53	岷山	甘肃	迭部
岷山 B	4 894	11 646	7 341	23 881	0.93	岷山	甘肃	迭部
岷山 C	9 939	8 580	1 989	20 508	0.80	岷山	甘肃	舟曲
岷山 D	1 723	3 291	586	5 600	0.22	岷山	甘肃	舟曲
岷山 E	4 449	3 274	1 616	9 339	0.36	岷山	甘肃	舟曲
岷山 F	1 181	1 973	453	3 607	0.14	岷山	甘肃	文县
岷山 G	152 188	43 234	27 376	222 797	8.65	岷山	甘肃、四川	文县、九寨沟、平武、青川
岷山 H	0	0	3 406	3 406	0.13	岷山	四川	九寨沟
岷山 I	0	0	3 369	3 369	0.13	岷山	四川	九寨沟
岷山 J	103 971	20 123	84 818	208 912	8.11	岷山	四川	九寨沟、平武、松潘
岷山 K	242 881	38 174	38 871	319 926	12.42	岷山	四川	北川、茂县、平武、松潘
岷山 L	23 549	26 853	85 996	136 399	5.29	岷山	四川	安县、北川、都江堰、茂县、绵竹、彭州、什邡、汶川
邛崃山 A	55 467	4 940	33 969	94 376	3.66	邛崃山	四川	理县、汶川
邛崃山 B	217 386	14 749	23 699	255 833	9.93	邛崃山	四川	宝兴、崇州、大邑、都江堰、芦山、邛崃、汶川
邛崃山 C	200 637	15 612	40 530	256 779	9.97	邛崃山	四川	宝兴、康定、泸定、天全
邛崃山 D	39 484	6 773	33 786	80 044	3.11	邛崃山	四川	泸定、天全、荥经
邛崃山 E	0	0	1 727	1 727	0.07	邛崃山	四川	小金
大相岭 A	4 961	6 472	9 141	20 575	0.80	大相岭	四川	汉源、荥经
大相岭 B	38 629	28 507	30 781	97 916	3.80	大相岭	四川	峨眉山、汉源、洪雅、金口河、荥经
大相岭 C	1 318	1 315	1 745	4 378	0.17	大相岭	四川	峨眉山、沙湾
小相岭 A	14 104	6 401	23 726	44 231	1.72	小相岭	四川	甘洛、石棉、越西
小相岭 B	21 584	14 685	38 864	75 133	2.92	小相岭	四川	九龙、冕宁、石棉
凉山 A	95 617	26 174	94 807	216 597	8.41	凉山	四川	峨边、甘洛、金口河、马边、美姑、越西
凉山 B	34 930	7 956	9 955	52 841	2.05	凉山	四川	雷波、马边、美姑
凉山 C	2 774	5 402	9 184	17 360	0.67	凉山	四川	雷波
凉山 D	4 308	1 467	4 984	10 759	0.42	凉山	四川	雷波
凉山 E	1 649	919	2 244	4 812	0.19	凉山	四川	屏山

注：引自全国第四次大熊猫调查报告。

面积的55.22%，主要分布于秦岭山系太白、周至、洋县、佛坪区域；其次为秦岭D斑块，面积为64 101hm^2，占秦岭山系大熊猫栖息地面积的17.24%。

2）岷山山系

岷山山系大熊猫栖息地面积为971 319hm^2，由于自然隔离和人为干扰，岷山大熊猫栖息地共分为12个斑块（表3-3）。其中，岷山K斑块大熊猫栖息地完整程度高，栖息地质量较好，面积为319 926hm^2，占岷山山系大熊猫栖息地面积的32.94%，主要分布于岷山山系北川、茂县、平武、松潘等区域；其次为岷山J斑块，面积为208 912hm^2，占岷山山系大熊猫栖息地面积的21.51%。

3）邛崃山山系

邛崃山山系大熊猫栖息地面积为688 759hm^2，由于自然隔离和人为干扰，邛崃山系大熊猫栖息地共分为5个斑块（表3-3）。其中，邛崃山C斑块大熊猫栖息地完整程度相对较高，栖息地质量较好，面积为256 779hm^2，占邛崃山系大熊猫栖息地面积的37.28%，主要分布于邛崃山系宝兴、康定、泸定、天全；其次为邛崃山B斑块，面积为255 833hm^2，占邛崃山系大熊猫栖息地面积的37.14%。

4）大相岭山系

大相岭山系大熊猫栖息地面积为122 869hm^2，由于自然隔离和人为干扰，大相岭山系大熊猫栖息地共分为3个斑块（表3-3）。其中大相岭B斑块大熊猫栖息地完整程度高，栖息地质量较好，面积为97 916hm^2，占大相岭山系大熊猫栖息地面积的79.69%，主要分布于峨眉山、汉源、洪雅、金口河、荥经等区域；其次为大相岭A斑块，面积为20 575hm^2，占大相岭山系大熊猫栖息地面积的16.75%；大相岭C斑块栖息地破碎化较为严重，其内部斑块数目多，平均斑块面积较小。

5）小相岭山系

小相岭山系大熊猫栖息地面积为119 364hm^2，由于自然隔离和人为干扰，小相岭山系大熊猫栖息地共分为2个斑块（表3-3）。其中小相岭B斑块大熊猫栖息地完整程度高，栖息地质量较好，面积75 133hm^2，占小相岭山系大熊猫栖息地面积的62.94%，主要分布于小相岭山系九龙、冕宁、石棉等区域；其次为小相岭A斑块，面积为44 231hm^2，占小相岭山系大熊猫栖息地面积的37.06%。

6）凉山山系

凉山山系大熊猫栖息地面积302 369hm^2，由于自然隔离和人为干扰，凉山山系大熊猫栖息地共分为5个斑块（表3-3）。其中凉山A斑块大熊猫栖息地完整程度高，栖息地质量较好，面积为216 597hm^2，占凉山大熊猫栖息地面积的71.63%，主要分布于凉山山系峨边、甘洛、金口河、马边、美姑、越西区域；其次为凉山B斑块，面积为52 841hm^2，占凉山大熊猫栖息地面积的17.48%。

3.3.3.4 大熊猫主食竹的分布格局

大熊猫主食竹的分布格局，与大熊猫栖息地的分布格局大体一致，只是呈现以下一些基本规律。

大熊猫主食竹的分布面积，总体大于大熊猫栖息地的面积。

大熊猫栖息地外的竹子斑块化程度，总体高于大熊猫栖息地内的竹子斑块化程度。

大熊猫主食竹的种类数量，总体多于大熊猫栖息地内竹子的种类数量。

大熊猫栖息地内的竹子质量，整体好于栖息地外的大熊猫主食竹质量。

大熊猫栖息地内竹子的受干扰程度，整体低于栖息地外的竹子受干扰程度。

3.3.4 主要大熊猫主食竹林的分布

1）冷箭竹林

冷箭竹林主要分布于四川邛崃山系的卧龙、汶川、宝兴、天全、崇州等县（市、区）海拔2300~3500m的亚高山地带，通常生长于岷江冷杉林和冷杉林下，组成了岷江冷杉—冷箭竹林和冷杉—冷箭竹林灌木层的优势层片。由于上层乔木处于过熟状态，森林病腐严重，建群树种长势衰弱，故冷箭竹林亦处剧烈演替状态，多呈明显团块状，与冷杉林或岷江冷杉林交错分布。在森林采伐迹地上，则呈连片分布；在大相岭山系，冷箭竹林主要分布于四川洪雅、金口河等地、海拔2300~3500m的亚高山地带，多在林下或林缘山坡上形成冷箭竹纯林。在凉山山系，冷箭竹林主要分布于峨边、甘洛、雷波、马边、美姑、越西等县、海拔2300~3400m的寒温性针叶林下，或在背风的山脊上形成冷箭竹纯林，高度为1~2m，盖度达40%~70%。

2）巴山木竹林

巴山木竹林主要分布于陕西秦巴山地的陕西南部、甘肃南部和四川西部及东北部地区。在秦岭，巴山木竹林主要分布于海拔800~2100m的各种林下，以山谷中下部为主，且长势良好，山坡上部长势稍差。巴山木竹林通常作为各种森林类型的亚乔木层片出现，一般不单独组成群落，只在局部海拔较低、森林植被被人为活动影响较大或破坏较严重的局部区域，才会形成生长茂密的竹林。

3）八月竹林

八月竹林主要分布于四川邛崃山系的天全、宝兴、芦山等县海拔1400~3000m的山地地带；在大相岭山系，主要分布于洪雅、荥经海拔1400~3000m的地段，成为森林群落下层灌木的主要成分，或在森林植被破坏后形成八月竹纯林，高度为2.0~2.3m。

4）刺黑竹林

刺黑竹林仅存于四川凉山山系雷波县的大熊猫栖息地边缘，广泛分布于海拔1200m以下的山地或丘陵地带。

5）华西箭竹林

华西箭竹林在四川主要分布于岷山山系的九寨沟、松潘等地县海拔2450~3200m的亚高山暗针叶林下，局部区域形成大片华西箭竹纯林；在陕西，华西箭竹林主要分布于秦岭山系的长青、佛坪两个自然保护区接壤处的黄桐梁一带，以及老县城保护区的局部地段，在宁陕与周至两个保护区接壤处的天华山一带也有成片分布的华西箭竹林。华西箭竹与秦岭箭竹的形态特征十分相似，所以华西箭竹林的林相也与秦岭箭竹林的林相十分接近，不同之处在于，华西箭竹林常分布于山脊或林间空地上，且其分布范围和垂直跨度均远小于秦岭箭竹林的分布范围和垂直跨度。在甘肃，主要分布于舟曲、迭部两县海拔2800~3200m的红桦林、秦岭冷杉林的林间空地上，或与蔷薇类、悬钩子、绣线菊等植物形成灌木层片。

6）青川箭竹林

青川箭竹林主要分布于四川岷山山系的青川、平武、北川等县海拔1580~2300m的山地地带；在甘肃，主要分布于岷山山系的武都和文县。

7）缺苞箭竹林

缺苞箭竹林主要分布于四川岷山山系的青川、平武、北川等县海拔1290~3200（3600）m的山地地带；在甘肃，主要分布于岷山山系的武都和文县。

8）团竹林

团竹林分布于四川岷山山系的北川、松潘、茂县、平武四县交界处海拔2400~3300（3700）m的亚高山地带，为该山系垂直分布最高的竹林；在甘肃，主要分布于岷山山系的武都和文县。

9）拐棍竹林

拐棍竹林主要分布于四川邛崃山系的卧龙、汶川、崇州等县（市、区）海拔1200~2800m的山地阴坡、半阴坡或为阔叶林、针叶林下的重要层片，局部区域形成拐棍竹纯林。

10）糙花箭竹林

糙花箭竹林主要分布于四川岷山山系的安州、什邡、青川、平武、松潘等县（市、区）海拔1450~2520m的溪岸阔叶林下；在甘肃，主要分布于岷山山系的武都和文县。

11）油竹子林

油竹子林主要分布于四川邛崃山系的卧龙、汶川、芦山、崇州等县（市、区）海拔750~2000m的峡谷石灰岩陡峭坡地上，大多为常绿阔叶林遭受破坏后形成的次生植被中，局部也有小面积纯林。

12）篌竹（白夹竹）林

篌竹林主要分布于四川邛崃山系的卧龙、汶川、都江堰、崇州、宝兴、天全、芦山等县海拔800~1600m的向阳坡地上，常于铃木、尾叶山茶等常绿阔叶林下形成灌木层片。

13）秦岭箭竹林

秦岭箭竹林主要分布于陕西秦岭中段南坡的佛坪自然保护区海拔2500m以上的亚高山地带，是亚高山灌丛的主要组成成分，多与牛皮华林、巴山冷杉林及灌丛草甸镶嵌分布，连片的秦岭箭竹林则多分布于海拔1800~2500m，生长于乔木层之下，作为灌木层的主要组成成分。

14）龙头箭竹林

龙头箭竹林主要分布于陕西秦岭中段南坡的佛坪和洋县，尤以佛坪自然保护区为多。龙头箭竹林与秦岭箭竹林的结构相似，但一般不是原生植被，而是多出现在森林采伐迹地上或比较干燥的次生植被中，以龙头箭竹为优势种成林的竹林面积一般很小，而且是以林下灌木的形式出现。在甘肃，主要分布于岷山山系的武都和文县。

15）峨热竹林

峨热竹林主要分布于四川西南部海拔3200~3900m的长苞冷杉或杜鹃林下，常形成纯林，但秆矮小，高仅50~100cm，在四川石棉栗子坪和冕宁治勒自然保护区有大面积分布。

16）毛金竹林

毛金竹林主要分布于甘肃文县肖家乡一带、海拔900~1500m的山脊或山坡中部，伴生有黄栌、木姜子、盐肤木、悬钩子等，林内一般无上层乔木生长。

17）短锥玉山竹林

短锥玉山竹林主要分布于四川邛崃山系的卧龙、汶川、芦山、宝兴、天全、泸定等县（区）海拔1800~3400m的山地地带，多生于林下，形成阔叶林、针叶林下的重要片层，短锥玉山竹林能在郁闭度较低的林下迅速繁衍，形成片状或带状纯林；在大相岭山系，短锥玉山竹林主要分布于荥经、洪雅、金口河等县（区）海拔1800~3400m的山地地带，形成林下灌木层的重要层片，局部区域形成片状纯林，高度2m左右；在凉山山系，短锥玉山竹林主要分布于峨边、甘洛、美姑等县海拔1800~3400m的寒温性针叶林和温性针阔叶混交林下，或在森林植被遭遇破坏后的山地上形成短锥玉山竹纯林，高度2~4m，盖度可达60%~70%。

18）石棉玉山竹林

石棉玉山竹林主要分布于四川小相岭山系的石棉、冕宁等县海拔2400~3150m的冲积平地或山坡地带，多生于林下，或形成纯林，平均高度约 1.56m，盖度可达 60%~80%；在凉山山系，石棉玉山竹林主要分布于峨边、甘洛、金口河、雷波、越西等县（区）海拔 1800~3750m 的山地地带，常形成纯林，或生长于阔叶林下，构成云南松林下的重要灌木层片，高度 2.0~3.5m，盖度可达 40%~65%。

19）空柄玉山竹林

空柄玉山竹林主要分布于四川小相岭山系的石棉、冕宁等县海拔 2000~2600m 的低洼沼泽地带，或温性针阔叶混交林下，成竹高度约 1.48m，盖度可达 40%~60%。

20）白背玉山竹林

白背玉山竹林主要分布于四川凉山山系的峨边、马边、雷波、美姑等县海拔 2500~3200m 的山地地带，呈团块状，或为冷杉林下的重要灌木层植物，高度 3~6m，盖度约 40%。

21）熊竹林

熊竹林主要分布于四川凉山山系的峨边、马边、美姑等县海拔 2600~3000m 的冷杉林下，高度 3~4m，盖度约 40%。

22）斑壳玉山竹林

斑壳玉山竹林主要分布于四川凉山山系的甘洛、美姑、越西等县海拔 1800~3400m 山地阴坡地带的疏林之下或灌木丛中，局部形成斑壳玉山竹纯林，高度 2~4m，盖可达 60% 以上。

23）筇竹林

筇竹林主要分布于四川凉山山系的雷波、马边等县海拔 1500~2600m 的山地地带，在海拔 1500~2000m 的中山上部到山脊，分布较为集中成片，生长于常绿阔叶林或常绿、落叶阔叶混交林下。

24）三月竹林

三月竹林主要分布于四川凉山山系的峨边和马边两县海拔 1500~2200m 的常绿阔叶林或常绿、落叶阔叶混交林下，也有少数生长于落叶阔叶林或温性针阔叶混交林下，常在林缘或山坡林间空地形成纯林，盖度可达 50% 以上。

25）阔叶箬竹林

阔叶箬竹林主要分布于陕西、四川交界处的秦巴山地。在大巴山一带，常在山脊部形成一定面积的纯林；在陕西秦岭一带，由于已到阔叶箬竹自然分布的北缘，故分布海拔相对较低，而且多生长于其他植物群落之中，形成林下灌木层片，局部地域以单优种组成群落，但一般面积都不大。阔叶箬竹林在宁陕的平河梁一带普遍分布，是野生大熊猫的重要主食竹种之一。

3.3.5 常见野生大熊猫主食竹种的分布

根据全国第四次大熊猫调查结果，全国各地大熊猫栖息地中的常见野生大熊猫主食竹种大约有 36 种，分布于四川、陕西、甘肃三省的秦岭、岷山、邛崃山、大相岭、小相岭和凉山六大山系（表 3-4）。

表 3-4 全国主要野生大熊猫主食竹种面积一览表（单位：hm^2）

序号	竹种	四川						陕西	甘肃	
		秦岭	岷山	邛崃山	大相岭	小相岭	凉山	秦岭	岷山	秦岭
1	巴山木竹	481	499					50 328	923	261
2	峨热竹					5 644	8 546			
3	冷箭竹			30 450	9 690	20 403	7 545			
4	慈竹				953					
5	刺黑竹						33			
6	刺竹子						1 269			
7	篌竹				1 597		4 328			
8	石绿竹								43	
9	毛金竹								1 905	
10	八月竹				8 405		49 447			
11	糙花箭竹	3 916	6 606						2 733	349
12	丰实箭竹			7 988		16 813	4 025			
13	拐棍竹			566						
14	华西箭竹		16 479	12 009				9 191	51 319	
15	龙头箭竹							1 784	6 641	322
16	九龙箭竹			2 580		8 258				
17	秦岭箭竹							69 408		
18	牛麻箭竹			687		1 091				
19	青川箭竹		3 091						11 604	2 876
20	缺苞箭竹	1 088	53 593						38 910	2 015
21	少花箭竹						655			
22	团竹			1 884						
23	斑竹						287			
24	金竹		512			3 798		936		
25	大叶筇竹						4 401			
26	筇竹						35 903			
27	三月竹				104	2 008	18 132			
28	实竹子						5 815			
29	白背玉山竹				2 442	2 278	28 171			
30	斑壳玉山竹					3 148				
31	大风顶玉山竹						13 228			
32	短锥玉山竹			215	5 397		6 324			
33	马边玉山竹						5 088			
34	石棉玉山竹			91	5 072	12 817	13 793			
35	熊竹						3 324			
36	阔叶箬竹							4 076		

4 大熊猫主食竹的耐寒区位区划

到目前为止，可确认为大熊猫主食竹的竹类植物总共有16属107种1变种19栽培品种。其中，簕竹属 *Bambusa* Retz. corr. Schreber 4种4栽培品种，巴山木竹属 *Bashania* Keng f. et Yi 6种，方竹属 *Chimonobambusa* Makino 9种4栽培品种，绿竹属 *Dendrocalamopsis* (Chia et H. L. Fung) Keng f. 2种，牡竹属 *Dendrocalamus* Nees 3种，镰序竹属 *Drepanostachyum* Keng f. 2种，箭竹属 *Fargesia* Franch. emend. Yi 29种，箬竹属 *Indocalamus* Nakai 6种，月月竹属 *Menstruocalamus* Yi 1种，慈竹属 *Neosinocalamus* Keng f. 1种3栽培品种，刚竹属 *Phyllostachys* Sieb. et Zucc. 23种1变种8栽培品种，苦竹属 *Pleioblastus* Nakai 3种，茶秆竹属 *Pseudosasa* Makino ex Nakai 1种，筇竹属 *Qiongzhuea* Hsueh et Yi 5种，唐竹属 *Sinobambusa* Makino ex Nakai 1种，玉山竹属 *Yushania* Keng f. 11种。在所有这些大熊猫主食竹中，可归为野生大熊猫主食竹的有13属79种1变种3栽培品种；可归为圈养大熊猫主食竹的有11属53种1变种16栽培品种。两者相当部分的属种有重复现象。

4.1 区划目的

温度是所有动植物生存和生活的重要条件。低温是所有动植物能否生存的限制性因子。

大熊猫十分珍贵，大熊猫保护工作十分重要，受到社会关注。但是，在整个大熊猫保护的系统工程中，大熊猫栖息地的保护是其重要基础。在大熊猫栖息地的保护中，大熊猫主食竹的资源保护、数量稳定、质量保证和可持续发展，又是其中的关键性环节，也是专家、学者开展大熊猫主食竹研究的重要意义所在。进行大熊猫主食竹的耐寒区位区划，就是为了在生产实践中，为大熊猫主食竹的引种、培育和造林提供参考，从而达到降低生产成本、提高大熊猫主食竹引种栽培成功率之目的。

4.2 区划依据

中国科学院地理科学与资源研究所根据历年积累的气象资料数据，将全国范围内的1月平均最低气温相同的区域划分为一个气温区，并绘制出了全国最低气温区分布图。该图兼顾了植物对于环境温度的适应性、温区划分的可表达性和实施应用的可操作性，将2~7区、9~11区的温度间距均设定为6℃；而在两者之间植物与环境关系状态相对复杂的8区，温度间距设定为4℃；将1月平均最低气温低于–18℃、植物完全无法生存的区域，全部区划为1区；将1月平均最低气温高于16℃、植物较难生长的区域，全部区划为12区。

在自然界，对应于任何一个温区，都必然有适应于这个温区的植物种类。据此，马丽莎等于2011年编制出了《中国竹亚科植物的耐寒区位区划》，并发表在当年的《林业科学研究》

第24卷第5期上。因此，从理论上讲，在自然状态下，每一种大熊猫主食竹，通常也只能在它所适应的温区范围内生存。2014年，史军义等又在《浙江林业科技》上发表了《大熊猫主食竹的耐寒区位区划》一文，从而为大熊猫主食竹的异地引种栽培提供了又一科学依据。也就是说，按照该耐寒区位区划结果，若将某种大熊猫主食竹从A地引到B地种植，如果两地的气温接近，则引种的成功率也会相对较高。

4.3 区划说明

参照《中国竹亚科植物的耐寒区位区划》中对中国竹类植物耐寒区位的区划方法，区划大熊猫主食竹每个区位的温区范围为4~6℃。1~5区气温过于寒冷，1月平均最低气温低于–18℃，而11~12温区气温又太高，1月平均最低气温高于10℃，因此均不适于大熊猫主食竹的生长。孝顺竹 *Bambusa multiplex* 在8~10区均能正常生长，说明它可以适应1月平均最低气温是–2~10℃的区域；7区属于暖温带半湿润季风气候区，其1月平均最低气温在–12~–6℃，表明该区位内生长的大熊猫主食竹能够适应1月平均最低气温在–12~–6℃的相对寒冷的温度范围，如华西箭竹 *Fargesia nitida*。9区1月平均最低气温在–2~4℃，天气凉爽、空气湿润，是大熊猫主食竹种类最丰富、分布面积最广阔的区域，也是大熊猫的重要活动区域。

4.4 区划结果

4.4.1 竹属耐寒区位区划结果

大熊猫主食竹各属的耐寒区位区划结果见表4-1。

4.4.2 竹种耐寒区位区划结果

1~5区：该区包括中国整个东北及华北和西北的绝大部分地区，温度极端寒冷，气候干旱，完全不适合竹类植物的生存，因而无大熊猫主食竹的自然分布。

6区：该区主要包括中国的陕西、甘肃、宁夏、西藏及四川的部分地区，温度寒冷，气候干旱，竹类植物分布较少，大熊猫主食竹仅有3属4种，即箭竹属的缺苞箭竹 *Fargesia denudata*、华西箭竹 *F. nitida*，巴山木竹属的巴山木竹 *Bashania fargesii*，箬竹属的巴山箬竹 *Indocalamus bashanensis*。

7区：该区主要包括中国的陕西、甘肃、西藏、四川、河南、河北、山东的部分地区，温度相对寒冷，气候相对干旱，竹类植物分布不多，大熊猫主食竹仅在四川、陕西、甘肃气候相对寒冷的极小区域有分布，只有4属15种1变种3栽培品种，即刚竹属的罗汉竹 *Phyllostachys aurea*、黄槽竹 *P. aureosulcata*、黄秆京竹 *P. aureosulcata* 'Aureocaulis'、金镶玉竹 *P. aureosulcata* 'Spectabilis'、桂竹 *P. bambusoides*、淡竹 *P. glauca*、紫竹 *P. nigra*、毛金竹 *P. nigra* var. *henonis*、美竹 *P. Mannii*、刚竹 *P. sulphurea* 'Viridis'、乌哺鸡竹 *P. vivax*、早园竹 *P. propinqua*，箭竹属的缺苞箭竹、华西箭竹、糙花箭竹 *Fargesia scabrida*，巴山木竹属的巴山木竹和箬竹属的巴山箬竹、阔叶箬竹 *Indocalamus latifolius* 等。

8区：该区主要包括中国的陕西、甘肃、西藏、四川、河南、河北、山东的部分地区，气温相对寒冷，气候相对干旱，竹类植物分布较少，大熊猫主食竹仅在四川、陕西、甘肃气候相对凉爽

表 4-1　大熊猫主食竹各属耐寒区位一览表

区位	1 月份平均最低气温	竹属名	竹种数
1~5 区	< –18 ℃	无大熊猫主食竹的自然分布	0 种
6 区	–18~ –12 ℃	巴山木竹属 *Bashania* Keng f. et Yi 箭竹属 *Fargesia* Franch. emend. Yi 箬竹属 *Indocalamus* Nakai	4 种
7 区	–12~ –6 ℃	巴山木竹属 箭竹属 箬竹属 刚竹属 *Phyllostachys* Sieb. et Zucc.	15 种 1 变种 3 栽培品种
8 区	–6~ –2 ℃	簕竹属 *Bambusa* Retz. corr. Schreber 巴山木竹属 *Bashania* Keng f. et Yi 方竹属 *Chimonobambusa* Makino 箭竹属 箬竹属 刚竹属 苦竹属 *Pleioblastus* Nakai	39 种 1 变种 10 栽培品种
9 区	–2~4 ℃	簕竹属 巴山木竹属 方竹属 绿竹属 *Dendrocalamopsis* (Chia et H. L. Fung) Keng f. 镰序竹属 *Drepanostachyum* Keng f. 箭竹属 箬竹属 月月竹属 *Menstruocalamus* Yi 慈竹属 *Neosinocalamus* Keng f. 刚竹属 苦竹属 茶秆竹属 *Pseudosasa* Makino ex Nakai 筇竹属 *Qiongzhuea* Hsueh et Yi 唐竹属 *Sinobambusa* Makino ex Nakai 玉山竹属 *Yushania* Keng f.	90 种 1 变种 11 栽培品种
10 区	4~10 ℃	簕竹属 方竹属 绿竹属 牡竹属 *Dendrocalamus* Nees 刚竹属 苦竹属 唐竹属 箬竹属	18 种 1 变种 5 栽培品种
11 区	10~16 ℃	绿竹属 牡竹属 刚竹属	5 种 1 栽培品种
12 区	> 16 ℃	牡竹属	1 种

的局部地区有分布，共有 7 属 39 种 1 变种 10 栽培品种，即簕竹属的孝顺竹 *Bambusa multiplex*、小琴丝竹 *B. multiplex* 'Alphonsekarr'、凤尾竹 *B. multiplex* 'Fernleaf'，刚竹属的罗汉竹、黄槽竹、黄秆京竹、金镶玉竹、白哺鸡竹 *P. dulcis*、桂竹、毛竹 *P. edulis*、龟甲竹 *P. edulis* 'Kikko-chiku'、淡竹、水竹 *P. heteroclada*、紫竹、毛金竹、美竹、篌竹（白夹竹）*P. nidularia*、黑秆篌竹 *P. nidularia* 'Heigan Houzhu'、花篌竹 *P. nidularia* 'Huahouzhu'、灰竹 *P. nuda*、早园竹、红边竹 *P. rubromarginata*、金竹

P. sulphurea、刚竹、乌竹 *P. varioauriculata*、早竹 *P. violascens*、雷竹 *P. violascens* 'Prevernalis', 粉绿竹 *P. viridiglaucescens*、乌哺鸡竹、黄秆乌哺鸡竹 *P. vivax* 'Aureocaulis'、方竹属的狭叶方竹 *Chimonobambusa angustifolia*, 箭竹属的岩斑竹 *Fargesia canaliculata*、扫把竹 *F. fractiflexa*、墨竹 *F. incrassata*、神农箭竹 *F. murielae*、团竹 *F. obliqua*、秦岭箭竹 *F. qinlingensis*、糙花箭竹、九龙箭竹 *F. jiulongensis*、龙头箭竹 *F. dracocephala*、昆明实心竹 *F. yunnanensis*、牛麻箭竹 *F. emaculata*, 苦竹属的苦竹 *Pleioblastus amarus*、斑苦竹 *P. maculatus*、油苦竹 *P. oleosus*, 巴山木竹属的巴山木竹、秦岭木竹 *Bashania aristata*, 箬竹属的巴山箬竹、阔叶箬竹、箬叶竹 *Indocalamus longiauritus* 等。

9 区：该区主要包括我国的四川、陕西、甘肃、西藏、云南、重庆、贵州、浙江、江苏、湖南、湖北、江西、福建的大部分区域, 温度相对温和, 气候相对湿润, 适合大多数竹类植物的生长, 大熊猫主食竹主要分布在这一区域的四川、陕西和甘肃等省, 包含了大熊猫主食竹 15 属 91 种 1 变种 11 栽培品种, 即簕竹属的孝顺竹、小琴丝竹、凤尾竹、硬头黄竹 *Bambusa rigida*, 绿竹属的绿竹 *Dendrocalamopsis oldhami*, 慈竹属的慈竹 *Neosinocalamus affinis*、黄毛竹 *N. affinis* 'Chrysotrichus'、大琴丝竹 *N. affinis* 'Flavidorivens'、金丝慈竹 *N. affinis* 'Viridiflavus', 方竹属的狭叶方竹、刺黑竹 *Chimonobambusa neopurpurea*、都江堰方竹 *Ch. neopurpurea* 'Dujiangyan Fangzhu'、条纹刺黑竹 *Ch. neopurpurea* 'Lineata'、紫玉 *Ch. neopurpurea* 'Ziyu'、刺竹子 *Ch. pachystachys*、方竹 *Ch. quadrangularis*、青城翠 *Ch. quadrangularis* 'Qingchengcui'、溪岸方竹 *Ch. rivularis*、八月竹 *Ch. szechuanensis*、天全方竹 *Ch. tianquanensis*、金佛山方竹 *Ch. utilis*、蜘蛛竹 *Ch. zhizhuzhu*, 筇竹属的筇竹 *Qiongzhuea tumidinoda*、大叶筇竹 *Q. macrophylla*、三月竹 *Q. opienensis*、实竹子 *Q. rigidula*、泥巴山筇竹 *Q. multigemmia*, 刚竹属的罗汉竹、黄槽竹、黄秆京竹、金镶玉竹、桂竹、毛竹、龟甲竹、淡竹、水竹、台湾桂竹 *Phyllostachys makinoi*、蓉城竹 *P. bissetii*、紫竹、毛金竹、美竹、灰竹、彭县刚竹 *P. sapida*、篌竹（白夹竹）、早园竹、红边竹、金竹、刚竹、硬头青竹 *P. veitchiana*、早竹、雷竹、乌哺鸡竹, 唐竹属的唐竹 *Sinobambusa tootsik*, 镰序竹属的钓竹 *Drepanostachyum breviligulatum*、羊竹子 *D. saxatile*, 箭竹属的扫把竹、膜鞘箭竹 *Fargesia membranacea*、细枝箭竹 *F. stenoclada*、油竹子 *F. angustissima*、贴毛箭竹 *F. adpressa*、马骆箭竹 *F. maluo*、雅容箭竹 *F. elegans*、青川箭竹 *F. rufa*、丰实箭竹 *F. ferax*、清甜箭竹 *F. dulcicula*、短鞭箭竹 *F. brevistipedis*、紫耳箭竹 *F. decurvata*、拐棍竹 *F. robusta*、青川箭竹、龙头箭竹、露舌箭竹 *F. exposita*、小叶箭竹 *Fargesia parvifolia*、少花箭竹 *Fargesia pauciflora*、昆明实心竹, 玉山竹属的熊竹 *Yushania ailuropodina*、短锥玉山竹 *Y. brevipaniculata*、空柄玉山竹 *Y. cava*、白背玉山竹 *Y. glauca*、石棉玉山竹 *Y. lineolata*、斑壳玉山竹 *Y. maculata*、紫花玉山竹 *Y. violascens*、鄂西玉山竹 *Y. confusa*、大风顶玉山竹 *Y. dafengdingensis*、雷波玉山竹 *Y. leiboensis*、马边玉山竹 *Y. dafengdingensis*, 月月竹属的月月竹 *Menstruocalamus sichuanensis*, 茶秆竹属的笔竿竹 *Pseudosasa guanxianensis*, 苦竹属的苦竹、斑苦竹、油苦竹, 巴山木竹属的宝兴巴山木竹 *B. baoxingensis*、秦岭木竹、巴山木竹、峨热竹 *B. spanostachya*、冷箭竹 *B. faberi*、马边巴山木竹 *B. abietina*, 箬竹属的巴山箬竹、毛粽叶 *Indocalamus chongzhouensis*、峨眉箬竹 *I. emeiensis*、阔叶箬竹、箬叶竹 *I. longiauritus*、半耳箬竹 *I. semifalcatus* 等。

10 区：该区主要包括我国的广东、广西、海南、台湾、香港、澳门, 以及西藏和云南的部分区域, 气候温暖潮湿, 适合大多数竹类植物的生长, 但不适合大熊猫的生存。因此, 这一区域虽有大熊猫主食竹的分布, 但却没有大熊猫的分布。该区亦有大熊猫主食竹 8 属 18 种 1 变种 5 栽培品种, 即簕竹属的孝顺竹、小琴丝竹、凤尾竹、硬头黄竹、佛肚竹 *Bambusa ventricosa*、龙头竹 *B. vulgaris*、黄金间碧竹 *B. vulgaris* 'Vittata'，大佛肚竹 *B. vulgaris* 'Wamin' 方竹属的方竹，绿竹属的绿竹、吊丝单 *Dendrocalamopsis vario-striata*，麻竹属的麻竹 *Dendrocalamus latiflorus*、勃氏甜龙竹 *D. brandisii*、马来甜龙竹 *D. asper*，刚竹属的毛竹、龟甲竹、台湾桂竹、紫竹、毛金竹、灰竹、红边竹，唐竹属的唐竹，苦竹属的斑苦竹和箬竹属的箬叶竹等。

11 区：该区主要包括我国的广东、广西、海南、台湾的局部区域，气温较高，湿度较大，气候较炎热，该区的竹类植物主要为丛生竹，大部分散生竹生长不好或不能存活，因而也就不适合大熊猫主食竹的生长，目前仅发现有簕竹属的大佛肚竹，绿竹属的绿竹，牡竹属的麻竹、勃氏甜龙竹和马来甜龙竹，刚竹属的轿杠竹等 6 种竹子，被用于饲喂圈养的大熊猫。

12 区：该区主要包括我国广东、海南、香港等少数高温、高湿地带，虽然有部分热带型丛生竹类植物生长，但却不适合大熊猫（包括野生和圈养）主食竹的生存，因而仅见有牡竹属的马来甜龙竹 1 种竹子用于饲喂圈养的大熊猫。

4.5 小 结

通过对大熊猫主食竹的耐寒区位区划，呈现以下基本规律。

4.5.1 大熊猫主食竹在各温区的适应性

（1）在 1~5 区，也就是 1 月平均最低气温低于 –18℃的区域，大熊猫主食竹完全不能生存。

（2）只有在 1 月平均最低气温高于 –18 ℃的 6 区、7 区、8 区、9 区、10 区、11 区、12 区，大熊猫主食竹才能生长。

（3）大熊猫主食竹的相对理想的生长温区排序依次是：9 区、8 区、10 区、7 区。

（4）9 区是全部大熊猫主食竹最理想的生长温区，有 15 个属的大多数种类都能在第 9 温区正常生长。在大熊猫所取食的 127 种及种下分类群中，有 100 个分类群可以生长，占大熊猫主食竹分类群的 88.5%；其次是 8 区，有 39 种 1 变种 10 栽培品种，占大熊猫主食竹分类群的 34.5%。

（5）6 区因其温度寒冷，气候干旱，竹类植物分布较少，仅有少数几个特别耐寒的大熊猫主食竹能够生长。

（6）在 11 区、12 区，也就是当 1 月的平均最低气温 >10℃时，由于气温高，湿度大，气候炎热，虽然适合部分竹类植物的生长，但却不适合多数大熊猫主食竹的生存。为了降低成本，只能就近选择一些耐热型竹子，根据大熊猫的喜食程度，取其相对适口者用于饲喂圈养的大熊猫。

4.5.2 大熊猫主食竹竹属的温区分布规律

大熊猫主食竹竹属温区分布情况见表 4-2。

1~5 区，没有大熊猫主食竹。

温区跨度最大（5 个温区）的大熊猫主食竹竹属有 2 个：刚竹属，跨 7 区、8 区、9 区、10 区和 11 区；箬竹属，跨 6 区、7 区、8 区、9 区和 10 区。

温区跨度为 4 个温区的大熊猫主食竹竹属有 2 个：巴山木竹属，跨 6 区、7 区、8 区和 9 区；箭竹属，跨 6 区、7 区、8 区和 9 区。

温区跨度为 3 个温区的大熊猫主食竹竹属有 5 个：簕竹属，跨 8 区、9 区和 10 区；方竹属，跨 8 区、9 区和 10 区；绿竹属，跨 9 区、10 区和 11 区；牡竹属；跨 10 区、11 区和 12 区；苦竹属，跨 8 区、9 区和 10 区。

温区跨度为 2 个温区的大熊猫主食竹竹属仅有 1 个：唐竹属，跨 9 区和 10 区。

温区跨度仅为 1 个温区的大熊猫主食竹的

表 4-2　大熊猫主食竹竹属温区分布一览表

序号	竹属	1~5 区	6 区	7 区	8 区	9 区	10 区	11 区	12 区
1	筇竹属				√	√	√		
2	巴山木竹属		√	√	√	√			
3	方竹属				√	√	√		
4	绿竹属					√	√	√	
5	牡竹属						√	√	√
6	镰序竹属					√			
7	箭竹属		√	√	√	√			
8	箬竹属		√	√	√	√	√		
9	月月竹属					√			
10	慈竹属					√			
11	刚竹属			√	√	√	√	√	
12	苦竹属				√	√	√		
13	茶秆竹属					√			
14	筇竹属					√			
15	唐竹属					√	√		
16	玉山竹属					√			

竹属数量最多，有 6 个：镰序竹属、月月竹属、慈竹属、茶秆竹属、筇竹属、玉山竹属。

在 1 个温区中，大熊猫主食竹竹属数量分布最多的是 9 区，有 15 个竹属，即筇竹属、巴山木竹属、方竹属、绿竹属、镰序竹属、箭竹属、箬竹属、月月竹属、慈竹属、刚竹属、苦竹属、茶秆竹属、筇竹属、唐竹属和玉山竹属。

在 1 个温区中，大熊猫主食竹竹属数量分布最少的是 12 区，仅有 1 个竹属，即牡竹属。

4.5.3　大熊猫主食竹竹属的温区分布规律

（1）跨度达到 4 个温区的大熊猫主食竹，竹种数量最少，只有 2 种 1 栽培品种，即巴山木竹、巴山箬竹和毛金竹。

（2）跨度达到 3 个温区的大熊猫主食竹，竹种数量次少，有 15 种 6 栽培品种，即孝顺竹、小琴丝竹、凤尾竹、绿竹、罗汉竹、黄槽竹、黄秆京竹、金镶玉竹、毛竹、龟甲竹、淡竹、桂竹、紫竹、红边竹、灰竹、美竹、刚竹、苦竹、油若竹、阔叶箬竹、马来甜龙竹。

（3）跨度达到 2 个温区的大熊猫主食竹，竹种数量次多，有 19 种 1 栽培品种，即硬头黄竹、麻竹、勃氏甜龙竹、唐竹、方竹、狭叶方竹、缺苞箭竹、华西箭竹、糙花箭竹、篌竹（白夹竹）、台湾桂竹、金竹、早竹、雷竹、扫把竹、龙头箭竹、昆明实心竹、秦岭木竹、苦竹、箬叶竹。

（4）跨度只有 1 个温区的大熊猫主食竹，竹种数量最多，有 63 种 9 栽培品种。

以上结果表明，能够跨温区生长的大熊猫主食竹种是极少数，一般温区跨度越大，竹种数量越少。绝大多数竹种通常只能在一个温区范围内正常生长。

本书的我国大熊猫主食竹的耐寒区位区划，参考的仅仅是影响竹子生长的最低温度因素。在实际生产实践中，除温度外，其他如地理、地质、地貌、经度、纬度、海拔、坡位、坡向、坡度、土壤、水分、湿度、日照、风、植被、降雨、降雪、小气候、小生境等因素，都可能会影响大熊猫主食竹的正常生长。因此，在具体实施大熊猫主食竹的引种和培育操作时，还需要对其他各种因素加以综合考虑，才能获得更加满意的效果。

第二部分 分述

导 语

人们对大熊猫主食竹的认知，是从 1869 年发现大熊猫就开始的，至今已有 150 多年的历史。但是，真正现代意义上的大熊猫主食竹科学研究工作，则是从 20 世纪 50 年代才开始的。据权威报道，对于全国范围内的大熊猫主食竹，先后进行过至少三次比较系统的调查研究工作。

第一次是 20 世纪 80 年代至 2010 年，其调查结果由易同培等发表在《大熊猫主食竹种及其生物多样性》一文中，该文记录了当时已公开报道的大熊猫主食竹 11 属 64 种 1 变种 3 栽培品种。其中，簕竹属 *Bambusa* Retz. corr. Schreber 1 种，巴山木竹属 *Bashania* Keng f. et Yi 6 种，方竹属 *Chimonobambusa* Makino 6 种，镰序竹属 *Drepanostachyum* Keng f. 2 种，箭竹属 *Fargesia* Franch. emend. Yi 25 种，箬竹属 *Indocalamus* Nakai 2 种，慈竹属 *Neosinocalamus* Keng f. 1 种 3 栽培品种，刚竹属 *Phyllostachys* Sieb. et Zucc. 5 种 1 变种，苦竹属 *Pleioblastus* Nakai 1 种，筇竹属 *Qiongzhuea* Hsueh et Yi 5 种，玉山竹属 *Yushania* Keng f. 10 种。

第二次是 2010~2018 年，其调查结果由史军义等发表在《大熊猫主食竹增补竹种整理》一文中，该文首先依据《国际栽培植物命名法规》，将慈竹属的黄毛竹、大琴丝竹、金丝慈竹修订为 *Neosinocalamus affinis* 'Chrysotrichus'、*N. affinis* 'Flavidorivens' 和 *N. affinis* 'Viridiflavus' 3 个栽培品种，并新记录了大熊猫主食竹 7 属（有重复）13 种 4 栽培品种。其中，方竹属 2 种 4 栽培品种，箭竹属 2 种，箬竹属 4 种，月月竹属 *Menstruocalamus* Yi 1 种，刚竹属 2 种，茶秆竹属 *Pseudosasa* Makino ex Nakai 1 种，玉山竹属 1 种。

第三次是近年来随着《大熊猫主食竹图志》编撰工作的推进，对全国的大熊猫（包括野生和圈养）主食竹又进行了一次系统的补充调查，新发现不同属的大熊猫主食竹 24 种 5 栽培品种。其中，簕竹属 3 种 4 栽培品种，方竹属 1 种，绿竹属 *Dendrocalamopsis* (Chia et H. L. Fung) Keng f. 2 种，牡竹属 *Dendrocalamus* Nees 3 种，箭竹属 1 种，刚竹属 16 种 6 栽培品种，苦竹属 2 种，唐竹属 *Sinobambusa* Makino ex Nakai 1 种。

因此，到目前为止，可确认为大熊猫主食竹的竹类植物总共有 16 属 107 种 1 变种 19 栽培品种，计 127 种及种下分类群。其中，簕竹属 4 种 4 栽培品种，巴山木竹属 6 种，方竹属 9 种 4 栽培品种，绿竹属 2 种，牡竹属 3 种，镰序竹属 2 种，箭竹属 29 种，箬竹属 6 种，月月竹属 1 种，慈竹属 1 种 3 栽培品种，刚竹属 23 种 1 变种 8 栽培品种，苦竹属 3 种，茶秆竹属 1 种，筇竹属 5 种，唐竹属 1 种，玉山竹属 11 种。在所有这些大熊猫主食竹中，可归为野生大熊猫主食竹的竹类植物有 13 属 79 种 1 变种 5 栽培品种；可归为圈养大熊猫主食竹的有 11 属 53 种 1 变种 16 栽培品种。当然，二者有相当部分的属种有重复现象。

需要说明的是，这里主要汇集了在我国有分布且比较常用的竹类植物，但不包括国外动物园借展大熊猫期间临时使用的竹子，该类竹子仅在本章文后列举了相关名录，以供查阅。

1 箣竹属 *Bambusa* Retz. corr. Schreber

Bambusa Retz. corr. Schreber in Gen. Pl. 1: 236. 1789, et in ibid. 2: 828. 1789, nom. cons.; Keng et Wang in Fl. Reip. Pop. Sin. 9(1): 48. 1996; T. P. Yi in Sichuan Bamb. Fl. 32. 1997, et in Fl. Sichuan. 12: 6. 1998; D. Ohrnb., The Bamb. World. 250. 1999; Yi et al. in Icon. Bamb. Sin. 87. 2008, et in Clav. Gen. Spec. Bamb. Sin. 29. 2009. ——*Bambos* A. L. Retz., Obser. Bot. 5: 24. 1788.

Typus: *Bambusa arundinacea* (Retz.) Willd.

箣竹属又称簕竹属。

乔木状、少灌木状竹类。地下茎合轴型。秆丛生，梢部通直；节间圆筒形，秆壁常较厚；箨环隆起；秆环较平。秆每节分枝数枚至多枚，具明显粗壮主枝，秆下部分枝节上所生的小枝可短缩为硬刺或软刺，但也有无刺者。箨鞘革质或软骨质，早落或迟落；箨耳宽大，少不明显；箨舌或高或低；箨片宽大，直立，在秆箨上宿存或脱落。叶枝通常具数叶；叶片小型，纸质，小横脉不明显。花序为续次发生；假小穗单生或数枚至多枚簇生于花枝各节；小穗含2朵至多朵小花，顶端1朵或2朵小花不孕，或小穗上下两端的小花均为不完全花，基部有1枚至数枚具芽苞片；小穗轴有关节，成熟后易折断；颖1~3枚，有时缺失；外稃具多脉，各孕性小花的外稃几近等长；内稃近等长于外稃，背部具2脊；鳞被2枚或3枚，边缘常生纤毛；雄蕊6枚，花丝分离；子房具柄，顶端被毛，花柱或长或短，柱头3枚，稀1枚或2枚，羽毛状。颖果常呈圆柱形，顶部被毛，具腹沟。笋期在夏秋两季。

箣竹属物种多样性十分丰富。全世界100余种，主要分布在亚洲、非洲的热带和亚热带地区。中国连同引种在内已知有73种14变种14变型和4个杂交种（其中部分变种、变型或杂交竹已根据最新颁布的《国际栽培植物命名法规》修订为栽培品种），主产于华南和西南地区。

自然生存状态下，发现寒冷季节大熊猫下移时采食该属竹类，亦有圈养大熊猫投喂该属竹种，已记录大熊猫采食本属竹类有4种4栽培品种。

1.1 孝顺竹（中国植物志）

坟竹（重庆秀山），箭竹（重庆巴南），西凤竹（四川宜宾，贵州赤水），观音竹、界竹（四川长宁，云南腾冲），凤凰竹（中国竹类植物志略）、蓬莱竹（台湾植物志）

Bambusa multiplex (Lour.) Raeuschel ex J. A. et J. H. Schult. in Roem. et Schult., Syst. Veg. 7(2): 1350. 1830; Keng f. in Techn. Bull. Nat' l. For. Res. Bur. China no.8: 17. 1948; K. Z. Hou et al. Flora of Guangzhou. 774. 1956; S. Suzuki, Ind. Jap. Bamb. 102, 103. (pl.17), 339, 1978; Soderstrom et Ellis in Smithon. Contrib. Bot. no. 72: 36. ff. 23, 24. 1988, 1991; Yi et al. in Icon. Bamb. Sin. 126. 2008, et in Clav. Gen.Spec. Bamb.Sin. 40. 2009; Shi et al. in The Ornamental Bamb. in Chi-

孝顺竹-雪景

na 292. 2012; D. Ohrnb., The Bamb. World, 266. 1999; Amer. Bamb. Soc. in Bamb. Species Source List no. 35: 8. 2015.——*Arundinaria glaucescens* (Willd.) Beauv. Ess. Agrost. 144, 152. 1812; Munro in Trans. Linn. Soc. 26: 22. 1868.——*Arundo multiplex* Lour. Fl. Cochinch. 2: 58, 1790; E. G. Camus, Bambus 132. 1913.——*B. dolichomerithalla* Hayata, Icon. pl. Form. 6: 146. f. 55. 1916, p. p. (quoad spec. Yusuiko, B. Hayata. flores et folia); Fl. Taiwan 5: 751. pl. 1504. 1978, p. p. (quoad flores tantum). ——*B. glaucescens* (Willd.) Sieb. ex Munro in 1. c. 26: 89. 1868; Holttum in Kew Bull. 1956(2): 207. 1956. et in Gard. Bull. Singapore 16: 67. 1958; Bamboos in Hongkong 37. 1985; Chia et al. in Guihaia 8(2): 124. 1988; Bamboos in China 20. 1988.——*B. multiplex* var. *multiplex* Keng et Wang. in Flora Reip. Pop. Sin. 9(1): 109. pl. 26. 1-15. 1996.——*B. nana* Roxb. Hort. Beng. 25. 1814, nom nud. et Fl. Ind. ed. 2. 2: 199. 1832, nom. subnud; Munro in 1. c. 26: 89. 1868; Gamble in Ann. Roy. Bot. Gard. Calcutta 7 (1): 40. pl. 38. 1896, et in Hook. f. Fl. Brit. Ind. 7: 390. 1897; E. G. Camus, Bambus. 121. 1913; R. Chen, Illustr. manual of Chinese trees and shrubs (supplement). 85. 1937.——*Leleba dolichomerithalla* (Hayata) Nakai in J. Jap. Bot. 9: 16. 1933. ——*Ludolfia glaucescens* Willd. in Mag. Neuesten Entdeck. Ges. Naturk. 2: 320. 1808.

秆高 4~6(10)m，直径 2~4cm，梢端直立或略呈弓形；全秆具 25~35 节，节间长 30~50cm，基部节间长 8~13cm，圆筒形，绿色，平滑，幼时薄被白粉，上半部被白色或棕色小刺毛（节下尤密），毛脱落后留有细凹痕，秆壁厚 2.5~5.0mm，髓呈锯屑状；箨环窄，灰色，无毛，残存有少部

孝顺竹-竹丛

孝顺竹-笋

孝顺竹-花

孝顺竹-箨

分鞘基；秆环平或在分枝节上稍隆起；节内高5~10mm，淡绿色。秆芽1枚，长圆形、阔卵形或有时菱状卵形，先端有尖头，边缘上部具纤毛。秆分枝始于第2~6节，枝条在秆每节上4~24枚，斜展，长18~55（110）cm，直径1.0~2.5（4.0）mm，具4~6（10）节，节间长3~11（21）cm，无毛。笋淡灰绿色；箨鞘迟落，软骨质，较硬脆，长三角形或长圆状三角形，长7~16cm（为节间长度的2/5~1/2），宽7~14cm，解箨时灰色，背面无毛，纵脉纹细密，小横脉不发育，初时薄被白粉，先端不对称的拱形，边缘无纤毛；箨耳很小或不明显，边缘具少量缝毛；箨舌圆弧形，灰色，高 1.0~1.5mm，边缘全缘或不规则短齿裂；箨片直立，易脱落，三角形或长三角形，长（2）4~15cm，宽 2.5~6.0cm，背面无毛或于基部被暗棕色小刺毛，腹面脉间具小刺毛，粗糙，边缘平滑，基部宽度与箨鞘顶端近等宽。小枝具叶（3）5~12（17）枚；叶鞘长 2~4（5）cm，无毛，纵脉纹稍明显，上部纵脊明显，边缘无纤毛；叶耳肾形，边缘具 2~7 枚波曲细长缝毛；叶舌近截平形，淡绿色，高约 0.5mm，边缘微齿裂；叶柄长约 1mm，背面初时被微毛；叶片披针形，纸质，较薄，长 5~16cm，宽 0.7~1.6cm，先端渐尖，基部楔形，上面绿色，下面粉绿色，密被灰白色短柔毛，次脉（3）4~5 对，小横脉不清晰，边缘一侧具小锯齿，另一侧锯齿更细小。花枝无叶或其小枝上有时覆有叶鞘，长达 70cm，其节间长达 17cm。假小穗单生或数枚簇生于花枝的每节上，淡绿色；小穗含（3）5~7（12）朵小花，各小花微作两侧疏松排列，长 2~5（6）cm，宽约 6mm；小穗轴节间长 2~4mm，径直，无毛，上部较粗，顶端边缘具微毛；颖（或苞片）2 枚至数枚，稻草色，覆瓦状排列，其间常具腋芽（此种小穗即假小穗），向上逐渐增大，最上部一枚长 8~12mm，具多脉；外稃长圆形兼披针形，纸质（边缘为膜质），绿色，但上部为紫褐色，无毛，长 10~16（20）mm（最下部小花长约 8mm，此为一中性小花），先端渐尖，具多脉；内稃较外稃稍短 1~2mm，狭长披针形，先端渐尖，在其尖端生有一束呈小笔毫状的纤毛，背部具 2 脊，脊上部有

孝顺竹-景观1

孝顺竹-景观2

微毛而略粗糙，脊间较宽，具4脉，脊外两侧各具3脉；鳞被3枚，无毛或边缘稍被疏生微毛，上部透明质，基部具脉纹，两侧者呈半卵形，长2.5~3.0mm，后方1枚细长披针形，长3~5mm；花药紫色，长6~7mm，顶端具笔毫状小刺毛，成熟后伸出花外，花丝长8~10mm；子房具柄，全长2mm，幼时狭长圆形，嗣后为倒圆锥形或金字塔形，黄棕色，微生小刺毛，花柱1枚，长约1mm，柱头2~4（6）枚，长约5mm，羽毛状。颖果长倒卵形或倒卵状椭圆形，长5~6mm，直径1.5~2mm，成熟时淡紫色，近顶端有灰白色微毛，顶端有1枚宿存花柱，腹面扁平，果皮薄，胚乳白色。笋期8~9月。花期4~10月；10月亦有果实成熟。

秆材柔韧，纤维长度在2.5mm以上，为优良造纸原料，劈篾用于编织各种竹器及竹工艺品。用秆所削刮成的竹绒是填塞木船缝隙的最佳材料；竹叶供药用，有解热、清凉和治疗鼻衄之效；观赏价值高，庭园栽培甚广，亦可栽培作绿篱。

在四川盆地可栽培到海拔1500m或川西南达2200m，大熊猫冬季为避寒而垂直下移时，常见在村宅旁或沟河沿岸采食该竹种；在中国南京市红山森林动物园、美国圣地亚哥动物园、马来西亚国家动物园、泰国曼谷动物园和清迈动物园等，该竹亦为人工投食的重要大熊猫主食竹类。

分布于我国长江流域，为丛生竹中分布最广的一个竹种，从东南部至西南部均有分布或栽培，也是丛生竹中最耐寒的一个种，最北可露地栽培到陕西周至区楼观台。

耐寒区位：8~10区。

孝顺竹-景观3

1.1a 小琴丝竹

***Bambusa multiplex* 'Alphonse-Karr'**, R. A. Young in USDA Agr. Handb. no. 193: 40. 1961; Keng et Wang in Flora Reip. Pop. Sin. 9(1): 112. 1996; Amer. Bamb. Soc. in Bamb. Species Source List no. 35: 8. 2015.——*B. alphonso-karri* Mitf. ex Satow in Trans Asiat. Soc. Jap. 27: 91. pl. 3. 1899; 竹内叔雄，竹的研究（中译本）. 110. 1957. ——*B. alphonso-karrii* Mitford, Bamb. Gard., 55, 216. 1896.——*B. glaucescens* 'Alphonse Karr', Crouzet, 1981: 51; Chia et But in Photologia 52 (4): 258. 1982.——*B. glaucescens* 'Alphonso-Karrii', Hatusima, Woody Pl. Jap., 1976: 316.——*B. glaucescens* f. *alphonso-karri* (Mitf.) Wen in J. Bamb. Res. 4 (2): 16. 1985.——*B. glaucescens* (Lam.) Munro ex Merr. f. *alphonso-karrii* (Mitford ex Satow) Hatusima in Fl. Ryukyus. 854. 1971.——*B. multiplex* 'Alphonse Karr', R. A. Young in Nation. Hort. Mag. 25, 1946: 260, 264.——*B. multiplex* 'Alphonso-Karrii', D. Ohrnb., The Bamb. World. 267. 1999.——*B. multiplex* f. *alphonso-karri* (Mitford ex Satow) Nakai in Rika kyoiku 15: 67. 1932; Yi et al. in Icon. Bamb. Sin. 128. 2008, et in Clav. Gen.Spec. Bamb. Sin. 39. 2009; Shi et al. in The Ornamental Bamb. in China. 290. 2012.——*B. multiplex* var. *normalis* Sasaki f. *alphonso-karri* Sasaki, Cat. Gov. Herb. (Form.) 68. 1930. ——*B. multiplex* f.

小琴丝竹-竹林

alphonso-karri (Mitf.) Sasaki ex Keng f. in Techn. Bull. Nat' l. For. Res. Bur. China no. 8: 17. 1948; Flora Illustr. Plant. Prima. Sinica. Gramineae. 57, pl. 39. 1959; Bamboos in Guangxi and cultivation, 40, pl. 22. 1987. ——*B. nana* f. *alphonso-karrii* (Mitford ex Satow) Makino ex Kawamura, 1907: 2.——*B. nana* var. *alphonso-karrii* (Mitford ex Satow) Makino ex Kawamura, 1907: 287.——*B. nana* var. *alphonsokarri* (Satow) Marliac ex E. G. Camus, Bambus. 121. 1913.——*B. nana* Roxb. var. *normalis* Makino ex Shirosawa f. *alphonso-karri* (Mitf. ex Satow) Makino ex Shirosawa, Icon. Bamb. Jap. 56. pl. 9. 1912.——*B. nana* var. *norrnalis* f. *alphonso-karrii* Makino in S. Honda, Descr. Prod. For. Jap., 1900: 37.——*Leleba multiplex* (Lour.) Nakai f. *alphonso-karri* (Mitford ex Satow) Nakai in J. Jap. Bot. 9: 14. 1933.

与孝顺竹特征相似，主要区别在于其秆和分枝的节间黄色，色泽鲜明，具不同宽度的绿色纵条纹，秆箨新鲜时绿色，具黄白色纵条纹。叶偶尔有几条黄白色条纹。抗冻，可耐 –10℃。

用途同孝顺竹，但更具观赏价值，适于公园、小区、庭院栽培观赏。

在中国广州长隆野生动物世界、华南珍稀野生动物物种保护中心，澳大利亚阿德莱德动物园等，均见用该竹饲喂圈养大熊猫。

分布于我国四川、广东、台湾；日本、欧洲、美国有引栽；几乎所有热带国家（南亚、东南亚、东亚）均有栽培。

耐寒区位：8~10 区。

小琴丝竹-竹丛

小琴丝竹-秆

小琴丝竹-笋

1.1b 凤尾竹（本草纲目）

西凤竹、箭竹（重庆江津，四川江安）

***Bambusa multiplex* 'Fernleaf '**, Amer. Bamb. Soc. in Bamb. Species Source List no. 35: 8. 2015; R. A. Young in USDA Agr. Handb. no. 193: 40. 1961; S. L. Zhu et al., A Comp. Chin. Bamb. 46. 1994; Fl. Taiwan. 5: 755. 1978; Keng et Wang in Fl. Reip. Pop. Sin. 9(1): 113. 1996; Fl. Yunnan. 9: 18. 2003.——*B. floribunda* (Buse) Zoll. et Maur. ex Steud., Syn. Pl. Glum. 1: 330. 1854.——*B. glaucescens* (Willd.) Sieb. ex Munro cv. Fernleaf (R. A. Young) Chia et But in Phytologia. 52 (1): 258. 1982; But et al., Bamboos in Hongkong 38. 1985; Chia et al., Chinese bamboos 22. 1988. ——*B. multiplex* (Lour.) Raeuschel ex J. A. et J. H. Schult. f. *fernleaf* (R. A. Young) Yi in J. Sichuan For. Sci. Techn. 28(3): 17. 2007; Yi et al. in Icon. Bamb. Sin. 129. 2008, et in Clav. Gen. Spec. Bamb. Sin. 40. 2009; Shi et al. in The Ornamental Bamb. in China. 291. 2012. ——*B. multiplex* var. *elegans* (Koidz.) Muroi ex Sugimoto, New Keys Jap. Trees. 457. 1961; S. Suzuki. Ind. Jap. Bambusas. 104, 105 (pl. 18), 340. 1978. ——*B. multipex* var. *fernleaf* R. A. Yung in Nat' l. Hort. Mag. 25: 261. 1946; T. P. Yi in Sichuan Bamb. Fl. 53. pl. 9: 13. 1997, et in Fl. Sichuan. 12: 28. pl. 9: 13. 1998. ——*B. multiplex* var. *nana* (Roxb.) Keng f. in Techn. Bull. Nat' l. For. Res. Bur. China no. 8: 17. 1948, non B. nana Roxb. 1832; Flora Illustr. Plant. Prima. Sinica. Gramineae. 57, pl. 38. 1959; Bamboos in Guangxi and cultivation, 41. 1987. ——*B. nana* Roxb. in Hort. Beng. 25. 1814. n. n.; et Fl.

凤尾竹-景观1

尾竹-小品

凤尾竹-秆横切面

凤尾竹-笋

尾竹-竹丛

凤尾竹-叶

凤尾竹-景观2

Ind. 2: 190. 1832; E. G. Camus, Les Bambus. 121. 1913; Makino et Nemoto, Fl. Jap. 1317. 1931. ——*B. nana* Roxb. var. *gracillima* Makino ex E. G. Camus, Bambus. 121. 1913, non Kurz 1866. ——*B. multiplex* (Lour.) Raeuschel ex J. A. et J. H. Schult. var. *nana* (Roxb.) Keng f. in Nat' l. For. Res. Bur. China, Techn. Bull. no. 8: 17. 1948; Y. L. Keng, Fl. Ill. Pl. Prim. Sin. Gramineae 57. fig. 38. 1959. ——*Ischurochloa floribunda* Buse ex Miq., Fl. Jungh. 390. 1851. ——*Leleba elegans* Koidz. in Act. Phytotax. Geobot. 3: 27. 1934. ——*Leleba floribunda* (Buse) Nakai in J. Jap. Bot. 9(1): 10. fig. 1. 1933.

与孝顺竹特征相似，主要区别在于其植株较小，秆高 3~6m；小枝稍下弯，具叶 9~13 枚，羽状排列，形似凤尾；叶片长 3.3~6.5cm，宽 4~7mm。

著名观赏竹，供园林栽培、制作绿篱或盆景。

在美国圣地亚哥动物园和泰国清迈动物园等，常用该竹饲喂圈养大熊猫。

我国华东、华南、西南至台湾、香港均有栽培。

耐寒区位：8~10 区。

1.2 硬头黄竹（中国植物志）

黄竹（四川宜宾、泸定）、硬头黄（四川，贵州）

Bambusa rigida Keng et Keng f. in J. Wash. Acad. Sci. 36(3): 81. f. 2. 1946; Y. L. Keng, Fl. Ill. Pl. Prim. Sin. Gramineae 55. fig. 36. 1959; Bamboos in Guangxi and cultivation 37, pl. 21. 1987; Fl. Guizhou. 5: 280. pl. 90: 3-5. 1988; Icon. Arbo. Yunn. Inferus 1374. fig. 640: 1-9. 1991; S. L. Zhu et al., A Comp. Chin. Bamb. 53. 1994; Keng et Wang in Fl. Reip. Pop. Sin. 9 (1): 90. pl. 22. 1-11. 1996; T. P. Yi in Sichuan Bamb. Fl. 63. pl. 14. 1997, et in Fl. Sichuan. 12: 39. pl. 14. 1998; D. Ohrnb., The Bamb. World. 274. 1999; Fl. Yunnan. 9: 10. 2003; D. Z. Li et al. in Fl. China 22: 24. 2006； Yi et al. in Icon. Bamb. Sin. 140. 2008; Clav. Gen. Spec. Bamb. Sin. 35. 2009; Shi et al. in The Ornamental Bamb. in China 280. 2012.

秆高 7~12（15）m，直径 3.5~6.0（7.0）cm，梢端微外倾；全秆具 35~46 节，节间长 28~38（45）cm，平滑，初时被丰富白粉，尤以箨鞘所包裹的部分为甚，无毛，秆基部第一节箨环上方具一圈灰白色绢毛，中空直径较小，秆壁厚 0.5~1.5cm，髓为锯屑状；箨环灰色，无毛，有鞘基残留物；秆环平；节内高 3~12mm。秆芽 1 枚，扁卵形，贴生，淡黄绿色，边缘具灰白色纤毛。分枝习性较高，枝条在秆的每节上 5~21 枚，斜展，通常有主枝 1 枚，其长 1.5~3.5m，具 12~20 节，节间长 5~30cm，直径 6~12mm。笋淡绿色，有时具少数黄白色纵条纹，上部有

硬头黄竹-竹丛

硬头黄竹-景观

硬头黄竹-秆

硬头黄竹-笋

硬头黄竹-竹廊

硬头黄竹-花

时微敷白粉；箨鞘早落，灰色，革质，长度为其节间的1/3~1/2，长12~21cm，宽17~29cm，背部除基部近边缘处有棕色少数小刺毛外其余无毛，纵脉纹密，小横脉不发育，内面极平滑而光亮，顶端截平形或略呈隆起的圆弧形；箨耳不对称，稍皱褶，边缘具波曲缝毛，大耳卵形，长约2.5cm，宽1.5cm，小耳卵形或近圆形，大小约为大耳的2/3；箨舌拱形，高2~4mm，几呈啮蚀状或具细齿，边缘初时密生短纤毛；箨片直立，易脱落，卵状三角形至卵状披针形，长3~19cm，宽2.5~9.0cm，纵脉纹明显，背面贴生极稀疏棕色小刺毛，腹面基部密生棕色小刺毛，基部圆形收窄后向两侧外延而与箨耳相连，其相连部分3~4mm，基部宽度约为箨鞘顶端宽的2/5，边缘近基部被短纤毛。小枝具叶(3)5~9枚；叶鞘长2.5~7.0cm，无毛，上部具纵脊；叶耳椭圆形，边缘具少数缝毛；叶舌截平形，高1mm；叶柄长2~4mm，背面被微毛；叶片线状披针形，长7.5~18.0(24.0)cm，宽1.0~2.0(2.7)cm，先端渐尖，基部楔形，上面深绿色，平滑无毛或有时近基部被疏毛，下面灰绿色，密被短柔毛，次脉4~9对，小横脉不存在，边缘具细锯齿或其一缘平滑。花枝无叶或最初可具叶长达40cm，每节上半轮生状着生5~21枚假小穗。小穗淡绿色，微呈扁圆柱状，长

2~4cm，直径 3~4mm，含 5~9（10）朵小花；小穗轴节间扁平，长 2~4mm，无毛，上端较粗，断节后略呈杯状，边缘具不显著的微毛；苞片和颖相似，3~5 枚，三角形至卵状披针形，淡绿色，干后变为灰色，长 1~4（6）mm，宽 1~3mm，自下而上逐渐增大，无毛，具多脉，常于背面具 1 脊；外稃卵状披针形，长 9.5~10.5（15.0）mm，宽 2.5~3.0（8.0）mm，无毛，具 11~15 脉，中脉较明显，边缘膜质，无纤毛；内稃等长于外稃或较外稃稍短，乳白色，背部具 2 脊，脊上生有短纤毛，脊间宽 1~2mm，具 4~5 脉，先端钝尖，边缘膜质，无纤毛；鳞被 3 枚，倒卵状披针形，长约 3mm，白色而先端为紫红色，透明膜质，基部具纵脉纹，上端边缘生有细长的纤毛；雄蕊 6 枚，花药淡红色或后期变为淡黄色，长 3.5~4.2（6.0）mm，基部呈尾状，顶端生有小刺毛，花丝细长白色，开花时将花药送出而悬垂于花外；子房倒卵形，长 1.0~1.5mm，直径 0.3~1.2mm，淡绿色，遍体被白色小刺毛，基部具长约 1mm 的柄，顶端生 1 枚长约 1mm 被微毛的花柱，柱头 3 枚，不等距着生，长不及 1mm，羽毛状。果实未见。笋期 8 月，花期 4~11 月。

秆主要用作造纸原料。笋可食用。

在四川，冬季寒冷天气，见有大熊猫垂直下移觅食时采食本竹种。

分布于四川、重庆、贵州北部、云南东北部和东南部。广泛栽培于河岸、丘陵、平坝及村庄附近，四川泸定等地可栽培在海拔 1500m 左右的山地。广东广州、福建厦门有引栽。

耐寒区位：9~10 区。

1.3 佛肚竹

Bambusa ventricosa McClure in Lingnan Sci. J. 17(1): 57. pl. 5. 1938; Keng in Fl. Ill. Pl. Prim. Sin. Gramineae 58. fig. 40. 1959; Bambooguide in HongKong 52. 1985; Yi et al. in Icon. Bamb. Sin. 111. 2008, et in Clav. Gen. Spec. Bamb. Sin. 32. 2009; Shi et al. in The Ornamental Bamb. in China 278. 2012.——*B. tuldoides* 'Ventricosa', D. Ohrnb., The bamboos of the world. 278. 1999. ——*Leleba ventricosa* (McClure) W. C. Lin in Inform. Taiwan For. Res. Inst. 150. 1305. f. 1. 1963.

正常秆高达 10m，直径 5cm，梢尾部略下垂，下部稍“之”字形曲折；节间长 30~35cm，幼

佛肚竹-秆

佛肚竹-箨

佛肚竹-竹丛

时无白粉，平滑无毛，秆下部箨环上下具灰白色绢毛环，秆壁厚 6~12mm；箨环无毛。秆基部第 3 节和 4 节上开始分枝，常 1~3 枚，其上小枝有时短缩为软刺，中上部各节具多枝，主枝 3 枚，粗长。畸形秆高 5m，直径稍细，节间短缩并在下部肿胀呈瓶状，长达 6cm；常具单枝，其节间明显肿胀。箨鞘早落，干时纵肋隆起，背面无毛，先端近于对称的宽拱形或截形；箨耳不相等，边缘具缕毛，大耳宽 5~6mm，小耳宽 3~5mm；箨舌高 0.5~1.0mm，边缘具很短流苏状毛；箨片直立，卵形或卵状披针形，基部稍心形收窄，宽度稍窄于箨鞘顶端。小枝具叶（5）7~11 枚；叶耳卵形或镰形，边缘具缕毛；叶舌近截平形；叶片长 9~18cm，宽 1~2cm，下面密被短柔毛。假小穗单生或数枚簇生于花枝各节，线状披针形，稍扁，长 3~4cm；先出叶宽卵形，长 2.5~3.0mm，具 2 脊，脊上被短纤毛，先端钝；具芽苞 1 枚或 2 枚，狭卵形，长 4~5mm，具 13~15 脉，先端急尖；小穗含两性小花 6~8 朵，其中基部 1 朵或 2 朵以及顶生 2 朵或 3 朵小花常为不孕性；小穗轴节间形扁，长 2~3mm，顶端膨大呈杯状，其边缘被短纤毛；颖常无或仅 1 枚，卵状椭圆形，长 6.5~8.0mm，具 15~17 脉，先端急尖；外稃无毛，卵状椭圆形，长 9~11mm，具 19~21 脉，脉间具小横脉，先端急尖；内稃与外稃近等长，具 2 脊，脊近顶端处被短纤毛，脊间与脊外两侧均各具 4 脉，先端渐尖，顶端具一小簇白色柔毛；鳞被 3 枚，长约 2mm，边缘上部被长纤毛，前方两枚形状稍不对称，后方 1 枚宽椭圆形；花丝细长，花药黄色，长 6mm，先端钝；子房具柄，宽卵形，长 1.0~1.2mm，顶端增厚而被毛，花柱极短，被毛，柱头 3 枚，长约 6mm，羽毛状。

普遍盆栽、地栽或庭院种植，用于园林观赏。

在美国圣地亚哥动物园、澳大利亚阿德莱德动物园、马来西亚国家动物园、新加坡动物园等，均见该竹用于饲喂圈养的大熊猫。

分布于中国南方各地；日本，泰国，越南等也有分布。

耐寒区位：10 区。

1.4 龙头竹（台湾植物志）

泰山竹（中国植物志）、牛角竹（云南金平）

Bambusa vulgaris Schrader ex Wendland in Coll. Pl. 2: 26. pl. 27. 1810; Gamble in Ann. Bot. Gard. Calcutta 7: 43. pl. 40. 1896. et in Hook. f., Fl. Brit. Ind. 7: 391. 1897; E. G. Camus, Bambus. 122. pl. 76. f. A. 1913; W. C. Lin in Quart. J. Chin. For. 3(2): 48. 1967 et in Bull. Taiwan For. Res. Inst. no. 248: 77. f. 34. 1974; Fl. Taiwan 5: 765. pl. 1512. 1978; Bamboos in HongKong 53. 1985; Bamboos in Guangxi and cultivation, 32, f. 18. 1987; Soderstrom et Ellis in Smithson. Contrib. Bot. no. 72: 39. ff. 25-28. 1988; Chia et C. Y. Sia in Guihaia 8(1): 58. 1988; Keng et Wang in Flora Reip. Pop. Sin. 9(1): 96. pl. 24: 1-3.1996; D. Ohrnb., The Bamb. World. 278. 1999; Yi et al. in Icon. Bamb. Sin. 149. 2008, et in Clav. Gen. Spec. Bamb. Sin. 35. 2009.——*Arundarbor bambos* Kuntze in Rev. Gen. PL., 2: 760. 1891.——*A. blancoi* (Steudel) Kuntze in Rev. Gen. Pl., 2: 761. 1891.——*A. fera* Rumphius in Herb. Amboin., 4: 16. 1743; Kuntze in Rev. Gen. Pl. 2: 761. 1891.——*A. monogyna* (Blanco) Kuntze in Rev. Gen. Pl. 2: 761. 1891.——*Bambos arundinacea* Retz. in Obs. Bot. 24. 1788.——*Bambusa auriculata* Kurz ex Cat. Hort. Bot. Calc. 1864: 79.——*B. arundinacea* var. *picta* Moon, 1824: 26.——*B. arundinacea* (Retz.) Willd, Sp. Pl. ed. 4. 245. 1789.——*B. fera*

龙头竹-秆及分枝

龙头竹-笋

取食龙头竹的大熊猫

龙头竹-竹丛

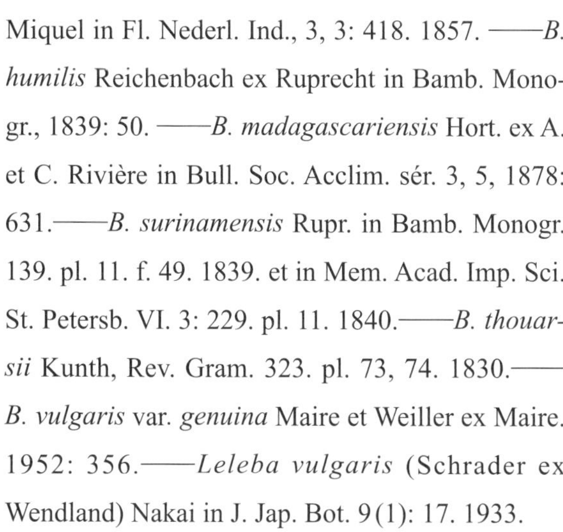

Miquel in Fl. Nederl. Ind., 3, 3: 418. 1857. ——*B. humilis* Reichenbach ex Ruprecht in Bamb. Monogr., 1839: 50. ——*B. madagascariensis* Hort. ex A. et C. Rivière in Bull. Soc. Acclim. sér. 3, 5, 1878: 631.——*B. surinamensis* Rupr. in Bamb. Monogr. 139. pl. 11. f. 49. 1839. et in Mem. Acad. Imp. Sci. St. Petersb. VI. 3: 229. pl. 11. 1840.——*B. thouarsii* Kunth, Rev. Gram. 323. pl. 73, 74. 1830.——*B. vulgaris* var. *genuina* Maire et Weiller ex Maire. 1952: 356.——*Leleba vulgaris* (Schrader ex Wendland) Nakai in J. Jap. Bot. 9(1): 17. 1933.

秆高 8~15m，直径 5~9cm，下部径直或稍“之”字形曲折；节间长 20~30cm，初时稍被白粉，贴生淡棕色刺毛；秆基部数节节内具短气生根，并在箨环上下具灰白色绢毛。秆下部开始分枝，每节多枝簇生，主枝较粗长。箨鞘早落，背面密被棕黑色刺毛，先端弧拱形，但在与箨耳连接处弧形下凹；箨耳发达，近等大，长圆形或肾形，斜升，宽 8~10mm，边缘具弯曲缕毛；箨舌高3~4mm，边缘细齿裂，具极短细缘毛；箨片直立或外展，易脱落，宽三角形或三角形，背面疏被棕色小刺毛，腹面密被棕色小刺毛，基部稍圆形收窄，其宽度约为箨鞘顶端的1/2，近基部边缘具弯曲细缕毛。叶鞘初时疏被棕色糙硬毛；叶耳如存在时常为宽镰形，边缘缕毛少数或缺失；叶舌全缘；叶片长10~30cm，宽1.3~2.5cm，无毛，基部近圆形，稍不对称。假小穗数枚簇生于花枝各节；小穗稍扁，狭披针形至线状披针形，长2.0~3.5cm，宽4~5mm，含小花5~10朵，基部托以数片具芽苞片；小穗轴节间长1.5~3.0mm；颖1枚或2枚，背面仅于近顶端被短毛，先端具硬尖头；外稃长8~10mm，背面近顶端被短毛，先端具硬尖头；内稃略短于外稃，具2脊，脊上被短纤毛；鳞被3枚，长2.0~2.5mm，边缘被长纤毛；花药长6mm，顶端具一小簇短毛；花柱细长，长3~7mm，柱头短，3枚。

秆作建筑、造纸或农业等用材。

在美国圣地亚哥动物园和马来西亚国家动物园，均有见用引栽的该竹饲喂圈养的大熊猫。

分布于云南南部。多生于低海拔地区河边或疏林中。广西、广东、香港、福建有引栽。亚洲热带地区和非洲马达加斯加岛有分布。

耐寒区位：10区。

1.4a 黄金间碧竹

***Bambusa vulgaris* 'Vittata'**, McClure ap. Swallen in Fieldiana Bot. 24(2), 1955: 60; Hatusima in Woody Pl. Jap., 1976: 315; McClure in Agr. Handb. USDA. no. 193: 46. 1961; Keng et Wang in Flora Reip. Pop. Sin. 9(1): 97.1996; American Bamboo Society. Bamboo Species Source List no. 35: 11. 2015.——*Arundarbor striata* (Loddiges ex Lindley) Kuntze in Rev. Gen. Pl., 2: 761. 1891. ——*B. striata* Loddiges ex Lindley in Penny Cycl., 3, 1835: 357. ——*B. variegate* Hort. ex A. et C. Rivière in Bull. Soc. Acclim. sér. 3, 5, 1878: 640.——*B. vulgaris* 'Striata', Hatusima in Woody Pl. Jap., 1976: 315; D. Ohrnb., The Bamb. World. 279. 1999. ——*B. vulgaris* f. *striata* (Loddiges ex Lindley) Muroi in Sugimoto in New Keys Jap. Tr., 1961: 457. ——*B. vulgaris* var. *striata* (Loddiges ex Lindley) Gamble in Ann. Roy. Bot. Gard. Calcutta 7, 1896: 44, pl. 40, fig. 4-5.——*B. vulgaris* Schrader ex Wendland f. Vittata A. et C. Riv. 1982: 467; Yi in J. Sichuan For. Sci. Techn. 28 (3): 17. 2007; Yi et al. in Icon. Bamb. Sin. 149. 2008, et in Clav. Gen. Spec. Bamb. Sin. 36. 2009; Shi et al. in The Ornamental Bamb. in China. 283. 2012. ——*B. vulgaris* var. *striata* (Loddiges ex Lindley) Gamble in Ann. Roy. Bot.Gard. Calcutta 7, 1896: 44, pl. 40 fig. 4-5; Beadle in L. H. Bailey 1914: 448.——*B. vulgaris* Schrader ex Wendland var. *vittata* A. et C. Riv. in Bull. Soc. Acclim. III. 5: 640. 1878.

与龙头竹特征相似，不同之处在于其秆黄色，具绿色纵条纹，箨鞘新鲜时绿色，具黄色纵条纹。

竹丛高大，竹型美观，色彩艳丽，属于著名大型丛生观赏竹，深受人们的喜爱，尤其适于公园、小区、风景区栽培观赏。

在中国澳门动物园有见用该竹喂养大熊猫开开、心心，在广东华南珍稀野生动物物种保护中心、广州长隆野生动物世界、香港海洋公园和台湾台北动物园，以及美国圣地亚哥动物园和澳大利亚阿德莱德动物园，均见用该竹饲喂圈养大熊猫。

福建、台湾、广东、香港、海南、广西、云南南部有栽培。

耐寒区位：10区。

黄金间碧竹-景观1

黄金间碧竹-竹丛1

黄金间碧竹-秆和叶

黄金间碧竹-景观2

黄金间碧竹-景观3

黄金间碧竹-笋

黄金间碧竹-景观4

黄金间碧竹-景观5

黄金间碧竹-景观6

黄金间碧竹-竹林

黄金间碧竹-分枝

黄金间碧竹-秆

黄金间碧竹-竹丛2

黄金间碧竹-竹丛3

园中栽培的黄金间碧竹

广东长隆野生动物园中饲喂熊猫用的黄金间碧竹的竹秆和竹叶

间碧竹-秆和叶

黄金间碧竹-花

间碧竹林下的大熊猫

正在取食黄金间碧竹的大熊猫

1.4b 大佛肚竹

Bambusa vulgaris **'Wamin'**, Keng et Wang in Flora Reip. Pop. Sin. 9 (1): 97. 1996; D. Ohrnb. in The bamboos of the world. 280. 1999; Amer. Bamb. Soc. in Bamb. Species Source List no. 35: 11. 2015.——*B. vulgaris* Schrader ex Wendland f. *waminii* Wen in J. Bamb. Res. 4(2): 16. 1985; Yi et al. in Icon. Bamb. Sin. 150. 2008, et in Clav. Gen. Spec. Bamb. Sin. 35. 2009; Shi et al. in The Ornamental Bamb. in China 282. 2012.

与龙头竹特征相似，不同之处在于其秆绿色或有时为淡黄绿色，下部各节间极度短缩，并在各节间基部大幅肿胀呈佛肚状。

竹丛紧凑，竹秆畸变，形态独特，属于著名丛生异型观赏竹，是观赏竹中之上品，深受人们的喜爱。园林中常见栽培，尤其适于盆栽或制作竹盆景。

在我国香港海洋公园、美国圣地亚哥动物园和澳大利亚阿德莱德动物园，均见用该竹饲喂圈养的大熊猫。

分布于我国华南及浙江、福建、台湾、四川西南部、云南南部等；泰国。

耐寒区位：10~11 区。

大佛肚竹-竹丛1

大佛肚竹-竹丛2

大佛肚竹-景观

大佛肚竹-竹丛3

大佛肚竹-笋

2　巴山木竹属 *Bashania* Keng f. et Yi

Bashania Keng f. et Yi in J. Nanjing Univ. (Nat. Sci. ed.) 1982(3): 722. 1982; D. Ohrnb., The Bamb. World, 39. 1999; Yi et al. in Icon. Bamb. Sin. 646. 2008, et in Clav. Gen. Spec. Bamb. Sin. 186. 2009. ——*Omeiocalamus* Keng f. in J. Bamb. Res. 1(1): 9, 18. 1982, nom. nud. in tabl. et clav. Sinice.

Typus: ***Bashania fargesii*** (E. G. Camus) Keng f. et Yi.

灌木状或小乔木状竹类。地下茎复轴型。秆散生兼小丛生，直立；节间圆筒形或在秆中、上部的分枝一侧下部微扁平，秆壁厚，中空小或近实心，髓薄膜状或粉末状；箨环显著；秆环微隆起。秆芽体扁，长卵形，贴生；秆每节上枝条初时3枚，后因次生枝发生可为多枝。直立或上举。箨鞘迟落或宿存，革质；箨耳缺失或不明显；箨舌截形；箨片直立，平直或有波曲。小枝具叶数枚；叶耳不明显，鞘口具波曲缝毛；叶舌发达；叶片质地坚韧，基部斜形而不对称，次脉数对，小横脉清晰。圆锥花序或稀总状花序，顶生；小穗含小花数朵至多朵，细长圆柱形，侧生者几无柄，顶生小花不孕，呈芒柱状；小穗轴具绒毛，脱节于颖之上及诸小花之间；颖2枚，不等长，先端芒尖；外稃具7脉及稀疏小横脉，先端具芒状小尖头；内稃背部具2脊，先端针芒状2齿裂；鳞被3枚，不等大，上缘具纤毛；雄蕊3枚，花丝分离；子房卵圆形，柱头2枚，羽毛状。颖果。染色体 $2n = 48$。笋期在初夏。花期在夏季。

全世界的巴山木竹属植物有11种，产自东亚。我国包括引种在内有10种。

自然生存状态下，本属植物中的冷箭竹、巴山木竹、宝兴巴山木竹、马边巴山木竹、峨热竹和秦岭木竹是大熊猫的重要主食竹种；亦有见国内外多家动物园用巴山木竹饲喂圈养的大熊猫。

2.1　马边巴山木竹（中国竹类图志）

箭竹（四川马边）

Bashania abietina Yi et L.Yang in J. Bamb. Res. 17(4):1. f. 1.1998; Yi et al. in Icon. Bamb. Sin. 648. 2008, et in Clav. Gen. Sp. Bamb. Sin. 186. 2009; T. P. Yi et al. in J. Sichuan For. Sci. Tech. 31(4): 8, 15. 2010.

地下茎复轴型，竹鞭节间长（2.5）3~7cm，直径5.5~7.0mm，圆筒形，中空直径1.5~2.5mm，淡黄色，平滑，无毛，每节上具根或瘤状突起（0）1~4枚，鞭箨长于节间。秆高1.5~2.5m，直径8~13mm；全秆具15~21节，节间长（7）13~18（23）cm，圆筒形，但在具分枝一侧下部显著扁平，淡黄绿色，平滑，初时仅节下微被白粉，无毛，无紫色小斑点，秆壁厚2.5~3.5mm，髓初时层片状；箨环隆起，紫色，

马边巴山木竹-箨

马边巴山木竹-秆

马边巴山木竹-竹丛

隆起，无毛；秆环平或分枝节上隆起，低于箨环；节内高 1.5~3.0mm。秆芽 1 枚，长圆形或长卵形，贴生，边缘有灰白色纤毛。秆之第 5~7 节开始分枝，每节上枝条仅 1 枚，直立，长 22~55（75）cm，具 12~22 节，节间长 2~55mm，直径 4~4mm，中空。笋紫色；箨鞘宿存，三角状长圆形，淡黄色，为节间长度的 2/3~4/5，软骨质，背面下部被白色小刺毛，纵细线棱纹明显，小横脉不发育，边缘上部密生白色纤毛；箨耳小，紫色，长圆形，早落，边缘缝毛 3~9 条，长约 6mm；箨舌圆弧形，稀截平形，紫色，高 0.5~1mm，边缘初时生纤毛；箨片直立，稀外翻，长三角形或披针形，长 2~7（20）mm，宽 1.5~2.5mm，无毛，常内卷。小枝具叶 3~5 枚；叶鞘长 3.2~4.5cm，淡绿色，无毛，边缘无纤毛；叶耳长圆形，紫色，边缘缝毛 5~7 枚，长 4~6mm；叶舌斜截平形，绿色或紫色，高约 0.7mm；叶柄淡绿色，长 1.0~1.5mm，无毛；叶片线状披针形，纸质，长 6.0~8.5（11.0）cm，宽 8~10（12）mm，基部楔形，下面灰绿色，两面均无毛，次脉（3）4 对，小横脉组成正方形，边缘具小锯齿。花枝未见。笋期 4 月下旬至 5 月上旬。

笋味淡甜，供食用。

在其自然分布区，该竹是野生大熊猫四季采食的主要竹种。

分布于我国四川马边的药子山，生于海拔 2500~3200m 的冷杉林下。

耐寒区位：9 区。

2.2 秦岭木竹（中国竹类图志）

木竹（陕西佛坪）

Bashania aristata Y. Ren, Y. Li et G. D. Dang in Novon 13(4): 473. f. 1. 2003; Yi et al. in Icon. Bamb. Sin. 648. 2008, et in Clav. Gen. Sp. Bamb. Sin. 186. 2009; T. P. Yi et al. in J. Sichuan For. Sci. Tech. 31(4): 7, 14. 2010.

秆高 3~5m，直径（1）2~3（4）cm，直立；节间长 25~40cm，圆筒形，分枝一侧稍扁平，秆壁厚；箨环显著，初时具棕色小刺毛；秆环微隆起；节内高 6~12mm。秆每节上枝条初时为 3 枚，以后由于次级枝发生可增多。幼笋墨绿色；箨鞘迟落，短于节间，背面被紫黑色或深黄褐色刺毛，毛脱落后留有瘤基和小凹痕；箨耳新月形，边缘具多数直立而波曲的缝毛；箨舌高约 2mm，具多数缘毛；箨片披针形，直立或外展，不易脱落，腹面基部被易脱落的微毛。小枝具叶 4~6 枚；叶耳缺失；叶舌高 1.5~4.0mm，被微毛，上缘具不规则齿裂；叶片长 7~17cm，宽 1.0~2.3cm，下面被很稀疏的短柔毛，次脉常为 6 对，边缘具细锯齿。圆锥花序长达 9cm，

秦岭木竹-竹丛1

秦岭木竹-秆

秦岭木竹-笋

秦岭木竹-箨

宽 3~4cm，主轴及分枝被白色微毛。笋期 5 月。

在其自然分布区，该竹是野生大熊猫常年取食的重要天然主食竹种。

分布于我国陕西佛坪、洋县、镇巴，生于海拔 1100~1600m 的山地栎林或油松、栎树混交林下，量少，且混生于巴山木竹林中。

耐寒区位：8 区。

秦岭木竹-竹丛2

2.3 宝兴巴山木竹

箭竹（四川宝兴）

Bashania baoxingensis Yi in J. Sichuan For. Sci. Techn. 21 (2): 13. f. 1. 2000, et in J. Bamb. Res. 19 (1): 9. f. 1. 2000; Yi et al. in Icon. Bamb. Sin. 650. 2008, et in Clav. Gen. Sp. Bamb. Sin. 186. 2009; T. P. Yi et al. in J. Sichuan For. Sci. Tech. 31 (4): 7, 14. 2010.

地下茎复轴型，竹鞭节间长 0.8~4.0cm，直径 3.5~7mm，圆柱形，淡黄色，节下有时被微白粉一圈，中空度很小，每节生根或瘤状突起（0）1~4 枚；鞭芽尖卵形，贴生。秆高 2.0~2.5m，直径 0.6~1.0cm，梢端直立；全秆具 11~15 节，节间长（8）20~30（38）cm，圆筒形，在具芽或分枝一侧中部以下扁平，绿色，无白粉或有时节下稍有一圈白粉，初时有时在上部被灰黄色下向小刺毛并稍粗糙，平滑，无纵细线棱纹，秆壁厚 2.5~3.5mm，髓锯屑状；箨环隆起，被

宝兴巴山木竹-生境

宝兴巴山木竹-箨1

宝兴巴山木竹-箨2

宝兴巴山木竹-叶

宝兴巴山木竹-分枝

宝兴巴山木竹-箨环

下向黄褐色刺毛；秆环隆起；节内高 2~6mm，在分枝节上向下显著变细。秆芽 1 枚，卵状长圆形，边缘被褐色纤毛。秆之第 3~4 节开始分枝，每节上枝条（1）3（4）枚，斜展，长 30~50cm，直径 1.2~3.5mm，基部节间三棱形，中空度较小，每节上均可发生次级枝。箨鞘宿存，约为节间长度的 3/5，长圆状三角形，厚纸质至软骨质，淡黄色，背面被棕色瘤基刺毛，纵脉纹密而明显，小横脉不发育，具棕色刺毛状缘毛；箨耳及鞘口缝毛缺失；箨舌高 0.5~2mm，截平形或圆弧形，有时上部箨上者边缘具长达 6mm 的缝毛；箨片长三角形、线状披针形或披针形，外翻，稀直立，长 0.2~2.2（5.5）mm，边缘常内卷。小枝具叶 2（3）枚；叶鞘长 4.2~10.0cm，被微毛，纵脉纹不明显，无缘毛；叶耳微小，淡绿紫色，初时具 3~5 枚长 2~12mm 的灰色缝毛；叶舌圆弧形，淡绿紫色，高 0.5~2.0mm，边缘初时密生长 3~8mm 的灰色缝毛；叶柄长 2~5（7）mm，无毛；叶片线状披针形或披针形，纸质，长 9~15cm，宽 1.8~3.8cm，基部楔形或狭楔形，下面淡绿色，两面均无毛，次脉 7~9 对，小横脉组成方格状，边缘具小锯齿而粗糙。花、果未见。笋期 4 月下旬至 5 月上旬。

在其自然分布区，该竹是野生大熊猫冬季下移时取食的主要竹种。

分布于我国四川宝兴，垂直分布于海拔 1500m 左右的灌丛间。

耐寒区位：9 区。

2.4 冷箭竹（峨眉植物图志）

麦秧子（四川通称）

Bashania faberi (Rendle) Yi in J. Bamb. Res. 12(2): 52. 1993; T. P. Yi in Sichuan Bamb. Fl. 310. pl. 125. 1997, et in Fl. Sichuan.12: 285. pl. 101. 1998; D. Ohrnb., The Bamb. World, 40. 1999; Yi et al. in Icon. Bamb. Sin. 651. 2008, et in Clav. Gen. Sp. Bamb. Sin. 186. 2009; T. P. Yi et al. in J.

冷箭竹-景观

冷箭竹-分枝

冷箭竹-秆1

冷箭竹-秆2

冷箭竹-地下茎

冷箭竹-花1

Sichuan For. Sci. Tech. 31 (4): 8, 14. 2010. ——*B. auctiaurita* Yi in Bull. Bot. Res. 6 (4) 1986. ——*B. fangiana* (A. Camus) Keng f. et Wen in J. Bamb. Res. 4 (2): 17. 1985; Keng et Wang in Fl. Reip. Pop. Sin. 9 (1): 618. 1996. ——*Arundinaria faberi* Rendle in J. Linn. Soc. Lond. Bot. 36: 435. 1904; C. S. Chao et al. in J. Bamb. Res. 13 (1): 7. 1994; Fl. Yunnan. 9: 168. 2003; Sylva Sinica 4: 5396. pl. 3010: 11-17. 2004; D.Z.Li et al. in Fl.China 22: 114. 2006.——*A. fangiana* (A. Camus) Hand.-Mazz. in Symb. Sin. 7: 1273. 1936; A. Camus in Icon. Pl. Omeien. 1 (2): pl. 54. 1944. ——*A. racemosa* Munro subsp. *fangiana* A. Camus in J. Arn. Arb. 11: 192. 1930; W. P. Fang, Icon. Omei. 1 (2): pl. 54. 1944; C. S. Chao et al. in Act. Phytotax. Sin. 18 (1): 29. 1980; C. S. Chao et C. D. Chu in J. Nanjing Techn. Coll. For. Prod. 1980 (3): 26. 1980. ——*Gelidocalamus fangianus* (A. Camus) Keng f. et Wen in J. Bamb. Res. 2 (1): 20. 1983; 中国竹谱 90 页 , 1988. ——*Sinarundinaria faberi* (Rendle) Keng ex Keng f. in Nat' l. For. Res. Bur. China, Techn. Bull. no. 8: 13. 1948; Y. L. Keng, Fl. Ill. Pl. Prim. Sin. Gramineae 24. fig. 15. 1959.——*S. fangiana* (A. Camus) Keng ex Keng f. in Nat' l. For. Res. Bur. China, Techn. Bull. no. 8: 13. 1948; 中国主要植物图说 · 禾本科，24 页 , 图 15. 1959; 竹的种类及栽培利用 183 页 , 1984.

地下茎节间长（0.8）2.0~5.5cm，直径 3~5（8）mm，圆筒形或在具芽一侧基部扁平，淡黄色，无毛，光亮，有的中空，每节上生根或瘤状突

冷箭竹-花2

冷箭竹-箨1

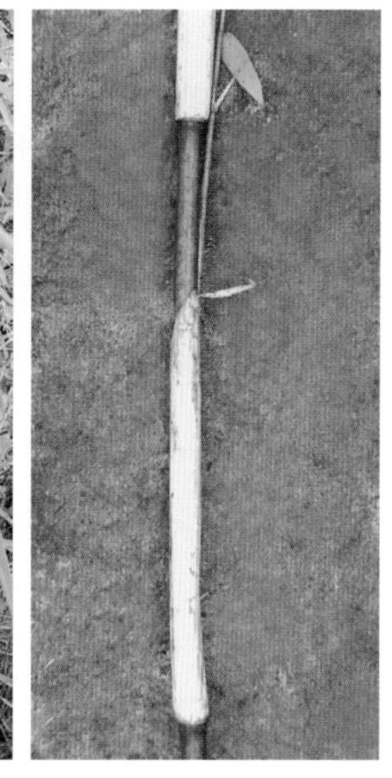
冷箭竹-箨2

冷箭竹-叶1

冷箭竹-叶2

起 2~5 枚；鞭芽 1 枚，淡黄色，无毛，贴生或先端不贴生，边缘通常无纤毛。秆径直，高 1.0~2.5（3.0）m，直径 3~6（10）mm；全秆具（10）14~21（25）节，节间长 15~18（20）cm，圆筒形，但在具分枝一侧基部轻微扁平，初时微被白粉或仅节下被白粉，常有紫色小斑点，纵细线棱纹不明显，秆壁厚 1.5~3.0mm，髓初时为层格状，以后层格消失；箨环隆起，无毛；秆环平或微隆起，低于箨环。节内高 2~3mm。秆芽长卵形，紧贴主秆。秆的第 4~6 节开始分枝，每节上枝条初时为 3 枚，以后为多数，上举，长 20~35cm，直径 1~2mm。笋紫红色或淡绿色而先端带紫红色，无毛，有紫色小斑点；箨鞘宿存，厚革质，三角状长圆形，常短于节间，背面无毛，纵脉纹明显，小横脉稍可见，边缘具纤毛；箨耳微小或缺失，鞘口两肩初时各具数枚紫色縫毛；箨舌截平，绿色，高约 0.5mm；箨片外翻，三角状线形或线状披针形，绿色或先端带紫红色，长 4~40mm，宽 1~3mm，无毛。小枝具叶（2）3 枚；叶鞘长 2~4cm，无毛，纵脉纹明显，上部无纵脊，边缘初时具纤毛；叶耳微小或无，鞘口两肩初时各具数枚长 5~7mm 的紫色绢曲状縫毛；叶舌截平形，高约 0.5mm；叶柄长 1~2mm，无毛；叶片线状披针形，纸质，基部圆形，长 4~9cm，宽（4）8~11（14）mm，下面灰绿色，两面均无毛，次脉 3~4（5）对，小横脉明显，组成稀疏长方形，边缘具小锯齿而粗糙。总状花序生于具叶小枝顶端，具3~5枚小穗，或有时具8~9枚小穗而组成圆锥花序，长10~13cm，序轴及其分枝无毛；小穗柄长8~22mm，微扁，绿色，无毛，腋间有瘤枕；小穗含（4）5~6朵小花，极稀可多达10朵小花，紫红色，长2.0~4.5cm；小穗轴节间长3~5mm，具花一侧扁平，被白色柔毛（中部以上的毛尤密而长）；颖2枚，第一颖锥形或三角状卵形，长约2mm，具1脉，无毛，第二颖卵状披针形或披针形，长5~8mm，先端长渐尖，除脊上有时疏生小硬毛外其余无毛，具1脉或3脉；外稃卵状披针形，长9~14mm，具7脉，被微毛，先端针芒状；内稃长7~12mm，背部具2脊，脊上生小纤毛，脊间具1脉，先端具2尖齿；鳞被3枚，前方2枚宽大，卵形，长1.0~1.5mm，后方1枚狭窄，披针形，长约1mm；雄蕊3枚，花药紫红色，长（4）5~6mm，先端具2钝头，基部箭镞形，花丝白色，细长；子房椭圆形，无毛，长约1mm，花柱在下部为1枚，上部分裂为2枚，或有时其中另一花柱稍上方分裂为2而形成3枚柱头，白色，羽毛状，长（1）2~3mm。颖果囊果状，长圆形，腹面微弧形弯曲，先端具宿存花柱1枚，喙状，紫褐色或褐色，长6~7mm，直径1.5~2.0mm，具浅腹沟，果皮薄，易与种子相分离，胚乳白色。笋期5~8月。花期5~8月；果期9月。

秆可盖茅屋、作毛笔杆等用；其也是山区水土保持的重要竹种。

在四川峨边、峨眉山、洪雅、宝兴、天全、泸定、康定、汶川、茂县、大邑、崇州、都江堰、彭州、北川等地，该竹是大熊猫活动范围内最重要的主食竹竹种。

分布于我国四川盆地西部山区、云南东北部和贵州（梵净山），本种常大面积生于海拔2300~3500m的亚高山暗针叶林或明亮针叶林下，有的在当风的山脊上常形成单一的冷箭竹纯林。

耐寒区位：9区。

冷箭竹-笋

冷箭竹-竹丛1

冷箭竹-竹丛2

2.5 巴山木竹（中国植物志）

木竹（甘肃、陕西、重庆、四川）、风竹（陕西、重庆）、篨竹（湖北、重庆）

Bashania fargesii (E. G. Camus) Keng f. et Yi in J. Nanjing Univ. (Nat. Sci. ed.) 1982(3): 725. fig. 1. 1982, et in J. Bamb. Res. 1(2): 37. 1982; T. P. Yi in J. Bamb. Res. 4(1): 17. 1985; S. L. Zhu et al., A Comp. Chin. Bamb. 213. 1994; Keng et Wang in Fl. Reip. Pop. Sin. 9(1): 613. pl. 186. 1996; T. P. Yi in Sichuan Bamb. Fl. 304. pl. 122. 1997, et in Fl. Sichuan. 12: 276. pl. 98. 1998; D. Ohrnb., The Bamb. World, 40. 1999; Yi et al. in Icon. Bamb. Sin. 653. 2008, et in Clav. Gen. Sp. Bamb. Sin. 186. 2009; T. P. Yi et al. in J. Sichuan For. Sci. Tech. 31(4): 7, 14. 2010. ——*Arundinaria fargesii* E. G. Camus in Lecomte, Not. Syst. 2: 244. 1912; et Les Bam. 47. pl. 4. fig. A. 1913; C. S. Chao et al. in Acta Phytotax. Sin. 18(1): 28. 1980; et in Bamb. Res. 1981: 12. 1981; C. S. Chao et al. in J. Bamb. Res. 13 (1): 6. 1994; D.Z.Li et al. in Fl. China 22: 113. 2006. ——*A. fargesii* var. *grandifolia* E. G. Camus in Les Bambus. 198. 1913. ——*A. dumetosa* Rendle in Sargent, Pl. Wils. 2: 63. 1914. ——*Indocalamus fargesii* (E. G. Camus) Nakai in J. Arn. Arb. 6 (3): 148. 1925; Y. L. Keng, Fl. Ill. Pl. Prim. Sin. Gramineae 14. fig. 4. 1959.—— *Indocalamus scariosus* McClure in Lingnan Univ. Sci. Bull. No. 9: 27. 1940; P. C. Keng in Natl' . For. Res. Bur. China, Techn. Bul l. no. 8: 12. 1948; Fl. Tsinling. 1(1): 58. fig. 54. 1976. ——*I.*

巴山木竹-景观1

巴山木竹-景观2

巴山木竹-分枝1

巴山木竹-分枝2

巴山木竹-秆

巴山木竹-竹丛

巴山木竹-箨

巴山木竹-竹林1

巴山木竹-叶1

巴山木竹-叶2

巴山木竹-果枝

巴山木竹-笋

dumetosus (Rendle) Keng f. in Techn. Bull. Nat' l. For. Res. Bur. China no. 8: 12. 1948.

地下茎复轴型，竹鞭节间长（1）3~5cm，直径 5~15（20）mm，有小的中空或几实心，节上生根或瘤状突起 3~5（7）枚；鞭芽卵圆形或长卵形，淡黄色，贴生，边缘初时生纤毛。秆直立，散生兼小丛生，高（2）5~8（13）m，直径 2~4（6.5）cm，梢头稍弯；全秆具（14）18~20（31）节，节间长 35~50（76）cm，圆筒形，但在具分枝一侧稍扁平，幼时被白粉，细线肋明显，无毛，中空，秆壁厚 2~8mm，髓膜质，袋状；箨环隆起，较厚，最初生有棕色小刺毛；秆环窄脊状微隆起；节内高 6~12mm，向下明显变细。秆芽 1 枚，长圆形，灰黄色，无毛，贴生，边缘纤毛微弱；分枝始于秆的中上部，每节上枝条初时为 3 枚，以后可增多，上举，直径 3~7mm。笋紫绿色，无斑纹，被棕色刺毛；箨鞘迟落，稍短于节间，三角状长方形，革质，迟落，新鲜时绿色，干后为淡黄色，背面贴生棕色瘤基小刺毛，刺毛脱落后常在鞘的表面留有瘤基

巴山木竹-竹林2

和凹痕，纵脉纹在上部明显，边缘密生棕色长刺毛；箨耳缺失，鞘口缝毛易脱落；箨舌截平形，高 2~4mm；箨片直立，披针形，幼时绿色，长（1.4）3~5cm，宽 5~10mm，腹面基部被微毛，边缘具易脱落的小刺状纤毛。小枝具叶（1）4~6 枚；叶鞘长 5~8cm，被瘤基小刺毛和微毛，外侧边缘具纤毛；叶耳不明显，鞘口两肩具曲折易脱落的缝毛；叶舌发达，隆起，高（1.5）2~4mm，被微毛；叶柄长 1.0~1.5cm，上面初时密被锈色柔毛，后变无毛，被白粉；叶片质地较坚韧，长圆状披针形，先端渐尖，基部圆形或阔楔形，左右不对称，下面淡绿色，幼时具细柔毛，长 10~20（30）cm，宽 1.0~2.5（7.5）cm，次脉 5~8（11）对，小横脉不甚明显，叶缘具细锯齿。圆锥花序幼时较紧密，长 5~10（15）cm，宽 2~3cm，生于叶枝顶端，基部为叶鞘所覆盖或以后花序可伸出，花序分枝的腋部具瘤枕，主轴和分枝（或小穗柄）均被褐色微毛，在花枝下方各节还生有具叶侧枝，唯其叶片较质薄而形小（长 5~10cm，次脉 4~5 对，叶片下面被灰色微毛）；小穗成熟后带紫黑色，侧生者几无柄，细长圆柱形，长 2.0~2.8cm，直径约 4mm，含 4~7 朵小花，顶生小花不孕而成芒柱状；小穗轴节间长 2.0~3.5mm，扁平，被毡状绒毛，先端变粗并生有白色髯毛；颖 2 枚，卵状披针形，先端芒刺状，第 1 颖长 3~6mm，具 1~3 脉，第 2 颖长 6~8mm，具 5~7 脉，背面中脉及边缘均生有柔毛，小横脉稀疏，较明显；外稃长圆形间披针形，基盘钝，被白色微毛，第一朵小花者长可达 13mm，具 7 脉及稀疏小横脉，先端具芒状小尖头；内稃长 5~6mm（结实时长至 10mm），背部具 2 脊，几无毛，仅先端被微毛和具 2 尖齿，后者亦可呈芒状；鳞被 3 枚，边缘疏生小纤毛；雄蕊 3 枚，花药长 4~5mm；子房卵圆形，柱头 2 枚，长约 2.5mm，羽毛状。颖果长约 1cm，微弯，具腹沟，先端具喙。笋期 4 月下旬至 5 月底；花期 3 月下旬至 4（5）月；果实 5 月下旬成熟。

笋食用。秆材供造纸或作竿具、编织、建筑等用。

在陕西佛坪、周至、太白山、长青和甘肃白水江，以及四川唐家河等自然保护区内，该竹是野生大熊猫常年觅食的重要天然主食竹种。此外，在北京，陕西秦岭、西安，甘肃兰州，河北石家庄，四川成都大熊猫繁育基地、都江堰基地，江苏南京市红山森林动物园，以及俄罗斯莫斯科动物园和荷兰欧维汉动物园，均见用该竹饲喂圈养的大熊猫。

分布于我国甘肃南部、陕西南部、湖北西部、重庆东北部、四川东北部至西部，生于海拔 1100~2500m 的山地，形成大面积纯林或生长在疏林下，北京、河南、甘肃等城市园林中均有栽培。

耐寒区位：6~9 区。

巴山木竹-竹林3

2.6 峨热竹（中国植物志）

Bashania spanostachya Yi in Acta Bot. Yunnan. 11 (1): 35. f. 1. 1989; S. L. Zhu et al., A Comp. Chin. Bamb. 213. 1994; Keng et Wang in Fl. Reip. Pop. Sin. 9 (1): 619. 1996; T. P. Yi in Sichuan Bamb. Fl. 308. pl. 124. 1997, et in Fl. Sichuan. 12: 281. pl. 100. 1998; D. Ohrnb., The Bamb. World, 40. 1999; Yi et al. in Icon. Bamb. Sin. 653. 2008, et in Clav. Gen. Sp. Bamb. Sin. 186. 2009; T. P. Yi et al. in J. Sichuan For. Sci. Tech. 31 (4): 7, 14. 2010. ——*Arundinaria spanostachya* (Yi) D. Z. Li in Novon 15: 600. 2005; D. Z. Li et al. in Fl. China 22: 114. 2006.

地下茎节间长 1.1~5.8cm，直径 3.5~6.8mm，淡黄色，无毛，圆筒形，但具芽一侧扁平，中空，每节上生根或瘤状突起 4~5 枚；鞭芽卵圆形，淡黄色，贴生，边缘通常无纤毛。秆高 1.0~3.5m，直径 6~12mm，梢端直立；全秆约具 27 节，节间长 13~18（24）cm，基部节间长 8cm 左右，圆筒形，但在具分枝一侧中部以下扁平，绿色，初时微被白粉，具紫色小斑点，无毛，光滑，不具纵细线棱纹，中空，秆壁厚 3~4mm，髓初为环状，后变为锯屑状；箨环稍隆起，无毛；秆环平或在分枝节上鼓起；节内高 1.5~3.0mm。秆芽小，三角状卵形或线形，贴秆，边缘生纤毛。秆每节上枝条 2~3（5）枚，基部贴秆，直立，纤细，长 4~22cm，直径 1~2mm，无毛，绿色或紫色。笋灰绿色带紫色；箨鞘宿存，革质，黄色，三角状长圆形，约为节间长度的 3/5，先端短三角形，背面无毛或被灰黄色贴生小刺毛，纵脉纹明显，小横脉不发育，边缘偶见淡黄色短纤毛；箨耳缺失，鞘口无缝毛或偶见两肩各具 1~2 枚长 4~6mm 的直立灰色缝毛；箨舌弧形，紫色，高约 1mm；箨片直立或有时秆上部者开展，三角形或披针形，灰绿色带紫色或紫色，无毛，纵脉纹明显，长 1.2~4.5cm，宽 5.0~7.5mm，全缘。小枝具叶 2~4 枚；叶鞘长 1.7~4.2cm，绿紫色，无毛，无缘毛；叶耳无，鞘口两肩初时各具 1~2（4）枚长 2~5mm 的径直缝毛；叶舌

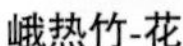

峨热竹-花

峨热竹-笋

峨热竹-箨

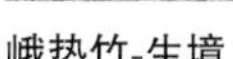
峨热竹-生境

峨热竹-竹丛

截平形，紫色，无毛，高约 0.5mm；叶柄绿紫色，长 0.8~1.5mm；叶片线状披针形，长（2.2）3.3~6.7cm，宽 4.0~7.5mm，次脉 2~3 对，下面淡绿色，两面均无毛，边缘仅一侧有小锯齿。花枝长（5）10~15cm，具叶，仅在基部节上可再分次生枝。总状花序由 2~3 枚小穗组成，顶生，基部具 1 枚叶片极度退化叶鞘增长的总苞，花序轴无明显的节，微呈波状曲折，无毛；小穗柄纤细，无毛，长 2~6mm（顶生者长可达 11mm），基部无苞片，腋间无瘤状腺体；小穗含 4~6 朵小花，长 1.8~3.0cm，直径 2.0~2.5mm，紫色；小穗轴节间扁平，长 3.5~5.0mm，宽约 0.5mm，具白色小硬毛；颖 2 枚，无毛，第一颖三角状锥形，微小，长 1.0~1.6mm，纵脉纹不明显，第二颖卵状披针形，长 3~9mm，先端芒状，具 3~5 脉，小横脉不明显；外稃卵状披针形，纸质，紫色，无毛或有白色贴生小硬毛，长 7~10mm，先端芒状，具 5~7 脉，小横脉不发育；内稃长 5.0~6.5mm，背部具 2 脊，脊上通常无纤毛，脊外两侧各具 1 脉，无毛，先端 2 齿裂；鳞被 3 枚，白色，边缘有纤毛，前方 2 枚长约 0.8mm，后方 1 枚长约 0.4mm；雄蕊 3 枚，花药紫色，长 3.5~4.5mm，先端具 2 尖头，基部箭镞形；子房卵圆形，淡黄色，长约 0.6mm，无毛，花柱 1 枚，柱头 3 枚，羽毛状。颖果长椭圆形或椭圆形，长 4.5~6.5mm，直径 1.5~2.0mm，紫褐色，无毛，腹面弧形弯曲，具腹沟，先端具长约 0.5mm 的宿存花柱，果皮薄，胚乳丰富，填满整个果实。笋期 5 月；花期 5 月；果实 10 月成熟。

笋味淡，可食用。秆作刷把或扫帚。

在四川冕宁冶勒自然保护区和石棉栗子坪自然保护区内，该竹是野生大熊猫的重要主食竹种。

分布于我国四川西南部，常生于海拔 2700~3900m 的长苞冷杉或杜鹃林下，也形成大面积的纯竹林。

耐寒区位：9 区。

3 方竹属 *Chimonobambusa* Makino

Chimonobambusa Makino in Bot. Mag. Tokyo 28: 153. 1914; ex Nakai J. Arn. Arb. 6: 151. 1925.——*Tetragonocalamus* Nakai in J. Jap. Bot. 9: 86. 1933, p. p. ——*Oreocalamus* Keng in Sunyatsenia 4 (3-4): 146. 1940; Keng et Wang in Flora Reip. Pop. Sin. 9(1): 324. 1996; D. Ohrnb., The Bamb. World, 177. 1999; D. Z. Li et al. in Flora of China. 22: 152. 2006; Yi et al. in Icon. Bamb. Sin. 259. 2008. et in Clav. Gen. Spec. Bamb. Sin. 76. 2009.

Typus: *Chimonobambusa marmorea* (Mitford) Makino.

方竹属又名寒竹属。

灌木状或少小乔木状竹类。地下茎复轴型。秆散生兼小丛生，直立；节间短，长度通常在 20cm 以内，圆筒形或基部数节间略呈四方形，分枝一侧扁平，并通常具 2 纵脊和 3 浅沟槽，中部以下各节或至少在基部数节上各具多枚为一圈的刺状气生根，中空；秆环平或隆起。秆芽 3 枚，锥形，贴秆。秆每节 3 分枝，枝环显著隆起，并具扣盘状关节。箨鞘早落、迟落或宿存，纸质或革质，背面有斑纹圆斑或无；箨耳缺失；箨片极为缩小，长在 1cm 以内，直立，三角形或锥形。小枝具叶 1~3（5）枚；叶鞘常被柔毛；叶片披针形，小横脉明显。花枝重复分枝，无叶或稀具少数叶；具花小枝基部常覆以一组由下向上逐渐增大的苞片；假小穗在花枝每节上单生或 2~3 枚簇生，常紫色；小穗含花少数至多数，无柄或顶生小穗以花枝节间充作小穗柄（2）3~6（7）朵；小穗轴节间无毛或稀具短柔毛；颖 1~3 枚，逐渐增大；外稃顶端尖锐，具数条纵脉；内稃背部具 2 脊，稍长于或略短于外稃，无毛；鳞被 3 枚；雄蕊 3 枚，花丝分离，花药黄色；子房无毛，花柱 1 枚，极短，从近基部分裂为 2 枚羽毛状柱头。果实不为稃片所全包而外露，果皮厚，呈坚果状。笋期秋季；花果期夏秋季。

全世界的方竹属植物约 29 种 1 变种 5 变型（其中部分变种、变型已根据最新颁布的《国际栽培植物命名法规》修订为栽培品种），中国全产，分布于秦岭以南各地区及西藏东南部；日本、越南、缅甸有个别种分布。

本属为山地竹类，是自然生存状态下大熊猫常年采食的主食竹竹种，亦有圈养大熊猫饲喂该属植物。到目前为止，已记录大熊猫采食本属竹类有 9 种 4 栽培品种。

3.1 狭叶方竹（南京林产工业学院学报）

线叶方竹（竹子研究汇刊）、刺竹（重庆黔江）

Chimonobambusa angustifolia C. D. Chu et C. S. Chao in J. Nanjing Techn. Coll. For. Prod. 1981(3): 36. fig. 5. 1981; 广西竹种及其栽培，137 页，图 73. 1987; C. J. Hsueh et W. P. Zhang in Bamb. Res. 7(3): 8. 1988; Fl. Guizhouensis 5: 312. pl. 102: 6-8. 1988; T. H. Wen in J. Amer. Bamb. Soc. 11

狭叶方竹-气生根刺

狭叶方竹-芽

狭叶方竹-箨

狭叶方竹-秆及分枝

狭叶方竹-笋

(1-2): 31. 1994; S. L. Zhu et al., A Comp. Chin. Bamb. 158. 1994, et in Fl. Reip. Pop. Sin. 9(1): 343. 1996; T. P. Yi in Sichuan Bamb. Fl. 144. pl. 47. 1997, et in Fl. Sichuan. 12:126. pl. 42. 1998; D. Ohrnb., The Bamb. World, 178. 1999; D. Z. Li et al. in Flora of China. 22: 158. 2006; Yi et al. in Icon. Bamb. Sin. 265. 2008, et in Clav. Gen. Sp. Bamb. Sin. 78. 2009. ——*C. linearifolia* W. D. Li et Q. X. Wu in J. Bamb. Res. 4 (1): 47. fig. 3. 1985.

竹鞭节间长 0.6~3.3cm，直径 3.5~8.0（10.0）mm，圆柱形，淡黄色，无毛，平滑，光亮，实心，每节上具根或瘤状突起 1~3 枚；鞭芽卵圆形，肥厚，黄色，无毛，边缘无纤毛或具灰白色短纤毛。秆高 2~5m，直径 1~2cm，梢端直立；全秆

狭叶方竹-竹丛

具20~25节，节间长10~15cm，最长达18cm，基部节间长约6cm，圆筒形或下部节间略呈四方形，但在分枝一侧下部具明显2纵脊和3纵沟槽，绿色，平滑，幼时密被白色柔毛和稀疏刺毛，毛脱落后留有瘤基而略粗糙，髓为笛膜状；箨环稍隆起，灰色，初时被淡褐色纤毛；秆环稍平坦或在分枝节上甚隆起，光亮；节内高2~3mm，秆下部各节内具6~12枚尖锐的气生根刺。秆芽3枚，贴生。秆的第3~10节起始分枝，每节上枝条3枚，长达40cm，直径1.5~2.5mm，节间长1~7cm，实心。笋褐紫色，具灰白色斑点；箨鞘早落，长为节间长度的1/3~1/2，革质或厚纸质，紫褐色，有灰白色或淡黄色圆斑或斑点，下部具稀疏淡黄色柔毛及小刺毛，小横脉紫色，组成长方格状，具黄色密缘毛；箨耳及鞘口缝毛缺失；箨舌圆弧形或在中央三角状突出，灰色或紫色，高约0.5mm；箨片锥状三角形或锥形，长2~8（12）mm，宽0.6~1.1mm，边缘生短纤毛。小枝具叶1~3（4）枚；叶鞘淡绿色，无毛，纵脉纹及上部纵脊明显，边缘无纤毛或初时具短纤毛；无叶耳，鞘口缝毛少数，直立，长3~5mm；叶舌低矮，紫色；叶片线状披针形或线形，基部楔形或宽楔形，上面绿色，下面淡绿色，长6~15cm，宽0.5~1.2cm，次脉3~4对，小横脉组成长方形，边缘一侧小锯齿较密，另一侧稀疏或近于平滑。花枝具叶或无叶，长20~33cm，节间长0.7~7.5cm，较纤细，直径1~2（3）mm，斜展；具花小枝长3~6cm，直立或开展，基部具一组3~5枚逐渐增大、紫褐色有纤毛而排列紧密的鳞片，其上各节具1枚大型苞片，每节上具1枚假小穗，稀具2~3枚。假小穗无柄，或顶生假小穗具长5~11mm的花枝节间的假小穗柄，纤细，径直，平滑无毛。小穗紫色或绿紫色，含2~8朵小花，长1.5~7.0cm，直径约1.5mm，较细瘦，成熟时稍作两侧压扁；小穗轴从颖以上逐节断落，节间长2~8mm，着小花一侧扁平，无毛；颖3~4枚，卵状披针形，纸质，长4~8mm，具（7）9~11脉，上部疏生小横脉，先端尖头，无毛；外稃卵状披针形，长5~8mm，具7~9（11）脉，无毛，具小横脉，先端渐尖，边缘无纤毛；内稃常短于外稃，但有时在成熟小花中与外稃等长或稍长于外稃，先端具2齿，背部具明显2纵脊，脊间具1~2条不明显的纵脉，脊外各具不明显的1脉或2脉，无毛；鳞被3枚，卵圆形，透明膜质，脉纹明显，长约1mm，上部边缘常具纤毛；雄蕊3枚，花药黄色，长3.5~4.5mm；子房长圆形，长约1mm，无毛，有光泽，花柱短，柱头2枚，长约1.5mm，白色，羽毛状。颖果长圆形或椭圆形，坚果状，果皮较厚，绿色或紫绿色，长约5mm，直径约2.5mm。笋期9月。花期较长，春夏开始开花，直至12月初还繁盛不衰。

该种在甘肃南部和陕西秦岭山区是大熊猫觅食的主食竹种，亦见有用该竹饲喂圈养的大熊猫。

分布于甘肃南部、陕西南部、湖北西部、重庆、四川、贵州、广西。生于海拔700~1400m的小溪边或阔叶林下。

耐寒区位：8~9区。

3.2 刺黑竹（中国植物志）

牛尾竹、牛尾笋（四川都江堰、峨边），刺竹子（四川马边，甘肃文县），白竹（四川马边）

Chimonobambusa neopurpurea Yi in J. Bamb. Res. 8(3): 22. f. 2. 1989, nom. nud.; et in Act. Bot. Yunnan. 14(2): 137. 1992; S. L. Zhu et al., A Comp. Chin. Bamb. 161. 1994; Keng et Wang in Fl. Reip. Pop. Sin. 9(1): 329. pl. 90: 1-9. 1996; T. P. Yi in Sichuan Bamb. Fl. 136. pl. 43. 1997, et in Fl. Sichuan. 12: 117. pl. 39. 1998; D. Ohrnb., The Bamb. World, 182. 1999; Yi et al. in

刺黑竹-分枝　刺黑竹-秆　刺黑竹-笋

刺黑竹-花枝1　刺黑竹-花枝2　刺黑竹-开花植株

Icon. Bamb. Sin. 274. 2008, et in Clav. Gen. Sp. Bamb. Sin. 76. 2009; T. P. Yi et al. in J. Sichuan For. Sci. Tech. 31(4): 3, 9. 2010; Shi et al. in Ornamental Bamb. in China 357. 2012. ——*C. purpurea* Hsueh et Yi in J. Yunnan For. Coll. 1982(1): 36. f. 2. 1982, p. p. Quoad. Specim. Yi, T. P. 74802 (Typus), 75394, 75402, 75413; 中国竹谱, 57 页. 1988; Hsueh et W. P. Zhang in Bamb. Res. 7(3): 5. 1988; J. X. Shao et J. Z. Sun in J. Bamb. Res. 8(2): 62. 1989; D. Z. Li et al. in Flora of China. 22: 155. 2006.

地下茎细瘦，节间长 1.5~3.0cm，直径 3~5mm，圆筒形或在具芽一侧有小沟槽，有小的中空，每节具瘤状突起或根 1~3 枚；鞭芽卵形或短圆锥形，宽 2~3mm。秆直立，高 4~8m，直径 1~5cm；全秆 30~40 节，节间长 10~18（25）cm，绿色，无毛，无白粉，光滑，圆筒形或基部数节略呈方形，秆壁厚 3~5mm（基部节间有时为实心）；箨环隆起，初时密被黄棕色刺毛；秆环稍隆起；节内高 1.5~2.5mm，中上部以下各节具多达 24 枚的气生根刺一圈。秆芽 3 枚，细瘦，卵形或锥形，贴生，各覆以数枚鳞片。分枝较高，通常始于第 11 节，每节上枝条 3 枚，斜展或水平开展，长 25~45cm，

刺黑竹-箨

刺黑竹-叶

刺黑竹-竹林

刺黑竹-林冠

刺黑竹-气生根刺

8~12 节，节间长 4~6cm，每节可再分次级枝。笋暗褐色或紫褐色，具灰色斑点，背面被棕色或黄棕色刺毛，笋箨中部以上边缘具黄棕色纤毛；箨鞘宿存，长于节间，薄纸质至纸质，三角形或长三角形，长 14~19cm 或过之，基部宽 3~8cm 或更宽，背面紫褐色，具灰白色斑块，被稀疏棕色或黄棕色小刺毛，此毛基部较密，纵脉纹显著，有明显的小横脉，中部以上边缘具缘毛；箨耳无，鞘口无缝毛，或具少数几条缝毛；箨舌膜质，圆拱形，高约 0.8mm，边缘微有纤毛；箨片微小，直立，锥状，长 1~3mm，基部与箨鞘顶端无明显关节相连。小枝具叶 2~4 枚；叶鞘长 3.5~4.5cm，无毛，边缘无纤毛；叶耳缺失，鞘口两肩无缝毛，或有少数几条缝毛；叶舌截平形，高约 0.5mm；叶柄长 1~3mm，无毛；叶片线状披针形，纸质，长 5~19cm，宽 0.5~2.0cm，先端长渐尖，基部楔形，下面淡绿色，无毛或有时基部具灰黄色柔毛，次脉 4~6 对，小横脉明显，组成长方形，边缘具小锯齿。花枝无叶或少数花枝顶端具叶 1 枚，稀具叶 2 枚，长 5~15cm，基部围以一组逐渐增大、紫色的鳞片；具花小枝每节具假小穗 1~6 枚，无宿存枝箨。假小穗柄缺失，稀在顶生假小穗具长达 5mm 的假小穗柄；小穗绿紫色，含 5~10 朵小花，长 3.3~7.0cm，直径约 1.5mm；小穗轴节间长 5~10mm，具花一侧扁平，无毛；颖或苞片 3~5 枚，逐渐增大，腋间无毛或脊上被微毛的先出叶；外稃长 6.5~8.0mm，5~7 脉，

大熊猫取食刺黑竹竹秆

圈养大熊猫饲用竹之一——刺黑竹

先端锐尖；内稃稍长于外稃，脊间及脊外两侧的纵脉不明显，脊上被白色微毛，先端浅 2 裂；鳞被 3 枚，膜质透明，长约 1.5mm，前方 2 枚卵状披针形，后方 1 枚稍小，披针形，边缘无纤毛或稀上部边缘有极少纤毛；花药黄色，长 4~5mm；子房椭圆形，长 1~2mm，无毛，花柱极短，柱头 2 枚，羽毛状。成熟果实未见。笋期 8 月中旬至 10 月上旬；花期 5 月。

该竹种是著名的笋用竹种，也是宜人的园林观赏竹种。

在四川卧龙、都江堰大熊猫养殖基地，以及辽宁大连森林动物园，均见用该竹饲喂圈养大熊猫。

产于我国陕西南部、湖北西部、重庆及四川，垂直分布海拔 800~1500m，福建厦门有引栽。

耐寒区位：9 区。

3.2a 都江堰方竹

***Chimonobambusa neopurpurea* 'Dujiangyan Fangzhu'**, J. Y.Shi et al. in Acta Hort. Sin. 41(6): 1283. 2014; World Bamb. Ratt. 15(6): 45. 2017; J. Y.Shi in International Cultivar Registration Report for Bamboos (2013-2014). 2015.

该竹为刺黑竹 *C. neopurpurea* Yi 一栽培品种。其特征与刺黑竹相似，不同之处在于产笋时间更长，笋期为 6 月中旬至 10 上旬，长达

都江堰方竹-竹林1

都江堰方竹-竹林2

都江堰方竹-定向培育的大面积竹林

都江堰方竹-林相

都江堰方竹-分枝

都江堰方竹-箨

都江堰方竹-秆

都江堰方竹-气生根刺

都江堰方竹-竹鞭

都江堰方竹-笋

都江堰方竹-商品笋

120d，比刺黑竹（笋期 8 月中旬至 9 月）笋期长 70d 左右，在方竹属各类竹种中产笋时间最长。阳坡有春秋二次发笋现象。

在都江堰，此竹作为优质笋用竹和大熊猫主食竹加以利用。

我国四川省都江堰市和贵州省贵阳市花溪区有人工栽培。

耐寒区位：9 区。

3.2b 条纹刺黑竹

***Chimonobambusa neopurpurea* 'Lineata'**, J. Y. Shi et al. in World Bamb. Ratt. 15(6): 45. 2017. ——*C. neopurpurea* Yi f. *lineata* Yi et J. Y. Shi in J. Sichuan For. Sci. Techn. 35(1): 18. fig. 1, 2, 2014; Yi et al. Icon. Bamb. Sin.II. 38. 2017.

该竹为刺黑竹 *C. neopurpurea* Yi 一变型，后根据《国际栽培植物命名法规》修订为栽培品种。其特征与刺黑竹相似，不同之处在于其新秆下部节间为淡紫绿色，具浅绿色纵条纹，以及秆箨短于其节间长度。

条纹刺黑竹-竹林1

条纹刺黑竹-竹林2

条纹刺黑竹-分枝1

条纹刺黑竹-分枝2

条纹刺黑竹-秆1

条纹刺黑竹-秆2

条纹刺黑竹-节间1

条纹刺黑竹-节间2

条纹刺黑竹-气生根刺

条纹刺黑竹-箨

条纹刺黑竹-笋1

条纹刺黑竹-笋2

条纹刺黑竹-叶

园林栽培供观赏；笋供食用。

在其自然分布区，见有大熊猫冬季向低海拔地带下移时觅食本栽培品种；因其常与刺黑竹混生，亦见采用该品种饲喂圈养大熊猫。

仅我国四川省都江堰市有少量栽培，常见于刺黑竹林中。

耐寒区位：9 区。

3.2c 紫玉

***Chimonobambusa neopurpurea* 'Ziyu'**, Y. Jun et al. in World Bamb. Ratt. 16(3): 38-40. 2018.

该竹为刺黑竹 *C. neopurpurea* Yi 一栽培品种，其特征与刺黑竹相似，不同之处在于全秆及分枝呈淡紫、紫红至紫色，箨亮灰色。

该竹在四川成都地区可作为优质观赏竹、笋用竹和大熊猫主食竹加以利用。

仅中国四川省成都市和都江堰市有少量栽培。

耐寒区位：9 区。

紫玉-分枝

紫玉-秆1

紫玉-秆2

紫玉-秆3

紫玉-箨

紫玉-芽

紫玉-笋1

紫玉-笋2

紫玉-竹林

紫玉-气生根刺

紫玉-叶

3.3 刺竹子（云南林学院学报）

方竹（四川古蔺）、米汤竹（四川雅安）

Chimonobambusa pachystachys Hsueh et Yi in J. Yunnan. For. Coll. 1982(1): 33. f. 1. 1982; Hsueh et W. P. Zhang in Bamb. Res. 7(3): 9. 1988; 中国竹谱，56 页. 1988; 云南树木图志，下册，1470 页，图 695. 1991; Keng et Wang in Fl. Reip. Pop. Sin. 9(1): 340. pl. 93: 7-11. 1996; D. Ohrnb., The Bamb. World, 183. 1999;D. Z. Li et al. in Flora of China. 22: 158. 2006; Yi et al. in Icon. Bamb. Sin. 274. 2008, et in Clav. Gen. Sp. Bamb. Sin. 76. 2009; T. P. Yi et al. in J. Sichuan For. Sci. Tech. 31 (4): 3, 9, 2010.

秆高 3~6m，直径 1~3cm；节间长 15~18（20）cm，基部节间略呈四方形或圆筒形，幼时密被黄褐色短柔毛，节间上部还有黄棕色小刺毛，此毛脱落后存有少量瘤基而粗糙，秆壁厚 6~11mm；箨环初时被褐色小刺毛；秆环在分枝节上隆起；秆分枝以下各节内具多枚气生根刺。秆每节上枝条 3 枚。箨鞘早落或有时迟落，短于节间，背面具灰白色小斑块，上部疏被黄褐色小刺毛或有时无毛，具缘毛；箨舌高约 1mm；箨片锥形，长 3~4mm。小枝具叶（1）2~3（4）枚；叶鞘口缕毛少数；叶舌高约

刺竹子-生境

刺竹子-箨

刺竹子-芽

刺竹子-笋

1mm；叶片长 6~18cm，宽 1.1~2.1cm，下面稍被短柔毛或无毛，次脉（4）5（6）对，具小横脉。花枝常单生于顶端具叶的分枝各节上，基部托以 3~4 枚向上逐渐增大的苞片，或反复分枝呈圆锥状排列；假小穗在花枝的每节为 1（3）枚，侧生者无柄，仅有 1 线形的先出叶而无苞片；小穗有颖 1 枚或 2 枚，含小花 4~6 朵；外稃纸质，背面无毛或有微毛，先端锐尖头；内稃薄纸质，较其外稃略短，先端钝，无毛；花药紫色；子房倒卵形，花柱短，近基部分裂为 2 柱头，羽毛状。颖果倒卵状椭圆形，果皮厚。笋期 9 月。

秆可供农用，幼秆加工可制纸和竹麻；笋可食。

在四川成都、雅安和陕西秦岭，见用该竹

喂食圈养大熊猫。

分布于我国四川古蔺、叙永、长宁、峨眉、乐山、雷波、雅安、都江堰、崇州，贵州绥阳、沿河，云南东北部，生于海拔 1000~2000m 的常绿阔叶林下。

耐寒区位：9 区。

刺竹子-气生根刺

刺竹子-叶

刺竹子-分枝1

刺竹子-分枝2

刺竹子-竹丛

刺竹子-秆

3.4 方竹（竹谱详录）

四方竹（中国植物志）、参口笋（四川都江堰）

Chimonobambusa quadrangularis (Fenzi) Makino in Bot. Mag. Tokyo 28: 153. 1914; Nakai in J. Arn. Arb. 6: 151. 1925; 陈嵘．中国树木分类学，83 页．图 61. 1937; 牧野富太郎．日本植物图鉴，875 页．图 2624. 1940; Fl. Ill. Pl. Prim. Sin. Gramineae 93. fig. 63. 1959; Icon. Corm. Sin. 5: 38. fig. 6906. 1976; 江苏植物志，上册，149 页．图 232. 197; Issuke Tsubai, Illus. Jap. Bamb. 24. f. xlii. 1977; Fl. Taiwan 5: 741. pl. 1501. 1978; 观赏树木学（增订版），210 页．图 75. 1981; Hsueh et Yi in J. Yunnan For. Coll. 1982 (1): 32. 1982; X. Jiang et Q. Li in Bamb. Res. 2 (1): 45. 1983; 竹的种类及栽培利用，82 页，图 27. 1984; 香港竹谱，57 页．1985; 广西竹种及其栽培，138 页．图 74. 1987; 中国竹谱，58 页．1988; Hsueh et W. P. Zhang in Bamb. Res. 7(3): 11. 1988; Fl. Guizhouensis 5: 310. pl. 102: 1-3. 1988; T. H. Wen in J. Amer. Bam. Soc. 11(1-2): 40. fig. 18. 1994; Keng et Wang in Fl. Reip. Pop. Sin. 9(1): 340. pl. 93: 1-6. 1996; T. P. Yi in Sichuan Bamb. Fl. 152. pl. 51. 1997, et in Fl. Sichuan. 12: 134. pl. 45. 1998; D. Ohrnb., The Bamb. World, 183. 1999; D. Z. Li et al. in Flora of China. 22: 158. 2006; Yi et al. in Icon. Bamb. Sin. 277. 2008, et in Clav. Gen. Sp. Bamb. Sin. 79. 2009; T. P. Yi et al. in J. Sichuan For. Sci. Tech. 31(4): 3, 10. 2010; Shi et al. in Ornamental Bamb. in China 357. 2012.——*Bambusa quadrangularis* Fenzi in Bull. Soc. Tosc.

方竹-景观

Ort. 5: 401. 1880; Mitford in Garden 46: 547. 1894. et Bamb. Gard. 89. 1896. ——*Arundinaria quadrangularis* (Fenzi) Makino in Bot. Mag. Tokyo. 9: 71. 1895. et in ibid. 14: 63. 1900; D. McClintock in Plantsman Issue 1 (1): 44. 1979. ——*Phyllostachys quadrangularis* (Fenzi) Rendle in J.

方竹-秆1　方竹-果　方竹-秆2　方竹-节间　方竹-气生根刺1　方竹-气生根刺2　方竹-笋1　方竹-笋（局部）

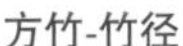

方竹-竹径

中国大熊猫保护研究中心核桃坪基地种植的方竹

方竹-笋2

方竹-箨

方竹-芽

Linn. Soc. 36: 443. 1904.——*Chimonobambusa angulata* Nakai in Rika Kyoiku 15(6): 67. 1932.——*Tetragonocalamus angulatus* Nakai in J. Jap. Bot. 9(2): 86. 89. f. 10. 1933; S. Suzuki, Index Jap. Bambusac. 17 (f. 15) 98, 99 (pl. 15), 339. 1978.——*T. quadrangularis* Nakai in J. Jap. Bot. 9(2): 90. 1933, pro syn. sub. *T. angulato* (Munro) Nakai, nom. invalid.

地下茎节间长 2.0~5.3cm，直径 5~8mm，圆筒形，淡黄色，无毛，具明显的纵细线棱纹，中空直径 1.5~2.0mm，每节上具瘤状突起或根 3~4 枚；鞭芽锥形或卵形，贴生或不贴生。秆直立，高 3~8m，直径 1~4cm；全秆具 35~40 节，节间一般长约 13cm，最长达 22cm，常呈钝四方形，少有近于圆形，浊绿色，幼时密被下向黄褐色瘤基小刺毛，毛脱落后留有瘤基而显著粗糙，秆壁厚 3~4（5）mm；箨环初时被黄褐色绒毛及小刺毛；秆环稍平坦或在分枝节上甚隆起；节内高 0.8~2.0mm，中部以下各节内环列一圈发达的气生根刺，其数目可多达 21 枚。秆芽每节上 3 枚，卵形或锥形，其中间 1 枚粗壮。秆每节上枝条 3 枚，枝条长 1m，直径 4mm，圆筒形或在次级枝上为半圆筒形，无毛或基部节间有时具瘤基硬毛，有微小中空。笋淡绿黄色，具紫色条纹，笋鞘先端微外展；箨鞘早落，短于节间，长三角形，厚纸质兼革质，背面常有紫色条纹，无毛或有时在中上部贴生极稀疏瘤基小刺毛，纵脉纹多数，小横脉紫色，在鞘上部或近边缘处与纵脉组成方格状，具缘毛；箨耳及鞘口两肩缝毛缺失；箨舌极不发达，或在秆下部的箨上者败育；箨片微小或退化，存在时为锥状，长 3~5mm。小枝具叶 2~5 枚；叶鞘长 3.5~6.5cm，革质，无毛，外侧边缘被灰白色纤毛；叶耳缺失，鞘口缝毛直立，易脱落；叶舌低矮，截平形，背面被小硬毛，边缘具细纤毛；叶片长圆状披针形，薄纸质，狭披针形，长 9~29cm，宽 1.0~2.7cm，基部楔形，稀近圆形，下面淡绿色，初时被柔毛，次脉 4~7 对，小横脉清晰存在，边缘具小锯齿而粗糙。花枝无叶或稀在顶端具 1~2 枚，初时基部具一组约 6 枚排列紧密的紫褐色逐渐增大的鳞片，在其每节上均疏松包围有 1 枚纸质长 7~22mm 的苞片，有时苞片上具 1 退化的缩小叶；具花小枝每节生有 1 枚或稀 2 枚假小穗。假小穗柄缺失，或顶生假小穗具长 6~16mm 纤细的假小穗柄；小穗长 2.0~6.8cm，细瘦，直径约 1mm，绿紫色，含 4~13 朵小花；小穗轴节间长 3~6mm，无毛，着生花的一侧扁平；颖 2 枚，膜质，第 1 颖长 4~5mm，具 3 脉，第 2 颖长 5~6mm，具 3（5）脉；二者相距约 1mm；外稃长 6~8mm，具 3~5 脉，先端长锐尖，无毛；内稃长 5~7mm，先端钝尖或浅裂，背部具 2 脊，无毛；鳞被 3 枚，膜质，白色，前方 2 枚半卵形，后方 1 枚披针形，长 1.0~1.5mm，上部边缘具纤毛；雄蕊 3 枚，花药黄色，长 3~4mm；子房椭圆形，长约 1mm，无毛，花柱极短，柱头 3 枚，试管刷状。厚皮质颖果椭圆形，绿紫色，长 5~7mm，直径约 3mm，有腹沟，花柱基部常宿存，果皮较厚，新鲜时厚约 1mm，似坚果状。笋期 9 月下旬至 10 月中旬；花、果期 9 月。

笋肉质而厚，脆嫩，为优质笋用竹种，鲜食、腌食或作笋干均可；竹株四季常青，节上有一圈短刺。

该竹为大熊猫最喜食的竹种之一。在四川峨眉山、峨边、马边、洪雅、崇州、都江堰等县市分布于海拔 900~1700m 的中山地带，该竹是野生大熊猫冬季下移时取食的主食竹种；在成都、都江堰、雅安、汶川卧龙的大熊猫养殖基地，以及山东济南动物园、辽宁大连森林动物园等，常见用该竹饲喂圈养的大熊猫；在泰国清迈动物园和俄罗斯莫斯科动物园，亦见用该竹饲喂圈养大熊猫。

分布于我国江苏、安徽、浙江、江西、福建、台湾、湖南、广西和四川，我国香港、广州有栽培；日本有分布；欧美一些国家有引栽。

耐寒区位：9~10 区。

3.4a 青城翠（世界竹藤通讯）

表竹（四川崇州）

***Chimonobambusa quadrangularis* 'Qingchengcui'**, J. X. Wu et al. in World Bamb. Ratt. 16 (1): 39. 2018.

该竹为方竹 *C. quadrangularis* (Fenzi) Makino 一栽培品种。其特征与方竹相似，不同之处在于秆基部的气生根特别发达，竹笋上半部呈明显翠绿色，翠绿部分占笋长的 1/2 左右，整体色彩艳丽。

笋质脆嫩、口感更佳，大熊猫和人均喜食用。

在成都都江堰大熊猫基地，常见用该竹喂食圈养大熊猫。

仅在我国四川的都江堰、崇州有栽培。

耐寒区位：9 区。

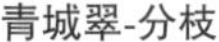

青城翠-分枝

青城翠-秆

青城翠-芽

青城翠-气生根刺

青城翠-笋1

青城翠-笋2

青城翠-叶

青城翠-竹林

3.5 溪岸方竹（四川竹类植物志）

钉钉竹、背竹（四川邛崃）

Chimonobambusa rivularis Yi in J. Bamb. Res. 8 (3): 18. f. 1. 1989; T. P. Yi in Sichuan Bamb. Fl. 156. pl. 52. 1997, et in Fl. Sichuan. 12: 136. pl. 46. 1998; D. Ohrnb., The Bamb. World, 186. 1999; Yi et al. in Icon. Bamb. Sin. 278. 2008, et in Clav. Gen. Sp. Bamb. Sin. 77. 2009; T. P. Yi et al. in J. Sichuan For. Sci. Tech. 31 (4): 3, 10. 2010.

地下茎节间长1.2~4.6cm，直径6~11mm，圆筒形，淡黄色或暴露于地面者为绿色，光亮，无毛，中空，每节上具瘤状突起或根3~7枚；鞭芽短圆锥形，肥厚，淡黄色或灰白色，芽鳞边缘具短纤毛。秆高2.5~5.0m，直径1.2~2.0cm；全秆具30~38节，节间长10~12（15）cm，圆筒形或基部数节间略呈四方形，绿色，无白粉，被白色或灰黄色瘤基小刺毛，毛脱落后留有小瘤基而粗糙，纵细线棱纹不发育，中空，秆壁厚3~6mm，髓呈笛膜状；箨环淡黄色，密被黄色或淡黄色短小刺毛；秆环稍平或在分枝节上隆起，无毛；节内高1.0~1.5mm，绿色，无毛，中部以下各节内具2~15枚径直或向下弯曲的气生根刺一圈。秆芽3枚，锥形，贴生，各覆以一组无毛的鳞片。秆每节上枝条3枚，近于平展，长20~45cm，直径2.5~3.0mm，无毛，光滑，枝环显著隆起。笋紫红色，有淡黄白色条纹；箨鞘早落，长三角形，长于节间，厚纸质，灰白色，有时具紫色纵条纹，背面有极少白色或淡黄色小刺毛，初时具白色短缘毛；箨耳及鞘口两肩缝毛缺失；箨舌截平形，褐紫色，无毛，高约1mm，口部无纤毛；箨片直立，长三角形或线状披针形，长4~20mm，宽1.2~2.0mm，无毛，纵脉纹明显，边缘全缘。小枝具叶1~2（3）枚；叶鞘长2.0~3.5cm，淡绿色带紫色，无毛，边缘无纤毛；叶耳缺失，鞘口两肩初时有时各具1~3枚长约1mm直立灰白色缝毛；叶舌圆弧形，高约0.5mm，口部无纤毛；叶柄长2.0~3.5mm，淡绿色，无毛；叶片线状披针形，纸质，长

溪岸方竹-秆1

溪岸方竹-秆2

溪岸方竹-叶

溪岸方竹-竹丛

7~11cm，宽 0.8~1.3（1.6）cm，先端长渐尖，基部楔形或阔楔形，上面绿色，下面灰绿色，次脉（3）4（5）对，边缘仅一侧具小锯齿。花枝具正常大小的叶或无叶，长 8~45cm。假花序生花于枝各节上，长 2.5~4.0cm，基部具一组逐渐增大、有明显纵脉纹无毛的苞片，分枝腋间具有小型先出叶。假小穗无柄或具极短的柄；小穗淡绿紫色，长 1.2~4.1cm，直径 2~3mm，含 3~6 朵小花，微扁；小穗轴逐节断落，节间长 3~8mm，无毛，淡绿色，具花的一侧扁平；颖与苞片相似，通常 2~5 枚，长 2.5~9.5mm，向上逐渐增大，具 11 脉，先端具小尖头，无毛，边缘生纤毛；外稃长（4）9~11mm，具 11~13 脉，先端短尖，无毛，边缘无纤毛；内稃短于外稃，长 8~10mm，通常紫红色，背部具 2 脊，脊上无毛或有小纤毛，脊间宽 1.0~1.3mm，具不明显 3 脉，脊的两侧各具 2~3 脉，先端具极短 2 尖头；鳞被 3 枚，白色而先端紫红色，长约 2mm，前方 2 枚阔卵形，后方 1 枚线状披针形，基部纵脉纹不明显，边缘上部具稀疏短纤毛；雄蕊 3 枚，花药紫色或偶为黄色，长 5~6mm，基部箭镞形，先端具 2 尖头，花丝白色，细长而在开花时使花药下垂；子房椭圆形，淡绿色，无毛，光亮，长约 1.5mm，花柱极短，柱头 2 枚，白色，羽毛状。果实未见。笋期 9 月下旬至 10 月上旬。花期 3 月下旬。

笋供食用。秆材为造纸原料。

我国四川邛崃特产，生于海拔 1100~1500m 的溪沟坡地阔叶林下或组成纯竹林。大熊猫冰雪季节从高海拔向低海拔垂直下移时见有采食本竹种。在中国大熊猫保护研究中心，亦见用该竹饲喂圈养的大熊猫。

耐寒区位：9 区。

3.6 八月竹（中国植物志）

冷竹、油竹（四川峨眉山），刺竹子（四川雅安），瓦山方竹（四川雅安），筢竹（四川叙永）

Chimonobambusa szechuanensis (Rendle) Keng f. in Techn. Bull. Nat' l. For. Res. Bur. China no. 8: 15. 1948; Hsueh et Yi J. Yunnan For. Coll. 1982(1): 40. 1982; 竹的种类及栽培利用, 84 页 . 1984; T. P. Yi in J. Bamb. Res. 4(1): 40. 1982; J. J. N. Campbell. et Z. S. Qin in J. Amer. Bamb. Soc. 4(1-2): 15. 1985 [1983]; C. J. Hsueh et W. P. Zhang in Bamb. Res. 7(3): 10. 1988; 中国竹谱, 59 页 . 1988; T. H. Wen in J. Amer. Bamb. Soc. 11 (1-2): 45. fig. 20. 1994; S. L. Zhu et al., A Comp. Chin. Bamb. 163. 1994; Keng et Wang in Fl. Reip. Pop. Sin. 9(1): 335. pl. 92: 1-3. 1996; D. Ohrnb., The Bamb. World, 186. 1999; T. P. Yi in Sichuan Bamb. Fl. 160. pl. 54. 1997, et in Fl. Sichuan. 12: 139. pl. 47. 1998; D. Z. Li et al. in Fl. China 22: 157. 2006; Yi et al. in Icon. Bamb. Sin. 278. 2008, et in Clav. Gen. Sp. Bamb. Sin. 78. 2009; T. P. Yi et al. in J. Sichuan For. Sci. Tech. 31 (4): 3, 10, 2010.——*Arundinaria szechuanensis* Rendle in Sargent, Pl. Wils. 2: 64. 1914.——*Oreocalamus szechuanensis* (Rendle) Keng in Sunyatsenia 4 (3-4): 147. 1940; Keng f. in J. Bamb. Res. 3 (1): 22. 1984; Keng f. et C. H. Hu in J. Nanjing Univ. (Nat. Sci. ed.) 22 (3): 415. 1986; T. H. Wen in J. Bamb. Res. 5 (2): 19. 1986.

地下茎入土深 15~20cm，节间长 2~4cm，直径 5~8mm，圆筒形，具芽一侧有沟槽，中空狭小，每节上具瘤状突起或根 3~5 枚；鞭芽卵形，直径约 4mm，覆以褐色有光泽的鳞片。秆高 2~5m，直径 1~3cm，直立；全秆具 32~35 节，节间圆筒形或基部数节间略呈方形，初时绿色或绿色带紫色，老时变为黄绿色，平滑无毛，亦无白粉，长 18~22cm，秆壁厚 3~7mm，较坚硬；箨环无毛；秆环较平，但在分枝节上者微隆起；节内高约 2mm，无毛，秆下部各节内具或多或少的气生根刺，其刺的数目 4~13。秆芽每节上通常 3 枚，其下部秆节上可少至 1 枚，卵形或圆锥形，各覆以多枚鳞片。枝条在秆每节上通常 3 枚，主枝长 30~50（80）cm，直径 1.5~4.0mm，光亮，无毛，实心，每节上具次生枝 2 枚。笋紫红色或紫绿色，无毛或有时初时被稀疏小刺毛，上部笋箨具缘毛；箨鞘短于节间，早落，厚纸质至薄革质，长圆状三角形或长三角形，暗褐色，背面无毛，无斑块，略显光泽，具紫色纵条纹，上部具缘毛；箨耳缺失，鞘口两肩具数条易脱落的紫色

八月竹-秆1

八月竹-秆2

八月竹-人工竹苗

八月竹-箨1

八月竹-箨2

八月竹-竹丛

缝毛；箨舌紫色，膜质，高约1mm；箨片锥形或三角形，长1~3mm。小枝具叶（1）2~3枚；叶鞘长2.5~4.0cm，无毛，边缘无纤毛或初时上部具灰白色短纤毛；叶耳缺失，鞘口两肩各具数条易脱落长3~5mm的紫色或紫绿色缝毛；叶舌高1.0~1.5mm，紫色；叶柄长1.5~3.0mm，淡绿色，无毛；叶片狭披针形，薄纸质至纸质，长18~20cm，宽1.2~1.5cm，下面灰绿色，先端细长渐尖，基部楔形或阔楔形，次脉4~6对，小横脉明显，边缘一侧具小锯齿，另一侧近于平滑。花枝具叶或无叶，长10~25cm，节间长1.5~4.0cm，直立或成熟时开展，基部覆以3~5枚呈紫色或紫褐色逐渐增长的鳞片；具花小枝长3~5cm，其节上有假小穗1~4枚，单生或簇生。假小穗柄缺失；小穗较粗壮，直径约2.5mm，紫色或黄褐色，含3~4朵小花，长2.0~3.5cm；小穗轴节间长5~7mm，小花的一侧扁平，无毛，直径0.5~0.8mm；通常颖3枚，逐渐增大，卵形至长卵形，先端渐尖，长5~11mm，各具7~9脉，无毛；外稃长卵形，先端渐尖，具9脉，长10~14mm，无毛；内稃长8~12mm，先端具2钝齿，两脊间具2脉，脊外每侧各具2脉，无毛；鳞被3枚，膜质透明，前方2枚半卵形，长2.0~2.5mm，后方1枚披针形，长约1.5mm，上部边缘微有纤毛；雄蕊3枚，花药黄色，长6~7mm；子房长椭圆形，无毛，长约2mm，花柱长约0.5mm，顶端具2枚长2.0~2.5mm的羽毛状柱头。果实呈厚皮质坚果状，长椭圆形，微弯曲，长1.0~1.2mm，直径3~4mm，果皮厚约1mm，紫绿色或褐色。笋期9月；花期4月；果期5~6月。

优质笋用竹种，产区每年有大量鲜笋和笋干面市；在著名的世界自然文化遗产胜地峨眉山，从九老洞至洗象池一带的阔叶林中，八月竹是灌木层片的主要原生优势种，一年四季郁郁葱葱，让人们尽享大自然的美景。

在四川峨边、金口河、峨眉山、洪雅、荥经等地为大熊猫常年天然采食的主要竹种；在四川成都、都江堰、雅安大熊猫养殖基地及俄罗斯莫斯科动物园，均见用该竹饲喂圈养大熊猫。

分布于我国四川西部和云南西部（陇川），生于海拔（1400）1700~2400（3000）m的常绿阔叶林、常绿落叶阔叶混交林或亚高山暗针叶林下。

耐寒区位：9区。

八月竹-叶

八月竹-笋

3.6a 卧龙红（竹子学报）

Chimonobambusa szechuanensis **'Wolong-hong'**, J. Y. Huang et al. in J. Bamb. Res. 41(1): 17, 2022, et in Cert. Int. Reg. Bamb. Cult., No. WB-001-2022-056. 2021.

该竹为八月竹 *Ch. szechuanensis* (Rendle) Keng f. 的栽培品种，其特征与八月竹相似，不同之处在于其竹秆和枝条在生长的过程中会逐渐变为紫红色。

该竹仅少量栽培于我国四川省卧龙自然保护区；位于四川省卧龙自然保护区的中国大熊猫保护研究中心核桃坪基地用该竹饲喂大熊猫。

耐寒区位：9 区。

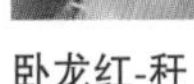

卧龙红-秆

卧龙红-分枝和叶

卧龙红-竹丛

3.7 天全方竹（竹子研究汇刊）

Chimonobambusa tianquanensis Yi in J. Bamb. Res. 19(1): 11. f. 2. 2000, et in J. Sichuan For. Sci. Techn. 21(2): 15. f. 2. 2000; Yi et al. in Icon. Bamb. Sin. 279. 2008, et in Clav. Gen. Sp. Bamb. Sin. 78. 2009; T. P. Yi et al. in J. Sichuan For. Sci. Tech. 31 (4): 3, 9, 2010.

地下茎复轴型，竹鞭节间长（1.2）2.5~4.5cm，直径 4.5~6.5mm，圆筒形，在具芽一侧常有纵沟槽，有小中空，每节上具瘤状突起或根 3~5 枚；鞭芽近圆形，贴生，边缘生有纤毛。秆高（3）5~7m，直径（1.2）1.5~3.0cm，梢头直立；全秆具 35~40（45）节，节间圆筒形，但分枝一侧具 2 纵脊和 3 纵沟槽，长 14~15（18）cm，绿色或淡绿色，无白粉，幼时上部密被灰白色瘤基小刺毛，此毛脱落后留有粗糙的瘤基，秆壁较坚韧，厚 2.5~5.0mm，髓笛膜状；箨环隆起，狭窄，初时被灰黄色小刺毛；秆环不明显或在分枝节上隆起，常为紫色；节内高约 2mm，在秆下部各节内具一圈（2）4~15 枚气生根刺，其刺长 1.0~1.5mm。秆芽在秆之每节上 3 枚，扁卵形，各具多枚鳞片，被小硬毛。秆之第 12 节左右开始分枝，每节上分枝 3 枚，斜展，长（25）40~65cm，直径（1.5）3~4mm，节间无毛，几实心，枝环显著隆起。

天全方竹-生境

笋淡黄绿色；箨鞘早落，长于节间，长三角形，薄革质，解箨时为淡灰黄色，先端短三角形，背面初时被极稀疏淡黄色瘤基小刺毛，无斑点，纵脉纹显著，上部小横脉清晰，边缘无纤毛或初时有时具稀疏纤毛；箨耳及鞘口繸毛均缺失，箨舌截平形或近圆形，淡黄褐色，高约 0.8mm；箨片直立，三角形或线状三角形，较箨鞘顶端微窄，长 2.5~9.0mm，宽 1.0~1.5mm，两面纵脉纹明显。小枝具叶 2~3（4）枚；叶鞘长 3.0~4.5cm，边缘上部一侧有小纤毛；叶耳缺失，鞘口两肩初时常具 3~5 枚长 1mm 径直黄褐色繸毛；叶舌近圆弧形，紫色，高约 0.5mm，边缘有细齿裂；叶柄长 1.5~5.0mm，淡绿色；叶片线状披针形，纸质，先端长渐尖，基部楔形或阔楔形，长 10~15cm，宽 1.3~1.8cm，下面灰白色，两面均无毛，次脉 4~5 对，小横脉组成长方形，边缘一侧有小锯齿。花未见。笋期 8 月下旬至 9 月中旬。

笋为食用佳品，秆材为造纸原料。

在其自然分布区，常见野生大熊猫下移活动时常采食该竹；在成都、都江堰、雅安大熊猫养殖基地，均见采用该竹饲喂圈养大熊猫。

我国四川天全特产，生于海拔 1500m 左右的阔叶林下。

耐寒区位：9 区。

天全方竹-叶

天全方竹-箨

天全方竹-芽和刺毛

天全方竹-笋

天全方竹-幼竹

3.8 金佛山方竹（中国竹类图志）

Chimonobambusa utilis (Keng) Keng f. in Techn. Bull. Nat' l. For. Res. Bur. China no. 8: 15. 1948; 中国主要植物图说・禾本科，94 页 . 图 64. 1959; Hsueh et Yi in J. Yunnan For. Coll. 1982 (1): 36. 1982; F. C. Zhou et S. J. Yi in Bamb. Res. 1 (1): 64. 1982; X. Jiang et Q. Li in ibid. 2(1): 45. 1983; 竹的种类及栽培利用，83 页 . 图 28. 1984; J. J. N. Campbell et Z. S. Qin in J. Amer. Bamb. Soc. 4 (1-2): 15. 1985 [1983]；Hsueh et W. P. Zhang in Bamb. Res. 7 (3): 8. 1988; 云南树木图志，下册，1470 页 . 图 694. 1991; Keng et Wang in Flora Reip. Pop. Sin. 9(1): 338. pl. 92: 11-13. 1996; D. Ohrnb., The Bamb. World. 187. 1999; D. Z. Li et al. in Fl. China 22: 158. 2006; Yi et al. in Icon. Bamb. Sin. 281. 2008, et in Clav. Gen. Sp. Bamb. Sin. 79. 2009; T. P. Yi et al. in J. Sichuan For. Sci.

山方竹-秆1

金佛山方竹-秆2

金佛山方竹-箨1

山方竹-叶1

金佛山方竹-分枝1

金佛山方竹-分枝2

山方竹-鞭笋

金佛山方竹-竹林1

Tech. 31(4): 3, 10, 2010.——*Oreocalamus utilis* Keng in Sunyatsenia 4 (3-4): 148, pl. 37. 1940; Keng f. in J. Bamb. Res. 3(1): 22. 1984. et in ibid. 5 (2): 19. 1986.

秆高 5~7(10)m, 直径 2.0~3.5(5)cm; 节间长 20~30cm, 圆筒形, 或下部节间略呈四方形，幼时密被黄褐色短硬毛和稀疏灰黄色瘤基小刺毛，毛脱落后留有少量瘤基而粗糙，或有时不留瘤基而稍平滑，秆壁厚 4~7mm；箨环被褐色绒毛；秆环平或隆起；秆中下部各节内具发达的气生根刺。秆每节上枝条 3 枚。箨鞘迟落，短于节间，背面具明显的淡白色斑块，无毛或仅基部具白色微绒毛，具小缘毛；箨舌高 0.5~1.2mm；箨片锥状三角形，长 4~7mm。小枝具叶 1~3 枚；叶鞘口缝毛稀少或缺；叶舌高 1~2mm；叶片披针形，长 14~19cm，宽 1.2~3.0cm，下面灰绿色，次脉 5~7 对。花枝常着生于顶端具叶的分枝之各节，基部托具 4~5 枚向上逐渐增大的苞片；假小穗通常 1 枚（稀较多），生于花枝各节之苞腋；侧生者仅有 1 枚线形的先出叶而无苞片；小穗含 4~7 朵小花，长 25~45mm，枯草色或深褐色；小穗轴节间长 4~6mm，无毛；颖 1~3 枚，长 6~9mm，具 7~9 纵肋；外稃卵状三角形，长 10~12mm，先端锐尖，无毛；

金佛山方竹-生境

金佛山方竹-竹林2

山方竹-箨2

金佛山方竹-笋

金佛山方竹-气生根刺1

山方竹-气生根刺2

金佛山方竹-气生根刺3

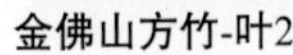
金佛山方竹-叶2

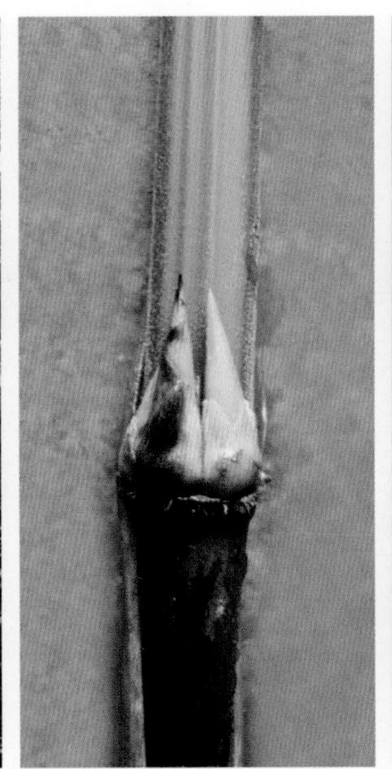
金佛山方竹-芽

金佛山方竹-竹林3

内稃长 8~10mm，先端钝圆或微下凹，脊间具 2~4 脉，脊外至边缘具 1 脉或 2 脉；鳞被长椭圆状披针形，或近外稃一侧之 2 枚呈对称的半卵圆形，长 2~3mm，边缘无毛或其上部具纤毛；花药长 5~6mm；子房卵圆形，无毛，花柱短，近基部即二裂，柱头羽毛状，长 2.5mm；果皮厚 1.5~2.5mm，呈坚果状，椭圆形，长 1.0~1.5cm，直径 6~8mm，新鲜时绿色，干燥后呈铅色，浸泡乙醇中保存则转变为红褐色。笋期 8 月中旬至 9 月中旬或稍晚；花期 4 月。

笋质优异，口感脆嫩，特色美味，山珍良品；在重庆金佛山风景区的常绿阔叶林下，高大而茂密的金佛山方竹是一道靓丽的自然景观。

在重庆及四川成都、都江堰、广安华蓥山等多家动物园或大熊猫养殖基地，有见用该竹饲喂圈养大熊猫。

分布于我国重庆、四川、贵州、云南。

耐寒区位：9 区。

3.9 蜘蛛竹（四川林业科技）

八月竹（四川峨边）

Chimonobambusa zhizhuzhu Yi in J. Sichuan For. Sci. Techn. 32(1): 11. f. 1-4. 2011; Yi et al. in Icon. Bamb. Sin. Ⅱ. 42. 2017.

地下茎复轴型，竹鞭节间长（1.2）2.0~4.5（5.5）cm，直径 0.5~1.0cm，圆柱形，淡黄色，无毛，实心，每节上具瘤状突起或根 0~3 枚；鞭芽半圆形或短锥状，光亮。秆高（3.5）5~6m，直径 2.5~3.5cm，共具 40~45 节，梢端直立；节间圆筒形，长（7）11~16cm，具芽或分枝一侧扁平，并具 4 纵脊和 3 沟槽，初时灰绿色，密被灰色瘤基小硬毛，很粗糙，秆壁厚 3~7mm；箨环狭窄，褐色，初时被灰色小刺毛；秆环稍隆起；节内高 1.0~1.5mm；气生根刺在每节上环生（5）14~25 枚，长 1.5~2.0mm。秆芽 3 枚，锥形。秆每节上 3 分枝，枝长 50~80cm，直径（2）3~4mm。笋紫褐色，具淡黄白色晕斑；箨鞘早落，薄革质，短于节间长度，背面紫褐色，被淡黄白色斑块，具明显隆起纵肋纹，被极稀疏淡黄色小刺毛，边缘密生长纤毛；箨耳和鞘口两肩缝毛缺失；箨舌弧形，紫褐色，高约 0.5mm；箨片直立，长三角状锥形，长 4~5mm，宽 1~2mm，紫色，无毛。小枝具叶 1~2（3）枚；叶鞘长（2.5）3.0~3.5cm，无毛，边缘亦无纤毛；叶耳及鞘口繸毛缺失或稀具 1~2 枚纤弱繸毛；叶舌紫色，无毛，近截平形，高约 0.5mm；叶柄长 1~2mm；叶片线形或线状披针形，长 15~ 22cm，宽 1.4~2.4cm，先端长渐尖，基部楔形，上面绿色，下面灰绿色，无毛，次脉 5~6 对，小横脉清晰，组成长方形，边缘具小锯齿或近于平滑。花枝未见。笋期 9 月。

笋味甜，食用佳品。

在四川，该竹种是小凉山地区大熊猫的重要主食竹，在冬季大熊猫随海拔高度垂直下移时，特别喜爱觅食该竹。

分布于我国四川峨边、马边，生于海拔 1000~1300m 的常绿落叶阔叶混交林下或落叶阔叶林下。

耐寒区位：9 区。

蜘蛛竹-笋

蜘蛛竹-叶

蜘蛛竹-秆

蜘蛛竹-分枝

4 绿竹属 *Dendrocalamopsis* (Chia et H. L. Fung) Keng f.

Dendrocalamopsis (Chia et H. L. Fung) Keng f. in J. Bamb. Res. 2(1): 11. 1983; Keng et Wang in Flora Reip. Pop. Sin. 9(1): 137. 1996; Yi et al. in Icon. Bamb. Sin. 172. 2008, et in Clav. Gen. Spec. Bamb. Sin. 54. 2009.——*Bambusa* Retz. subgen. *Dendrocalamopsis* Chia et H. L. Fung in Act. Phytotax. Sin.18(2)：214. 1980.

Typus: ***Dendrocalamopsis oldhami*** (Munro) Keng f.

乔木状竹类。地下茎合轴型。秆高大，丛生，梢端稍弯拱至长下垂；节间圆筒形，秆壁较厚；箨环隆起；秆环平。秆芽 1 枚，大型，贴秆；秆每节分枝多数枚，簇生，主枝粗壮。箨鞘革质或软骨质，早落至迟落，顶端截平形或两肩宽广；箨耳较显著；箨片通常直立，亦可外翻，基部宽度为箨鞘顶端的 1/2，稀为 1/3。叶枝具多叶；叶片大型，但在同一具叶小枝上也常混生有较小的叶片，小横脉稍可见。假小穗单生或簇生于花枝各节，通常较短，体圆或两侧扁，先端尖锐；苞片 1~5 枚，具腋芽，上方 1~2 枚无腋芽；小穗含 5~12 朵小花，排列紧密，顶端小花常不孕；小穗轴节间短，坚韧，成熟后不易折断，故致整个小穗脱落；颖 1~2 枚；外稃具多脉，先端渐尖；内稃窄于外稃，背部具 2 脊，脊上和边缘具纤毛；鳞被 3 枚，常卵状披针形，基部具脉纹，边缘上部具纤毛；雄蕊 6 枚，花丝分离，花药隔伸出呈小尖头状，并具小刺毛；子房密被小刺毛，横切面上有 3 维管束，花柱 1 枚，稀 2 枚，柱头 3 枚，稀 2 枚或 1 枚，羽毛状。颖果。笋期在秋季。

绿竹属植物种类较少。全世界约有 11 种，我国产 10 种 1 变种 3 变型（其中部分变种、变型已根据最新颁布的《国际栽培植物命名法规》修订为栽培品种），另 1 种产自缅甸。

到目前为止，全世界已记录有圈养大熊猫饲喂的绿竹属竹类有 2 种。

4.1 绿竹（竹谱详录）

毛绿竹、坭竹、乌药竹（广东），长枝竹、效脚绿（台湾）

Dendrocalamopsis oldhami (Munro) Keng f. (Munro) Keng f. in J. Bamb. Res. 2(1): 12. 1983; 广西竹种及其栽培, 60, 页 . 图 33. 1987; S. L. Zhu et al., A Comp. Chin. Bamb. 69. 1994; Keng et Wang in Fl. Reip. Pop. Sin. 9(1): 141. 1996; Yi et al. in Icon. Bamb. Sin. 180. 2008, et in Clav. Gen.Spec. Bamb. Sin. 54, 2009; Shi et al. in The Ornamental Bamb. in China 310. 2012.——*D. atrovirens* (Wen) Keng f. ex W. T. Lin in Guihaia 10(1): 15. 1990.——*Bambusa atrovirens* Wen in J. Bamb. Res. 5(2): 15. 1986.——*B. oldhami* Munro in Trans. Linn. Soc. 26: 109. 1868; Fl. Taiwan 5: 757. pl. 1507. 1978; Fl.China 22: 36. 2006.——*Leleba oldhami* (Munro) Nakai in J.Jap. Bot. 9(1):

绿竹-笋

绿竹-箨1

绿竹-箨2

16. 1933.——*Sinocalamus oldhami* (Munro) McClure in Lingnan Univ. Sci. Bull. no. 9: 67. 1940; P. F. Li in Sunyatsenia 6 (3-4): 216. 1946; Keng f. in Techn. Bull. Nat' l. For. Res. Bur. China no. 8: 18. 1948; Y. L. Keng, Fl. Ill. Pl. Prim. Sin. Gramineae 72. fig. 49a, 49b. 1959; Keng f. in J. Nanjing Univ. (Biol.) 1962(1): 37. 1962.

地下茎合轴型。秆丛生，高 6~12m，直径 3~9cm；节间长 20~35cm，梢“之”字形曲折，幼时被白粉，秆壁厚 4~12mm。秆分枝高，每节枝条多数，簇生，3 主枝粗壮。箨鞘脱落性，先端近截平形，背面无毛或被或疏或密的褐色刺毛，边缘无纤毛或在上部有纤毛；箨耳近等大，椭圆形或近圆形，边缘生纤毛；箨舌高约 1mm，全缘或波状；箨片直立，三角形，基部截形并收窄，宽度约为箨鞘顶端的 1/2。小枝具叶 6~15 枚；叶鞘初时被小刺毛；叶耳半圆形，缝毛棕色；叶舌低矮；叶片长 15~30cm，宽 3~6cm，下面被柔毛，次脉 9~14 对，小横脉较清晰，边缘粗糙或有小刺毛。花枝无叶；假小穗下部绿色，上部红紫色，两侧扁，长 2.7~3.0cm，宽 7~10mm，单生或丛生于花枝每节上；苞片 3~5 枚，上方 1 枚或 2 枚腋内无芽；小穗含小花 5~9 朵；小穗轴脱节于颖下；颖片 1 枚，卵形，长 9~10mm，宽 8mm，边缘具纤毛，具多脉，有小横脉；外稃卵形，长约 17mm，宽 13mm，无毛或有微毛，具约 31 脉，有小横脉，具缘毛；内稃长约 13mm，两面被毛，顶端尖，背部具 2 脊，脊间具 3~5 脉，脊外两侧各具 2 脉，脉间具小横脉，边缘和脊上具显著纤毛；鳞被 3 枚，卵状披针形，长约 3.5mm，脉纹明显，边缘具纤毛；雄蕊 6 枚，花丝分离，花药长约 8mm；子房卵形，长约 2mm，被粗毛，柱头 3 枚，羽毛状。笋期 5~11 月；花期多在夏、秋季。

著名笋用竹种，宜鲜食，也可加工制笋干或罐头；笋味美，笋期长，产量高，商品开发价值较大；秆供建筑或劈篾编制竹器，也用于造纸；我国台湾以该竹秆刮取竹茹用作中药材，可清热除烦。

绿竹-秆

在我国台湾台北动物园和香港海洋公园，以及美国圣地亚哥动物园、泰国清迈动物园和澳大利亚阿德莱德动物园等，均见用该竹饲喂圈养大熊猫。

产自我国浙江南部、福建、广东、广西、海南，台湾普遍栽培。

耐寒区位：9~11 区。

4.2 吊丝单（植物分类学报）

沙河吊丝单（中国竹类植物图志）

Dendrocalamopsis vario-striata (W. T. Lin) Keng f. in J. Bamb. Res. 2(1): 13. 1983; S. L. Zhu et al., A Comp. Chin. Bamb. 71. 1994; Keng et Wang in Fl. Reip. Pop. Sin. 9(1): 138. pl. 33. 1996; Yi et al. in Icon. Bamb. Sin. 183. 2008, et in Clav. Gen. Sp. Bamb. Sin. 54. 2009.——*Bambusa vario-striata* (W. T. Lin) Chia et H. L. Fung in Act. Phytotax. 18(2): 215. 1980, et in Fl. China 22: 35. 2006.——*Sinocalamus vario-striatus* W. T. Lin in Acta Phytotax. Sin. 16(1): 66. fig. 1. 1978.

秆高 5~12m，直径 4~7cm，幼竹梢端弯曲呈钓丝状，成长后稍伸直；节间长达 38cm，圆筒形，有时在其下部多少有些肿大，绿色，幼时有淡紫色纵条纹，贴生呈纵行排列的柔毛，此毛脱落后留有淡黄色纵条纹，秆壁厚 8~18mm；秆环平；箨环稍隆起；节内在第 6 节以下被灰白色绢毛环，近基部各节内具气生根。秆分枝较低，始于基部第 3 节，每节枝条多数，簇生，主枝粗壮。箨鞘脱落性，质地坚韧，先端稍拱形或截平形，背面被或疏或密的褐色易脱落的黄褐色刺毛，后变无毛或仅基部仍具刺毛；箨耳近等大，长圆形，边缘缝毛长 4~6mm；箨舌拱形或截形，高 3~9mm，近全缘或具细齿；箨片直立，卵状三角形或长三角形，先端长渐尖，基部截平，两侧向内稍心形收窄，宽度约为箨鞘顶端的 1/2，背面略粗糙，腹面脉间常生小硬毛，边缘下部具小纤毛。小枝具叶 7~12 枚；叶鞘长 9~10cm，近无毛；叶耳小，半圆形，缝毛稀疏、短小；叶舌高约 1mm，截平形，几全缘；叶柄长 2~3mm；叶片窄披针形，长 13~26cm，宽 1.6~3.0cm，先端渐长尖，基部圆形或楔形，下面被短柔毛，次脉 6~10 对，

吊丝单-分枝

吊丝单-秆

吊丝单-秆芽

无小横脉。假小穗单生或簇生于花枝各节，初时钻状圆柱形，以后两侧微扁，先端尖，长3~5cm或稍更长；苞片3~5枚，小，膜质，甚脆，腋内具芽；小穗含5朵或6朵成熟小花，顶端小花常不孕；小穗轴节间长2~3mm，彼此间有关节，质稍坚实，成熟时小穗通常整个脱落，仅在老熟后，各小花才会逐节脱落；颖1枚，卵形，长约1cm，先端尖，无毛；外稃长约1.5cm，广卵形，先端钝，但有粗糙小尖头，通常带紫色，无毛，具多脉（约有13条），边缘生纤毛；内稃狭长，与外稃近等长，先端钝或略尖，背部具2脊，脊间宽约3mm，具6脉，脊的中部以上具纤毛；鳞被3枚，近同形，披针形，长4~5mm，纵脉纹明显，边缘基部无毛，中部以上具显著纤毛；花丝分离，花药长约7mm，药隔伸出呈小尖头，其上生小刺毛；雌蕊长约9mm，子房卵形，长约2.5mm，被小硬毛，有子房柄或无柄，花柱1枚，长约5mm，柱头3枚，羽毛状。

优良笋用竹种，秆材也用于建筑或作脚手架。

在广东华南珍稀野生动物物种保护中心、广州长隆野生动物世界、澳门动物园和香港海洋公园，均见用该竹饲喂圈养大熊猫。

产自广东，福建、四川、云南有引栽。

耐寒区位：10区。

吊丝单-竹丛

吊丝单-箨

吊丝单-笋

5 牡竹属 *Dendrocalamus* Nees

Dendrocalamus Nees in Linnaea 9: 476. 1834; Keng et Wang in Flora Reip. Pop. Sin. 9(1): 152. 1996; D. Ohrnb., The Bamb. World, 282. 1999; D. Z. Li et al. in Flora of China. 22: 39. 2006; Yi et al. in Icon. Bamb. Sin. 184. 2008, et in Clav. Gen. Spec. Bamb. Sin. 58. 2009. ——*Patellocalamus* W.T. Lin in J. S. China Agr. Univ 10(2): 45. 1989.——*Sellulocalamus* W. T. Lin in J. S. China Agr. Univ. 10(2): 43. 1989.

Typus: ***Dendrocalamus strictus*** (Roxb.) Nees

乔木状竹类。地下茎合轴型。秆丛生，直立，梢端通常下垂；节间圆筒形，秆壁厚，甚至秆基部节间近于实心；箨环隆起；秆环平；节内通常被密绒毛。秆每节分枝多数，有明显主枝或否。箨鞘脱落性，革质；箨耳不明显或缺失；箨舌明显；箨片通常外翻。小枝具多数叶；叶耳缺失或不明显；叶舌发达；叶片通常大型。花枝一般无叶，长大下垂而呈圆锥状；假小穗数枚至多枚生于花枝及其分枝各节，多枚时常密集呈头状或球形；苞片1~4枚，最上方1枚腋内常无芽；小穗卵形或锥状，含小花1朵至数朵，顶生小花常不孕；小穗轴很短，无关节，不在各花间逐节断落，仅脱节于颖之下；颖1~3枚，卵圆形，先端急尖或具小尖头，具多脉；外稃宽大；内稃背部具2脊，或仅具1朵小花的小穗及多朵小花小穗，其最上1朵小花的内稃无2脊；鳞被缺失，或有时具退化鳞被1~3枚；雄蕊6枚，花丝分离；子房具短柄或无柄，球形或卵形，被柔毛，花柱1枚，柱头1枚，稀2枚或3枚，羽毛状。果囊果状或坚果状。笋期多在夏末至初秋；花期多在春末和夏季。

全世界的牡竹属植物有46种以上，分布于亚洲热带和亚热带地区。我国产牡竹属植物37种3变种8变型1杂交种（其中部分变种、变型、杂交种已根据最新颁布的《国际栽培植物命名法规》修订为栽培品种），主要分布于南部和西南地区，其中尤以云南为多。

到目前为止，全世界已记录有圈养大熊猫饲喂的牡竹属竹类有3种。

5.1 麻竹（竹谱详录）

甜竹（广东），南竹、龙竹（云南麻栗坡），斑竹（四川米易、会东）

Dendrocalamus latiflorus Munro in Trans. Linn. Soc. 26: 152. pl. 6. 1868; Gamble in Ann. Roy. Bot. Gard. Calcutta 7: 131. pl. 117. 1896, et in Hook. f., Fl. Brit. Ind. 7: 407. 1897; Brandis, Ind. Trees 678. 1906; E. G. Camus, Les Bambus. 160. 1913; E. G. et A. Camus in Lecomte, Fl. Gen. Ind. -Chin. 7: 635. f. 47-1. 1923, et in Fl. Taiwan 5: 774. pl. 1516. 1978; Chia et H. L. Fung in Acta Phytotax. Sin. 18(2): 215. 1980; Paul P. H. But et al., Hong Kong Bamb. 62. 1985; Hsueh et D. Z. Li in Journ.

Res. Bamb. 7(4): 13. 1988; Icon. Arbo.Yunn. Inferus 1401. fig. 652. 1991; S. L. Zhu et al., A Comp. Chin. Bamb. 72. 1994; Keng et Wang in Flora Reip. Pop. Sin. 9(1): 162. 1996; T. P. Yi in Sichuan Bamb. Fl. 87. pl. 24. 1997, et in Fl. Sichuan. 12: 66. pl. 24. 1998, et in Fl. Yunnan. 9: 46. pl. 10: 1-8. 2003; D. Z. Li et al. in Flora of China. 22: 45. 2006; Yi et al.in Icon. Bamb. Sin. 198. 2008, et in Clav. Gen. Sp. Bamb. Sin. 60. 2009; Amer. Bamb. Soc. in Bamb. Species Source List no. 35: 15. 2015.—— *Bambusa latiflora* (Munro) Kurz in Journ. Asiat. Soc. Bengal. 42: 250. 1873, Pro. Syn. Sub. *B. calostachya* Kurz. ——*Sinocalamus latiflorus* (Munro) McClure in Lingnan Univ. Sci. Bull. no. 9: 67. 1940; Keng f. in Techn. Bull. Nat' l. For. Res. Bur. China no. 8: 18. 1948; Y. L. Keng, Fl. Ill. Pl. Prim. Sin. Gramineae 65. fig. 43a. 43b. 1959; Keng f. in Journ. Nanjing Univ. (Biol.) 1962 (1): 32. 1962; Fl. Hainan. 4: 360. 1977.

地下茎合轴型。秆丛生，秆高 15~25m，直径 15~30cm，梢端弧形长下垂；节间长 45~60cm，幼时被白粉，秆壁厚 1~3cm；节内具一圈棕色绒毛环。秆分枝高，每节枝条多数，簇生，1 主枝粗壮。箨鞘早落，背面稍被小刺毛，顶端宽约 3cm；箨耳小，长约 5mm，宽约 1mm；箨舌高 1~3mm，边缘微齿裂；箨片外翻，卵形或披针形，长 6~15cm，宽 3~5cm，腹面被淡棕色小刺毛。小枝具叶 7~13 枚；叶鞘初时被黄棕色小刺毛；叶耳无；叶舌高 1~2mm，边缘微齿裂；叶片长 15~35（50）cm，宽 2.5~7（13）cm，基部圆形，下面中脉上具小锯齿，初时脉上被短柔毛。次脉 7~15 对，小横脉略明

麻竹-景观

麻竹-花枝

麻竹-竹丛1

麻竹-笋

麻竹-竹丛2

麻竹-秆

显。花枝无叶或具叶，节间密被黄褐色细柔毛，各节上着生多枚假小穗；苞片1~4枚，位于上方的腋内无芽；小穗卵形、扁，红色或暗紫色，长1.2~1.5cm，宽7~13mm，含小花6~8朵；小穗轴无关节，脱节于颖下；颖2枚或更多，广卵形或广椭圆形，长约5mm，宽4mm，两面被微毛，边缘具纤毛，具多脉；外稃似颖，长12~13mm，宽7~16mm，无毛，具29~33脉，有小横脉；内稃长圆状披针形，长7~11mm，宽3~4mm，两面被毛，背部脊间具2~3脉，脊外两侧各具2脉，边缘和脊上密生纤毛；鳞被缺失；雄蕊6枚，花丝分离，花药长5~6mm；子房扁球形或宽卵形，长约7mm，具柄，有腹沟，上部被白色微毛，花柱密被白色微毛，柱头1枚或偶2枚，羽毛状。果卵球形，囊果状，长8~12mm，径4~6mm，皮薄。笋期5~11月。花期多在夏、秋季。

栽培广泛的笋用竹种，笋期长，产量高，商品价值大；笋味甜美，可制笋干、罐头及多种食品；这些食品远销日本和欧美等国；秆可用于修造建筑或劈篾编制竹器；还可用于风景区、城市绿地或庭园栽植观赏。

在我国广东华南珍稀野生动物物种保护中心、广州长隆野生动物世界、澳门动物园、香港海洋公园，以及泰国清迈动物园，常用该竹饲喂圈养的大熊猫。

分布于我国福建、台湾、广东、香港、广西、海南、贵州、云南、浙江南部、江西南部、四川南部与西南部；越南、缅甸、泰国亦有分布。

耐寒区位：10~11 区。

5.2 勃氏甜龙竹（中国植物志）

甜龙竹、甜竹（云南植物志），哈醋（云南江城，哈尼语），勃氏麻竹（南京大学学报）

Dendrocalamus brandisii (Munro) Kurz in Prelim. Rep. For. Veg. Pegu. App. B. 94. 1875 (in clav.), et For. Fl. Brit. Burma 2: 560. 1877; Gamble in Ann. Roy. Bot. Gard. Calcutta 7: 90. pl. 79. 1896, et in Hook. f., Fl. Brit. Ind. 7: 407. 1897; Brandis, Ind. Trees 678. 1906; E. G. Camus, Bambus. 157. 1913; E. G. et A. Camus in Lecomte, Fl. Gen. Ind.-Chin. 7: 629. 1923; Hsueh et D. Z. Li in J. Bamb. Res. 8 (1): 30. 1989; Icon. Arbo. Yunn. Inferus 1407. fig. 658. 1991; S. L. Zhu et al., A Comp. Chin. Bamb. 81. 1994; Keng et Wang in Flora Reip. Pop. Sin. 9(1): 189. 1996; D. Ohrnb., The Bamb. World, 284. 1999, et in Fl. Yunnan. 9: 52. pl. 9: 1-9. 2003; Yi et al. in Icon. Bamb. Sin. 192. 2008, et in Clav. Gen. Spec. Bamb. Sin. 62. 2009; Amer. Bamb. Soc. in Bamb. Species Source List no. 35: 15. 2015.——*Arundarbor brandisii* (Munro) Kuntze in Rev. Gen. Pl. 2: 761. 1891.——*Bambusa brandisii* Munro in Trans. Linn. Soc. 26: 109. 1868.——*Sinocalamus brandisii* (Munro) Keng f. in J. Nanjing Univ. (Biol.) 1962(1): 35. 1962.

秆高 10~15m，直径 10~12cm，梢端下垂至长下垂；节间长 34~43cm，幼时被纵行排列的白色绒毛，秆壁厚约 3cm；节内及箨环下方均具一圈灰白色或棕色绒毛环，秆下部数节节内具气生根。秆分枝较高，每节多数，主枝 1 枚或有时无主枝，其余枝条较细，能向外翻包围在秆四周。箨鞘早落，红棕色至鲜黄色，背面被白色短柔毛；箨耳小；箨舌高约 1cm，边缘具深齿裂；箨片外翻或近直立，基部宽度为箨鞘口部的 1/3~1/2。叶鞘贴生白色小刺毛；叶舌高 1.5~2.0mm；叶片长 23~30cm，宽 2.5~5.0cm，下面具柔毛，次脉 10~12 对。花枝鞭状，节间长 2.5~3.8cm，一侧扁平，密被锈色柔毛；

勃氏甜龙竹-分枝

勃氏甜龙竹-秆

勃氏甜龙竹-秆下部

勃氏甜龙竹-竹丛

勃氏甜龙竹-节间

勃氏甜龙竹-笋

勃氏甜龙竹-箨1

勃氏甜龙竹-箨2

勃氏甜龙竹-叶

花枝各节丛生假小穗5~25枚，成簇团时其球径为1.3~1.8cm；小穗卵圆形，略具微毛，长7~9mm，宽4~5mm，紫褐色，先端钝，含2~4朵小花；颖1~2枚，长约4mm，宽3.5mm，具10脉，先端具小尖头；外稃类似颖片，长5~6mm，具16~20脉；内稃背部具2脊，脊上生纤毛，脊间宽约1.6mm，具3脉，先端尖或具2尖头；鳞被常缺失，但有时为1枚或2枚，存在时呈披针形或匙形，基部具3脉，具缘毛；花药成熟时能伸出小花外，绿黄色，短而宽（长约3mm），先端具药隔伸出的小尖头或具笔毫状微毛，花丝短，初时较粗；子房卵圆形，遍体生毛茸，花柱长约3mm，柱头1枚或2枚，紫色，羽毛状。颖果卵圆形，长1.5~5.0mm，上部被毛，先端具喙，果皮硬壳质。

笋可鲜食，为良好的笋用竹。秆供建筑等用，但劈篾性能差。

在中国广东华南珍稀野生动物物种保护中心、广州长隆野生动物世界、澳门动物园、香港海洋公园，以及泰国清迈动物园等，常用该竹饲喂圈养大熊猫。

我国云南南部至西部，广东、福建有引栽；缅甸、老挝、越南、泰国有分布；印度有引栽。

耐寒区位：10~11区。

5.3 马来甜龙竹（竹子研究汇刊）

菲律宾巨单竹（台湾植物志）、高舌竹（香港竹谱）

Dendrocalamus asper (J. A. et J. H. Schult.) Backer ex Heyne, Nutt. Pl. Ned.-Ind. ed. 2. 1: 301. 1927; Backer, Handb. Fl. Java Afl. 2: 279. 1928; Holttum in Gard. Bull. Singapore 16: 100. 1958; Backer, Fl. Java 3: 238. 1968; Gilliland, Rev. Fl. Malay. 3: 27. 1971; Peixi B. et al., Hong Kong Bamb. 58. 1985; Hsueh et D. Z. Li in Journ. Bamb. Res. 8(1): 31. 1989,et in Icon. Arbo. Yunn. Inferus 1405. fig. 656. 1991; S. L. Zhu et al., A Comp. Chin. Bamb. 78. 1994; Keng et Wang in Fl. Reip. Pop. Sin. 9(1): 193. pl. 49: 1-2. 1996, et in Fl. Yunnan. 9: 51. 2003; Fl. China 22: 43. 2006; Yi et al. in Icon. Bamb. Sin. 189. 2008, et in Clav. Gen. Sp. Bamb. Sin. 62. 2009.——*Bambusa aspera* J. A. et J. H. Schult., Syst. Veg. 7: 1352. 1830.——*Gigantochloa aspera* (Schult. f.) Kurz in Ind. For. 1: 221. 1876; McClure in Field. Bot. 24, pt. 2: 141. 1955; Fl. Taiwan 5: 770. pl. 1514. 1978.

秆高 15~20m，直径 6~10（12）cm，梢端长下垂；节间长 30~50cm，幼时贴生淡棕色小刺毛，被薄白粉；秆环平；节内及箨环下方均具一圈淡棕色绒毛环，秆基部数节节上具气生根。秆分枝高，每节多数，主枝粗壮。箨鞘早落，革质，新鲜时淡绿色，背面贴生灰白色至棕色小刺毛，干后纵肋显著隆起，先端圆拱形；箨耳狭长形，长约 2cm，宽 7mm，波状皱褶，末端稍扩大为近圆形，边缘具数条长达 6mm 的波曲缝毛；箨舌突起，高 7~10mm，边缘具长 3~5mm 的棕色缝毛；箨片披针形，外翻，基部两侧向内收窄，波状皱褶。小枝具叶 7~13 枚；叶鞘初时贴生小刺毛，后变为无毛；叶耳微小，具数条缝毛；叶舌截平形，高约 2mm，全缘或边缘细齿裂；叶片披针形至长圆状披针形，长（10）20~30（35）cm，宽（1.5）3~5cm，下面被柔毛，次脉 7~11 对，小横脉稍明显，边缘一侧粗糙，另一侧稍粗糙；叶柄长 2~7mm。花枝无叶，长达 50cm，每节着生假小穗少数至多数枚；小穗扁，长 6~9mm，宽 4mm，含 4~5 朵小花，及另一顶生退化小花；颖 1 枚或 2 枚，卵状披针形；外稃宽卵形，越在上方者越长，

马来甜龙竹-秆

马来甜龙竹-笋

马来甜龙竹-箨

最长达 8mm，背部具细毛，边缘上部生纤毛；内稃与外稃约等长，背部具 2 脊，脊间具 1~3 脉，脊外每侧具 1 脉或 2 脉，脊上和边缘生纤毛，最上方小花的内稃较退化，脊上无纤毛，但脊间被糙毛；鳞被缺失；花药长 3~5mm（上方小花的最长），先端尖头短，无毛；子房及花柱均被毛，柱头 1 枚，羽毛状。

笋质细嫩，味道鲜美，蔬食佳品。秆为造纸原料，常有栽培供观赏。

在我国广东长隆野生动物世界、华南珍稀野生动物物种保护中心、泰国清迈动物园和马来西亚国家动物园，均见以该竹饲喂圈养大熊猫。

我国云南、香港、台湾均有栽培。菲律宾、马来西亚、印度尼西亚、泰国、老挝、缅甸有分布和栽培；美国有引栽。

耐寒区位：10~12 区。

马来甜龙竹-竹丛1

马来甜龙竹-竹丛2

大熊猫取食马来甜龙竹

用于喂食大熊猫的马来甜龙竹

6 镰序竹属 *Drepanostachyum* Keng f.

Drepanostachyum Keng f. in J. Bamb. Res. 2(1): 15. 1983, et in ibid. 5(2): 28. 1986; Keng et Wang in Fl. Reip. Pop. Sin. 9(1): 372. 1996; T. P. Yi in Fl. Sichuan. 12: 160. 1998; D. Ohrnb., The Bamb. World. 128. 1999; Yi et al. in Icon. Bamb. Sin. 385. 2008, et in Clav. Gen. Spec. Bamb. Sin. 120. 2009.——*Patellocalamus* W. T. Lin in J. South China Agr. Univ. 10(2): 45. 1989.

Typus: ***Drepanostachyum falcatum*** (Nees) Keng f.

灌木状或藤本竹类。地下茎合轴型。秆丛生，细长，下部直立，上端垂悬或平卧地面；节间圆筒形，秆壁通常较薄；箨环具箨鞘基部残留物而甚隆起；秆环平或微隆起。秆芽通常为三峰笔架形，贴生。秆每节多分枝，主枝常与主秆同粗，有时可取代主秆，侧枝纤细，较短，常不分次级枝。箨鞘迟落，上部常长瓶颈状收缩；箨舌截形、钝圆拱形或锥状，边缘细齿裂或撕裂，具缘毛；箨耳微小或缺失，鞘口缝毛存在或否；箨片直立或外翻，易脱落。小枝具叶 5~12 枚；叶舌较高，常齿裂；叶耳微小或显著，鞘口缝毛发达，放射状；叶片小型至中型，小横脉不明显。花枝无叶；小穗（1）2~10 枚簇生在秆上端或其枝条各节；小穗柄波状曲折，形成镰伞、伞房、圆锥或总状花序，在每一簇生花序基部均具 1 枚前出叶和一组 3~5 枚逐渐增大的苞片；小穗含小花 2~5 朵，疏松排列，顶生花常不孕；颖 2 枚，纵脉显著隆起；外稃纵脉与颖同样极为隆起，先端尖锐或微凹而于中央伸出 1 小芒；内稃稍短于外稃或二者近等长，稀内稃稍较长，背部具 2 脊，先端常具 2 裂齿；鳞被 3 枚；雄蕊 3 枚，花丝分离；子房长圆形，花柱简短，柱头 2 枚，帚刷状。颖果，成熟时全为稃片所包裹而不裸出，具腹沟。笋期春季；花果期夏季或可延至初秋。

全世界的镰序竹属植物约 19 种。中国产 15 种 1 变型，主产自西南部；另 4 种产自不丹、印度东北部和尼泊尔。

本属竹种为藤本状竹类，崖生性，常生长在沿溪河两岸陡峭坡地瘠薄土壤上或石缝间，外观呈悬挂状，是石灰岩地区和假山绿化最理想的竹种。

到目前为止，在自然生存状态下，已记录大熊猫采食本属竹类有 2 种。

6.1 钓竹（四川竹类植物志）

坝竹（四川平武、剑阁、广元）

Drepanostachyum breviligulatum Yi in J. Bamb. Res. 12(4): 42. f. 1. 1993; T. P. Yi in Sichuan Bamb. Fl. 183. pl. 64. 1997, et in Fl. Sichuan. 12: 163. 1998; T. P. Yi in Icon. Bamb. Sin. 388. 2008, et in Clav. Gen. Sp. Bamb. Sin. 120. 2009; T. P. Yi et al. in J. Sichuan For. Sci. Tech. 31(4): 4, 11, 2010.

地下茎合轴型，秆柄长约 1.5cm，直径

6~10mm，具 7~10 节，节间长 0.5~1.5mm，淡黄色，实心。秆密丛生，斜倚，高 3~6m，直径 0.5~1.5（2）cm，梢部作弧形长下弯可达地面；全干共有 25~34 节，节间长 18~20（32）cm，圆筒形，具隆起的细线状纵肋，绿色，无毛，亦无白粉，秆壁厚 1.5~2.0mm，髓锯屑状；箨环很隆起呈一厚木栓质圆脊，并向下翻卷呈浅碟状，灰黄色或灰褐色，无毛；秆环平或稍隆起，初为紫色；节内高 1.5~4.0mm。秆芽 3 枚，紧密结合为笔架形，具 3 个三角状尖端，其中央 1 枚尖端较两侧者为宽大，贴秆，边缘上部初时有短纤毛。秆分枝习性低，每节上除具多数纤细枝条外，有时还具粗壮主枝 1~3 枚，其长可达 5m，直径 3.0~5.5mm，作攀援状，在无主枝时，常在纤细枝条间具有肥大的笋芽。笋绿色而先端带紫色；箨鞘迟落，短于或稍短于节间长度，长三角形，革质，长（5.5）12~27cm，宽 2.4~4.8mm，背面常被稀疏灰色或灰黄色贴生瘤基小刺毛，纵脉纹显著隆起，小横脉仅上部稍可见，边缘通常无纤毛；箨耳及鞘口缝毛缺失，或初时具缝毛；箨舌紫色，截平形，高 1~2mm，边缘初时被纤毛；箨片外翻，紫绿色，三角形、线形或线状披针形，长 0.8~9.0cm，宽 2.5~7.0mm，无毛，边缘紫色，有小锯齿。小枝具叶（2）4~6（9）枚；叶鞘长（2.2）3.0~3.8cm，淡绿色而先端带紫色，初时被灰色柔毛，边缘上部初时具纤毛；叶耳微小，紫色，具 4~6 枚、长 2.5~4.0（6）mm 的紫褐色较直的放射状缝毛；叶舌圆拱形，紫色，高约 1mm，缝毛长 0.5~1.0mm；叶柄长 1~2mm；叶片狭披针形，纸质，长（4）6.0~10.5cm，宽 0.65~1.00cm（在萌发枝条上长达 26cm，宽 32cm，次脉多达 8 对），基部楔形，上面绿色，无毛，下面淡绿色，被灰白色短柔毛，次脉（2）

钓竹-秆

钓竹-竹丛

钓竹-生境

钓竹-芽

钓竹-叶

钓竹-笋

3~4 对，小横脉明显，边缘具稀疏小锯齿。花枝未见。笋期 8 月。

生态绿化、护岸护坡竹种。

在四川平武，见野生大熊猫冬季下移时觅食该竹。

分布于我国四川盆地西北部、甘肃南部和贵州北部，成片野生于海拔 450~1200m 的江岸峭壁上或陡坡地上。

耐寒区位：9 区。

6.2 羊竹子（中国植物志）

岩竹子（四川汉源）、绵竹（四川叙永）

Drepanostachyum saxatile (Hsueh et Yi) Keng f. ex Yi in J. Bamb. Res. 12(4): 46. 1993; S. L. Zhu et al., A Comp. Chin. Bamb. 172. 1994; Keng et Wang in Fl. Reip. Pop. Sin. 9(1): 378. pl. 104. 1996; T. P. Yi in Sichuan Bamb. Fl. 181. pl. 63. 1997, et in Fl. Sichuan. 12: 161. pl. 55. 1998; T. P. Yi in Icon. Bamb. Sin. 400. 2008, et in Clav. Gen. Sp. Bamb. Sin. 121. 2009; T. P. Yi et al. in J. Sichuan For. Sci. Tech. 31(4): 4, 11. 2010.——*Sinocalamus saxtilis* Hsueh et Yi in J. Yunnan. For. Coll. 1982(1): 69. f. 1. 1982. ——*Neosinocalamus saxatilis* (Hsueh et Yi) Keng f. et Yi in J. Bamb. Res. 2(2): 14. 1983. ——*Ampelocalamus saxatilis* (Hsueh et Yi) Hsueh et Yi in J. Bamb. Res. 4(2): 7. 1985; 云南树木图志，下册，1288 页．图 594. 1991.

秆密丛生，高 3~6m，直径 0.5~1.5cm，梢部在幼时作弧形下垂，后斜倚而不直立；全秆共有 22~30 节，基部数节间长 5~12cm，中部节间长 22~53cm，圆筒形，深绿色，稍粗糙，具显著的细线状纵肋，初时微粗糙，秆壁厚 1.5~2.0mm，髓为锯屑状；箨环显著隆起呈一厚木栓质圆脊，并向下翻卷呈浅盘状，无毛，具鞘基残留物；秆环平或稍有隆起，节内高 2~3mm。秆芽扁桃形，顶端常有 3 个尖头，其中中间 1 枚尖头最长，芽鳞灰褐色，无毛。通常于秆的第 6~12 节开始分枝，枝条在秆每节上（6）10~15 枚，倾斜而先端下垂，主枝在每节上常为 1 枚，粗壮而修长，侧枝纤细，长 20~35cm，直径约 1.5mm，其节上不再分生次

羊竹子-竹丛

羊竹子-生境

羊竹子-芽

羊竹子-叶

级枝；常在枝条间具笋芽。箨鞘迟落，长三角形，长度约为节间的1/2，厚纸质，幼时墨绿色或紫绿色，解箨时变为黄褐色，有时在上部具紫色晕斑，背面无毛或具稀疏棕黑色小刺毛，纵脉纹明显而隆起，小横脉在上部两侧可见，鞘缘具长2~3mm的纤毛；箨耳及鞘口缝毛均无；箨舌截平形或中央微凹，高约1mm，边缘初时具纤毛；箨片外翻，线形或线状披针形，无毛，长0.4~4.5cm，宽2~3（10）mm，纵脉纹显著，先端渐尖，基部收缩，与箨鞘顶端略有关节相连接，易从该处脱落，两侧常内卷。小枝具叶4~10枚；叶鞘长3~8cm，边缘密生灰色纤毛。叶耳明显，具多数灰黄色或紫色长3~8mm的放射状缝毛；叶舌极发达，弧形隆起，紫色，口部具不整齐细裂缺，并作缝毛状，包括缝毛在内高2~5mm；叶柄长3~4mm；叶片披针形，纸质，长8~18cm，宽1.0~2.2cm，先端尖锐，基部渐狭为楔形或阔楔形或楔圆形，下面淡绿色，基部常被灰白色短柔毛，次脉4~6对，小横脉明显，组成极稀疏的狭长方形，边缘具小锯齿。花枝未见。笋期8月底至9月。

幼秆经水泡捶绒后可编织草鞋。

在四川金口河，见大熊猫冬季垂直下移时觅食本竹种。

分布于我国四川金口河、汉源、叙永和云南威信，生于海拔600~1500m的溪河沿岸、沟谷地悬崖上或陡坡地岩石缝中。

耐寒区位：9区。

7 箭竹属 *Fargesia* Franch. emend. Yi

Fargesia Franch.in Bull. Linn. Soc. Paris 2: 1067. 1893; emend. T. P. Yi in J. Bamb. Res. 7(2): 1. 1988; Keng et Wang in Fl. Reip. Pop. Sin. 9(1): 387. 1996; T. P. Yi in Fl. Sichuan. 12: 172. 1998; D. Ohrnb., The Bamb. World. 131. 1999; Yi et al. in Icon. Bamb. Sin. 415. 2008, et in Clav. Gen. Spec. Bamb. Sin. 127. 2009. ——*Sinarundinaria* Nakai in J. Jap. Bot. 11(1): 1. 1935, sinefl. descry., nom. invalid.

Typus: ***Fargesia spathacea*** Franch.

灌木状或小乔木状高山竹类。地下茎合轴型，秆柄粗短，前端直径大于后端，节间长常在5mm以内，其节间长度与粗度之比小于1，实心，在解剖上无内皮层，通常无气道。秆丛生或近散生，直立；节间圆筒形，空心或近实心，维管束呈开放型或半开放型；秆环平至稍隆起，通常较箨环为低。秆芽1枚，长卵形，贴生，或具多芽并组成半圆形，不贴秆。秆每节数分枝至多分枝，无主枝或少有较粗壮主枝。箨鞘迟落或宿存，稀早落，纸质至革质，短于、近等于或长于节间；箨耳缺失或明显；箨片三角状披针形或带形，直立或外翻，脱落性，稀宿存。小枝具叶数枚；叶片小型至中型，小横脉明显或不明显。圆锥或总状花序生于具叶小枝顶端，花序紧缩或开展，下方具一组由叶鞘扩大成的或大或小的佛焰苞，致使花序从佛焰苞开口一侧露出，或花序位于此种佛焰苞上方；小穗柄长；小穗细长，含小花数朵；小穗轴易逐节断落；颖2枚；外稃先端具小尖头或芒状，具数脉，小横脉通常明显；内稃等长或略短于外稃，背部具2脊，先端具2裂齿；鳞被3枚，具缘毛；雄蕊3枚，花丝分离，花药黄色；子房椭圆形，花柱1枚或2枚，柱头2~3枚，羽毛状。颖果。染色体2*n*=48。笋期夏秋季。花果期多在夏季。

全世界的箭竹属植物110余种，除总花箭竹*F. racemosa* (Munro) Yi产尼泊尔东部和印度东北部、黄连山箭竹*F. fansipanensis* Nguyen产越南北部，以及缅甸北部似应有分布（未见报道）外，有104种产自我国，尤以云南、四川的种类最多，属亚热带中山或亚高山竹种，在我国西南部生态旅游区、红色旅游区、森林公园和自然保护区内大面积成片生长，或与其他乔灌木树种组成特殊的自然生态景观，四季常青，景观宜人。欧美、日本等各地园林中都有引栽，个别种已栽培到北欧三国的北极圈地区。

本属植物有许多为珍稀哺乳动物大熊猫的重要主食竹种，已记录大熊猫采食本属竹类有28种。

I 圆芽箭竹组 Sect. *Ampullares* Yi

Sect. ***Ampullares*** Yi in J. Bamb. Res. 4(1): 19. 1985. ——Set. *Sphaerogemma* Yi in ibid. 7(2): 16. 1988. nom. illeg. superfl.

灌木状。秆芽半圆形、卵圆形或锥形，肥厚，系由数枚乃至10余枚密集的小芽组合而成的复合芽，不贴秆而生或稀可贴生；髓呈锯屑状；秆环显著隆起或隆起，通常高于箨环；枝环通常亦隆起。秆箨早落；箨耳无。总状花序顶生，排列紧密，紫色，含多数小穗，从一组常稍长于花序的佛焰苞开口一侧露出。颖果。

到目前为止，全世界已记录大熊猫采食本组竹类有 5 种。

7.1 岩斑竹（中国植物志）

Fargesia canaliculata Yi in J. Bamb. Res. 4 (1): 19. f. 1. 1985; D. Ohrnb. in Gen. *Fargesia* 19. 1988; S. L. Zhu et al., A Comp. Chin. Bamb. 175. 1994; Keng et Wang in Fl. Reip. Pop. Sin. 9(1): 397. pl. 107: 6, 7. 1996; T. P. Yi in Sichuan Bamb. Fl. 197. pl. 69. 1997, et in Fl. Sichuan. 12: 176. pl. 59. 1998; D. Ohrnb., The Bamb. World. 133. 1999; D. Z. Li et al. in Fl. China 22: 78. 2006; Yi et al. in Icon. Bamb. Sin. 428. 2008, et in Clav. Gen. Sp. Bamb. Sin. 127. 2009; T. P. Yi et al. in J. Sichuan For. Sci. Tech. 31(4): 4, 11. 2010.

地下茎合轴型；秆柄粗短，前端直径远大于后端，长 5~15cm，直径 1.4~3.0cm，具 11~29 节，节间长 3~8mm，实心；鳞片三角形，黄色，有光泽，无毛，上部纵脉纹明显，顶端具 1 小尖头，边缘有棕色纤毛。秆丛生或近丛生，高 3~5m，直径 1~2cm，梢端直立；全秆具 32~36 节，节间长 8~20（25）cm，圆筒形，但在具分枝一侧有明显的纵沟（在中部以下或有时贯穿整个节间），幼时粉绿色，被白粉，其节下方白粉尤密，无毛，平滑，极坚硬，实心或近实心，如有小的中空时，则髓呈海绵状；箨环稍隆起，无毛；秆环显著隆起，高于箨环，幼时深紫色；节内高 3~6mm，平滑。秆芽为多枚芽组合成的复合芽，

岩斑竹-分枝

岩斑竹-竹丛

岩斑竹-芽

岩斑竹-地下茎

卵圆形，不贴秆，上部微粗糙，边缘有灰色纤毛。秆通常于第8~9节开始分枝，每节分枝5~7枚，较纤细，常作35°锐角开展，长15~85cm，具5~13节，节间长1~8cm，直径1~5mm，每节可再分次级枝。笋紫红色，被棕色刺毛；箨鞘早落，长于节间，长三角形，长17~39cm，基部宽3.5~8.5cm，灰黄色，下半部革质，上半部为纸质，背面疏生棕色刺毛，纵脉纹明显，上部有小横脉，边缘密生棕色纤毛；箨耳和鞘口缝毛俱缺；箨舌高约1mm；箨片外翻，线状披针形，长1.5~12.0cm，宽1.5~2.5mm，淡绿色或紫绿色，无毛，纵脉纹明显，基部较箨鞘顶端为窄，并有关节相连接，常内卷，边缘常具小锯齿。小枝具叶2~3枚；叶鞘长2.0~2.8cm，紫绿色，无毛，纵脉纹及上部纵脊明显，边缘无纤毛或稀具灰色短线毛；叶耳和鞘口缝毛俱缺；叶舌高约1mm，紫色，无毛；叶柄长1~2mm；叶片狭披针形兼线状披针形，纸质，长2.5~8.0cm，宽2.5~5.0mm，先端渐尖，基部楔形，下面灰绿色，两面均无毛，次脉2（3）对，小横脉很清晰，边缘一侧具小锯齿，另一侧平滑。总状或圆锥状花序，生于具叶小枝顶端，疏松，长6~10（15）cm，具（3）5~8（12）枚小穗，叶鞘不延伸，叶正常或偶有脱落。花序轴扁平，两面均粗糙，脊上具毛，多数在花序柄基部具1枚苞片；苞片披针形，长0.5~1.0mm，光滑无毛。花序柄纤细，长10~15mm，扁平，被灰色柔毛。小穗紫绿色，长2.5~4.0cm，宽3~4mm，具3~5朵小花；末级小花通常不育，较小；小穗轴节间长8~12mm，扁平，下部被稀疏柔毛，上部膨大被浓密柔毛。颖2枚，狭披针形，纸质，背面粗糙，先端有小尖头乃至芒状；第1颖长4~6mm，宽约1mm，3~5脉；第2颖长6~8mm，宽约1.5mm，5脉。外稃卵状披针形，纸质，长10~12mm，紫绿色，背面粗糙，具5脉，先端芒状，有微锯齿，长约2mm，边缘平滑。内稃略短于外稃，薄纸质，长8~10mm，具2脊，脊间具纤毛，顶端钝，2裂，具明显柔毛。鳞被3枚，膜质，透明，三角形，长约3mm；上部边缘具纤毛。雄蕊3枚；花药黄色，长4~5mm。子房长卵形，光滑无毛，长约3mm；柱头2枚，羽毛状。笋期6月。

笋味美，供食用。秆材坚硬，为造纸原料，也可作竹筷、农具等用。

在四川冕宁、九龙，本种是野生大熊猫的重要主食竹竹种之一。

分布于我国四川西南部，在雅砻江中下游及其支流海拔2200~2650m的沿岸坡地上常见自然生长，组成纯林或混生于灌丛中。

耐寒区位：8区。

Fargesia fractiflexa Yi in J. Bamb. Res. 4 (1): 22. f. 3. 1985; D. Ohrnb. in Gen. *Fargesia* 33. 1988, et in Icon. Arb. Yunnan. Inferrus 1310; S. L. Zhu et al., A Comp. Chin. Bamb. 179. 1994; Keng et Wang in Fl. Reip. Pop. Sin. 9(1): 402. pl. 109: 1-5. 1996; T. P. Yi in Sichuan Bamb. Fl. 204. pl. 73. 1997, et in Fl. Sichuan.12:183. pl. 62. 1998; D. Ohrnb., The Bamb. World. 135. 1999; Yi et al. in Icon. Bamb. Sin. 430. 2008; Clav. Gen. Sp. Bamb. Sin. 128. 2009; T. P. Yi et al. in J. Sichuan For. Sci. Tech. 31 (4): 4, 11. 2010.——*Drepanostachyum fractiflexum* (T. P. Yi) D. Z. Li in Fl. Yunnan. 9: 145. 2003; D. Z. Li et al. in Fl. China 22: 97. 2006.

秆柄长 3~20cm，直径 0.7~2.0cm，具 12~60 节，节间长 1~10mm，无毛，有光泽，实心；鳞片三角形，交互作覆瓦状紧密排列成 2 行，淡黄白色，光亮，上半部有纵脉纹明显，边缘生有纤毛。秆丛生，高 2~3（4.5）m，直径 0.6~1.2cm，常略作“之”字形曲折；全秆共有 21~36 节，节间长 12~15（20）cm，基部数节间长 3~7cm，圆柱形，实心或近实心，幼时被白粉或稀可无白粉，绿色、灰绿色或紫色，老时黄色或黄绿色，细纵肋不甚明显，髓为锯屑状；箨环隆起，褐色或灰褐色，无毛；秆环隆起乃至显著隆起，幼时常为紫色；节内高 1~3mm，幼时带紫色，无毛。秆芽 5~11 枚组合成半圆

扫把竹-竹丛

形复合芽，贴生，长 4~8mm，宽 6~12mm，灰白色至灰褐色，微粗糙，边缘生白色短纤毛。秆的每节分枝 5~17 枚，纤细，簇生，斜展，长 13~40cm，直径 1.0~1.5mm，无毛，幼时常有白粉，淡绿色或紫色，节上一般不再分生次级枝。笋紫红色，具黄褐色刺毛；箨鞘早落至迟落，暗紫色至淡黄白色，薄革质，向顶端逐渐变为更薄，长三角形，长 11~25cm，宽 2~5cm，先端逐渐变狭窄，顶端宽 2~4mm，背面被极稀疏黄褐色刺毛，纵脉纹显著，小横脉在上半部不明显或明显，常无缘毛；箨耳和鞘口缝毛俱缺；箨舌舌状突出，常具细小裂缺，深紫色至暗褐

扫把竹-叶

扫把竹-分枝

扫把竹-秆1

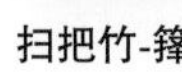
扫把竹-箨

扫把竹-芽

扫把竹-秆2

色，无毛，高 1~3mm；箨片线状披针形，外翻，线状披针形，长 2~8cm，宽 1.0~1.5mm，先端渐尖，基部不收缩，无毛，边缘微粗糙，常内卷。小枝具叶 3~5 枚；叶鞘长 2~3cm，淡绿色或暗绿色，无毛，边缘常具黄褐色短纤毛；叶耳无，鞘口两肩无缝毛或偶有 1~2 条缝毛；叶舌截平形或圆弧形，紫色或淡绿色，无毛，高 1.0~1.5mm；叶柄长 1~2mm，微被白粉质；叶片狭披针形，纸质，长（5）7~13cm，宽 7~12mm，先端长渐尖，基部楔形，下面灰绿色，两面均无毛，次脉 3~4 对，小横脉不甚清晰，边缘一侧具小锯齿，另一侧近于平滑。花枝未见。笋期 7~9 月。

可供扎制扫把和劈篾编织背篓、撮箕等用。

在四川泸定，常见有野生大熊猫采食本竹种。

分布于我国四川西南部、云南东北部至西北部。生于海拔 1380~3200m 的荒坡、陡岩上或针阔叶混交林下。

耐寒区位：8~9 区。

7.3 墨竹（四川天全）

Fargesia incrassata Yi in J. Bamb. Res. 19 (1): 16. f. 4. 2000, et in J. Sichuan For. Sci. Techn. 21 (2): 17. f. 4. 2000; Yi et al. in Icon. Bamb. Sin. 431. 2008, et in Clav. Gen. Sp. Bamb. Sin. 128. 2009; T. P. Yi et al. in J. Sichuan For. Sci. Tech. 31(4): 5, 11. 2010.

秆柄长 9~15cm，直径 0.7~1.1cm，具 19~28 节，节间长 4~10mm，淡黄色，无毛，光亮，实心；鳞片三角形，交互作覆瓦状紧密排列成 2 行，革质，被微毛，边缘无纤毛。秆丛生或近散生，高 3~4m，直径 0.6~1.0cm，有的略作“之”字形曲折，梢端直立；全秆具 20~25 节，节间长 15~20（25）cm，圆筒形，无沟槽，绿色，无毛，幼时密被白粉，老时变为浅灰色，细纵肋明显，秆壁厚 1.7~2.0mm，髓为锯屑状；箨环肥厚而显著隆起，紫褐色或褐色，无毛；秆环平或在分枝节上肿胀，淡绿色；节内高 1.5~2.0mm，常被白粉。秆芽多枚组合成半圆形、卵形或长卵形，贴生，边缘初时被灰白色纤毛。秆的第 7 节左右开始分枝，每节分枝 9~15 枚，开展或近于水平开展，长 8~35cm，粗 1.0~1.5mm，常被白粉，几实心。箨鞘迟落，三角状长圆形，革质，紫绿色，背面被稀疏灰黄色瘤基小刺毛，约为节间长度的 3/5，长 7~15cm，先端短三角形，纵脉纹明显，小横脉不发育，通常无缘毛；箨耳和鞘口缝毛同缺；箨舌截平形或微作圆弧形，紫色，

墨竹-生境

墨竹-分枝与叶

墨竹-竹丛

墨竹-箨

墨竹-芽

高 0.5~1.0mm；箨片外翻，线状三角形或线形，长 0.5~4.5cm，宽 1~2mm，较箨鞘顶端稍窄，边缘具小锯齿。小枝具叶 3~5 枚；叶鞘长（2.5）3.5~5.0cm，淡绿色或紫绿色，边缘通常无纤毛；叶耳无，鞘口两肩各具 5~7 枚灰色直立缕毛；叶舌斜截平形或近圆弧形，紫色，高约 0.5mm；叶柄长 1.5~2.5mm，初时被微毛；叶片线状披针形，纸质，长 11~14（16.5）cm，宽 12~15mm，先端长渐尖，基部楔形，下面灰绿色，基部初时具灰黄色短柔毛，次脉 3~4 对，小横脉组成长方格子状，边缘具小锯齿。花枝未见。笋期 5 月。

秆用于制作毛笔杆。

在四川天全，该竹与短鞭箭竹一样，同为野生大熊猫的重要主食竹竹种。

分布于我国四川天全，生于海拔 1350~1600m 的阔叶林下。

耐寒区位：8 区。

7.4 膜鞘箭竹（四川竹类植物志）

岩斑竹（四川冕宁）

Fargesia membranacea Yi in Acta Yunnan. Bot. 14(2): 135. f. 1. 1992; T. P. Yi in Sichuan Bamb. Fl. 204. pl. 72. 1997, et in Fl. Sichuan. 12: 182. pl. 61: 7-10. 1998; D. Ohrnb., The Bamb. World, 138. 1999; Yi et al. in Icon. Bamb. Sin. 431. 2008, et in Clav. Gen. Sp. Bamb. Sin. 128. 2009; T. P. Yi et al. in J. Sichuan For. Sci. Tech. 31(4): 4, 11. 2010.——*Drepanostachyum membranaceum* (Yi) D. Z. Li in Novon 15: 600. 2005; D. Z. Li. et al. in Fl. China 22: 97. 2006.

秆密丛生，高 1.4~2.0m，直径 0.5~1.0cm，梢端劲直；节间长 13~15（18）cm，圆筒形，平滑，绿色，无白粉，秆壁厚 1.8~3.0mm，中空直径很小，常小于秆壁厚度，髓呈锯屑状；箨环隆起，无毛；秆环圆脊状隆起；节内高 1.0~1.5mm。秆芽半圆形，由 5~7 枚组成复合芽，贴生。秆每节枝条 13~33 枚，长 15~32cm，直径约 1mm，节上一般可再分次级枝。笋紫色，有棕色刺毛；箨鞘宿存，紫色或淡紫色，带状三角形，远长于节间，下部薄革质或纸质，上部带状狭窄，膜质，小横脉清晰，顶端宽 1.5~2.0mm，背面纵脉纹明显，有稀疏棕色贴生瘤基状刺毛，边缘具黄褐色纤毛；箨耳及鞘口缕毛缺失；箨舌三角状圆弧形，高 1~2mm，边缘初时有缝毛；箨片开展或直立，线形，较箨鞘顶端为窄。小枝具叶 4~5 枚；叶鞘边缘初时密生黄褐色短纤毛；叶耳及鞘口两肩缝毛缺失；叶舌三角状圆弧形，高 1.0~1.5mm；叶片线状披针形，纸质，长 4~9（10）cm，宽 3~6（7）mm，基部楔形，下面灰绿色，两面均无毛，次脉 2（3）对，小横脉明显，组成长方格子状。笋期 8 月。

全秆供制作扫把用。

在其自然分布区，该竹为野生大熊猫主要食竹之一。

分布于我国四川冕宁，生于海拔 2360m 左右悬崖边。

耐寒区位：9 区。

7.5 细枝箭竹（中国植物志）

丛竹（四川彭州、安州）、观音竹（四川什邡）

Fargesia stenoclada Yi in J. Bamb. Res. 8(2): 30. f. 1. 1989; S. L. Zhu et al., A Comp. Chin. Bamb. 186. 1994; Keng et Wang in Fl. Reip. Pop. Sin. 9(1): 404. pl. 110: 1-4. 1996; T. P. Yi in Sichuan Bamb. Fl. 199. pl. 70. 1997, et in Fl. Sichuan. 12: 178. pl. 60. 1998; D. Ohrnb., The Bamb. World, 146. 1999; D. Z. Li et al. in Fl. China 22: 78. 2006; Yi et al. in Icon. Bamb. Sin. 433. 2008, et in Clav. Gen. Sp. Bamb. Sin. 128. 2009; T. P. Yi et al. in J. Sichuan For. Sci. Tech. 31(4): 4, 11. 2010.

细枝箭竹-竹丛

秆柄长 4~8cm，具 10~20 节，节间长 3~6mm，直径 8~18（20）mm，淡黄色，无毛；鳞片三角形，黄色，交互紧密排列成 2 行，无毛，光亮，上部纵脉纹明显，先端具小尖头，边缘无纤毛。秆密丛生，高 2.5~5.5m，直径 1.0~1.7cm，梢端直立；全秆具 24~30 节，节间长 20~25（30）cm，基部节间长 3~5cm，圆筒形，初时绿色，以后变为灰白色至黄色，幼时微被白粉，有光泽，平滑，秆壁厚 3~4（5）mm；箨环窄，稍隆起，褐色，无毛；秆环稍隆起或在分枝节上隆起，光滑；节内高 2~3mm，常较节间为浓绿。秆芽半圆形，由明显的 5~9 枚组合而成复合芽。秆每节上枝条（1）10~40 枚，斜展，长（4）12.5~45.0cm，具 3~12 节，节间长 0.2~7.0cm，直径约 1mm 而近等粗，常为紫红色，无毛，在其每节上一般不再分次生枝，或稀在基部第 1~2 节可再分次生枝。笋绿紫色，有白色小硬毛；箨鞘早落，短于节间，长为节间长度的 1/2~3/5，三角状长圆形，薄革质，黄色，长 8.0~14.5cm，基部宽 2.7~5.5cm，先端长圆形，背面被灰白色至灰黄色开展的长刚毛，纵脉纹明显，小横脉不发育，边缘密被灰白色至灰黄色长纤毛；箨耳和鞘口缝毛俱缺；箨舌圆弧形或近截平形，淡褐色，无毛，高 0.5（1）mm，全缘或有时微有裂缺；箨片直立，有时微皱折，三角形或

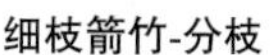
细枝箭竹-分枝

细枝箭竹-秆

细枝箭竹-箨1

细枝箭竹-箨2

细枝箭竹-笋1

细枝箭竹-笋2

线状三角形，长 2~47mm，宽 1.0~4.5mm，基部与箨鞘顶端近等宽，纵脉纹明显，常内卷，边缘下部有时具纤毛。小枝具叶 1~2 枚；叶鞘长 1.2~3.2cm，淡绿色，无毛，纵脉纹及上部纵脊明显，边缘生纤毛；叶耳缺，鞘口两肩各具 3~5 枚直立灰白色长 0.5~2.0mm 的缝毛；叶舌截平形，淡绿色，无毛，高约 0.4mm，全缘；叶柄长约 1mm，淡绿色，无毛；叶片线状披针形，薄纸质，长（2.5）4.0~9.4cm，宽（4）5~9mm，先端渐尖，基部楔形，两侧对称，下面淡绿色，两面均无毛，次脉 2~3 对，小横脉不清晰，边缘仅一侧小锯齿稍明显。花枝未见。笋期 4 月下旬至 5 月中旬。

笋质脆嫩、清香可口，是无污染的蔬食佳品。

在四川彭州银厂沟、什邡和安州等地，该竹是野生大熊猫的主食竹种之一。

分布于我国四川成都平原西部边缘山区的彭州、什邡、绵竹和安州，生于海拔 1650~1900m 的阔叶林下或灌木林中。

耐寒区位：9 区。

II 箭竹组 Sect. *Fargesia*

灌木状或小乔木状。秆芽单一，长卵形，扁平，其先出叶内含有不明显的少数芽，紧贴秆表面；髓呈锯屑状，稀为海绵状；秆环平或稍隆起，通常低于箨环；枝环平。秆箨宿存或迟落，稀早落；箨耳存在或缺失。圆锥或总状花序，顶生，排列紧密或疏松，基部具一组由叶鞘显著扩大和稍增大的佛焰苞；花序排列紧密、短缩者，其佛焰苞宽大而与花序近等长，整个花序从佛焰苞开口一侧露出，花序长大、排列疏松者，佛焰苞则稍有扩大而远短于花序，使花序位于一组佛焰苞上方。颖果。

到目前为止，全世界已记录大熊猫采食本组竹类有 23 种。

7.6 贴毛箭竹（中国植物志）

空心竹（四川九龙）

Fargesia adpressa Yi in J. Bamb. Res. 4(2): 26. f. 8. 1985; T. P. Yi, in l. c. 9(1): 30. fig. 2. 1990; D. Ohrnb. in Gen. *Fargesia* 42. 1988; S. L. Zhu et al., A Comp. Chin. Bamb. 174. 1994; Keng et Wang in Fl. Reip. Pop. Sin. 9(1): 450. pl. 126: 1-11. 1996; T. P. Yi in Sichuan Bamb. Fl. 233. pl. 88. 1997, et in Fl. Sichuan. 12: 207. pl. 71: 13-14. 1998; D. Ohrnb., The Bamb. World, 132. 1999; D. Z. Li et al. in Fl. China 22: 90. 2006; Icon. Bamb. Sin. 438. 2008; Clav. Gen. Sp. Bamb. Sin. 139. 2009; T. P. Yi et al. in J. Sichuan For. Sci. Tech. 31(4): 6, 12. 2010.

秆柄长 5~9cm，直径 1~3cm，具 10~18 节，节间长 2~10mm；鳞片三角形，交互紧密排列，革质，淡黄褐色，光亮，上部纵条纹明显，先端具一小尖头，边缘具灰色纤毛。秆丛生，高 4~6m，直径（1.5）2~3cm，梢端直立；全秆具 20~28 节，节间长 35~40（60）cm，圆筒形，淡绿色，幼时被白粉（尤以节间上部最明显），无毛或稀在节下方具棕色刺毛，纵细线棱纹微可见，老时具明显的灰色蜡质，秆壁厚 2~3mm，髓呈锯屑状；箨环稍隆起，褐色，无毛；秆环平或微隆起，淡绿色；节内高 5~10mm，有白粉。秆芽长卵形，上部粗糙，边缘密生灰色纤毛。秆的第 6~7 节即高 2m 左右开始分枝，枝条在秆每节上为多数，簇生，约作 35° 锐角开展，长 16~55cm，直径 1.0~2.5mm，具 5~8 节，节间长 1~14cm，直径 1.0~2.5mm，无毛，被白粉。笋紫色或紫绿色，密被棕色伏贴刺毛；箨鞘宿存，淡黄色，革质至软骨质，三角状长圆形，短于节间，长 17~35cm，宽 8~10cm，上部三角形，顶端宽 7~10mm，背面密被贴生棕色刺毛，微被白粉，纵脉纹仅在近顶端明显，小横脉不发育，边缘初时具棕色纤毛；箨耳无或稀具微小箨耳，鞘口两肩各具数条长 5~10mm 径直的褐色缝毛；箨舌紫色，圆弧形或截平形，口部有不整齐缺裂，无毛，高 1~2mm；箨片外翻，线状披针形，长 1.8~20.0cm，宽 3~4mm，新鲜时淡绿色或淡紫绿色，干后变为灰褐色，内面基部微粗糙，纵脉纹明显，小横脉不发育，常内卷。小枝具叶 3~4（5）枚；叶鞘长 3.5~6.0cm，无毛，微被白粉，边缘无纤毛；叶耳无，鞘口两肩各具 4~8 条长 2~7mm 径直或先端弯曲的淡黄色缝毛；叶舌近圆弧形，紫褐色，口部初时具短纤毛，高约 1mm；叶柄长 1.5~2.0mm，背面初时具灰色柔毛；叶片线状披针形，纸质，长（4）10~15cm，宽（5）9~14mm，先端长渐尖，基部楔形，上面基部微被白粉，下面灰绿色，疏被灰色柔毛（基部较密），基部微有白粉，次脉 3~5 对，小横脉不甚清晰，边缘仅一侧具小锯齿。花枝长 15~60cm，节上可再分次级花枝。总状花序由（5）7~9 枚小穗组成，或少有为圆锥花序，其所含小穗多达 22 枚（序轴下部分枝上的小穗可多至 6 枚），排列紧密，生于具 1（2）枚叶片或叶片全部脱落的小枝顶端，基部为膨大的叶鞘所包藏，或少有略露出，整个花序开初由叶鞘开口的一侧伸出，使所有小穗通常偏向于一侧，主轴及其分枝初时具疏柔毛，在其分枝或小穗柄下方常托以小型或往上则变为丝状的苞片；小穗柄直立或上举，初时具灰黄色疏柔毛或微毛，近轴面扁平，长 3~10mm，腋间具瘤枕；小穗深紫色或紫色带淡绿色，含（3）5（7）朵小花，长 1.7~2.7cm，直径约 2mm；小穗轴节间近轴面扁平，长 3~4mm，具灰白色疏柔毛或微毛，顶端杯状，边缘具灰白色纤毛；颖 2 枚，纸质，彼此相距极短，先端渐尖，纵脉纹上具微毛，第 1 颖线状披针形，长 4~7mm，宽 1.0~1.5mm，具 1~3 脉，第 2 颖卵状披针形，长 8~9mm，宽 2.0~2.5mm，具 5~7 脉，小横脉略可见；外稃与颖同质，卵状披针形，先端渐尖，纵脉纹上部具微毛，基盘无毛，长 8.0~15.5mm，宽 2~4mm，具 9~11 脉，边缘无纤毛；内稃较外稃甚短，长 5.5~10.0mm，先端 2 齿裂，背部具 2 脊，脊上和齿尖有纤毛，脊间宽约 1mm，具 2 脉，脊外每侧具 2 脉；鳞被 3 枚，披针形，几等大，长约 1mm，基部纵脉纹稍明显，边缘具纤毛；雄蕊 3 枚，花药黄色，长 5~6mm；子房椭圆形，光亮，无毛，长约 1.5mm，花柱 1 枚，顶端叉分为 2 枚，顶生羽毛状柱头。果实未见。笋期 7 月；花期 5 月，但可延续至 11 月。

笋略有苦味，但能食用；秆为造纸原料，亦可劈篾编织竹器。

在其自然分布区，该竹为野生大熊猫天然采食的主食竹种之一。

分布于我国四川九龙、冕宁，生于海拔 2360~2700m 的山地阔叶林下或缓坡地灌丛中，其垂直分布上限可达亚高山暗针叶林边缘。

耐寒区位：9 区。

7.7 油竹子（中国植物志）

水竹子、空林子（四川北川）

Fargesia angustissima Yi in J. Bamb. Res. 4(2): 21. f. 4. 1985; D. Ohrnb. in Gen. *Fargesia* 15. 1988; S. L. Zhu et al., A Comp. Chin. Bamb. 175. 1994; Keng et Wang in Fl. Reip. Pop. Sin. 9(1): 437. pl. 121: 1-8. 1996; T. P. Yi in Sichuan Bamb. Fl. 228. pl. 85. 1997, et in Fl. Sichuan. 12: 204. pl. 70: 8-9. 1998; D. Ohrnb., The Bamb. World, 133. 1999; D. Z. Li et al. in Fl. China 22: 85. 2006; Yi et al. in Icon. Bamb. Sin. 443. 2008, et in Clav. Gen. Sp. Bamb. Sin. 135. 2009; T. P. Yi et al. in J. Sichuan For. Sci. Tech. 31 (4): 5, 12. 2010.

秆柄长 1~3cm，直径 7~25mm，具 9~18 节，节间长 1.5~2.5mm；鳞片三角形，交互紧密排列，淡黄色，无毛，有光泽，上部纵脉纹明显，边缘初时具纤毛。秆密丛生，高 4~7m，直径 1~2cm，梢端微弯曲；全秆共有 15~20 节，节间长 28~35cm，圆筒形，绿色，无毛，幼时被白粉，纵细线肋纹极显著，中空，秆壁厚 1.5~2.5mm，髓为锯屑状；箨环隆起，褐色，无毛；秆环微隆起或隆起；节内高 2~3mm，平滑，无毛。秆芽长卵形，贴生，边缘被纤毛。秆的第 6~12 节开始分枝，每节枝条 5~10 枚，纤细，上举或斜展，长 24~60cm，直径 1~2mm，无毛，具细线棱纹。笋紫色或紫绿色，疏生棕色刺毛；箨鞘宿存，淡黄褐色，下半部革质，上半部纸质并收窄而呈带状，远长于节间，背面上半部疏被棕色刺毛，稀无毛，纵脉纹极明显，上半部小横脉清晰，边缘幼时密生长纤毛；

油竹子-生境1

油竹子-开花竹丛

油竹子-生境2

油竹子-花

油竹子-笋

油竹子-分枝

油竹子-箨

油竹子-生境3

油竹子-生境4

箨耳无，鞘口两肩各具灰白色繸毛 3~5 条，长 5~7mm；箨舌截平形或下凹，紫色，无毛，高约 1mm；箨片外翻，线形，长 4~10cm，宽 1.5~3.0mm，新鲜时淡绿色，无毛，纵脉纹明显，小横脉可见或不发育，基部有关节与箨鞘顶端相连接，较箨鞘顶端为窄，内卷或平直，边缘常具小锯齿。小枝具叶 3~5 枚；叶鞘长 2.3~3.2cm，近顶端被微毛或无毛，边缘初时密生灰褐色纤毛；叶耳无，鞘口两肩各具繸毛 5~8 条，长 2~3mm；叶舌微凹，紫色或淡绿色，高约 0.5mm，外叶舌具灰白色柔毛；叶柄长 1~2mm，背面初时被灰白色柔毛；叶片狭披针形，纸质，长（1.7）3.4~9.5cm，宽 3~7mm，先端渐尖，基部楔形，下面淡绿色，基部被灰白色柔毛，次脉 2（3）对，小横脉明显，边缘具小锯齿。花期 3~4 月。笋期 6 月。

笋味甜，供食用；秆材质地柔韧，宜劈篾编织竹器或作竿具。

在其自然分布区，该竹是野生大熊猫天然觅食的主食竹种之一，尤其在冬季垂直下移期间，更是不可多得的主要食竹。

分布于我国四川北川、汶川、都江堰、崇州、大邑等县市的盆周山区，生于海拔 800~1900m 河岸边的陡坡地灌丛间，或形成纯竹林，有时可生于石灰岩峭壁上，是难得的崖生竹种。

耐寒区位：9 区。

油竹子-笋和秆

油竹子-芽

7.8 短鞭箭竹（中国竹类图志）

Fargesia brevistipedis Yi in J. Bamb. Res. 19(1): 14. pl. 3. 2000, et in J. Sichuan For. Sci. Techn. 21(2): 16. pl. 3. 2000; Yi et al. in Icon. Bamb. Sin. 444. 2008, et in Clav. Gen. Sp. Bamb. Sin. 140. 2009; T. P. Yi et al. in J. Sichuan For. Sci. Tech. 31(4): 6, 12. 2010.

秆柄长3.5~5.0cm，直径1.2~1.4cm，具17~22节，节间长2~3（5）mm，干后常微具棱；鳞片三角形，交互紧密排列成2行，革质，黄色，上部具纵条纹，先端有短尖头，边缘无纤毛。秆密丛生，高4~5m，直径1.2~2.0cm，梢端外倾；全秆具27~33节，基部节间长2~5cm，中部节间长28~35（40）cm，圆筒形，分枝一侧无沟槽，绿色，无毛，幼时被白粉，平滑，无纵细线棱纹，髓呈锯屑状，秆壁厚1.5~2.0（3）mm；箨环隆起，紫色或紫褐色，初时被黄褐色短硬毛；秆环平或在分枝节上稍肿起；节内高2~6mm，在分枝节向下稍变细。秆芽长卵形，贴生，初时有白粉，边缘被白色纤毛。秆的第7~9节开始分枝，枝条在秆的每节上（5）7~10（12）枚，斜展，长25~55（70）cm，直径1.0~2.5mm，具6~13节，节间淡绿色或紫色，其节上可再分次级枝。箨鞘迟落至宿存，紫色，软骨质，背面无毛或被稀疏贴生黄褐色瘤基小刺毛，三角状长圆形，被白粉，约为节间长度的2/3，先端短三角形，底部初时具黄褐色硬毛，背面纵脉纹显著，小横脉败育，边缘密生暗黄色或黄褐色纤毛；箨耳无，鞘口两肩缝毛缺失；箨舌截平形或微作圆弧形，紫褐色，高1.0~1.5mm，边缘无纤毛；箨片外翻，线形或秆下部者线状三角形，淡绿色，无毛，长1.4~16.0cm，宽2.5~5.5mm，较箨鞘顶端窄，边缘具微小锯齿或近于平滑。小枝具叶（3）5（6）枚；叶鞘长2.5~4.0cm，紫色或淡绿色，边缘无纤毛；叶耳无，鞘口两肩缝毛4~8条，长5~6mm，淡黄色；叶舌截平形，紫色，高约0.5mm；叶柄长1~2mm，淡绿色，

短鞭箭竹-竹丛

短鞭箭竹-秆

短鞭箭竹-箨

短鞭箭竹-分枝

短鞭箭竹-叶

短鞭箭竹-芽

短鞭箭竹-地下茎

初时被灰色短柔毛；叶片线形或线状披针形，纸质，长（5.5）6.5~11.5cm，宽 5.0~8.5mm，先端长渐尖，基部楔形，下面淡灰绿色，基部初时被灰色短柔毛，次脉 3~4 对，小横脉组成长方形，边缘具小锯齿而粗糙。花、果未见。笋期 5 月。

在其自然分布区，野生大熊猫冬季垂直下移时采食该竹种。

分布于我国四川天全，生于海拔 1250m 左右的阔叶林下。

耐寒区位：9 区。

7.9 紫耳箭竹（四川竹类植物志）

毛龙头竹（中国植物志），龙头竹（重庆丰都），箭竹、实竹子（甘肃成县、徽县、两当、成县）

Fargesia decurvata J. L. Lu in J. Henan Agr. Coll. 1981 (1): 74. pl. 6. 1981; S. L. Zhu et al., A Comp. Chin. Bamb. 177. 1994; Keng et Wang in Fl. Reip. Pop. Sin. 9 (1): 471. pl. 132: 16-17. 1996; T. P. Yi in Sichuan Bamb. Fl. 242. pl. 92. 1997, et in Fl. Sichuan. 12: 216. pl. 72: 7-9. 1998; D. Ohrnb., The Bamb. World, 134. 1999; D. Z. Li et al. in Fl. China 22: 93. 2006; Yi et al. in Icon. Bamb. Sin. 452. 2008, et in Clav. Gen. Sp. Bamb. Sin. 143. 2009; T. P. Yi et al. in J. Sichuan For. Sci. Tech. 31 (4): 6, 12. 2010. ——*F. aurita* Yi in J. Bamb. Res. 4 (2): 22. pl. 6. 1985; D. Ohrnb. in

紫耳箭竹-竹丛

紫耳箭竹-箨

Gen. *Fargesia* 16. 1988.

秆柄长 10~15cm，直径 1~2cm，具 18~25 节，节间长 4~13mm，淡黄色，无毛；鳞片三角形，交互作覆瓦状排列为 2 行，淡黄色，光亮，无毛，上部纵脉纹明显，长 1.8~3.0cm，宽 2.5~3.5cm，边缘一般无纤毛。秆丛生或近于散生，高 1.5~3.0m，直径 0.5~1.5cm；全秆共 20~30 节，节间长（3~5）15~20cm，圆筒形，绿色，幼时微被白粉，无毛，老时黄色，中空直径 1.5~3.0mm，秆壁厚 3~5mm，髓呈锯屑状；箨环显著隆起呈圆脊，高于秆环，褐色，无毛；秆环隆起，光亮；节内高 1.5~2.5mm，无毛，有光泽。秆芽 1 枚，长卵形，紫红色，被微毛，边缘生短纤毛。枝条在秆每节上 5~12 枚，斜展，长 10~40cm，直径 1.0~1.7mm，无毛，微被白粉，其节上可再分次级枝。箨鞘早落，革质，淡黄褐色，长圆状三角形或长三角形，略短于节间，先端短三角形，背面被淡黄色或黄褐色刺毛，纵脉纹明显，小横脉不发育，边缘常无纤毛；箨耳及鞘口缝毛缺失；箨舌微作三角状突出，紫色，无毛，高约 1mm，边缘初时具灰白色短纤毛；箨片直立，三角形或线状三角形，不易脱落，长 1.1~2.4（5.4）cm，宽 5~8mm，基部与箨鞘顶端等宽，无毛，具纵脉纹，边缘具小锯齿。小枝具叶（2）4~5 枚；叶鞘长 2.3~3.3cm，淡绿色或紫绿色，无毛，边缘具黄褐色纤毛；叶耳近圆形，紫色，边缘具灰黄色缝毛 4~5 条，长 2~5mm；叶舌圆弧形，紫色紫红色，无毛，高约 1mm；叶柄长 1.5~4.0mm，淡绿色，幼时两面被灰白色柔毛；叶片披针形，纸质，长 7.0~14.5cm，宽 6.0~15.5mm，基部楔形，上面绿色，初时中脉两侧被灰白色柔毛，下面淡绿色，基部中脉两侧被灰白色柔毛，次脉 3~4 对，小横脉清晰，边缘具小锯齿。花果未见。笋期 4 月底至 5 月初。

在陕西佛坪和长青自然保护区等地，该竹是野生大熊猫的重要主食竹种之一。

分布于我国陕西南部、甘肃南部、湖北西部、湖南西北部和重庆南部，生于海拔 1150~2200m 的阔叶林下或荒坡地。

耐寒区位：9 区。

7.10 缺苞箭竹（中国植物志）

五枝竹、紫箭竹、空林子（四川平武），黄竹子（四川平武、北川），团竹（四川松潘），空林子、箭竹子、黄竹子（甘肃文县）

Fargesia denudata Yi in J. Bamb. Res. 4(1): 20. f. 2. 1985; D. Ohrnb. in Gen. Fargesia 26. 1988; S. L. Zhu et al., A Comp. Chin. Bamb. 178. 1994; Keng et Wang in Fl. Reip. Pop. Sin. 9(1): 410. pl. 112: 5-13. 1996; T. P. Yi in Sichuan Bamb. Fl. 210. pl. 76. 1997, et in Fl.Sichuan. 12: 187. pl. 64: 1-12. 1998; D. Ohrnb., The Bamb. World, 134. 1999; D. Z. Li et al. in Fl. China 22: 79. 2006; Yi et al. in Icon. Bamb. Sin. 453. 2008, et in Clav. Gen. Sp. Bamb. Sin. 129. 2009; T. P. Yi et al. in J. Sichuan For. Sci. Tech. 31(4): 5, 12. 2010.

秆柄长 4~13cm，直径 7~10mm，具 12~24 节，节间长 2~8mm，光亮，无毛；鳞片三角形，交互作覆瓦状紧密排列，淡黄褐色，光亮，上部纵脉纹明显，长 0.8~1.4cm，宽 1.0~1.5cm，边缘上部具棕色短纤毛。秆丛生或近散生，高 3~5m，直径 0.6~1.3cm；全秆具 25~35 节，节间长 15~18（25）cm，圆筒形，光滑，纵细线棱纹不发育，绿色，幼时微被白粉，无毛，中空，秆壁厚 2~3mm，髓为锯屑状；箨环隆起，褐色，无毛，高于秆环或与秆环近相等；秆环平或在分枝节上稍隆起至隆起，节内高 2~3mm，光亮。秆芽 1 枚，卵圆形或长卵形，贴生。秆每节上枝条 4~15 枚，纤细，下垂，长 15~45

（50）cm，直径 1.0~1.5mm，紫色，无毛，其节上可再分次级枝。笋淡绿色，微被白粉，无毛；箨鞘早落，近长圆形，革质，淡黄色，约为节间长度的 2/3，先端近圆弧形，有时不对称，背面无毛，纵脉纹明显，小横脉不发育，边缘无纤毛；箨耳和鞘口缝毛均缺；箨舌截平形，紫色，无毛，高约 0.7mm；箨片在秆下部者三角形，上部者线形或线状三角形，外翻，长 0.8~5.5cm，宽 1.5~6.0mm，无毛基部不收缩，不易脱落，纵脉纹显著，平直或在秆上部者微内卷，边缘平滑。小枝具叶 2~5 枚；叶鞘长 1.5~2.5cm，绿紫色，无毛，边缘无纤毛；叶耳及鞘口缝毛俱缺；叶舌截平形或圆弧形，紫色，无毛，高约 1mm；叶柄长 1~2mm；叶片线状披针形或披针形，长（3）7~11cm，宽 4~10mm，先端渐尖，基部楔形或阔楔形，下面淡绿色，次脉 3~4 对，小横脉明显，边缘平滑或幼时具稀疏微锯齿。花枝长 15~55cm，各节通常可再分具花小枝，不具叶片或在上部 1~3（4）枚叶鞘所扩大成的紫色佛焰苞上方具有发育的叶片。顶生总状花序从一组佛焰苞最上面一枚开口处露出，长 1.5~2.5cm，宽 1.0~1.3cm，紧密排列 5~10 枚小穗，呈扇形，最上方的佛焰苞等长或略长于花序。小穗柄无毛或初时被微毛，偏向穗轴之一侧，长约 1mm（顶生小穗可长达 2mm），下方不具苞片；小穗含花 2~4 朵，紫色或紫绿色，

缺苞箭竹-叶

缺苞箭竹-秆

缺苞箭竹-花

缺苞箭竹-分枝

大熊猫取食缺苞箭竹

长 1.0~1.5cm；小穗轴节间长 0.5~1.0mm，上部具微毛；颖片 2 枚，纸质，狭长披针形，上部被微毛，先端渐尖或具芒状尖头，第 1 颖长 6~8mm，宽约 1mm，具 3 脉，第 2 颖长 7~9mm，宽约 1.5mm，具不明显的 5 脉；外稃卵状披针形，先端具芒状尖头，被微毛，长 9~12mm，具（5）7 脉；内稃狭窄，长 6~10mm，幼时被微毛，先端具 2 齿裂，背部具 2 脊，脊上有小齿，

缺苞箭竹-花枝

缺苞箭竹-竹丛

脊间纵脉纹不发育，宽约1mm；鳞被3枚，狭窄，椭圆形，长约0.5mm，纵脉纹明显，上部边缘生纤毛；雄蕊3枚，花药黄色，长约3.5mm，花丝分离；子房椭圆形，无毛，长2~3mm，花柱1枚，有时具微毛，柱头3枚，羽毛状，长约1mm。颖果长椭圆形，紫褐色，平滑无毛，长3~4mm，径约1mm，腹面稍作弧形，具腹沟，先端具残存花柱。笋期7月；花期6月；果期9月。

笋味甜，较脆嫩，供食用；秆劈篾可编织竹器。

该竹是大熊猫常年采食的重要竹种，其自然分布区也是大熊猫种群密度较高的地区之一。

分布于我国甘肃南部文县、武都和四川北部青川、平武、松潘、北川等县；在四川平武王朗、青川唐家河，以及甘肃白水江等自然保护区内，大面积生于海拔1900~3200（3600）m的针阔叶混交林或暗针叶林下。

耐寒区位：6~7区。

7.11 龙头箭竹（中国植物志）

龙头竹（植物研究），碧口箭竹（甘肃文县）

Fargesia dracocephala Yi in Bull. Bot. Res. 5 (4): 127. f. 4. 1985; T. P. Yi in J. Bamb. Res. 9(1): 32. fig. 3. 1990; D. Ohrnb. in Gen. *Fargesia* 27. 1988; S. L. Zhu et al., A Comp. Chin. Bamb. 178. 1994; Keng et Wang in Fl. Reip. Pop. Sin. 9(1): 469. pl. 132: 1-13. 1996; T. P. Yi in Sichuan Bamb. Fl. 240. pl. 91. 1997, et in Fl. Sichuan. 12: 214. pl. 74. 1998; D. Ohrnb., The Bamb. World, 134. 1999; D. Z. Li et al. in Fl. China 22: 93. 2006; Yi et al. in Icon. Bamb. Sin. 454. 2008, et in Clav. Gen. Sp. Bamb. Sin. 142. 2009; T. P. Yi et al. in J. Sichuan For. Sci. Tech. 31(4): 6, 12. 2010.

秆柄长8~20cm，直径1~2cm，具14~30节，节间长5~12mm，淡黄色，平滑，无毛，有光泽；鳞片三角形，交互排列为2行，革质，淡黄色或黄褐色，无毛，光亮，先端渐尖或具一小头，上半部纵脉纹较明显，长1.5~2.5cm，宽3~4cm，边缘通常无纤毛。秆丛生或近散生，直立，高3~5m，直径0.3~2.0cm；全秆具25~32节，节间长15~18（24）cm，圆形，绿色，幼时被白粉，无毛，平滑，有光泽，中空小或近于实心，髓呈锯屑状，秆壁厚4~5mm；箨环显著隆起呈圆脊状，高于微隆起的秆环，褐色，无毛；秆环微隆起，有光泽；节内高2~4mm。秆芽1枚，阔卵形或长卵形，贴生，褐色或淡黄褐色，有灰色微毛，边缘生有灰色纤毛。秆每节分枝节上7~14枚，斜展，长13~35cm，直径1~2mm，常具黑垢，实心。箨鞘迟落，革质，淡红褐色，长圆状三角形或长圆形，短于节间，先端稍呈三角形或仅圆弧形，背面被灰黄色刺毛或近无毛，纵脉纹明显，小横脉不发育，边缘上部初时有黄褐色刺毛；箨耳几无，鞘口无缝毛或有时具棕色短缝毛；箨舌截平形，紫色，高约1mm，边缘初时有短纤毛；箨片直立或外翻，三角形或线状披针形，平直，狭于或远狭于箨鞘顶端宽度，长0.7~4.5cm，宽2~5mm，纵脉纹明显，边缘近于平滑。小枝具叶3~4枚；叶鞘长2.5~3.5cm，无毛，边缘常具灰色或褐色短纤毛；叶耳长圆形，紫色，长约1mm，先端具3~5枚黄褐色长1~3mm直立或微弯曲的缝毛；叶舌截平形，紫色，无毛，高约1mm；叶柄长1~3mm；叶片披针形，纸质，长5~12cm，宽5.5~13.0mm，下面淡绿色，两面均无毛，基部楔形，次脉3~4对，小横脉清晰，边缘仅一侧具小锯齿。花枝长11~35cm，各节可再分具花小枝。顶生总状花序或简单圆锥花序具（2）3（4）枚叶片，紧密排成小扇形或头状，从扩大成佛焰苞的开口一侧伸出，长1.8~2.5cm，宽0.5~2.5cm，最上部的1枚佛焰苞短于花序，下部分枝常具小型苞片，序轴被灰白色微毛；

龙头箭竹-笋

龙头箭竹-箨

龙头箭竹-秆

龙头箭竹-竹丛

小穗柄偏于一侧，长 0.5~1.5mm，被灰白色微毛；小穗淡绿色或紫绿色，长 1.0~1.5cm，含 1~3 朵小花；小穗轴节间长 0.5~3.0mm，无毛，扁平；颖 2 枚，纸质，具灰白色微毛，先端针芒状长渐尖，第 1 颖长 4~7mm，披针形，具 3~5 脉，第 2 颖长 6~11mm，卵状披针形，具 7~9 脉；外稃卵状披针形，长 9~15mm，先端针芒状长渐尖，具 7~9 脉；内稃长 5.0~10.5mm，先端 2 裂，背部具 2 脊，脊上生有纤毛，脊间宽约 1mm；鳞被 3 枚，后方 1 枚狭窄，长约 1mm，前方 2 枚披针形，长约 1.5mm，边缘生纤毛；雄蕊 3 枚，花药黄色或黄色带紫色，长 5~6mm；子房椭圆形，无毛，长约 1mm，花柱 1 枚，柱头 3 枚，稀疏羽毛状。果实未见。笋期 5 月；花期 5~10 月。

在甘肃文县白水江自然保护区和陕西佛坪自然保护区内，该竹是野生大熊猫的重要主食竹竹种之一。

分布于我国湖北西部、四川北部、陕西南部和甘肃南部，生于海拔 1500~2200m 的阔叶林或铁杉林下。

耐寒区位：8~9 区。

7.12 清甜箭竹（四川竹类植物志）

波马（彝语译音，四川冕宁）

Fargesia dulcicula Yi in J. Bamb. Res. 11 (2): 9. f. 2. 1992; T. P. Yi in Sichuan Bamb. Fl. 230. pl. 87. 1997, et in Fl. Sichuan. 12: 207. pl. 71: 13-14. 1998; D. Ohrnb., The Bamb. World, 135. 1999; D. Z. Li et al. in Fl. China 22: 92. 2006; Yi et al. in Icon. Bamb. Sin. 454. 2008, et in Clav. Gen. Sp. Bamb. Sin. 141. 2009; T. P. Yi et al. in J. Sichuan For. Sci. Tech. 31 (4): 6, 12. 2010.

秆柄长 8~10cm，直径 1.8~2.5cm，具 10~12 节，节间长 8~12mm，淡黄色，无毛，实心；鳞片三角形，革质，黄色，无毛，上部纵脉纹明显，先端具尖头，边缘初时具短纤毛。秆丛生，高 3~4m，直径 1.0~1.8cm，直立；全秆 20~25 节，节间一般长 20~25cm，最长达 30cm，基部节间长约 7cm，圆筒形，但分枝一侧基部有小沟槽，绿色，无毛，幼时节下微敷白粉，平滑，无纵细线棱纹，秆壁厚 2.5~4.5mm，髓呈锯屑状；箨环隆起，通常无毛或初时（笋期）有白色小刺毛，褐色；秆环平或在分枝节上稍肿起；节内高 2.5~4.5mm，光亮。秆芽 1 枚，长卵形，贴生，边缘具灰白色纤毛。秆的第 7~8 节开始分枝，枝条在秆每节上 8~10 枚，斜展，长 23~75cm，直径 1~3mm，节间长 0.5~13.0cm，绿色，无毛，中空。笋深紫色，有淡黄色斑点及稀疏小刺毛；箨鞘迟落，约为节间长度的 1/3，三角状长圆形，革质，长 10~20cm，宽 4.0~7.2cm，先端短三角形，宽 8~12mm，背面有稀疏灰白色或淡黄色贴生的小刺毛及淡黄色斑点，纵脉纹明显，小横脉不发育，边缘无纤毛；箨耳缺失，鞘口两肩各具 6~12 条紫色或淡黄褐色长 5~7mm 直立或开展略弯曲的繸毛；箨舌截平形或圆弧形，紫色，高 1~2mm，口部初时有淡黄色短纤毛，有时上部外卷；箨片外翻，三角状线形或线状披针形，长 1.5~9.0cm，宽 2~3mm，绿色或绿色带紫色，无毛，纵脉纹明显，边缘全缘。小枝具叶 4~5 枚；叶鞘紫色，无毛，长 3~8cm，纵脉纹及上部纵脊明显，边缘无纤毛；叶耳缺失，两肩各有 1~6 条、淡黄色或淡紫色、开展的波曲繸毛；叶舌圆弧形，淡绿色，无毛，高 1.0~1.5mm，边缘常有裂缺，无缘毛；叶柄长 1~2mm，初时被面有微毛；叶片披针形，纸质，长 4.5~10.5cm，宽 6~11mm，先端长渐尖，基部楔形，上面绿色，下面淡绿色，两面均无毛，次脉 3~4 对，小横脉明显，组成长方形，边缘具小锯齿。花枝未见。笋期 7 月。

笋新鲜时其味淡甜，可食用；秆作围篱、

秆具或划篾编织竹器。

在其自然分布区，该竹为野生大熊猫的主食竹竹种之一。

分布于我国四川冕宁，生在海拔 3550m 的山坡顶部暗针叶林下或杂灌丛间。

耐寒区位：9 区。

7.13 雅容箭竹（四川竹类植物志）

丛竹、笼竹（四川冕宁）

Fargesia elegans Yi in Act. Bot. Yunnan. 14 (2): 136. fig. 2. 1992; T. P. Yi in Sichuan Bamb. Fl. 216. pl. 79. 1997, et in Fl. Sichuan. 12: pl. 65: 8-9. 1998; D. Z. Li. et al. in Fl. China 22: 84. 2006; Yi et al. in Icon. Bamb. Sin. 457. 2008, et in Clav. Gen. Sp. Bamb. Sin. 134. 2009.

秆柄长 2.0~4.5cm，直径 0.8~1.5cm，具 9~17 节，节间长 1.5~3.5mm，黄色或黄褐色，实心；鳞片三角形，交互覆瓦状排列，淡黄色，光亮，先端纵脉纹明显，顶端有小尖头，边缘初时有短纤毛。秆密丛生，高 2.0~3.5m，直径 0.5~1.0cm；梢部直立；全秆共有 28~35 节，节间圆筒形，长 10~12cm，最长达 15cm，基部节间长 3~5cm，无毛，幼时敷有白粉，纵细线棱纹明显，秆壁厚 3~4mm，中空度很小，直径 1.0~1.5mm，较秆壁厚度为小，髓为锯屑状；箨环隆起，黄褐色或褐色，无毛；秆环平或稍隆起；节内高 1.0~1.5mm。秆芽 1 枚，长卵形，贴生，淡白色，近边缘具白色微毛，边缘具白色短纤毛。秆的第 12 节左右开始分枝，枝条在秆每节上 6~11 枚，斜展，长 15~25cm，直径 1~2mm，常有黑垢，节上可再分次级枝。箨鞘宿存，长圆状三角形，长于节间，中部以下厚纸质或薄革质，上部质地较薄，纸质或膜质，紫色，有淡黄色小斑点，长 13~18cm，宽 2.0~3.2cm，先端短三角形，顶端宽 4~6mm，背面纵脉纹明显，小横脉在上部可见，无毛或稀具贴生淡黄色瘤基小刺毛，边缘无纤毛；箨耳和鞘口两肩縫毛缺失；箨舌斜截平形，紫色，无毛，高 0.6~1.0mm；箨片在秆下部者直立，上部者开展或有时外翻，线状披针形，绿色，长 1.5~5.5cm，宽 1.2~3.5mm，无毛，纵脉纹明显，小横脉清晰，有时内卷，边缘初时有小锯齿。小枝具叶 3~5 枚；叶鞘长 1.7~2.2cm，紫色，无毛，纵脉纹明显，上部纵脊不明显，边缘无纤毛；叶耳及鞘口两肩縫毛缺失；叶舌圆弧形，紫色，无毛，高约 0.6mm；叶柄长 1~2mm；叶片线状披针形，长 3.2~6.0cm，宽 3.8~6.0mm，先端渐尖，基部楔形，上面绿色，下面淡绿色，两面均无毛，次脉 2（3）对，小横脉组成长方格子状，边缘一侧有小锯齿，另一侧近于平滑。花序未见。笋期 8 月。

秆劈篾用于编制农具或生活用具等。

在其自然分布区，该竹是野生大熊猫的主食竹种。

分布于我国四川冕宁的锦屏，生于海拔 2740m 左右的林下或小溪沟边灌丛中。

耐寒区位：9 区。

7.14 牛麻箭竹（中国植物志）

油竹、箭竹（四川康定），牛麻（藏语译音，四川康定）

Fargesia emaculata Yi in J. Bamb. Res. 4(2): 29. f. 11. 1985; D. Ohrnb. in Gen. *Fargesia* 30. 1988; S. L. Zhu et al., A Comp. Chin. Bamb. 178. 1994; Keng et Wang in Fl. Reip. Pop. Sin. 9(1): 475. pl. 134: 6-8.1996; T. P. Yi in Sichuan Bamb. Fl. 247. pl. 95. 1997, et in Fl. Sichuan. 12: 221. pl. 75: 8-9. 1998; D. Ohrnb., The Bamb. World, 135. 1999; D. Z. Li et al. in Fl. China 22: 94. 2006; Yi et al. in Icon. Bamb. Sin. 457. 2008, et in Clav. Gen. Sp. Bamb. Sin. 143. 2009; T. P. Yi et al. in J. Sichuan For. Sci. Tech. 31(4): 6, 13. 2010.

秆柄长 7~14cm，直径 1~2cm，具 13~19 节，节间长（3）5~8mm；鳞片三角形，交互紧密排列，黄色间有紫色，无毛，光亮，上部有纵脉纹，先端具一小尖头，边缘初时生有淡黄色纤毛。秆丛生，高 2.5~3.5m，粗 8~12mm，梢部直立；全秆共有 20~28 节，节间长 18~20（25）cm，基部节间长 5~11cm，圆筒形，初时密被白粉，节下方通常具黄褐色小刺毛，老后变为黄色或橘红色，纵向细肋通常较明显，中空，秆壁厚

牛麻箭竹-生境

牛麻箭竹-竹丛

牛麻箭竹-叶

2~3mm，髓为锯屑状；箨环隆起，褐色，无毛；秆环平或微隆起；节内高2~4mm，平滑，无毛，初时被白粉。秆芽长卵形，贴生，上部被短柔毛，边缘密生灰色纤毛。秆的第6~7节开始分枝，每节上枝条10~17枚，簇生，纤细，作25°~35°锐角开展，长10~45cm，直径约1mm，常呈紫红色，无毛或幼时在节下方有时可具小刺毛，初时有白粉，实心或几实心。笋灰绿色带紫色，被棕色贴生的刺毛；箨鞘宿存，黄色或灰黄色，三角状长圆形，革质，短于节间，先端三角状，背面被棕色刺毛，纵向脉纹及上部小横脉均明显，边缘上部密生黄褐色纤毛；箨耳无，鞘口通常无缝毛或在两肩偶有1~3条径直的灰白色缝毛；箨舌圆拱形，淡绿色，高约1mm，边缘生短纤毛；箨片直立或在秆上部箨上者外翻，线状披针形，长8~85mm，宽1.5~4.0mm，基部较箨鞘顶端稍窄，无毛，纵脉纹明显，边缘常生灰白色短纤毛。小枝具叶3~4枚；叶鞘长1.7~3.3cm，紫色，无毛，边缘无纤毛；叶耳及鞘口缝毛均缺；叶舌圆拱形或近截形，淡绿色，无毛或微粗糙，高约1mm；叶柄长1.0~1.5mm，微被白粉；叶片狭披针形，薄纸质，长（1.5）2.5~7.0cm，宽（2）3.0~7.5mm，基部广楔形，下面淡绿色，两面均无毛，次脉2对或3对，小横脉不清晰，叶缘一侧稍有小锯齿。花枝未见。笋期7月。

在其自然分布区，该竹是野生大熊猫天然采食的主食竹竹种之一。

分布于我国四川康定，生于海拔2860~3800m的亚高山暗针叶林下。

耐寒区位：8区。

7.15 露舌箭竹（四川竹类植物志）

约马（彝语译音，四川冕宁）

Fargesia exposita Yi in J. Bamb. Res. 11 (2): 12. f. 3. 1992; T. P. Yi in Sichuan Bamb. Fl. 249. pl. 95. 1997, et in Fl. Sichuan. 12: 222. pl. 77: 6-7. 1998; D. Ohrnb., The Bamb. World, 135. 1999; D. Z. Li et al. in Fl. China 22: 95. 2006; Yi et al. in Icon. Bamb. Sin. 457. 2008, et in Clav. Gen. Sp. Bamb. Sin. 143. 2009; T. P. Yi et al. in J. Sichuan For. Sci. Tech. 31 (4): 6, 13. 2010.

秆柄长（1.5）2.0~5.5cm，直径（0.8）1~2cm，具11~23节，节间长1.5~6.0mm，黄色，无毛；鳞片三角形，革质，淡黄色，光亮，上部有纵脉纹明显，先端具尖头，边缘初时生有白色纤毛。秆丛生，高3.0~4.5（5）m，直径0.8~1.6（2.5）cm，梢端直立；全秆具22~27节，

露舌箭竹-生境1

露舌箭竹-生境2

在露舌箭竹分布区活动的大熊猫

露舌箭竹-生境3

节间长 20~23（35）cm，基部节间长 4~5cm，圆筒形，无毛，幼时微被白粉，干后有纵细线棱纹，秆材厚 3~4mm，髓呈锯屑状；箨环隆起，灰褐色，无毛；秆环平或在分枝节上肿起；节内高 1.5~3.0mm。秆芽卵形，贴生，边缘具灰白色纤毛。秆的第 10~13 节开始分枝，每节上有枝条 7~15 枚，斜展，长 20~65cm，直径 1.0~2.5mm，幼时有白粉，后变为黑垢，中空。笋紫红色或紫红绿色，有淡黄色斑点和开展的灰白色小刺毛；箨鞘革质，早落，约为节间长度的 3/5，长圆状三角形，先端短三角形或长三角形，秆上部者两肩稍高起，背面具灰白色或淡黄色开展的瘤基状小刺毛，纵脉纹明显，小横脉不发育，边缘具淡黄色或灰色纤毛；箨耳缺失，肩毛缺失或有 2~3 枚长约 1mm 的灰色直立繸毛；箨舌较箨片基部为宽，常露出在箨鞘顶端两侧，紫色，截平形或秆上部者凹陷，无缘毛，高 0.5~1.0mm；箨片直立或开展，紫色或绿色，三角形或三角状线形，较箨舌为窄，长 1.5~4.5cm，宽 1.2~2.3mm，无毛，纵脉纹明显，边缘常有微锯齿。小枝具叶 3~6 枚；叶鞘长 2.3~3.6cm，淡绿色或紫绿色，无毛，边缘无纤毛；叶耳及鞘口两肩繸毛缺失；叶舌紫色或绿色，圆弧形或斜截平形，高约 0.5mm，外叶舌具灰白色短柔毛；叶柄长 1.0~1.5mm，紫绿色，无毛；叶片线状披针形，纸质，长 4.0~9.5cm，宽 4~8mm，先端渐尖，基部楔形，下面淡绿色，无毛，次脉（2）3 对，小横脉明显，组成长方形，边缘具小锯齿。花枝未见。笋期 7 月。

笋味淡，可食用；秆可劈篾供编织竹器。

在四川冕宁冶勒自然保护区，该竹是野生大熊猫的重要主食竹竹种。

分布于我国四川冕宁，生于海拔 2750~2800m 的山地灌丛间或林下。

耐寒区位：9 区。

7.16 丰实箭竹（中国主要植物图说·禾本科）

油竹（四川康定）、山竹子（四川泸定、石棉）、笼笼竹（四川冕宁）、马（彝语译音，四川昭觉）、白马（彝语译音，四川雷波）

Fargesia ferax (Keng) Yi in J. Bamb. Res. 2(1): 39. 1983; D. Ohrnb. in Gen. *Fargesia* 32. 1988; S. L. Zhu et al., A Comp. Chin. Bamb. 179. 1994; Keng et Wang in Fl. Reip. Pop. Sin. 9(1): 433. pl. 120: 1-9. 1996; T. P. Yi in Sichuan Bamb. Fl. 224. pl. 83. 1997, et in Fl. Sichuan.12: 199. pl. 68. 1998; D. Ohrnb., The Bamb. World, 135. 1999; D. Z. Li et al. in Fl. China 22: 85. 2006; Yi et al. in Icon. Bamb. Sin. 485. 2008, et in Clav. Gen. Sp. Bamb. Sin. 135. 2009; T. P. Yi et al. in J. Sichuan For. Sci. Tech. 31(4): 5, 12. 2010. ——*Arundinaria ferax* Keng in Sinensia 7(3): 408. 1936.——*Sinarundinaria ferax* (Keng) Keng f. in Nat' l. For. Res. Bur. China, Techn. Bull. no. 8: 13. 1948.

秆柄长4~7cm，直径2.2~4.0cm，具15~23节，节间长3~8mm；鳞片三角形，交互紧密排列，黄褐色，无毛，光亮，上部具纵脉纹，边缘常无纤毛。秆丛生，高4~10m，直径2~5cm，梢端直立；全秆共有29~35节，节间长25~30（50）cm，圆筒形，绿色，幼时微被白粉，无毛，或节下有时被棕色刺毛，纵细肋很显著，中空，秆壁厚2~5mm，髓丰富，初时海绵状，后变为锯屑状；箨环隆起，黄褐色或褐色，无毛；秆环平；节内高6mm，平滑，初时微有白粉。秆芽长卵形，贴生上部密生灰白色柔毛，边缘密生灰白色纤毛。秆每节分枝6~17枚，簇生，常作25°锐角开展，长20~80cm，直径1~3mm，紫色，无毛，中空度极小。笋淡绿色，有紫色斑块，密生棕色短刺毛；箨鞘宿存，黄褐色，革质，三角形或长三角形，远长于节间，先端线状三角形狭窄，顶端宽3~6mm，背面被瘤基贴生棕色刺毛，纵脉纹明显，小横脉不发育，边缘初时密生棕色刺毛；箨耳无，鞘口两肩各具缝毛4~13条，长2~7mm；箨舌高约1mm，下凹，无毛；箨片外翻，线状披针形，新鲜时灰绿色，无毛，长1~19cm，宽1.0~3.5mm，较箨鞘顶端为窄，纵脉纹明显，常内卷，边缘通常平滑。小枝具叶（2）3~5枚；叶鞘长2.6~4.0cm，紫色或紫绿色，无毛，边缘具黄褐色短纤毛或无纤毛；叶耳无，鞘口两肩各具缝毛3~6条，长1~3mm；叶舌微凹，淡绿色，口部无缝毛，高约1mm，外叶舌初时具灰白色柔毛；叶柄长

丰实箭竹-秆

丰实箭竹-笋

丰实箭竹-笋和秆

箭竹-竹丛

1~2mm，初时被灰白色或灰黄色柔毛；叶片狭披针形，薄纸质，长3.6~10.0cm，宽3.0~6.5mm，先端渐尖，基部楔形，下面淡绿色，基部被灰白色短柔毛，次脉2~3对，小横脉常不发育，边缘仅一侧具小锯齿。总状花序疏松地具3~6枚小穗；小穗柄细长，平滑，长10~22mm，弯曲或作波状曲折，能自叶鞘的侧旁伸出；小穗淡绿色或紫色，含2~7朵小花，长14~28mm，各小花互作覆瓦状排列，顶生小花不发育；小穗轴节间粗短，长2~3mm，无毛或向顶端生有小微毛；颖2枚，膜质，先端尖锐或渐尖，第1颖较窄，长5~11mm，具3~5脉，第2颖长9~15mm，具9脉，除近边缘处外均多少有些具短柔毛；外稃卵状披针形，先端具一渐尖的尖头，生有短柔毛，具9脉，其脉间尚有小横脉，基盘贴生白色或灰白色的髯毛（长约1mm），第一外稃连同其尖端在内长11~16mm；内稃长9~10mm，先端具2齿，背部的2脊间凹陷成一纵沟，脊上生纤毛；鳞被3枚，长约2mm，前方的2枚稍呈半圆卵形，后方1枚为狭披针形，下部具纵脉纹，上部生纤毛；雄蕊3枚，花药黄棕色，长约7mm；子房红棕色，长约1.5mm，先端延伸为2枚长约1mm的花柱，其基部彼此相连，柱头作羽毛状，长3~4mm。笋期6月底至7月；花期4月；果实未见。

笋微有苦味，但仍可食用；秆用途广，既可用于编织竹器，也可用于造纸。

在其自然分布区，除四川布拖县以外，该竹均为大熊猫觅食的主要主食竹竹种。

分布于我国四川康定、泸定、石棉、冕宁、雷波、越西、甘洛、布拖等地，即北自折多山东坡，经由大相岭至小相岭而进入南端的大凉山，生于海拔1700~3200m的阔叶林、冷杉林下或灌丛间。

耐寒区位：9区。

7.17 九龙箭竹（中国植物志）

冷竹（四川九龙）

Fargesia jiulongensis Yi in J. Bamb. Res. 4 (2): 22. f. 5. 1985; D. Ohrnb. in Gen. *Fargesia* 40. 1988; Keng et Wang in Fl. Reip. Pop. Sin. 9 (1): 440. pl. 122: 6, 7. 1996; T. P. Yi in Sichuan Bamb. Fl. 230. pl. 85. 1997, et in Fl. Sichuan. 12: 206. pl. 70: 1-7. 1998; D. Ohrnb., The Bamb. World, 136. 1999; D. Z. Li et al. in Fl. China 22: 86. 2006; Yi et al. in Icon. Bamb. Sin. 466. 2008, et in Clav. Gen. Sp. Bamb. Sin. 135. 2009; T. P. Yi et al. in J. Sichuan For. Sci. Tech. 31 (4): 5, 12. 2010.

秆柄长4.0~6.5cm，直径1~2cm，具15~18节，节间长2~5mm；鳞片三角形，交互紧密排列，黄褐色或黄色，无毛，有光泽，上部纵脉纹明显，边缘密生黄褐色纤毛。秆丛生，高3~5m，粗1~2cm；全秆具22~29节，节间长20~30cm，质地较脆性，圆筒形，稀在分枝节间基部微扁平或具浅沟，无毛，初时被白粉，平滑，无纵细线棱纹，中空，秆壁厚2.5~3.5mm，髓初为海绵状，后渐变为锯屑状；箨环隆起至显著隆起，褐色，无毛；秆环较平或微隆起，通常较箨环为低；节内高1~2mm，平滑，光亮。秆芽半圆形或卵圆形，贴生，上部及两侧具短柔毛，边缘生纤毛。秆的第8~9节开始分枝，每节分枝5~15枚，簇生，长15~60cm，直径1~2mm，初时有白粉，紫色，无毛。笋淡紫红绿色或紫红色，密被棕色刺毛；箨鞘早落，灰黄色，下半部革质，上半部纸质，长三角形或长三角状长圆形，长于节间，先端渐狭成长三角形，背部密生黄褐色刺毛，纵向脉纹明显，边缘具棕色刺毛；箨耳及鞘口繸毛俱缺；箨舌截形，舌状突出，紫绿色，高1.5~7.0mm，上缘具稀疏纤毛；箨片线状披针形，外翻，灰绿紫色，长 6~40mm，宽 1.5~2.5mm，两面基部均有微毛，纵脉纹显著，其基部较箨鞘顶端为窄，两者间有关节相连接，常内卷。小枝具叶（2）3~5 枚；叶鞘长 2~5cm，初时上部沿纵脊有灰黄色柔毛，边缘具黄褐色短纤毛；叶耳及鞘口縫毛俱缺；叶舌截形，紫色，口部具縫毛，高约 1mm；叶柄长 1~2mm，背面密被灰色或灰黄色柔毛；叶片狭披针形，纸质，长 5.5~13.0cm，宽 4~9mm，先端渐尖，基部楔形，下面淡绿色，基部密被灰色柔毛，次脉 3 对或 4 对，小横脉可见，边缘具小锯齿。花果未见。笋期 7 月。

笋可食用；秆劈篾供编织竹器。

在其自然分布区，该竹是野生大熊猫天然取食的竹种之一。

分布于我国四川九龙，生于海拔 2800~3400m 的云杉、冷杉林下。

耐寒区位：8 区。

7.18　马骆箭竹（四川竹类植物志）

马骆（彝语译音，四川冕宁）

Fargesia maluo Yi in J. Bamb. Res. 11 (2): 6. f. 1. 1992; T. P. Yi in Sichuan Bamb. Fl. 212. pl. 77. 1997, et in Fl. Sichuan. 12: 190. pl. 64: 13-14. 1998; D. Ohrnb., The Bamb. World, 137. 1999; Yi et al. in Icon. Bamb. Sin. 471. 2008, et in Clav. Gen. Sp. Bamb. Sin. 130. 2009; T. P. Yi et al. in J. Sichuan For. Sci. Tech. 31 (4): 5, 12. 2010.

秆柄长 5~10cm，直径 1.2~2.3cm，具 11~22 节，节间长 2.5~10.0mm，淡黄色，无毛，实心；鳞片三角形，革质，黄色，无毛，上部具不甚明显的纵脉纹，先端具短尖头，边缘初时具淡黄色纤毛。秆丛生，高 3.0~4.5m，直径 1~2cm，直立；全秆约有 25 节，节间长 20~25（32）cm，圆筒形，绿色，无毛，节下微被白粉，无纵细线肋纹，秆壁厚 3~4mm，髓呈锯屑状；箨环隆起，灰褐色，无毛；秆环稍肿起；节内高 1.5~2.0mm，有时被白粉。秆芽 1 枚，长卵形，贴生，边缘有灰白色纤毛。分枝始于秆的第 6~8 节，枝条在秆每节上 4~11 枚，上升或开展，长（8）15~40cm，直径 1~3mm，节间常为紫色。笋新鲜时呈绿色或绿色带紫色，无毛，微有白粉；箨鞘早落，革质，三角状长圆形，约为节间长度的 4/5，先端近圆弧形，常有 5~7mm 的短颈状收缩，歪斜，背面无毛，微有白粉，纵脉纹明显，上部小横脉稍明显，边缘初时具灰白色短纤毛；箨耳及鞘口两肩縫毛缺失；箨舌拱形，绿色有紫色边缘，无毛，高约 1mm，无缘毛；箨片外翻，三角状披针形或线状披针形，绿色或绿色稍带紫色，无毛，长 0.6~5.5cm，宽 1.5~2.5mm，边缘近于平滑。小枝具叶（1）2 枚；叶鞘长 2.0~3.6cm，紫色，无毛，边缘无纤毛；叶耳及鞘口两肩縫毛缺失；叶舌圆弧形，紫色，无毛，高 0.5~0.8mm，无缘毛；叶柄长 1.0~1.5mm，紫色或绿紫色，上面被白粉，无毛；叶片线状披针形，纸质，长 2.8~6.0cm，宽 4.5~7.0mm，先端渐尖，基部楔形，下面淡绿色，两面均无毛，次脉 2~3 对，小横脉组成长方形，边缘具细小锯齿。花枝未见。笋期 7 月。

笋味淡，可食用；秆劈篾可编织竹器。

在其自然分布区，该竹为野生大熊猫的主食竹种之一。

分布于我国四川冕宁县拖乌乡阳落沟，生于海拔 3600m 的山顶部暗针叶林下。

耐寒区位：9 区。

7.19 神农箭竹（竹子研究汇刊）

窝竹（竹子研究汇刊）、小龙竹（湖北神农架）

Fargesia murielae (Gamble) Yi in Journ. Bamb. Res. 2(1): 39. 1983; Keng f. in ibid. 6(4): 14. 1987; Yi in ibid. 7(2): 8. 1988, in clav. Sinice; D. Ohrnb., The Bamb. World, 138. 1999; Yi et al. in Icon. Bamb. Sin. 473. 2008, et in Clav. Gen. Spec. Bamb. Sin. 129. 2009.——*Arundinaria murielae* Gamble ex Bean in Kew Bull. Misc. Inform. 344. 1920; Keng et Wang in Flora Reip. Pop. Sin. 9(1): 409. 1996;——*Sinarundinaria murielae* (Gamble) Nakai in J. Bot. 11(1): 1. 1935; Soderstrom in Brittonia 31(4): 495. 1979.

秆高 1~5m，直径 0.5~1.4cm；节间长 15~23cm，圆筒形，幼时微被白粉，秆壁厚 1.5~2.5mm；髓呈锯屑状；箨环隆起；秆环平或稍隆起；节内高 4~5mm，幼时被白粉。秆芽 1 枚，长卵形，边缘密生灰色或灰黄色短纤毛。秆每节上枝条 3~10 枝簇生，直径 1.0~1.5mm，节间实心。箨鞘迟落乃至宿存，革质，长圆形，先端圆，背面无毛或稀上部近边缘处偶有灰色小刺毛，边缘初具黄褐色短纤毛；箨耳和鞘口缝毛均缺；箨舌圆拱形或近截平形，无毛，极低矮，高仅 0.5~1.0mm；箨片外翻，三角形、长三角形或线形，基部远较箨鞘顶端为窄。小枝具叶 1~2(6) 枚；叶鞘长 2.8~3.5cm，边缘无纤毛；叶耳无，鞘口缝毛 1~5 枚，长 1~3mm；叶舌截平形，无毛，高约 1mm；叶片长 6~10cm，宽 8~12mm，基部阔楔形或近圆形，下表面灰绿色，两面均无毛，次脉 3~4 对，小横脉可见，叶缘之一侧具小锯齿而略粗糙，另一侧则近于平滑。笋期 5 月。

笋供食用。

在奥地利维也纳美泉宫动物园和芬兰艾赫泰里动物园，均见用从中国引种的神农箭竹饲喂圈养大熊猫。

分布于我国湖北神农架林区，是神农架垂直分布最高的一种竹子，海拔 2800~3000m；欧洲庭园中普遍引种栽培。

耐寒区位：8 区。

神农箭竹-花

神农箭竹-花枝

神农箭竹-叶

神农箭竹-箨

7.20 华西箭竹（中国植物志）

箭竹（中国竹类植物志略），箭竹、毛毛竹（甘肃文县）

Fargesia nitida (Mitford) Keng f. ex Yi in J. Bamb. Res. 4(2): 30. 1985; D. Ohrnb. in Gen. Fargesia 47. 1988; S. L. Zhu et al., A Comp. Chin. Bamb. 181. 1994; Keng et Wang in Fl. Reip. Pop. Sin. 9(1): 428. pl. 118: 1-14. 1996; T. P. Yi in Sichuan Bamb. Fl. 221. pl. 82. 1997, et in Fl. Sichuan. 12: 197. pl. 67. 1998; D. Ohrnb., The Bamb. World, 140. 1999; D. Z. Li et al. in Fl. China 22: 83. 2006; Yi et al. in Icon. Bamb. Sin. 473. 2008, et in Clav. Gen. Sp. Bamb. Sin. 133. 2009; T. P. Yi et al. in J. Sichuan For. Sci. Tech. 31(4): 5, 12. 2010. —— *Arundinaria nitida* Mitford in Gard. Chron. ser. Ⅲ. 18: 186. f. 33. 1895, et Bamb. Gard. 73. 1896.—— *Sinarundinaria nitida* (Mitford) Nakai in J. Jap. Bot. 11: 1. 1935; Y. L. Keng, Fl. Ill. Pl. Prim. Sin. Gramineae 22. fig. 12. 1959, quoad nom.

秆柄长 10~13cm，直径 1~2cm，具 15~20 节，节间长 4~12mm；鳞片三角形，交互紧密排列成 2 行，幼时黄色而边缘带紫色，老后变为黄褐色，无毛或位于前端者上部近边缘有时具极稀疏的灰色小刺毛，光亮，上半部及近边缘具明显的纵脉纹，先端具一小尖头，边缘通常无纤毛。秆丛生或近散生，高 2~4（5）m，直径 1~2cm，梢端径直或为弯曲；全秆共 25~35 节，节间长 11~20（25）cm，圆筒形，绿色或黄绿色，幼时被白粉，无毛，光滑，纵细线棱纹不发育，中空，秆壁厚 2~3mm，髓锯屑状；箨环隆起，较秆环为高，褐色，无毛；秆环稍隆起

卧龙巴朗山亚高山针叶林下的华西箭竹-竹林1

或隆起。节内高 1.5~2.5mm。秆芽长卵形，贴生，近边缘粗糙，边缘具灰色纤毛。秆每节上枝条（5）15~18 枚，簇生，上举，长 20~45cm，直径 1.5~2.0mm，有时呈紫色，无毛。笋紫色，被极稀疏灰色小硬毛或无毛；箨鞘宿存，革质，三角状椭圆形，紫色或紫褐色，通常略长于节间，背面无毛或初时疏被灰白色小硬毛，纵脉纹明显，小横脉不发育，边缘常无纤毛；箨耳及鞘口缝毛俱缺；箨舌圆弧形，紫色，高约 1mm，边缘初时密生短纤毛；箨片外翻，或位于秆下部者直立，三角形或线状披针形，淡绿色，干后平直，长 5~50mm，宽 2~6mm，纵脉纹明显，边缘无锯齿或有微锯齿在秆上部者常有关节与箨鞘顶端相连接而易脱落。小枝具叶（1）2~3 枚；叶鞘长 2.2~2.8（4）cm，常为紫色，无毛，边缘上部常密生灰褐色纤毛；叶耳无，鞘口无缝毛或初时有微弱灰白色缝毛；叶舌截平形或圆弧形，紫色，初时口部有白色短纤毛，高约

华西箭竹-分枝

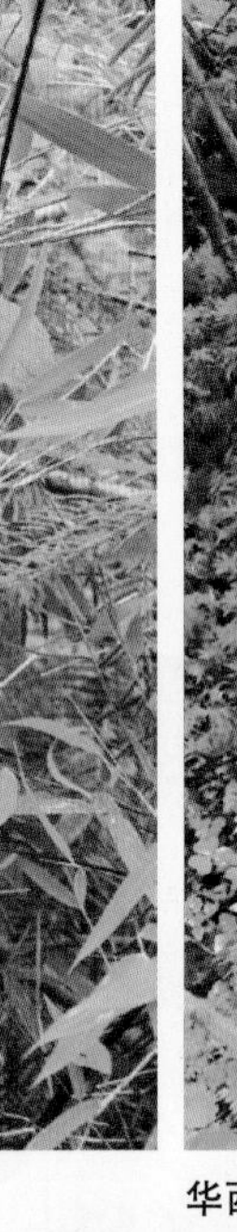

华西箭竹-笋

华西箭竹-秆

华西箭竹-秆和叶

华西箭竹-箨

华西箭竹-秆箨与白粉

1mm；叶柄长 1.0~1.5mm；叶片线状披针形，纸质，长 3.8~7.5（9.5）cm，宽 6~10mm，先端渐尖，基部楔形，下面灰绿色，无毛，次脉 3（4）对，小横脉较清晰，边缘近于平滑或一侧具微锯齿。花枝长达 44cm，各节一般可再分生具花小枝，不具叶片或其上部 1~3 枚鞘状的紫褐色佛焰苞上具发育的长 2.5~7.0cm 的叶片。总状花序顶生，从佛焰苞开口一侧伸出，紧密排列 7~10 枚小穗，长 2.5~4.0cm，宽 11.5cm, 其下托以数枚佛焰苞，最上面 1 枚佛焰苞等长或稍长于花序；小穗柄无毛或幼时偶有微毛，全部偏于穗轴的一侧，长 1~2mm，在中部以下常具 1 枚小型苞片，不分裂或处于穗轴下部者深 2 裂；小穗含 2~4 朵小花，呈小扇形，长 11~15mm，紫色或绿紫色；小穗轴节间长 1.5~2.0mm，无毛或有时被微毛；颖 2 枚，细长披针形，纸质，先端渐尖或具芒状尖头，上部生微毛而粗糙，第 1 颖长 8~11mm，宽约 1mm，具 3 脉，第 2 颖长 10~13mm，宽约 1.5mm，具 5 脉；外稃质地坚韧，卵状披针形，先端锥状或具芒状尖头，第一外稃长 11~15mm，具 5~7（9）脉，被微毛；内稃长 6.5~12.0mm，先端 2 齿裂，被微毛，脊上有小锯齿；鳞被 3 枚，后方的 1 枚极窄，长约 1mm，前方的 2 枚披针形，长约 1.5mm，宽约 0.5mm，顶端生纤毛，下部具脉纹；雄蕊 3 枚，花药黄色，长 4~7mm；子房椭圆形，无毛，长约 1.5mm，花柱 1 枚，柱头 3 枚，长 1.0~1.5mm，羽毛状。颖果卵状椭圆形或椭圆形，黄褐色至

卧龙巴朗山亚高山针叶林下的华西箭竹-竹林2

深褐色，无毛，长 4~6mm，直径 1.1~1.8mm，先端具 1 枚长约 1mm 的宿存花柱，具浅腹沟。笋期 4 月底至 5 月，卧龙自然保护区见于 7 月发笋；花期 5~8 月；果期 8~9 月。

除甘肃的宕昌、迭部外，该竹是其分布区内野生大熊猫的重要主食竹种；该竹曾于 1981~1984 年大面积同时开花死亡，竹种成熟坠落后又长出新苗，再度形成竹林，现已全面恢复旺盛生长期。在四川卧龙自然保护区和英国苏格兰爱丁堡动物园，均见用该竹饲喂圈养大熊猫。

分布于我国四川若尔盖、九寨沟、松潘、黑水、茂县、理县、汶川等，以及甘肃宕昌、文县、迭部；生于海拔 2400~3200m 的针阔叶混交林、暗针叶林或明亮针叶林下，形成大面积的灌木竹林层片。

耐寒区位：6~7 区。

华西箭竹-花枝

华西箭竹-叶

华西箭竹-竹丛

7.21 箭竹（竹子研究汇刊）

法氏竹（中国竹类植物志略）、华桔竹（种子植物名称）、龙头竹（四川城口）

Fargesia spathacea Franch. in Bull. Linn. Soc. Paris 2: 1067. 1893; E. G. Camus, Bambus. 55. pl. 80. f. A. 1913; Nakai in Journ. Arn. Arb. 6: 52. 1925; Keng f. in Techn. Bull. Nat'l. For. Res. Bur. China No.8: 15. 1948; 中国主要植物图说・禾本科, 28 页, 图 18. 1959; 中国竹谱, 87 页, 1988; Yi in Journ. Bamb. Res. 7(2): 10. 1988, in clav. Sinice; Keng & Wang in Fl. Reip. Pop. Sin. 9(1): 132. pl. 425. 1996; D. Ohrnb., The Bamb. World, 146. 1999; Yi & al. In Icon. Bamb. Sin. 494. 2008, & in Clav. Gen. Sp. Bamb. Sin. 133. 2009. ——*Thamnocalamus spathaceus* (Franch.) Soderstrom in Brittonia 31: 495. 1979.

秆高 1.5~4（6）m，直径 0.5~2（4）cm；节间长 15~18（24）cm，圆筒形，幼时无白粉或微敷白粉，秆壁厚 2~3.5mm；箨环隆起，初时被灰白色短刺毛；秆环平或稍隆起。秆芽卵圆形或长卵形。秆每节上枝条多达 17 枚。箨鞘宿存或迟落，稍短或近等长至长于节间，长圆状三角形，背面被棕色刺毛，边缘初时具纤毛；箨耳及鞘口两肩繸毛均缺失；箨舌高约 1mm，幼时边缘密生纤毛；箨片外翻或位于秆下部者直立，三角形或线状披针形，腹面基部被微毛。小枝具叶 2~3（6）枚；叶耳微小，紫色，边缘有 4~7 枚长 1~5（6）mm 的繸毛；叶舌高约 1mm；叶柄常有白粉；叶片长（3）6~10（13.5）cm，宽（3）5~7（13）mm，次脉 3~4（5）对，小横脉略明显。圆锥花序从一组佛焰苞开口一侧露出，含小穗 8~14 枚，最上面的一片佛焰苞通常较花序为长，位于花序下部的分枝处常具一枚小型苞片，穗轴和小穗柄被灰白色微毛，小穗柄偏向穗轴一侧，长 1~5.5mm；小穗含花 2~3 枚，长 1.3~2.5cm，紫色或紫绿色；小穗轴节间长 1.5~3mm，被微毛；颖 2 枚；外稃卵状披针形，长 11~16（20）mm，被短硬毛；内稃短于外稃，被微毛，先端 2 齿裂；鳞被 3 枚；雄蕊 3 枚，花丝分离，花药黄色；子房长椭圆形，花柱 1 枚，柱头 2 枚，羽毛状。颖果椭圆形，长 5~7mm，直径 2.2~3mm，先端具宿存花柱，基部具腹沟。笋期 5 月；花期 4~5 月。

箭竹-笋

箭竹-竹丛

箭竹-箨

产自湖北西部、重庆东北部、四川东部和陕西南部。本种在海拔1300~2400m的山上部和顶部常大面积遍生于阔叶林、针阔叶混交林或暗针叶林下，有纯林、也有混交林。其最大特点是耐寒、耐旱、耐瘠薄。

在甘肃文县，箭竹是野生大熊猫的重要主食竹竹种之一。

箭竹-花

7.22 团竹（中国植物志）

Fargesia obliqua Yi in Acta Yunnan. Bot. 8(1): 48. f. 1. 1986; D. Ohrnb. in Gen. *Fargesia* 51. 1988; S. L. Zhu et al., A Comp. Chin. Bamb. 182. 1994; Keng et Wang in Fl. Reip. Pop. Sin. 9 (1): 418. pl. 114: 20, 21. 1996; T. P. Yi in Sichuan Bamb. Fl. 208. pl. 75. 1997, et in Fl. Sichuan. 12: 187. pl. 63:13-16. 1998; D. Ohrnb., The Bamb. World, 144. 1999; D. Z. Li et al. in Fl. China 22: 80. 2006; Yi et al. in Icon. Bamb. Sin. 478. 2008, et in Clav. Gen. Sp. Bamb. Sin. 131. 2009; T. P. Yi et al. in J. Sichuan For. Sci. Tech. 31(4): 5, 11. 2010.

秆柄长2.5~5.0（6.5）cm，具12~14节，节间长1.5~6.0（7）mm，直径6~10（16）mm；鳞片三角形，交互紧密排列，淡黄褐色，无毛，先端具一小尖头。秆丛生，高2~4m，直径0.5~1.2cm，直立，有时作“之”字形曲折；全秆具22~33节，节间长18~24（28）cm，圆筒形，绿色，无毛，幼时微被白粉，秆壁厚1.5~3.5mm，髓呈锯屑状；箨环隆起，灰色，无毛，在不分枝节上者高于秆环，在分枝节上者与秆环近等高；秆环稍隆起，或在分枝节上隆起；节内高1.5~2.0mm。秆芽卵形或三角状卵形，灰色，贴生。秆的第6~7节开始分枝，每节上枝条（1）

团竹-花

团竹-秆

3（5）枚，斜展，长17~32cm，直径0.8~2.0mm。箨鞘宿存，长约为节间长度之半，革质，长圆形或三角状长圆形，先端圆拱形，背面无毛，纵脉纹明显，边缘密生小纤毛；箨耳及鞘口缝毛均无；箨舌圆弧形，高约1mm，略呈“山”字形或偏斜，紫色，无毛；箨片直立，三角形或三角状披针形，长1.1~7.2cm，宽3.5~6.0mm，基部与箨鞘顶端等宽，无明显关节相连接，不易脱落，无毛，纵脉纹明显，边缘具小锯齿或近于平滑。小枝具叶2~3（4）枚；叶鞘长2.6~4.0cm，无毛，背部通常无纵脊，边缘常无纤毛；叶耳及鞘口缝毛均缺；叶舌斜截平形，紫色，无毛，高约0.7mm；叶柄长2~4mm，紫色；叶片长圆状披针形，纸质，长（4）6.5~9.0（12）cm，宽（9）12~18mm，无毛，下面灰白色，先端长渐尖，基部略呈圆形，两侧明显不对称，次脉4对，小横脉不甚明显，边缘具小锯齿而略粗糙。笋期7月。

在其自然分布区，该竹是野生大熊猫的重要主食竹种；2004年下半年开始全面开花，现已基本恢复成林。

团竹-竹林

分布于我国四川的北川、松潘、茂县、平武交界的亚高山地区，以及甘肃迭部、文县；海拔2400~3300（3700）m的暗针叶林或针阔叶混交林下生长有大面积的本竹种。

耐寒区位：8区。

7.23 小叶箭竹（四川竹类植物志）

丛竹、笼竹（四川冕宁）

Fargesia parvifolia Yi in J. Bamb. Res. 10(2): 15. fig. 1. 1991; T. P. Yi in Sichuan Bamb. Fl. 214. pl. 78. 1997, et in Fl. Sichuan. 12: 191. pl. 65: 1-7. 1998; D. Ohrnb., The Bamb. World, 144. 1999; Yi et al. in Icon. Bamb. Sin. 482. 2008, et in Clav. Gen. Sp. Bamb. Sin. 129. 2009.

秆柄长4.5~7.5cm，直径1.5~2.5cm，具13~16节，节间长2~8mm，淡黄色，无毛，光亮，平滑；鳞片三角形，交互排列成2行，淡黄色，无毛，上部具纵脉纹，先端具小尖头，边缘无纤毛。秆丛生，直立，高4.0~5.5m，直径1.5~2.0cm；全秆具24~29节，节间长24（33）cm，基部节间长约5cm，圆筒形，无沟槽，绿色，无毛，幼时被白粉，纵细线棱纹不明显，中空，秆壁厚1.5~3.5mm，髓呈锯屑状；箨环隆起，灰黄色，无毛；秆环稍隆起；节内高1.5~3.0mm。秆芽长卵形，贴生，被白粉，边缘具淡黄色短纤毛。秆的第7~11节开始分枝，每节枝条7~17枚簇生，斜展或上升，长22~45cm，直径1~2mm，紫色或黄色。箨鞘迟落，长圆形，革质，约为节间长度的1/2，基部宽3.5~6.0cm，先端截圆形，两侧不对称，宽1.8~3.0cm，上部一侧有时微波状皱褶，背面无毛，被白粉，纵脉纹明显，边缘初时具短纤毛；箨耳和鞘口两肩缝毛俱缺，或偶在每侧各具1~2条长1~2mm的缝毛；箨舌高约0.8mm，圆弧形或斜截平形，紫褐色，无毛，口部亦无纤毛；箨片外翻，线状披针形，有时皱褶，远较箨鞘顶端为窄，内卷，长1.5~6.5cm，宽1.5~2.0mm，无毛，纵脉纹明显，边缘初时有微锯齿。小枝具叶（1）2（3）枚；叶冬季凋落；叶鞘长（1.2）2.2~3.2cm，紫色或紫绿色，无毛，背部纵脊不明显或稍明显，纵脉纹明显，边缘无纤毛；叶耳和鞘口缝毛缺失；叶舌圆弧形或近截平形，紫色，无毛，高约 0.5mm；叶柄长约 1mm，紫色；叶片线状披针形，纸质，长（2.5）3.5~6.5cm，宽 3~7mm，先端渐尖，基部楔形，下面淡绿色，两面均无毛，次脉 2（3）对，小横脉组成长方格子状，边缘有微锯齿。花、果待考。笋期 8 月。

秆材供建筑或劈篾编织竹器等用。

在其自然分布区，该竹为野生大熊猫常年采食的主要主食竹种。

分布于我国四川冕宁锦屏；生于海拔 3360m 左右的暗针叶林下。

耐寒区位：9 区。

7.24 少花箭竹

笼竹（竹子研究汇刊）

Fargesia pauciflora (Keng) Yi in J. Bamb. Res. 4(2): 25. 1985, et in Bull. Bot. Res. 5(4): 125. 1985, in nota ; Sichuan Bamb. Fl. 199. pl. 70. 1997, et in Fl. Sichuan. 12: 178. pl. 60. 1998; D. Z. Li et al. in Fl. China 22: 90. 2006; T. P. Yi et al. in J. Sichuan For. Sci. Tech. 31(4): 4, 11. 2010; Yi et al. in Icon. Bamb. Sin. 433. 2008, et in Clav. Gen. Sp. Bamb. Sin. 128. 2009. ——*Arundinaria pauciflora* Keng in J. Wash. Sci. 26: 397. 1936. ——*Sinarundinaria pauciflora* (Keng) Keng f. in Techn. Bull. Nat' l. For. Res. Bur. China no. 8: 14. 1948.

秆高（2）4~6m，直径 1~3（4）cm；节间长 35~40（60）cm，圆筒形，但在具分枝的一侧基部微扁，幼时密被白粉，具纵细线肋纹，秆壁厚 2~4（6）mm；箨环隆起，初时密被黄褐色刺毛；秆环平。秆芽长卵形。秆每节上枝条多达 10 枚。箨鞘宿存或迟落，三角状长圆形，短于节间，背面无毛或有极稀疏的黄褐色刺毛，边缘密生黄褐色刺毛；箨耳无，鞘口两肩缝毛俱缺；箨舌高 1.0~2.5mm，边缘具微裂齿；箨片外翻，线状披针形，边缘常具小锯齿。小枝具叶 2~3 枚；叶耳及

少花箭竹 - 秆

少花箭竹 - 笋

少花箭竹 - 芽

少花箭竹-竹丛

鞘口两肩缝毛均缺；叶舌高不及1mm；叶柄背面被微毛；叶片长（6.5）9~14cm，宽7~12mm，下面基部被灰色或灰褐色柔毛，次脉2~3（4）对，小横脉不甚清晰。总状花序常仅含3枚小穗，不外露或最后为短伸出，长2~3cm；小穗柄直立，无毛，长2~4mm，常托以长2~3mm的苞片；小穗含4朵或5朵小花，长16~21mm，略呈紫色；小穗轴节间粗壮，长2.5~4.0mm，背面贴生短柔毛，顶端边缘具纤毛；颖无毛或有时向顶端具小纤毛，第一颖卵形，急尖，长3~4mm，具1~3脉，第二颖先端突尖，长6.0~7.5mm，具7~9脉；外稃卵状披针形，渐尖，具7~9脉，有小横脉呈网状，无毛或在脉上生有微毛，第一外稃长8~12mm，基盘被白色短柔毛；内稃狭窄，长7~8mm，在脊之上部具纤毛；鳞被卵形，长1.5~2.0mm，具缘毛；花药长约5mm，最后露出；柱头2枚或3枚，羽毛状，长2~3mm。笋期5月下旬至7月；花期4月。

笋食用，肉嫩、味鲜美；秆材可编织竹器或造纸。

在四川雷波、马边交界的山区的筇竹垂直分布之上和峨眉玉山竹垂直分布之下，该种是大熊猫的主要采食竹竹种；分布区内的村寨栽培较广。

分布于我国四川西南部和云南东北部；生于海拔2000~3200m的阔叶林或云南松林下，也见于灌丛间。

耐寒区位：9区。

7.25 秦岭箭竹（中国植物志）

松花竹（陕西佛坪）

Fargesia qinlingensis Yi et J. X. Shao in J. Bamb. Res. 6(1): 42. f. 1. 1987, et in ibid. 7(2): 10. 1988, et in Clav. Sinice.; S. L. Zhu et al., A Comp. Chin. Bamb. 183. 1994; Keng et Wang in Fl. Reip. Pop. Sin. 9(1): 427. pl. 118: 15, 16. 1996; D. Ohrnb., The Bamb. World, 145. 1999; D. Z. Li et al. in Fl. China 22: 83. 2006; Yi et al. in Icon. Bamb. Sin. 486. 2008, et in Clav. Gen. Sp. Bamb. Sin. 133. 2009; T. P. Yi et al. in J. Sichuan For. Sci. Tech. 31(4): 5, 12. 2010.

秆柄长3~9cm，直径4~12mm。秆丛生，高1.0~3.3m，直径0.4~0.9cm，梢端微弯；节间长4~16cm，圆筒形，光滑，无毛，幼时被较多的白粉，中空，秆壁厚1~2mm，髓呈环状；箨环隆起，无毛；秆环平或在具分枝的节上稍隆起；节内高2（5）mm。秆芽1枚，长卵形，密被灰褐色柔毛，边缘具浅褐色纤毛。秆每节分枝4~10枚，长14~40cm，直径0.8~1.5mm，常呈紫绿色，斜上举，无毛。笋淡绿色；箨鞘迟落或宿存，初时紫绿色，后变为灰褐色，薄革质，三角状长圆形，上部稍偏斜，远长于节间（连同箨片可长过节间的1倍），背面疏被棕色刺毛，或稀无毛，纵脉纹明显，有小横脉，边缘具易脱落的浅褐色纤毛；箨耳镰形，易脱落，边缘缕毛（7）9~13（16）条，长4~5mm，褐色，直立或微弯曲；箨舌灰褐色，截平形或微凹，偏斜，高约1.5mm，边缘撕裂，具直立浅褐色长2~4mm的缝毛；箨片长0.5~9.0cm，宽1.5~4.0mm，平直，较箨鞘顶端为窄，秆下部箨上者三角形，直立，中上部者线形或线状披针形，外翻，初时基部被微毛。小枝具叶（3）4~5（7）枚；叶鞘长2.5~6.0cm，无毛，纵脉纹明显，有小横脉，边缘无纤毛；叶耳椭圆形，紫色或淡紫褐色，边缘有9~11（15）枚长2~3mm浅褐色直立或弯曲的缝毛；叶舌弧形，高约1mm，边缘生灰白色短纤毛；叶片披

秦岭大熊猫

秦岭箭竹

秦岭箭竹-花

秦岭箭竹-笋

秦岭箭竹-芽

秦岭箭竹-竹丛1

秦岭箭竹-竹丛2

针形或狭披针形，纸质，无毛，长 2~9cm，宽 4~10mm，基部楔形，次脉 3（4）对，小横脉清晰，边缘具小锯齿。总状花序顶生。小穗紫色；鳞被 3 枚；雄蕊 3 枚，花药黄色；子房椭圆形，无毛，花柱 1 枚，柱头 2 枚，羽毛状。果实未见。笋期 5~6 月；花期 5 月。

在佛坪、长青自然保护区内，该竹是野生大熊猫的主食竹竹种之一；也见用该竹饲喂圈养大熊猫。

分布于我国陕西南部；生于海拔 1065~3000m 的阔叶林或华山松林、青杆林、秦岭冷杉林或太白冷杉林等纯林或针阔叶混交林下。

耐寒区位：8 区。

7.26 拐棍竹（中国植物志）

Fargesia robusta Yi in J. Bamb. Res. 4(2): 28. fig. 10. 1985; D. Ohrnb. in Gen. *Fargesia* 59. 1988; S. L. Zhu et al., A Comp. Chin. Bamb. 183. 1994; Keng et Wang in Fl. Reip. Pop. Sin. 9(1): 472. pl. 133: 1-14. 1996; T. P. Yi in Sichuan Bamb. Fl. 245. pl. 94. 1997, et in Fl. Sichuan.12: 219. pl. 76. 1998; D. Ohrnb., The Bamb. World, 145. 1999; D. Z. Li et al. in Fl. China 22: 94. 2006; Yi et al. in Icon. Bamb. Sin. 487. 2008, et in Clav. Gen. Sp. Bamb. Sin. 143. 2009; T. P. Yi et al. in J. Sichuan For. Sci. Tech. 31(4): 6, 13. 2010.

秆柄长 9~20cm，直径 1~3cm，具 10~32 节，节间长 5~13mm，实心；鳞片三角形，交互紧密排列为 2 行，黄色，无毛，光亮，纵脉纹明显，先端具一小尖头，边缘常无纤毛。秆丛生或近散生，高（2）3~5（7）m，直径 1~3cm；全秆共有 30~42 节，节间长 15~28（30）cm，圆筒形，绿色或黄绿色，幼时被白粉，平滑，无毛，中空，秆壁厚 3~5mm，髓呈锯屑状；箨环显著隆起呈圆脊状，木质，褐色，无毛；秆环微隆起或隆起；节内 2.5~5.0mm，无毛。秆芽卵形或长卵形，贴生，近边缘具微毛，边缘具灰色纤毛。枝条在秆每节上（5）15~20 枚，簇生，斜展或近平展，长（20）40~60cm，具（4）6~12 节，节间长 1~9cm，直径 1~2mm，无毛。笋紫红色，被黄褐色刺毛；箨鞘早落或迟落，革质，三角状椭圆形，淡黄色或黄褐色，常略短于节间，背面被黄色或黄褐色刺毛，此毛在基部较密，纵脉纹明显，小横脉不发育，边缘常无纤毛；箨耳无或偶具极微小箨耳，鞘口无缝毛或幼时两肩各具 2~8 条长 2~4（20）mm 的黄褐色弯曲缝毛；箨舌截平形，紫色，高 1~2mm，边缘初时密生纤毛；箨片直立或秆上部者外翻，三角形或线状披针形，淡绿色，干后平直，长 8~50（110）mm，宽 2~6mm，无毛，纵脉纹明显，边缘初时有小锯齿，易脱落。小枝具叶 2~4 枚；叶鞘长 2.5~4.5cm，常为紫色，无毛，边缘上部常密生灰褐色纤毛；叶耳无，鞘口具 7~12 条长 1~4mm 直立灰白色缝毛；叶舌截平形，紫色，无毛，高约 1mm；叶片披针形或线状披针形，

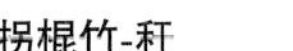

拐棍竹-秆

拐棍竹-箨

拐棍竹-芽

拐棍竹-竹丛

长（6）8~14（22）cm，宽6~14（23）mm，纸质，基部楔形，下面灰绿色，无毛或有时基部被灰色微柔毛，次脉4~5（7）对，小横脉较明显，边缘具小锯齿。花枝长达30cm，其花小枝常在1~4枚鞘状紫褐色佛焰苞上具长4~13cm的发育叶片。总状花序顶生，排列紧缩，从佛焰苞开口的一侧伸出，具5~11枚小穗，长2~4cm，宽1~2cm，其下具数枚佛焰苞，最上面的1枚佛焰苞等长于花序或超过花序长度；小穗柄长1.5~2.0mm，偏于穗轴一侧，无毛，下方常托有1枚分裂或不分裂的小型苞片；小穗含2~3（4）朵小花，长（6）12~15mm，淡绿色或绿紫色；小穗轴节间无毛，长1~2mm；颖2枚，先端渐尖或具芒状尖头，其上部脉上被微毛，第1颖披针形，长7~10mm，宽约1mm，具3脉，第2颖卵状披针形，长9~13mm，宽约2.5mm，具5脉；外稃卵状披针形，先端针芒状尖头，长12~17mm，具5~7（9）脉，有沿脉上有微毛；内稃长7~13mm，先端具2齿裂，脊间宽约1mm，脊上生有小锯齿而略粗糙；鳞被3枚，长1~2mm，紫色，纵脉纹明显，先端具长柔毛，上部边缘生有白色纤毛，前方2枚半卵形，后方1枚卵状披针形；雄蕊3枚，花药黄色，长4~7mm，成熟时外露；子房椭圆形，无毛，长约1mm，花柱1枚，柱头3枚，羽毛状，长1~2mm。果实未见。笋期5月；花期6~8月。

笋食用；秆材可编织竹器。

在其自然分布区，该竹为野生大熊猫的重要主食竹种；在中国大熊猫保护研究中心、英国苏格兰爱丁堡动物园、俄罗斯莫斯科动物园和芬兰艾赫泰里动物园等，均见用该竹饲喂圈养的大熊猫。

分布于我国四川彭州、都江堰、汶川、崇州、大邑、邛崃等县市；生于海拔（1200）1700~2800m的阔叶林、暗针叶林下，灌丛中或组成纯竹林。

耐寒区位：9区。

7.27 青川箭竹（中国植物志）

箭竹（四川平武，甘肃文县）、油竹子（四川北川）

Fargesia rufa Yi in J. Bamb. Res. 4(2): 27. f. 9. 1985; D. Ohrnb. in Gen. *Fargesia* 60. 1988; S. L. Zhu et al., A Comp. Chin. Bamb. 184. 1994; Keng et Wang in Fl. Reip. Pop. Sin. 9(1): 419. pl. 115: 1-5. 1996; T. P. Yi in Sichuan Bamb. Fl. 216. pl. 80. 1997, et in Fl. Sichuan. 12: 192. pl. 66: 15-16. 1998; D. Ohrnb., The Bamb. World, 145. 1999; D. Z. Li et al. in Fl. China 22: 81. 2006; Yi et al. in Icon. Bamb. Sin. 489. 2008, et in Clav. Gen. Sp. Bamb. Sin. 131. 2009; T. P. Yi et al. in J. Sichuan For. Sci. Tech. 31(4): 5, 12. 2010.

秆柄长（6）10~18cm，直径4~15mm，具

箭竹-竹丛

11~20 节，节间长（2.5）7~14mm；鳞片三角形，交互作覆瓦状紧密排列成 2 行，淡黄色，光亮，无毛，上部半部纵脉纹明显，长 1.4~3.2cm，宽 2.0~3.2cm，边缘初时有短纤毛。秆丛生，高 2.5~3.5m，直径 0.8~1.0cm；全秆具 28~35 节，节间长 15~17（20）cm，圆筒形，绿色，光滑，无毛，幼时微敷白粉，成长后有白色蜡质层，中空，秆壁厚 1.5~3.2mm，髓薄，紧贴内壁；箨环明显脊状隆起，褐色，幼时有时上部被棕色刺毛；秆环稍隆起或在分枝节上隆起，无毛；节内高 1~3mm，有光泽。秆芽 1 枚，卵形或长卵形，贴生，灰白色，微粗糙，边缘具灰白色短纤毛。秆每节分枝（2）6~16 枚，簇生，斜展，长 20~66cm，直径 1~2mm，无毛，节上可

青川箭竹-秆

青川箭竹-生境

青川箭竹-叶1

青川箭竹-叶2

青川箭竹-箨

再分次级枝。箨鞘迟落，红褐色，革质，远长于节间，长三角形，先端长三角形，背面纵脉纹显著，疏生棕色刺毛，边缘密被棕色纤毛；箨耳及鞘口缝毛均无；箨舌截平形或下凹，褐色，高约 1mm，边缘常具灰白色小纤毛；箨片外翻，线状披针形，易脱落，较箨鞘顶端为窄，长 1.4~6.2cm，宽 1.0~2.6mm，基部不收缩，平直，无毛，两面纵脉纹显著，边缘有小锯齿而略粗糙。小枝具叶 2（4）枚；叶鞘淡绿色，长 2.2~3.8cm，无毛，边缘具灰色纤毛；叶耳无，鞘口每边缝毛 4~6 条，长 1.0~1.5mm；叶舌圆弧形，紫褐色，无毛，高约 1mm；叶柄长 1.0~1.5mm；叶片线状披针形，纸质，长 6~10cm，宽 6~8mm，先端渐尖，基部楔形，下面淡绿色，基部初时被灰白色微毛，次脉（2）3 对，小横脉略明显，边缘具小锯齿。花序未见。笋期 6 月。

秆劈篾可编织竹器。

在其自然分布区，该竹是野生大熊猫取食的主要竹种之一；在奥地利维也纳美泉宫动物园、美国华盛顿国家动物园、苏格兰爱丁堡动物园、芬兰艾赫泰里动物园等，均见用该竹饲喂园中大熊猫。

分布于我国四川青川、平武、北川、茂县和甘肃文县，垂直分布海拔 1600~2300（2600）m，生于山麓或山坡下部的阔叶林下或灌丛中；欧洲和美国有引栽。

耐寒区位：9 区。

7.28 糙花箭竹（中国植物志）

黄竹、空心竹、空林子（四川青川），木竹（四川平武、青川），岩巴竹（四川松潘），实竹子、箭竹、水竹子（甘肃文县）

Fargesia scabrida Yi J. Bamb. Res. 4(2): 24. fig. 7. 1985; D. Ohrnb. in Gen. *Fargesia* 61. 1988; S. L. Zhu et al., A Comp. Chin. Bamb. 184. 1994; Keng et Wang in Fl. Reip. Pop. Sin. 9(1): 416. pl. 114: 1-10. 1996; T. P. Yi in Sichuan Bamb. Fl. 206. pl. 74. 1997, et in Fl. Sichuan. 12: 185. pl. 63: 1-12. 1998; D. Ohrnb., The Bamb. World, 145. 1999; D. Z. Li et al. in Fl. China 22: 61. 2006; Yi et al. in Icon. Bamb. Sin. 490. 2008, et in Clav. Gen. Sp. Bamb. Sin. 131. 2009; T. P. Yi et al. in J. Sichuan For. Sci. Tech. 31(4): 5, 11. 2010.

秆柄长 4.5~26.0cm，直径 0.6~1.6cm，具

糙花箭竹-秆

糙花箭竹-叶

糙花箭竹-竹丛

12~35节，节间长3~16mm，淡黄色或黄褐色，平滑，无毛，有光泽，实心；鳞片三角形，交互排列，淡黄色，无毛，光亮，纵脉纹在上半部明显，长2.2~2.6cm，宽2.0~2.4cm，边缘初时具灰色短纤毛。秆丛生或近散生，高1.8~3.5（6）m，直径0.5~1.0（1.5）cm；全秆共有16~22（30）节，节间长17~20（25）cm，圆筒形，绿色，老时黄色，幼时无白粉或微有白粉，有光泽，中空，秆壁厚2~4mm；箨环隆起，宽而厚，常显著呈一圆脊，初时被灰色小刺毛；秆环平或在分枝节上稍隆起，有光泽；节内高3~11mm，光亮。秆芽长卵形，贴生，表面微粗糙，边缘具灰色或淡红色纤毛。秆每节上枝条3~8枚，直立或上举，长10~25cm，直径1~2mm，无毛，近实心。箨鞘宿存，革质，淡红褐色，三角状长圆形，为节间长度的1/3~1/2，先端近圆弧形，背面疏被灰色或灰黄色小刺毛，纵脉纹明显，小横脉败育，边缘密被小刺毛；箨耳无，或偶具微小箨耳及鞘口缝毛；箨舌圆弧形，高约1mm，边缘有灰色短纤毛；箨片直立，稀在秆上部者外翻，三角形或线状三角形，灰色，无毛，长1.4~4.7cm，宽4~5mm，与箨鞘顶端等宽，纵脉纹略可见，边缘常有稀疏小刺毛。小枝具叶（1）2~3（5）枚；叶鞘长2.2~4.2cm，紫褐色，无毛，边缘具灰黄色纤毛；叶耳无或偶有小形椭圆形叶耳，鞘口每侧缝毛5~12条，长1~4mm；叶舌微凹或截平形，褐色，口部有短纤毛，高约1mm，

糙花箭竹-生境

外叶舌具灰色纤毛；叶柄长 2~3mm，初时被灰白色柔毛；叶片披针形，长（4）12~18cm，宽（5）11~18mm，基部阔楔形，纸质，下面灰白色，疏生白色短柔毛，但其基部常密被灰黄色柔毛，次脉（3）4~5 对，小横脉稍明显，边缘具小锯齿。花枝长 10~45cm，各节可再分生次级花枝，节上可具宿存枝箨。圆锥花序稍开展，生于具叶小枝顶端，长（5）8~14cm，基部被一组稍扩大的叶鞘所包藏，全花序共具 6~12 枚小穗，常偏向一侧而下垂，花序轴及分枝被微毛，每分枝具 2~3 枚小穗。小穗柄纤细，微弯或波曲，长 5~27mm，被灰色微毛，腋间无瘤状腺体；小穗含花 5~7 朵，形扁，紫色，长（1.5）2.0~2.5（3.0）cm，直径 2~6mm，顶生小花通常不孕；小穗轴节间长 1~2mm，扁平，被微毛，顶端膨大，边缘密生白色纤毛；颖 2 枚，有短硬毛而粗糙，第 1 颖长三角形，长 6~7mm，宽 1.5~3.0mm，先端骤尖或钝头渐尖，具 9~11 脉，第 2 颖卵状椭圆形，长 10~12mm，宽 2.5~4.0mm，先端芒状，具 9~11 脉，小横脉不发育；外稃披针形，纸质，先端针芒状，被短硬毛，长（9）12~20mm，宽（1.5）3~4mm，具 9~11 脉，小横脉不发育，上部边缘具纤毛；内稃短于外稃，长 9~11mm，背部具 2 脊，脊上生纤毛，脊间宽约 1.5mm，无毛，纵脉纹不发育，先端裂成 2 小尖头；鳞被 3 枚，膜质透明，长 1.0~1.5mm，下部具纵脉纹，边缘疏生短纤毛；雄蕊 3 枚，花丝分离，花药黄色，长 6~8mm，先端具 2 尖头；子房长椭圆形，无毛，长 1.0~3.5mm，花柱 2 枚或 3 枚，柱头 3 枚，羽毛状，长约 2mm。果实未见。笋期 4 月底至 5 月初；花期 5~12 月。

笋味淡甜，宜于食用；秆为藤蔓农作物支柱，或编织竹器。

在其自然分布区，该竹是大熊猫常年采食的主要竹种。

分布于我国四川松潘、平武、青川、江油和甘肃文县等地，以及四川青川唐家河和甘肃白水江自然保护区；生于海拔 1550~2600m 的阔叶林下。

耐寒区位：7~8 区。

7.29 昆明实心竹（中国植物志）

实心竹（四川冕宁），黄竹（四川米易、德昌、会理、西昌、冕宁、攀枝花），满子（彝语译音，四川会理），云南箭竹（云南植物志）

Fargesia yunnanensis Hsueh et Yi in Bull. Bot. Res. 5(4): 125. fig. 3. 1985; D. Ohrnb. in Gen. *Fargesia* 72. 1988,et in Icon. Yunn. Inferus 1350. fig. 629. 1991; S. L. Zhu et al., A Comp. Chin. Bamb. 187. 1994; Keng et Wang in Fl. Reip. Pop. Sin. 9(1): 463. pl. 130: 1-11.1996; T. P. Yi in Sichuan Bamb. Fl. 237. pl. 90. 1997, et in Fl. Sichuan. 12: 212. pl. 73. 1998; D. Ohrnb., The Bamb. World, 147. 1999; Fl. Yunnan. 9: 109. pl. 26: 1-9. 2003; D. Z. Li et al. in Fl. China 22: 89. 2006; Yi et al. in Icon. Bamb. Sin. 503. 2008, et in Clav. Gen. Sp. Bamb. Sin. 139. 2009; T. P. Yi et al. in J. Sichuan For. Sci. Tech. 31(4): 6, 12. 2010.——*Sinarundinaria yunnanensis* (Hsueh et Yi) Hsueh et D. Z. Li in J. Bamb. Res. 6(2): 21. 1987.——*Yushania yunnanensis* (Hsueh et Yi) Keng et Wen in J. Bamb. Res. 6(4): 16. 1987.

秆柄长 12~35cm，直径 2.5~7.0cm，具 18~30 节，节间长 5~16mm，在解剖上其皮层有通气，但无内皮层；鳞片三角形，交互紧密排列，黄褐色，有光泽，初时背面有时具块状密被的灰黄色至棕色贴生小刺毛，上半部纵脉纹较明显，初时边缘密生灰黄色纤毛。秆丛生或近散生，高 4~7（10）m，直径 3~5（6）cm，梢部直立；全秆共有 19~42 节，节间长 28~36（50）cm，圆筒形或在具分枝的一侧基部微扁平，初时淡绿色，老后变为灰白色，有光泽，无白粉或微被白粉，无毛或在节下方疏生棕色刺毛，秆老后变为灰绿色，纵脉细线棱纹不发育，基部节间为实心，向上则空腔逐渐增大，髓为锯屑状；箨环隆起至显著隆起，灰褐色，无毛，常有基部残存物；秆环平或微隆起，有光泽；节内高2~4mm，无毛，有光泽或有时具黑垢。秆芽长卵形，贴生，近边缘密被灰黄色小硬毛，边缘密生灰黄色纤毛。秆的第3~8节开始分枝，每节上枝条6~25枚，半轮生状，常作20°~30°锐角开展，长40~160cm，直径1.5~5.0（10）mm，微被白粉（以后常变为黑垢），纵细线棱纹不发育。笋灰绿色，有紫色条纹，常被白粉，疏生或块状密被而紧贴的棕色刺毛；箨鞘宿存或迟落，淡黄色或黄白色，革质，三角状长圆形，新鲜时常具紫色纵条纹，略短于节间，背面无毛或偶有密集块状贴生的棕色小刺毛，纵脉纹不发育或仅上部可见，边缘常无缘毛；箨耳及鞘口缝毛俱缺；箨舌截平形，紫色，无毛，高1~2mm，边缘具细裂刻；箨片外翻，线状披针形，紫绿色或绿色而边缘带紫色，长4~12cm宽5.0~5.5mm，腹面基部微粗糙，纵脉纹不甚明显，边缘平滑，有时内卷。小枝具叶(3)4~6(7)枚；叶鞘长4.5~6.0cm，淡绿色或有时带紫色，无毛，偶于近顶端微被白粉，纵脉纹不甚明显，边缘常无纤毛；叶耳及鞘口缝毛俱缺；叶舌截平形，淡绿色或紫绿色，无毛，高约1mm；叶柄长2~3mm，淡绿色或带紫色，初时下面被灰色或灰黄色短柔毛；叶片披针形，长（8）13~19cm，宽（8）12~18mm，先端渐尖，基部楔形，下面灰白色，基部中脉两侧被灰白色柔毛，次脉4~5对，小横脉不清晰，边缘具小锯齿。花枝具叶，长达23cm，节上可再分具花小枝。圆锥花序顶生，开展，由13~23枚小穗组成，长7~12cm，基部露出或为略扩大的叶鞘所包围，序轴有时具微毛或短柔毛，基部节上

昆明实心竹-地下茎

昆明实心竹-芽

昆明实心竹-笋

昆明实心竹-箨

昆明实心竹-竹丛

有长柔毛，分枝有时被微毛或短柔毛，腋间具瘤状腺体及长柔毛，下部分枝基部托具长纤毛的苞片或向花序上部则变为多数纤毛，各分枝具 2~6 枚小穗；小穗柄无毛或有时被微毛，长 1~12mm，基部具被长纤毛的或向上则变为纤毛的小苞片；小穗紫色或绿紫色，长 1.6~2.5cm，直径约 8mm，含 4~5 朵小花；小穗轴节间长约 4mm，宽 0.5~0.8mm，扁平，向先端具白色贴生小硬毛，顶端边缘密生纤毛；颖 2 枚，披针形，无毛，先端渐尖，第 1 颖长 9~10mm，具 5~7 脉及稀疏小横脉，第 2 颖长 10~12mm，具 7~9 脉，脉间有小横脉；外稃披针形，纸质，无毛，先端渐尖，长 8~12mm，具 7~9 脉，有小横脉，基盘具白色长纤毛；内稃长 7.5~11.5mm，先端具钝的浅 2 齿裂，脊间有时向前端具贴生灰白色小硬毛，脊上向前端有白色纤毛，两侧各具 3 脉；鳞被 3 枚，倒卵状披针形，白色，上部边缘有纤毛，前方 2 枚长 1.0~1.5mm，后方 1 枚长 0.5~1.0mm；雄蕊 3 枚，花药黄色，长 4.5~6.5mm，两侧及先端有短柔毛，花丝被微毛；子房椭圆形，淡黄色，无毛，长约 0.5mm，花柱 1 枚，长约 1mm，顶生 2 枚白色羽毛状长 2~3mm 的柱头。果实未见。笋期 7~9 月；花期 9 月。

笋味鲜美，系食用佳品。秆材具有较高的生物量，为造纸原料，也是作柄具、秆具、抬杠及体育器材的用料。

在四川冕宁，见野生大熊猫冬季垂直下移时采食本竹种。

分布于我国四川西南部和云南北部；海拔 1650~2430m，常栽培于村落附近，房前、屋后和寺庙周围，也可见野生于云南松或阔叶林下。

耐寒区位：8~9 区。

昆明实心竹-秆

8　箬竹属 *Indocalamus* Nakai

Indocalamus Nakai in J. Arn. Arb. 6: 148. 1925; Keng et Wang in Fl. Reip. Pop. Sin. 9(1): 676. 1996; D. Ohrnb., The Bamb. World, 44. 1999; D. Z. Li et al. in Fl. China 22: 135. 2006; Yi et al. in Icon. Bamb. Sin. 688. 2008, et in Clav. Gen. Sp. Bamb. Sin. 200. 2009.

Lectotypus: ***Indocalamus sinicus*** (Hance) Nakai.

灌木状或小灌木状竹类。地下茎复轴型。秆散生间小丛生；节间圆筒形，在节下方常具一圈白粉，秆壁通常较厚；秆环常隆起。秆芽1枚，长卵形，贴秆；秆每节1分枝，个别种秆上部节上可增至2~3枚，其直径与主秆相若，直立。秆箨宿存，长于或短于节间，背面被毛或无毛；箨耳和繸毛存在或缺失；箨舌通常低矮；箨片宽大或狭窄，直立，少外翻。叶耳和繸毛存在或缺如；叶片大型，次脉多数条，具小横脉，干后平展或波状曲皱。圆锥或总状花序，生于叶枝下方各节的小枝顶端，花序分枝紧密或疏松开展；小穗含数朵至多朵小花；颖2（3）枚，先端渐尖或尾状；外稃长圆形或披针形，基盘密被绒毛，具数条纵脉；内稃稍短于外稃，稀可等长，先端具2齿或为一凹头，背部具2脊，脊间和脊两者上部被微毛；鳞被3枚；雄蕊3枚，花丝分离；花柱2（3）枚，上部具羽毛状柱头。颖果。笋期春夏，稀在秋季。

全世界的箬竹属植物约34种，特产中国，分布于长江流域以南各地。

秆细小，直立，叶大，小枝具数叶，密集生长，颇具观赏价值。

在本属植物中，见大熊猫冬季下移时取食该属竹种；亦见采用该属植物饲喂圈养的大熊猫。到目前为止，已记录有大熊猫采食的箬竹属植物有6种。

8.1　巴山箬竹（中国竹类图志）

大叶竹、篛竹（甘肃文县），篛叶竹（重庆开县、城口，四川通江、青川），篛府子（四川通江）

Indocalamus bashanensis (C. D. Chu et C. S. Chao) H. R. Zhao et Y. L. Yang in Acta Phytotax. Sin. 23(6): 465. 1985, et in J. Nanjing Univ. (Nat. Sci. ed.) 26(2): 284, 287. 1990; S. L. Zhu et al., A Comp. Chin. Bamb. 228. 1994; Keng et Wang in Fl. Reip. Pop. Sin. 9(1): 688. 1996; T. P. Yi in Sichuan Bamb. Fl. 335. pl. 136. 1997, et in Fl. Sichuan. 12: 308. pl. 110: 8-10. 1998; D. Ohrnb., The Bamb. World, 44. 1999; D. Z. Li et al. in Fl. China 22: 141. 2006; Yi et al. in Icon. Bamb. Sin. 695. 2008, et in Clav. Gen. Sp. Bamb. Sin. 203. 2009.

地下茎节间长（1）2~6cm，直径4~7mm，圆筒形，无沟槽，黄色或淡黄色，无毛，稍具光泽，常有细线棱纹，中空度小，每节具瘤状突起或根2~3枚；鞭箨淡黄色或初时略带紫色，远长于节间，排列疏松，纵脉纹显著，先端具尖头；鞭芽卵形，淡黄色，具光泽，近边缘处粗糙，贴生。秆直立，高1.0~2.6m，直径5~14mm；

全秆具 6~11 节，全株被白粉呈粉垢状；节间长 25~30（45）cm，圆筒形，但在分枝一侧基部扁平或具沟槽，绿色，幼时上部密被灰白色至灰黄色小刺毛或节下方具平出刺毛，毛脱落后留有凹痕，节下方具一环粉垢状物，无纵细线棱纹，中空度较大，秆壁厚 1.5~3.5mm，髓呈锯屑状；秆环隆起，褐色，无毛，具箨鞘基部残存物；秆环隆起或在分枝节上者极隆起圆脊状；节内高 3~14mm，无毛。秆芽 1 枚，卵状披针形，贴生，具缘毛。分枝较低，通常始于第 3~4 节，枝条在秆的每节上 1 枚，上举，约与主秆呈 35° 交角，长 0.5~1.5m，直径与主秆近相等，毛被与主秆相似。笋墨绿色，无斑纹；箨鞘宿存，三角状长圆形，革质，淡黄色，

巴山箬竹-分枝1

巴山箬竹-秆和叶

巴山箬竹-箨1

巴山箬竹-竹林

巴山箬竹-箨2

巴山箬竹-笋

巴山箬竹-分枝2

巴山箬竹-秆

为节间长度的 1/3~2/5，先端短三角形，顶端宽 5~8mm，背面除上部外均密被棕色贴生瘤基刺毛，刺毛脱落后常在鞘的表面留有瘤基而粗糙，纵脉纹通常不明显，小横脉亦不发育；边缘无纤毛；箨耳和鞘口繸毛俱缺；箨舌截平形或近圆弧形，褐色，无毛，略被粉垢，边缘后期微有裂缺，高 2.0~3.5mm；箨片外翻或外倾，狭披针形，长 1~5cm，宽 2.0~4.5mm，先端渐尖，基部近楔形收缩，远较箨鞘顶端为窄，两面纵脉纹明显，均无毛，边缘稍粗糙。小枝具叶（3）6~9 枚；叶鞘长 8~13cm，新鲜时常带紫色，常被粉垢，边缘无纤毛或有时具极微弱纤毛；叶耳和鞘口繸毛缺失；叶舌截平形或近圆弧形，紫色，无毛，高 1.5~2.5mm；叶柄长 8~10mm，无毛；叶片长圆状披针形或带状长圆形，纸质，长 25~35cm，宽 4.5~8.5cm，先端渐尖，基部楔形或阔楔形，下面灰白色，两面均无毛，次脉 11~13 对，小横脉组成正方格状，边缘具小锯齿。花枝未见；笋期 7~8 月。

在陕西南部和甘肃南部，大熊猫在冬季避寒下移时见采食本竹种；在陕西秦岭，见用该竹直接饲喂圈养大熊猫。

分布于我国陕西南部、甘肃南部、重庆东北部和四川东北部，四川都江堰有引栽。生于海拔 500~1220m 的山地林缘、林中空地或灌木林地。

耐寒区位：6~9 区。

8.2 毛粽叶（中国竹类图志）

Indocalamus chongzhouensis Yi et L.Yang in J. Bamb. Res. 23(2): 13-15. fig.1. 2004; Yi et al. in Icon. Bamb. Sin. 696. 2008, et in Clav. Gen. Sp. Bamb. Sin. 205. 2009.

地下茎复轴型，竹鞭节间长 1.0~1.5cm，直径 4~7mm，圆柱形，淡黄色，光滑，无毛，实心或近实心，每节具瘤状突起或根 0~3 枚；鞭芽卵圆形，贴生。秆高 2.0~3.5m，直径 8~15mm；全秆具 9~13 节，梢头直立；节间长（8.5）25~45（50）cm，圆筒形，在分枝或具芽一侧中部以下具 1 沟槽，幼时密被灰黄色或灰色小硬毛及上部被开展棕色刺毛，节下方无白粉环，无纵细线棱纹，秆壁厚 2.5~4.0mm，髓呈锯屑状；箨环新鲜时深紫色，无毛；秆环隆起或显著脊状隆起，初时紫色，光亮；节内高 4~10mm，向下明显变细。秆芽 1 枚，卵状长三角形，边缘具黄褐色长纤毛。秆之第 3~4 节开始分枝，每节分枝 1 枚，枝条直立或斜展，长达 1.2m，直径 4~8mm。笋绿色，有深紫色斑点；箨鞘宿存，革质，三角状长圆形，短于节间，顶端偏斜，背面灰色，有深紫色小斑块或无小斑块，密被黄褐色开展长达 3mm 的瘤基刺毛，纵脉纹不明显，边缘无纤毛；箨耳新月形，紫色，长 8~13mm，宽 2.5~3.5mm，边缘具长 7~15mm 径直缝毛；箨舌紫色，高约 1mm，中央突起，边缘密生直立长 5~18mm 的缝毛；箨片外翻或外展，披针形，绿色，无毛，长 1.3~6cm，宽 3~5（13）mm，边缘具小锯齿。小枝具叶 3~7（8）枚；叶鞘长 12~16cm，密被黄褐色和灰色短硬毛或老时无毛，边缘生黄褐色长纤毛；叶耳新月形，长 4~8mm，宽 2~3mm，边缘具径直长 8~15mm 的缝毛；叶舌紫色，高约 2mm，边缘密生直立灰白色长 1.2~2cm 的缝毛；叶片长圆形，长 20~37cm，宽 4.5~8cm，上面绿色，无毛，

毛粽叶-生境

叶-叶1

毛粽叶-叶2

毛粽叶-秆

叶-竹丛1

毛粽叶-竹丛2

叶-竹梢

毛粽叶-箨1

毛粽叶-箨2

毛粽叶-箨耳

毛粽叶-圈养大熊猫用竹之一

下面灰绿色，被微毛，先端渐尖，基部楔形，次脉 10~11 对，小横脉组成长方格形，边缘具细锯齿。花枝未见；笋期 9 月。

在其自然分布区，见大熊猫在寒冷季节下移时采食本竹种；在成都各大熊猫养殖基地，均见用该竹饲喂圈养大熊猫。

分布于我国四川崇州，生于海拔 920~1100m 的山下部或溪沟边。

耐寒区位：9 区。

8.3 峨眉箬竹（中国植物志）

篆叶竹（四川宝兴）

Indocalamus emeiensis C. D. Chu et C. S. Chao in Acta Phytotax. Sin. 18(1): 25. f. 1. 1980; Y. L. Yang et H. R. Zhao in J. Nanjing Univ. (Nat. Sci. ed.) 26(2): 284, 287. 1990; S. L. Zhu et al., A Comp. Chin. Bamb. 228. 1994; Keng et Wang in Fl. Reip. Pop. Sin. 9(1): 699. pl. 214: 1-3. 1996; T. P. Yi in Sichuan Bamb. Fl. 327. pl. 131. 1997, et in Fl. Sichuan. 12: 299. pl. 106: 8-10. 1998; D. Ohrnb., The Bamb. World, 45. 1999; D. Z. Li et al. in Fl. China 22: 139. 2006; Yi et al. in Icon. Bamb. Sin. 698. 2008, et in Clav. Gen. Sp. Bamb. Sin. 205. 2009; T. P. Yi et al. in J. Sichuan For. Sci. Tech. 31(4): 8, 15. 2010.

地下茎节间长 2~5cm，直径 3~6mm，圆柱形，无毛，实心或近实心，每节具瘤状突起或根（0）2~3 枚；露地鞭箨紫色，有时具少数灰白色斑块，被黄褐色小刺毛，具鞭箨耳及边缘纤毛，鞭箨片外翻；鞭芽卵圆形，肥大，光亮贴生。秆高 2~3m，直径 6~10mm，梢端直立；节间长 28~35（45）cm，基部者长 8~10cm，圆筒形，在分枝中部以下具纵沟槽，绿色，幼时上部被开展长达 2.5mm 的棕色刺毛，节下方微被一圈白粉，中空，秆壁厚 1.5~2.5mm；箨环隆起，初时紫色，无毛；秆环脊状隆起；节内高 2~6mm，向下逐渐变细。秆芽三角状卵形，光亮，边缘具黄褐色纤毛。秆每节分枝 1 枚，直立，其直径与主秆相若。笋褐紫色；箨鞘宿存，革质，长为节间长度的 1/3~1/2，三角状长圆形，顶端歪斜，背面紫褐色，有灰白色小斑块，被稀疏棕色贴生瘤基刺毛，纵脉纹较清晰，边缘密生黄褐色纤毛；箨耳新月形，紫色，长6~9mm，宽2.0~3.5mm，边缘具长6~13（20）mm径直或略微屈曲的放射状繸毛；箨舌中央拱出，绿色或紫绿色，高1.0~1.5mm，比箨片基部宽2倍；箨片披针形，新鲜时绿色，无毛，外翻，长2~6cm，宽3~6（10）mm，边缘具小锯齿。小枝具叶（5）7~9（10）枚；叶鞘长7~13cm，无毛或幼枝叶鞘具黄褐色硬毛，光亮，背部具明显纵脊，纵脉纹不明显，边缘具灰白色短纤毛；叶耳新月形，褐色，长6~10mm，宽2.5~3.5mm，边缘具长6~12mm的黄褐色繸毛；叶舌极为发达，初时紫绿色，具直立繸毛，连繸毛在内共高7~13mm；叶柄长3~15mm，无毛；叶片长圆形或长圆状披针形，长（10）16~33（40）cm，宽（1.7）3.5~5.0（6.5）cm，上面绿色，下面灰绿色，两面均无毛，先端渐尖，基部楔形或阔楔形，次脉不明显，隐约可见8~10对，小横脉组成长方形，边缘具小锯齿而稍显粗糙。花枝未见；笋期9月。

叶片宽大，适宜作船篷、斗笠和粽叶等用；笋及幼秆箨鞘上具明显的灰白色斑点，花色很美观，具有观赏价值，适宜庭园和风景区栽培。

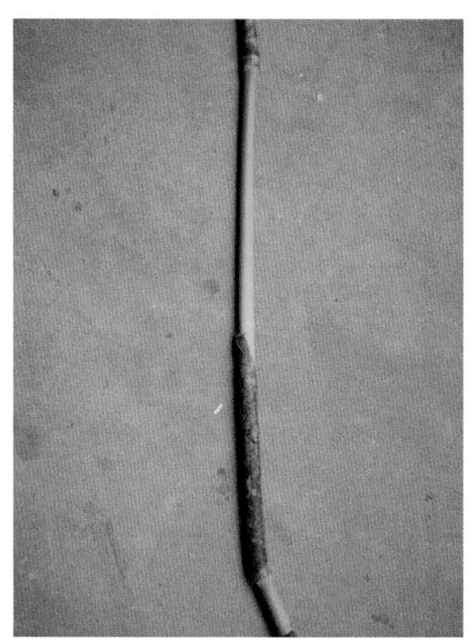
峨眉箬竹-箨

峨眉箬竹-叶

峨眉箬竹-分枝

峨眉箬竹-秆

峨眉箬竹-笋

在其自然分布区，见野生大熊猫在寒冷季节下移时觅食该竹竹种。

分布于我国四川峨眉山、宝兴，生于海拔1000~3120m的山地阔叶林下，或组成纯竹林，或有少量栽培。

耐寒区位：9区。

8.4 阔叶箬竹（中国主要植物图说·禾本科）

箓竹（种子植物名称）、箬竹（经济植物学）

Indocalamus latifolius (Keng) McClure in Sunyatsenia 6(1): 37. 1941; Y. L. Keng, Fl. Ill. Pl. Prim. Sin. Gramineae 15. fig. 6. 1959, et in Fl. Tsinling. 1(1): 58. fig. 52. 1976, et in Icon. Corm. Sin. 5: 28. fig. 6885. 1976; Y. L. Yang et H. R. Zhao in J. Nanjing Univ. (Nat. Sci. ed.) 26(2): 285, 288. 1990; S. L. Zhu et al., A Comp. Chin. Bamb. 230. 1994; Keng et Wang in Fl. Reip. Pop. Sin. 9(1): 689. pl. 211: 1-3. 1996; T. P. Yi in Sichuan Bamb. Fl. 337. pl. 137. 1997, et in Fl. Sichuan. 12: 310. pl. 111. 1998; D. Ohrnb., The Bamb. World, 47. 1999; D. E. Li et al. in Fl. China 22: 141. 2006; T. P. Yi et al. in Icon. Bamb. Sin. 703. 2008, et in Clav. Gen. Sp. Bamb. Sin. 203. 2009.——*Arundinaria latifolia* Keng in Sinensia 6 (2): 147. fig. 1. 1935.——*Indocalamus migoi* (Nakai ex Migo) Keng f. in Clav. Gen. Sp. Gram. Prim. Sin. app. Nom. Syst. 152. 1957; Y.

阔叶箬竹-景观

阔叶箬竹-箨

阔叶箬竹-分枝

阔叶箬竹-花

阔叶箬竹-秆

阔叶箬竹-笋

阔叶箬竹-竹丛1

L. Keng, Fl. Ill. Pl. Prim. Sin. Gramineae 16. fig. 7. 1959.——*Sasmorpha latifolia* (Keng) Nakai ex Migo in J. Shanghai Sci. Inst. 3(4) (Sep. Print 17): 163. 1939. ——*S. migoi* Nakai ex Migo in J. Shanghai Sci. Inst. 3(4) (Sep. Print 17): 163. 1939.

竹鞭节间长 1.2~5.0cm，直径（2.5）3~6mm，圆筒形，无沟槽，淡黄色，无毛，近于平滑，鞭箨环具鞭箨鞘基部残留物，每节上生根或瘤状突起 1~4 枚；鞭芽卵圆形，贴生，边缘初时生短纤毛。秆直立，高 1~2m，直径 5~15mm；全秆具 8~11（16）节，节间长 15~25（35）cm，基部节间长 3~5cm，圆柱形，但分枝一侧基部具浅纵沟槽，绿色，具微白粉，幼时节间上部被棕色刺毛，无纵细线棱纹，中空较小或近实心；箨环隆起，褐色，无毛；秆环稍隆起，或在分枝节上者隆起，光亮；节内高 2~4mm，在分枝节上者向下逐渐变细，无毛，平滑。秆芽 1 枚，长圆状披针形，微被白粉，无毛，边缘初时生短纤毛。秆的第 3 节以上开始分枝，枝条在每节上 1 枚，直立或上举，与主秆呈 30°~35° 锐角开展，长 20~40cm，直径与竹秆近于相等或较小。笋墨绿色，被棕色刺毛；箨鞘宿存，三角状长圆形，革质，淡黄褐色至褐色，短于或等长于节间，长 8~12cm，基部宽 1.5~3.3cm，先端短三角状，顶端宽 3~6mm，背面被棕色瘤基小刺毛或白色柔毛，此毛在顶

阔叶箬竹-竹丛2

端处较少，纵脉纹不明显，无小横脉，边缘有纤毛；箨耳缺或小不明显，鞘口有短缝毛；箨舌截平形，紫褐色，高0.5~2.0mm，具纤毛；箨片线形或狭披针形，直立或外翻，长达4cm，宽2mm，远较箨鞘顶端为窄，无毛，边缘初时稍具微锯齿。小枝具叶1~3枚或更多；叶鞘长8~11cm，淡黄色或枯草色，无毛，纵脉纹不明显或在其上部明显，上部纵脊不明显或有时较短而明显，边缘无纤毛；叶耳鞘口缝毛缺失；叶舌紫色，截平形，无毛，高1~3mm，先端无毛或稀具缝毛；叶柄长2~6（8）mm，淡绿色，无毛；叶片长圆状披针形，纸质，长10~45cm，宽2~9cm，先端渐尖，基部楔形或阔楔形，上面绿色，无毛，下面灰白色或灰白绿色，被微毛，次脉6~13对，小横脉明显，组成长方形或正方形，边缘具小锯齿而显著粗糙。圆锥花序长6~20cm，其基部为叶鞘所包裹，花序分枝上升或直立，花序主轴密生微毛，下部分枝常有1枚形小的苞片；小穗常带紫色，几呈圆柱形，长2.5~7.0cm，含5~9朵小花；小穗轴节间长4~9mm，密被白色柔毛；颖2枚，通常质薄，具微毛或无毛，但上部和边缘生绒毛，第1颖长5~10mm，具不明显的5~7脉，第2颖长8~13mm，具7~9脉；外稃先端渐尖呈芒状，具11~13脉，脉间小横脉明显，具微毛或近于无毛，第一外稃长13~15mm，基盘密生白色长约 1mm 的柔毛；内稃长 5~10mm，脊间宽约 1mm，贴生小微毛，近顶端生有小纤毛；鳞被 3 枚，膜质透明，长 2~3mm；花药紫色或黄带紫色，长 4~6mm；柱头 2 枚，长 1.0~1.5mm，羽毛状。果实未见。笋期 4~5 月；花期 1~8 月。

秆作竹筷和毛笔杆；叶作斗笠、船篷或粽叶；植株密集，叶大，美观，常培植于庭园供观赏。

在陕西秦岭地区，该竹为大熊猫常年在低海拔地区采食的竹种之一；在陕西秦岭地区和山东威海市刘公岛国家森林公园，均见用该竹喂食圈养大熊猫。

分布于我国陕西南部、山东、江苏、安徽、浙江、江西、福建、湖北、湖南、广东、重庆、四川。该竹为箬竹属分布最广的一种。

耐寒区位：7~10 区。

8.5 箬叶竹（中国竹类植物志略）

长耳箬（种子植物名称）

Indocalamus longiauritus Hand.-Mazz. in Anzeig. Akad. Wiss. Math. Naturw, Wien 62: 254. 1925; Keng et Wang in Fl. Reip. Pop. Sin. 9(1): 695. pl. 213: 1-7. 1996; D. Ohrnb., The Bamb. World, 47. 1999; D. Z. Li et al. in Fl. China 22: 138. 2006; Yi et al. in Icon. Bamb. Sin. 707. 2008, et in Clav. Gen. Sp. Bamb. Sin. 201. 2009.——*Arundinaria longiauritus* (Hand.-Mazz.) Hand.-Mazz., Sym. Sin. 7: 1271. 1936.

秆高达 1m，直径 8mm；节间长可达 55cm，被白毛，节下方被贴生淡棕色带红色的毛环；秆环较箨环略高。箨鞘宿存，基部具木栓状隆起的环，或具棕色长硬毛环，背面贴生褐色瘤基刺毛或无毛，有时被白色微毛；箨耳大，镰形，宽 1~6mm，缝毛放射状，长约 1cm；箨舌截平形，高 0.5~1.0mm，边缘具缝毛或无缝毛；箨片长三角形或卵状披针形，直立，基部近圆形收缩。叶耳镰形，边缘具放射状缝毛；叶舌截平形，高 1.0~1.5mm，背部具微毛，边缘生缝毛；叶片长 10.0~35.5cm，宽 1.5~6.5cm，下面灰白色，无毛或被微毛，次脉 5~12 对，小横脉形成长方格子状。圆锥花序细长，长 8.0~15.5cm，花序轴密生白色毡毛；小穗长 1.5~3.7cm，淡绿色或成熟时为枯草色，含 4~6 朵小花；小穗轴节间长 6.8~7.2mm，呈扁棒状，有纵棱，密被白色绒毛，顶端截平形；颖 2 枚，先端渐尖成芒状，第 1 颖长 3~5mm（包括芒尖长 1mm 在内），3~5 脉，第 2 颖长 6~8mm（包括芒尖长 1.2mm 在内），7~9 脉；外稃长圆形兼披针形，先端有芒状小尖头，第一外稃长 10~14mm（包括芒尖长 2.0~2.5mm 及基盘长 0.2~0.5mm 在内），11~13 脉；第一内稃长 7~10mm，脊上生有纤毛；花药长约 5mm；柱头 2 枚，羽毛状。颖果长椭圆形。笋期 4~5 月；花期 5~7 月。

秆通直，可作毛笔杆或竹筷；叶片可制斗笠、船篷等防雨用品的衬垫材料。

在湖南长沙和陕西秦岭，均见用该竹饲喂圈养大熊猫。

分布于我国河南、湖南、江西、贵州、广东、福建。

耐寒区位：8~10 区。

箬叶竹-生境

箬叶竹-箨

箬叶竹-竹林

箬叶竹-缝毛

8.6 半耳箬竹（中国植物志）

篛叶竹（四川都江堰）

Indocalamus semifalcatus (H. R. Zhao et Y. L. Yang) Yi in J. Bamb. Res. 19(1): 26. 2000; Yi et al. in Icon. Bamb. Sin. 707. 2008, et in Clav. Gen. Sp. Bamb. Sin. 201. 2009; T. P. Yi et al. in J. Sichuan For. Sci. Tech. 31(4): 15. 2010. ——*Indocalamus longiauritus* Hand.-Mazz. var. *semifalcatus* H. R. Zhao et Y. L. Yang in Acta Phytotax. Sin. 23 (6): 464. 1985; Keng et Wang in Fl. Reip. Pop. Sin. 9(1): 697. pl. 213: 8-11. 1996; T. P. Yi in Sichuan Bamb. Fl. 329. 1997, et in Fl. Sichuan. 12: 303. 1998; D. Ohrnb., The Bamb. World, 47. 1999; D. Z. Li et al. in Fl. China 22: 139. 2006.

地下茎节间长 0.8~3.0cm，直径（3）5~8mm，圆柱形，有光泽，节下具一圈灰色蜡粉，中空直径约 1mm，每节生根或具瘤状突起 1~3 枚；鞭芽卵圆形，黄褐色，贴生。秆高 1.5~2.7m，直径 7~11mm；全秆具 8~13 节，节间长 22~30（36）cm，基部节间长（2）7~9cm，圆筒形，但在分枝一侧基部扁平或具浅沟槽，绿色，初时密被灰白色至淡黄褐色刺毛，节下方被一圈灰白色至紫褐色蜡粉，中空度较大，秆壁厚约 2mm，髓为锯屑状；箨环隆起，无毛，淡褐色；秆环微隆起至隆起，或在分枝节上者隆起较甚而高于箨环；节内高 6~8mm，无毛，有光泽，在分枝节上者向下变细。秆芽长卵形，贴生。枝条在秆的每节上 1 枚，直立或上举，长 25~45cm，具 3~7 节，节间长达 16cm，与主秆近相等，枝箨宿存。笋紫褐色；箨鞘宿存，三角状长圆形，远短于节间，革质，干后灰褐色，长 8~13cm，宽 2~3cm，先端短三角形，顶端宽 2~3mm，背面贴生棕色瘤基刺毛，纵脉纹仅在上部明显，小横脉不发育，边缘上部初时具棕色刺毛；箨耳半截镰形，紫色，高约 1.5mm，长 5~7mm，易脱落，边缘具长 5~8mm 的缝毛；箨舌截平形，背面被微毛，高 0.5~0.8mm；箨片卵状披针形，直立，脱落性，先端渐尖，基部圆形，长 2.0~4.5cm，宽 4~11mm，两面均具微毛，纵脉纹明显，小横脉在背面显著，边缘具小锯齿。小枝具叶 4~8 枚；叶鞘长 10~13cm，质地坚硬，微被白粉，边缘外侧具黄褐色纤毛；叶耳半截镰形，边缘缝毛长 5~7mm；叶舌截平形，高 1.5~2.5mm，边缘生流苏状缝毛；叶柄长 3~5mm，无毛；叶片披针形，长 18~40cm，宽 3.0~8.5cm，基部

半耳箬竹-景观

半耳箬竹-叶

半耳箬竹-箨1

半耳箬竹-竹丛1

半耳箬竹-竹梢

半耳箬竹-秆

半耳箬竹-箨2

半耳箬竹-芽

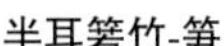
半耳箬竹-笋

半耳箬竹-竹丛2

阔楔形，下面淡绿色，无毛，次脉 7~12 对，小横脉明显，边缘仅上部具小锯齿。圆锥花序长 11~20cm，序轴及其分枝密被灰褐色微毛，下部分枝基部具 1 枚不分裂或 3~4 裂的薄质苞片；小穗柄长 2~23mm，被灰色短柔毛，但在其上部的毛被较密且颜色更深，近轴一侧平坦；小穗长 3~8cm，紫色，含花 6~17 朵；小穗轴节间长 3~5mm，扁压，被白色绒毛；颖 2 枚，上部被微毛，边缘具纤毛，第 1 颖长 3~8mm，纵脉纹不明显，第 2 颖长 8~10mm，具 7~9 脉；外稃先端渐尖，无毛或上半部具微毛，长 8~12mm，具 7~9 脉，基盘密被白色绒毛；内稃长 7~8mm，脊间具 2 脉，贴生微毛，顶端具小纤毛；鳞被 3 枚，长 2.0~2.5mm，上部紫色，具微毛，前方 2 枚半圆状卵形，后方 1 枚长圆状披针形，边缘疏生纤毛；花药紫色，长 5~6mm；子房狭长圆形，棕色，无毛，长约 3mm，花柱极短，柱头 2 枚，长约 3mm，羽毛状。颖果长圆形，棕色至棕紫色，无毛，具腹沟，先端尖，长约 7mm，直径约 1.5mm。笋期 8~9 月；花期 4~6 月；果期 6~7 月。

叶片大型，常用于包裹粽子。

在四川都江堰，见有野生大熊猫冬季下移时采食该竹竹种；亦见采用该竹饲喂圈养大熊猫。

分布于我国四川西部、福建和广西，垂直分布海拔 900~1500m，常见于水肥条件充裕的山坡下部溪流两岸，亦栽培于村宅旁、公园、寺庙或沟渠边。

耐寒区位：9 区。

9 月月竹属 *Menstruocalamus* Yi

Menstruocalamus Yi in J. Bamb. Res. 11(2): 38. 1992, et Bamb. Fl. Sichuan 284. 1997; Yi et al. in Icon. Bamb. Sin. 615. 2008, et in Clav. Gen. Sp. Bamb. Sin. 177. 2009.

Typus: ***Menstruocalamus sichuanensis*** (Yi) Yi.

灌木状竹类。地下茎复轴型。秆散生间小丛生，直立；节间圆筒形或在具分枝一侧中下部扁平，幼时节下方微被一圈白粉或无白粉，秆壁中等厚度；箨环初时具黄棕色刺毛；秆环微隆起至隆起；节内有时在秆基部第 1~3 节上有一圈瘤状突起。秆芽 3 枚。秆每节上枝条开初 3 枚，后期可多达 11 枚。箨鞘宿存，三角状长椭圆形，背面被棕色或黄棕色刺毛，此毛在基部尤密，边缘上半部生纤毛；箨耳无，鞘口缕毛缺失或有时鞘口两肩各具 2~3 枚易脱落的缕毛；箨舌低矮，截平形；箨片直立或开展，有时外翻，锥形或三角状锥形，边缘具细锯齿。小枝具叶（2）3~4（6）枚；叶耳无，鞘口有缕毛；外叶舌被纤毛；叶片披针形，次脉 5~7 对，小横脉明显。花枝无叶或着生于具叶小枝顶端；真花序排成总状或简单圆锥状，具小穗 1~8 枚，序轴常被短柔毛；小穗柄压扁，基部具苞片；小穗基部无前出叶，细瘦，略弯垂，紫绿色，含小花（4）8~15（25）朵；小穗轴节间扁平，无毛或有时上部被短柔毛，顶部密生纤毛；颖 1（2）枚，具多脉；外稃卵状披针形，具 7~11 脉，小横脉不清晰；内稃上部被微毛，背部具 2 脊，先端微 2 裂；鳞被 3 枚；雄蕊 3 枚，花丝分离，花药紫色、黄色或黄紫色；子房纺锤形，无柄，花柱 2 枚，柱头 2 枚，羽毛状。颖果狭长圆形，成熟时不全为稃片所包藏而部分露出，基部具脐，有明显的腹沟，果皮甚厚；胚乳白色，填满整个果实内部；胚作 90° 弯曲。笋期长，7 月至翌年 1 月。花期很长，几乎全年均可见开花竹株，但多在 4~6 月；果期多在 5~6 月。

全世界的月月竹属植物仅 1 属 1 种，也属大熊猫野外采食竹种，产自我国四川和重庆。

9.1 月月竹（中国竹类图志）

Menstruocalamus sichuanensis (Yi) Yi in J. Bamb. Res. 11(1): 40. f. 1. 1992; S. L. Zhu et al., A Comp. Chin. Bamb. 221. 1994; Keng et Wang in Fl. Reip. Pop. Sin. 9(1): 240. 1996, in nota.; Yi et al. in Icon. Bamb. Sin. 615-618. 2008, et in Clav. Gen. Sp. Bamb. Sin. 177. 2009. ——*Sinobambusa sichuanensis* Yi in Bull. Bot. Res. 2(4): 105. fig. 4. 1982. ——*Chimonobambusa sichuanensis* (Yi) Wen in Juorn. Bamb. Res. 6(3): 33. 1987.

竹鞭节间长 1~4（5.5）cm，直径 4~8mm，圆筒形，近实心，光滑无毛，具鞭箨，节上具瘤状突起或根 2（3）枚；鞭芽圆锥形，芽鳞褐色。秆高 2~5m，直径 0.8~2.0cm，梢端直立；全秆具 17~25 节，节间长 17~30（43）cm，圆筒形，具芽一侧基部或分枝一侧下部 1/2~3/5 扁平，绿色，幼时节下微被一圈白粉或无白

月月竹-分枝

月月竹-秆

月月竹-叶1

月月竹-叶2

月月竹-箨1

月月竹-箨2

粉，无毛，老秆纵细线棱纹略明显，秆壁厚1.5~3.0mm，髓呈锯屑状；箨环隆起，但不强烈增厚为木栓质状物，初时具一圈向下生长的黄棕色刺毛，老后脱落；秆环微隆起至隆起；节内高2~3mm，有光泽，有时在基部1~3节上有一圈瘤状突起。秆芽3枚，贴生，具1枚共同的前出叶。枝条初时3枚，后期因次生枝发生可多达11枚，斜展至近于平展，无明显主枝，长达80cm，直径2~4mm。笋紫绿色或紫色，具黄棕色刺毛；箨鞘宿存，三角状长椭圆

月月竹-果

月月竹-笋

月月竹-芽

形，短于节间，长 10~20cm，基底宽 3~5cm，先端三角形，顶端宽 2~3mm，薄革质，黄褐色，背面被棕色或黄棕色刺毛（基底一圈尤密），纵脉纹明显，小横脉不发育，边缘上半部具灰褐色纤毛；箨耳缺失，鞘口两肩无繸毛或有时各具 2~3 枚易脱落的繸毛；箨舌截平形，高约 1mm，口部无纤毛或有时具长约 0.5mm 的纤毛；箨片直立或秆上部者开展，有时外翻，锥形或三角状锥形，长 0.5~1.2（3.5）cm，宽 1.5~2.5mm，纵脉纹略显著，两面均稍粗糙，边缘具细锯齿，不内卷。小枝具叶（2）3~4（6）枚；叶鞘长 3.5~8.5cm，纵脉纹及上半部纵脊明显，边缘初时具纤毛；叶耳缺失，鞘口两肩具长 5~12mm 灰白色弯曲的繸毛；叶舌截平形，无毛，高 1.0~1.5mm，外叶舌具灰白色纤毛，边缘无繸毛；叶柄长 3~5mm；叶片披针形，长 10~26cm，宽 1.5~3.0cm，纸质至厚纸质，无毛，上面绿色，下面淡绿色，先端渐尖，基部楔形或阔楔形，次脉 5~7 对，小横脉明显，组成长方形，边缘

月月竹-花

月月竹-竹丛

具细锯齿。花枝无叶或着生于具叶小枝顶端，基部为一组苞片所包围。真花序排列成总状或有时在其下部分枝上具2枚小穗而成为简单圆锥花序，顶生，疏松开展，具1~8枚小穗，穗轴常具短柔毛；小穗柄压扁，无毛或具短柔毛，长2~15mm，基部托以苞片；小穗含（4）8~15（25）朵小花，长（3）8~10（14.5）cm，较细瘦，略下垂，紫褐色、紫色或紫绿色，成熟时枯草色；小穗轴节间长3~12mm，扁平，无毛或有时上部具短纤毛，顶端膨大，边缘密生纤毛；颖1（2）枚，卵状披针形，纸质，无毛，先端芒尖，边缘具短纤毛，第1颖长4~8mm，宽约2.5mm，具3~7脉，第2颖长6~11mm，宽3~4mm，具7~11脉；外稃卵状披针形，纸质，长8~13mm，宽3~4mm，具7~11脉，小横脉不清晰，先端具芒状尖头，无毛或上部具灰白色微毛，边缘具小纤毛，小穗基部外稃内的小花退化而败育；内稃长3~10mm，等长或略短于外稃，上部具灰白色微毛，先端微2裂，具笔毫状簇毛，背部具2脊，脊上通常无纤毛；鳞被3枚，卵形、倒卵状披针形或长椭圆状披针形，长2.0~2.5mm，宽约1mm（前方的2枚较宽大），膜质透明，两侧有时带紫色，下半部具纵脉纹，边缘上半部具纤毛；雄蕊3枚，花丝长6~8mm，伸出花外，花药长5~6mm，紫色、黄色或黄紫色，先端渐尖，基部箭簇状叉开，孔裂；子房纺锤形，长1.5~2.0mm，无柄，光滑无毛，花柱2枚，长约0.5mm，柱头长约2mm，白色，羽毛状。颖果，新鲜时绿色带紫色、紫色带绿色或绿色，干后暗褐色，狭长圆形，微弯，无毛，有光泽，长7~9mm，直径1.5~2.5mm，成熟时露出，不为稃片全包，具宽约1mm的腹沟，先端具宿存花柱，果皮较厚，内含饱满淀粉质胚乳，胚作90°弯曲。笋期长，7月至翌年1月均可发笋；笋味甜。花期很长，几乎全年均可见到开花竹株，但盛期在4~6月；果熟期多在5~6月。

在四川绵竹、都江堰和马边大熊猫分布区内，见有野生大熊猫冬季垂直下移时采食该竹种。

分布于我国重庆永川、梁平和四川西部绵竹、新都、都江堰、乐山、马边；生于海拔400~1200m的平原、丘陵或山地，也常见栽培于公园、宅旁，或盆栽作观赏。陕西西安楼观台国家森林公园有引栽，基本能适应关中平原的冬季低温。

耐寒区位：9区。

10 慈竹属 *Neosinocalamus* Keng f.

Neosinocalamus Keng f. in J. Bamb. Res. 2 (2): 12. 1983; Keng et Wang in Fl. Reip. Pop. Sin. 9(1): 131. 1996; T. P. Yi in Sichuan Bamb. Fl. 76. 1997, et in Fl. Sichuan. 12: 54. 1998; Yi et al. in Icon. Bamb. Sin. 166. 2008, et in Clav. Gen. Spec. Bamb. Sin. 52. 2009.——*Sinocalamus* McClure in Lingnan Univ. Sci. Bull. no. 9: 66. 1940, p. p.; Y. L. Keng in Fl. Ill. Pl. Prim. Sin. Gramineae 63. 1959, p. p.

Typus: ***Neosinocalamus affinis*** (Rendle) Keng f.

乔木状竹类。地下茎合轴型。秆单丛生，梢端纤细，钓丝状长下垂；节间圆筒形，初时被小刺毛，秆壁较薄；箨环隆起；秆环平；节内及箨环下具一圈绒毛环。秆芽1枚，扁桃形，常紫色，贴秆；秆每节分枝多数枚，簇生，无明显粗壮主枝。箨鞘早落至迟落，革质或软骨质，鞘口顶端穹形至下凹或呈“山”字形，背面被棕色刺毛；箨耳及鞘口缝毛缺失；箨舌边缘流苏状；箨片三角形至卵状披针形，外翻，基部宽度为箨鞘顶端的1/3~1/2。小枝具叶数枚至10余枚；叶耳及鞘口缝毛缺失；叶舌截平形；叶片宽大，中型，纸质，小横脉不清晰。

花枝修长，无叶，弯曲下垂；花序为续次发生；假小穗1~4枚生于花枝各节，成熟时古铜色或棕紫色；先出叶有时仅具1脊；苞片2枚或3枚，上方1枚无腋芽和次生假小穗；小穗含3~6朵小花，棕紫色或紫红色，两侧压扁，上方小花渐小而不孕，无小穗柄，成熟时小穗整体脱落；小穗轴节间粗短，形扁，成熟后不易在诸花间折断；颖1枚至多枚，向上逐渐增大，阔卵形，具多脉；外稃宽大，阔卵形，具不明显多脉，顶端圆或具小尖头；内稃远狭于外稃而略短，背部具2脊，脊上生纤毛，顶端2短齿裂；鳞被1~4枚，膜质，长圆形兼披针形，基部具脉纹，边缘上部具纤毛；雄蕊6枚，有时可较少，花丝分离，花药黄色，细长形；雌蕊被长柔毛，子房有柄，被毛，花柱1枚，柱头2~4枚，长短不一，羽毛状。果实囊果状，纺锤形，具浅腹沟，顶端被短柔毛；果皮薄，黄褐色，易与种子分离。染色体 $2n=72$。笋期在秋季。

慈竹属植物种类较少。全世界的慈竹属植物为2种11个栽培品种，全为中国特产。主要分布于四川、重庆、云南、贵州、甘肃、陕西、河南、湖北、湖南等地，福建、广东亦有少量分布。

自然生存状态下，发现大熊猫在野外有取食本属植物行为，已记录大熊猫采食本属竹类有1种3栽培品种。

10.1 慈竹（中国植物志）

钓鱼慈（四川江安）、大竹子（甘肃文县）

Neosinocalamus affinis (Rendle) Keng f. in J. Bamb. Res. 2(2): 12 1983; T. P. Yi in J. Bamb. Res. 4(1): 13. 1985, et al. Icon. Arb. Yunn. Inferus 1384. fig. 647. 1991; S. L. Zhu et al., A Comp.

慈竹-景观

慈竹-秆

慈竹-花枝

Chin. Bamb. 64. 1994; Keng et Wang in Fl. Reip. Pop. Sin. 9(1): 132. pl. 32. 1996; T. P. Yi in Sichuan Bamb. Fl. 76. pl. 20. 1997, et in Fl. Sichuan. 12: 54. pl. 20. 1998; Yi et al. In Icon. Bamb. Sin. 168. 2008, et in Clav. Gen. Sp. Bamb. Sin. 52. 2009. ——*N.* 'Affinis' , Keng et Wang in Flora Reip. Pop. Sin. 9(1): 133. 1996; Shi et al. in For. Res. 27(5): 703. 2014, et in World Bamb. Ratt. 16(1): 46. 2018, ——*Bamhusa emeiensis* Chia et H. L. Fung in Act. Phytotax. Sin. 18(2): 214. 1980, et in ibid. 20(4): 512. 1982, et in 中国竹谱，11 页 . 1988, et in Fl. Guizhou. 5: 278. pl. 92. 1988; D. Ohrnb., The Bamb. World, 260. 1999, et in Fl. Yunnan. 9: 26. Pl. 4: 11-19. 2003; D. Z. Li et al. in Fl. China 22: 34. 2006, et in Amer. Bamb. Soc. in Bamb. Species Source List no. 35: 7. 2015. ——*Dendrocalamus affinis* Rendle in J. Linn. Soc. Bot. 36: 447. 1904.——*D. textilis* Xia, Chia et C. Y. Xia in Act. Phytotax. Sin. 31(1): 63. 1993.——

Lingnania affinis (Rendle) Keng f. in Act. Phytotax. Sin. 19(1): 141. 1981.——*Sinocalamus affinis* (Rendle) McClure in Lingnan Univ. Sci. Bull. no. 9: 67. 1940; W. P. Fang in Icon. Pl. Omei. 1(2): Pl. 52. 1944; Y. L. Keng in Fl. Ill. Pl. Prim. Sin. Gramineа 75. fig. 52a, 52b. 1959; Keng f. in J. Nanjing Univ. (Biol.) 1962(1): 39. 1962.

地下茎合轴型。秆丛生，秆高 8~13m，直径 3~8（10）cm，梢端弧形弯曲作钓丝状长下垂；全秆具 32 节左右，节间圆筒形，深绿色，中部最长者长达 60cm，基部最短者长达 15~30cm，被箨鞘覆盖的部分光滑无毛，上部

慈竹-芽

慈竹-叶

慈竹-生境

慈竹-花

慈竹-笋

未被覆盖部分贴生长约2mm的灰色或灰褐色小刺毛，该小刺毛脱落后留有1小凹痕或有1小疣点，无白粉或偶见微敷白粉，中空度大，秆壁厚3~6mm，髓呈锯屑状；箨环隆起，残存箨鞘基部的遗留物，有时在秆基部数节的箨环下具紧密贴生宽5~8mm的灰白色绒毛一圈；秆环平，光滑，无毛；节内高6~11mm。秆芽1枚，扁桃形，常紫色，贴秆，周围常具紧贴的灰白色绒毛。秆分枝习性较高，通常始于秆的第15节左右，枝条在秆的每节上为多数，簇生，无明显粗壮主枝。笋墨绿色；箨鞘革质或软骨质，迟落性，革质，较坚脆，长圆状三角形，长16~30cm，基部宽14~26cm，背面除原被覆盖的三角形区无刺毛外，其余均密被贴生的棕黑色刺毛；箨耳及鞘口两肩缝毛缺失；箨舌显著，连同流苏状的缝毛在内全高10~15mm；箨片外翻，卵状披针形，在秆基部的箨鞘上者较小，向上则逐渐增大，长2~16cm，宽1.2~5.0cm，先端渐尖，基部收缩而略呈圆形，背面中部疏生小刺毛，内面具多数纵脉纹，密生白色小刺毛，边缘粗糙而略内卷。叶在每小枝上6~11枚；叶鞘长3~9cm，无毛，纵脉纹及上部纵脊明显，边缘具纤毛；叶耳及鞘口缝毛缺失；叶舌截平形，有时具浅裂齿，褐色或棕色，高1.0~1.5mm；叶柄长2~3mm，下面被微毛；叶片披针形，纸质，较薄，长8~28cm，宽1.2~4.0cm，先端渐尖，基部圆形或阔楔形，上面深绿色，无毛，下面灰绿色，被微毛，次脉4~10对，小横脉不清晰，边缘具小锯齿而粗糙。花枝修长，无叶，柔软下垂，节间无毛或有时在幼嫩时具灰褐色绒毛。假小穗紫褐色，无柄，长8~15mm，通常2~4枚生于一节；小穗含4~6朵小花；小穗轴节间长1~2mm，略扁，无毛或稀具灰褐色绒毛；颖2枚或多数枚，向上逐渐增大，长2~6mm，具多脉；外稃长6~12mm，阔卵形，具多脉，顶端具小尖头，有光泽，边缘具纤毛；内稃长7~9mm，背部具2脊，脊上生纤毛，脊间无毛，先端具2浅裂；鳞被3~4枚，长圆形兼披针形，

慈竹-竹丛

有时先端可分叉，长 2~4mm，基部具脉纹，边缘上部具纤毛；雄蕊 6 枚，有时可较少，花丝分离，花药黄色，顶端具小刺毛或无毛，长 3.0~6.5mm，花丝白色，长 4~7mm，成熟时露出花外；子房椭圆形，长约 1mm，密被白色长丝状毛，具短柄，花柱被微毛，柱头 2 枚，稀 3 枚，羽毛状。果实囊果状，纺锤形，黄棕色，长 6.0~7.5mm，直径 3~4mm，上部具灰白色微毛，具浅腹沟；果皮薄，易与种子相分离。笋期 7~8 月；花期很长，多在 4~7 月。

秆广泛用于造纸、建筑、家具、农具等行业。笋可食用，笋壳即箨鞘用于制作锅盖或作布鞋底的衬垫物。竹丛秀美，因而产区各地也大量用于城乡园林绿化。

自然状态下，在冬季大雪封山、食物亏缺的寒冷季节，大熊猫垂直下移觅食时，有见在村庄附近采食本栽培竹种。

主产于我国的四川盆地及其周边盆壁低山地区，通常栽培于海拔 1500m 以下的村旁、宅旁、水旁、路旁、沟旁或田边地角，以及一些立地条件较好的林地上。长期以来，川西平原庭院周围常以慈竹为主形成了一种特殊的自然生态景观——林盘，它对于成都市的“田园城市”建设具有重要作用。云南、贵州，以及甘肃南部、陕西南部、湖北西部和湖南西部也有分布；在四川西南部和云南高原，本种可栽植到海拔 1800m 的平地或坡地。也见于与乔木树种组成的第二林层中。

耐寒区位：9 区。

10.1a 黄毛竹

***Neosinocalamus affinis* 'Chrysotrichus'**, J. H. Xiao in S .L. Zhu et al., Compend. Chin. Bamb., 1994: 64; Keng et Wang in Fl. Reip. Pop. Sin. 9(1): 135. 1996; Shi et al. in For. Res. 27(5): 703. 2014, et in World Bamb. Ratt. 16(1): 46. 2018; J. Y. Shi in Int. Cul. Regist. Rep. Bamboos(2013-2014): 23. 2015.——*N. affinis* (Rendle) Keng f. f. *chrysotrichus* (Hsueh et Yi) Yi in J. Bamb. Res. 4 (1): 13. 1985; Yi et al. in Icon. Bamb. Sin. 171. 2008, et in Clav. Gen. Spec. Bamb. Sin. 32. 2009. ——*Bambusa emeiensis* f. *chrysotricha* (Hsueh et Yi) Ohrnber in Bamb. World Introd. ed. 4: 18. 1997; D. Ohrnb., The Bamb. World, 260. 1999.——*B. emeiensis* 'Chrysotrichus', Amer. Bamb. Soc. in Bamb.

黄毛竹-竹丛

黄毛竹-节间

黄毛竹-秆

黄毛竹-笋

黄毛竹-箨

黄毛竹-景观

Species Source List no. 35: 7. 2015. ——*Sinocalamus affinis* (Rendle) McClure f. *chrysotrichus* Hsueh et Yi in J. Yunnan For. Coll. (1): 68. 1982.

与慈竹特征相似，不同之处在于其幼秆节间密被铁锈色刺毛，并间敷有白粉。

适于生态营建、园林绿化；篾性较慈竹更为柔韧，为制作竹绳索的理想材料。

冬季大熊猫垂直下移觅食食物时，见有在村庄附近采食本栽培竹种。

我国四川成都双流、都江堰、崇州均有栽培。

耐寒区位：9 区。

10.1b 大琴丝竹

***Neosinocalamus affinis* 'Flavidorivens'**, J. H. Xiao in S. L. Zhu et al., Compend. Chin. Bamb. 1994: 65; Shi et al. in Shi et al. in For. Res. 27(5): 704. 2014, et in World Bamb. Ratt. 16(1): 46. 2018; J. Y. Shi in Int. Cul. Regist. Rep. Bamboos (2013-2014): 23. 2015.——*N. affinis* (Rendle) Keng f. f. *flavidorivens* (Hsueh et Yi) Yi in J. Bamb. Res. 4(1): 14. 1985.——*N. affinis* (Rendle) Keng f. f. *flavidorivens* (Yi) Yi, Yi et al. in Icon. Bamb. Sin. 171. 2008, et in Clav. Gen. Spec. Bamb. Sin. 52. 2009; Shi et al. in The Ornamental Bamb. in China. 308. 2012.——*Sinocalamus affinis* var. *tlavidorivens* Yi, 1963: 72.——*S. affinis* (Rendle) McClure f. *flavidorivens* Hsueh et Yi in

大琴丝竹-景观

大琴丝竹-箨1

大琴丝竹-箨2

大琴丝竹-叶

大琴丝竹-秆

丝竹-竹丛

J . Yunnan For. Coll. (1): 68. 1982.——*Bambusa emeiensis* f . *tlavidorivens* (Yi) Ohrnberger in Bamb. World Introd. ed. 4: 18. 1997; D. Ohrnb., The Bamb. World, 260. 1999.——*B. emeiensis* 'Flavidorivens', Amer. Bamb. Soc. in Bamb. Species Source List no. 35: 7. 2015.

与慈竹特征相似，不同之处在于其秆节间淡黄色，但有宽窄不等的深绿色纵条纹；叶片有时亦具淡黄色纵条纹。

适于风景区、公园、小区栽培观赏，竹种园建设。

冬季大熊猫垂直下移觅食食物时，见有在村庄附近采食本栽培竹种。

我国四川成都、乐山、西充、营山、宜宾，重庆梁平、垫江均有栽培。

耐寒区位：9 区。

10.1c 金丝慈竹

***Neosinocalamus affinis* 'Viridiflavus'**, J. H. Xiao in S. L. Zhu et al. in Compend. Chin. Bamb., 1994: 65; Shi et al. in For. Res. 27(5): 704. 2014, et in World Bamb. Ratt. 16(1): 46. 2018; J. Y. Shi in Int. Cul. Regist. Rep. Bamboos(2013-2014): 23. 2015.——*N. affinis* (Rendle) Keng f. f. *viridiflavus* (Yi) Yi, Yi in Joun. Bamb. Res. 4(1): 13. 1985; Yi et al. in Icon. Bamb. Sin. 171. 2008. et in Clav. Gen. Spec. Bamb. Sin. 52. 2009.——*N. affinis* 'Striatus', J. H. Xiao in S. L. Zhu et al. in Compend. Chin. Bamb., 1994: 65.——*Sinocalamus affinis* f . *viridiflavus* (Yi) Hsueh et Yi in J. Yunnan For. Coll. no. 1: 68. 1982. ——*S. affinis* var. *viridiflavus* Yi in 四川省灌县林业学校教学参考资料 , 1. 1963: 72. ——*Bambusa emeiensis* f. *viridiflava* (Yi) Ohrnberger in Bamb. World Introd. ed. 4: 18. 1997;

金丝慈竹-秆

金丝慈竹-笋

金丝慈竹-叶

金丝慈竹-竹丛

金丝慈竹-箨

D. Ohrnb., The Bamb. World, 260. 1999.——*B. emeiensis* 'Viridiflavus', Amer. Bamb. Soc. in Bamb. Species Source List no. 35: 7. 2015.

与慈竹特征相似，不同之处在于其秆节间绿色，但在具芽或分枝一侧有淡黄色细纵条纹。

适于生态建设和庭院、风景区、小区栽培观赏。

冬季大熊猫垂直下移觅食时，见有在村庄附近采食本栽培竹种。

我国四川成都、邛崃、丹棱和重庆梁平均有栽培；福建福州、华安，广东广州等地有引栽。

耐寒区位：9 区。

11 刚竹属 *Phyllostachys* Sieb. et Zucc.

Phyllostachys Sieb. et Zucc. in Abh. Akad. Munchen. 3: 745. 1893 [1894], nom. cons.——*Sinoarundinaria* Ohwi ex Mayebara in Florula Austrohigoensis 86. 1931; Keng et Wang in Flora Reip. Pop. Sin. 9 (1): 243. 1996; D. Ohrnb., The Bamb. World, 193. 1999; D. Z. Li et al.in Flora of China. 22: 163. 2006; Yi et al. in Icon. Bamb. Sin. 305. 2008, et in Clav. Gen. Spec. Bamb. Sin. 89. 2009.

Typus: ***Phyllostachys bambusoides*** Seib. et Zucc.

乔木或灌木状竹类。地下茎为单轴散生，偶可复轴混生。秆圆筒形；节间在分枝的一侧扁平或具浅纵沟，后者可贯穿节间全长，髓呈薄膜质封闭的囊状，易与秆的内壁相剥离；秆环明显隆起，稀不明显。秆每节分 2 枝，一粗一细，在秆与枝的腋间有先出叶，有时在此 2 枝之间或粗枝的一侧再生出第三条显著细小的分枝，秆下部的节最初偶可仅分 1 枝。秆箨早落；箨鞘纸质或革质；箨耳无或大型；箨片在秆中部的秆箨上呈狭长三角形或带状，平直或波状、或皱缩，直立至外翻。末级小枝具叶（1）2~4（7）枚，通常为 2 枚或 3 枚；叶片披针形至带状披针形，下表面（离轴面）的基部常生有柔毛，小横脉明显。花枝甚短，呈穗状至头状，通常单独侧生于无叶或顶端具叶小枝的各节上（如生于具叶嫩枝的顶端、新生的开花植株或同一花枝再度开花时，则此等花序及小穗之变化极大，均不宜用作分类的依据），基部的内侧托以极小的先出叶，后者之上还有 2~6 枚逐渐增大的鳞片状苞片，苞片之上方是大型的佛焰苞 2~7 枚，在此佛焰苞内各具 1~7 枚假小穗，仅花枝下方的 1 枚至数枚佛焰苞内可不生假小穗而有腋芽，花枝中不具假小穗的佛焰苞则常早落，致使花枝下部裸露而呈柄状，其腋芽于花枝上部的佛焰苞及其腋内的小穗枯谢后，还可继续发育成新的次生花枝或假小穗；佛焰苞的性质在许多方面与秆箨或枝箨相似，纸质或薄革质，宽广，多脉，有或无叶耳及鞘口缕毛，叶舌截平形或弧形，有时两侧下延，具呈叶状至锥状的缩小叶（退化的小型绿色叶片）；假小穗的基部近花枝的一侧常有一膜质具 2 脊的先出叶，有时此先出叶偏于假小穗基部的一侧时则背部仅有 1 脊，先出叶上方还有呈颖状的苞片，苞腋内亦可再具芽或次生假小穗；小穗含 1~6 朵小花，上部小花常不孕；小穗轴通常具柔毛，脱节于颖之上与诸孕花之间，常呈针棘状延伸于最上小花的内稃之后，此延伸部分通常无毛，其顶端有时尚有不同程度退化小花的痕迹；颖 0~1（3）枚，其大小及质地多变化，广披针形至线状披针形，5 脉至多脉，背部常有脊，先端锥尖，有时也有极小的缩小叶；外稃披针形至狭披针形，先端渐尖，呈短芒状或锥状，7 脉至多脉，背脊不明显；内稃等长或稍短于其外稃，背部具 2 脊，先端分裂成 2 枚芒状小尖头；鳞被 3 枚，稀可较少，椭圆形、线形或线状披针形，位于两侧者其形不对称，均有数条不明显的细脉纹，上部边缘生细纤毛；雄蕊 3 枚，偶可较少，花丝细长，开花时伸出花外，花药黄色；子房无毛，具柄，花柱细长，柱头3枚，偶可较少，羽毛状。颖果长椭圆形，近内稃的一侧具纵向腹沟。笋期3~6月，相对集中在5月。

刚竹属物种多样性十分丰富。全世界刚竹属植物约69种7变种76变型，计150多种及种下分类群（其中部分变种、变型已根据最新颁布的《国际栽培植物命名法规》修订为栽培品种），我国几乎全产。除东北、内蒙古、青海、新疆等地外，各地均有自然分布或成片栽培的竹园。欧美从我国引进栽培多种刚竹属植物。

自然生存状态下，发现大熊猫在野外有取食本属植物，亦见圈养大熊猫饲喂该属植物，已记录大熊猫采食本属竹类有23种1变种6栽培品种。

11.1 罗汉竹（中国竹类植物图志）

人面竹（竹谱详录）

Phyllostachys aurea Carr. ex A. et C. Riv., in Bull. Soc. Acclim. Ser. 3, 5: 716 (Les Bamb. 262). fig. 36, 37. 1878; E. G. Camus, Les Bambus. 64. pl. 33. t. B. 1913; Nakai in Journ. Jap. Bot. 9: 18. fig. 3. 1933; McClure in Agr. Handb. USDA no. 114: 15. fig. 8, 9. 1957, et in Fl. Taiwan 5: 723. pl. 1489, 1978; C. P. Wang et al. in Act. Phytotax. Sin. 18(2): 170. 1980, et in Fl. Guizhou. 5: 298. 1988; Icon. Arb. Yunn. Inferus 1453. fig. 683. 1991; S. L. Zhu et al., A Comp. Chin. Bamb. 109. 1994; Keng

罗汉竹-景观1

罗汉竹-景观2

罗汉竹-景观3

罗汉竹-景观4

罗汉竹-景观5

罗汉竹-竹林

et Wang in Fl. Reip. Pop. Sin. 9(1): 255. pl. 67: 5-7. 1996; T. P. Yi in Sichuan Bamb. Fl. 114. pl. 34. 1997, et in Fl. Sichuan. 12: 97. pl. 33: 1-5. 1998, et in Fl. Yunnan. 9: 195. pl. 46: 1-2. 2003; D. Z. Li et al. in Fl. China 22: 168. 2006; Yi et al. in Icon. Bamb. Sin. 314. 2008, et in Clav. Gen. Sp. Bamb. Sin. 99. 2009; Ma et al. The Genus *Phyllostachys* in China. 75. 2014.——*P. bambusoides* Sieb. et Zucc. var. *aurea* (Carr. ex A. et C. Riv.) Makino in Bot. Mag. Tokyo 11: 158. 1897. et in ibid. 14: 64. 1900; Y. L. Keng in Fl. Ill. Prim. Sin. Gramineae 102. fig. 71. 1959.——*P. formosana* Hayata, Icon. Pl. Formos. 6: 140. fig. 50. 1916. ——*P. reticulata* (Rupr.) K. Koch. var. *aurea* Makino in l. c. 26: 22. 1912.——*Bambusa aurea* Hort. ex A. et C. Riv. in Bull. Soc. Acclim. Ser. 3, 5: 716. 1878. non. Sieb. ex Miq. 1866.

秆高 5~12m，直径 2~5cm；节间长 15~30cm，幼时被白粉，无毛，绿色或淡黄绿色，基部或有时中部节间极度短缩，缢缩或肿胀，或其节交互倾斜，中下部正常节间的上端也常明显膨大，秆壁厚 4~8mm；箨环初时被白色短毛；秆环隆起与箨环等高或稍高。箨鞘背面黄绿色或淡褐黄色带紫色，有褐色小斑点或小斑块，底部有白色短毛；箨耳及鞘口缕毛缺失；箨舌截平形或微拱形，淡黄绿色，边缘具细长纤毛；箨片开展或外折，狭三角形或带状，下部多皱曲，绿色，两边黄色。小枝具叶 2~3 枚；叶耳和鞘口缕毛早落或缺失；叶舌极矮；叶片狭长披针形或披针形，长 6~12cm，宽 1.0~1.8cm，下面基部有毛或全无毛。花枝穗状，长 3~8cm；佛焰苞 5~7 枚，长 15~18mm，各具数条鞘口缕毛，缩小叶卵形或窄披针形，每片佛焰苞腋内具假小穗 1~3 枚；小穗含小花 1~4 朵，上部者不孕；小穗轴节间无毛；颖 0~2 枚；外稃与颖相似但较长，长 15~20mm，具多脉，近边缘密被柔毛；内稃等长于外稃或较短，脊上具纤毛，脊间具 2~3 脉，脊外两边各具 2~5 脉；鳞被 3 枚，被微毛，长 3.5~5.0mm；雄蕊 3 枚，花丝分离，花药长 10~12mm；柱头 2 枚，羽毛状。颖果线状披针形，长 10~14mm，直径 1.5~2.0mm，顶端具宿存花柱基部。笋期 5 月。

笋味美，蔬食佳品；常栽培供观赏。

在美国华盛顿国家动物园、圣地亚哥动物园及孟菲斯动物园，英国苏格兰爱丁堡动物园，奥地利维也纳美泉宫动物园，比利时天堂动物园，澳大利亚阿德莱德动物园，芬兰艾赫泰里动物园，日本神户市立王子动物园，韩国爱宝

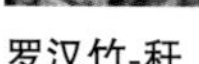

罗汉竹-秆

罗汉竹-竹丛

罗汉竹-笋

乐动物园等，均见采用从我国引种的罗汉竹饲喂圈养大熊猫。

分布于我国黄河流域以南各地区，福建闽清、浙江建德、重庆梁平有野生罗汉竹林；世界各地广泛引种栽培。

耐寒区位：7~9 区。

11.2 黄槽竹（植物分类学报）

Phyllostachys aureosulcata McClure in Journ. Wash. Acand. Sci. 35: 282. f. 3. 1945, et in Agr. Hand. USDA no. 114: 18. f. 10, 11. 1957: Z. P. Wang et al. in Act. Phytotax. Sin. 18(2): 180. 1980; S. L. Zhu et al., A Comp. Chin. Bamb. 109. 1994; Keng et Wang in Fl. Reip. Pop. Sin. 9(1): 283. pl. 76: 5-7. 1996; D. Z. Li et al. in Fl. China 22: 174. 2006; Yi et al. in Icon. Bamb. Sin. 315. 2008, et in Clav. Gen. Sp. Bamb. Sin. 101. 200; Ma et al. The Genus *Phyllostachys* in China. 78. 2014.

秆高达 9m，直径 4cm，在小径竹的基部有 2~3 节常“之”字形曲折；节间长达 39cm，分枝一侧的沟槽为黄色，其他部分为绿色或黄绿色，幼时被白粉和柔毛，毛脱落后手触秆表面后微觉粗糙；秆环高于箨环。箨鞘背面紫绿色，常具淡黄色纵条纹，散生有褐色小斑点或无斑点，被薄白粉；箨耳由箨片基部两侧延伸而成，或与箨鞘顶端相连，淡黄色带紫色或紫褐色，边缘具缕毛；箨舌截平形或拱形，紫色，较宽，边缘具白色短纤毛；箨片直立或开展，或在秆下部箨鞘上者外翻，淡绿黄色或紫绿色，三角形或三角状披针形，平直或波状。小枝具叶 2~3 枚；叶耳微小或无，鞘口缕毛短；叶舌伸出；叶柄长 3~4mm，叶片长约 12cm，宽 1.4cm。花枝穗状，长 8.5cm，基部约有 4 枚逐渐增大的鳞片状苞片；佛焰苞 4 枚或 5 枚，无毛或疏生短柔毛，无叶耳和鞘口缕毛，缩小叶锥状，每片佛焰苞内具 5~7 枚假小穗，但最下面的 1 枚佛焰苞内常无假小穗。小穗含 1~2 朵小花；小穗轴具毛；颖 1~2 枚，具脊；外稃长 15~19mm，在中上部被柔毛；内稃稍短于外稃，上半部具柔毛；鳞被长 3.5mm，边缘生纤毛；花药长 6~8mm；柱头 3 枚，羽毛状。笋期 4 月中旬至 5 月上旬。花期 5~6 月。

适于园林栽培，供观赏。

美国华盛顿国家动物园、圣地亚哥动物园、

孟菲斯动物园、亚特兰大动物园，英国苏格兰爱丁堡动物园，比利时天堂动物园和芬兰艾赫泰里动物园等，均见用从中国引栽的黄槽竹饲喂圈养大熊猫。

分布于我国北京、浙江；美国、英国有引栽。

耐寒区位：7~9 区。

黄槽竹-秆1

黄槽竹-秆2

黄槽竹-叶

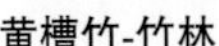

黄槽竹-竹林

黄槽竹-笋

黄秆京竹（南京大学学报）

Phyllostachys aureosulcata **'Aureocarlis'**, Keng et Wang in Flora Reip. Pop. Sin. 9(1): 286. 1996. ——*P. aureosulcata* McClure f. *aureocaulis* Z. P. Wang et N. X. Ma in Journ Nanjing Univ. (Nat. Sci. ed.) 1983(3): 493. 1983; D. Ohrnb., The Bamb. World, 199. 1999; Yi et al. in Icon. Bamb. Sin. 315. 2008, et in Clav. Gen. Spec. Bamb. Sin. 102. 2009; Ma et al. The Genus *Phyllostachys* in China. 80. 2014.

与黄槽竹特征相似，不同之处在于其秆节间全为黄色，或仅基部的1、2节间上有绿色纵条纹；叶片有时也有淡黄色条纹。

适于建植竹种园；秆色鲜丽，园林栽培供观赏。

在奥地利美泉宫动物园、英国苏格兰爱丁堡动物园、芬兰艾赫泰里动物园等，均见用该竹饲喂圈养大熊猫。

分布于我国江苏、浙江、北京；美国、欧洲有引种栽培。

耐寒区位：7~9区。

京竹-竹丛

黄秆京竹-秆

黄秆京竹-箨

黄秆京竹-笋

11.2b 金镶玉竹（江苏植物志）

Phyllostachys aureosulcata **'Spectabilis'**, New Roy. Hort. Soc. Dict. Gard. 3: 564. 1992; C. Younge, Bamboepark Schellinkh. 1992: 10; Keng et Wang in Flora Reip. Pop. Sin. 9(1): 285. 1996; Amer. Bamb. Soc. in Bamb. Species Source List no. 35: 24. 2015; J. Y. Shi in Int. Cul. Regist. Rep. Bamb. (2013-2014): 23. 2015.——*P. spectabilis* C. D. Chu et C. S. Chao in Acta Phytotax. Sin. 18(2):

金镶玉竹-秆

金镶玉竹-秆和叶

金镶玉竹-秆及分枝

180. 1980; 江苏植物志，上册，160 页 . 图 256. 1977 (tandum in Sinice. descr.).——*P. aureosulcata* McClure f. *spectabilis* C. D. Chu et C. S. Chao in Act. Phytotax. Sin. 18(2): 180. 1980; 中国竹谱，65 页 . 1988; T. P. Yi in Sichuan Bamb. Fl. 110. pl. 32. 1997, et in Fl. Sichuan. 12: 93. pl. 32. 1998; Yi et al. in Icon. Bamb. Sin. 316. 2008, et in Clav. Gen. Spec. Bamb. Sin. 102. 2009; Ma et al. The Genus *Phyllostachys* in China. 81. 2014.

与黄槽竹特征近似，不同之处在于其秆金

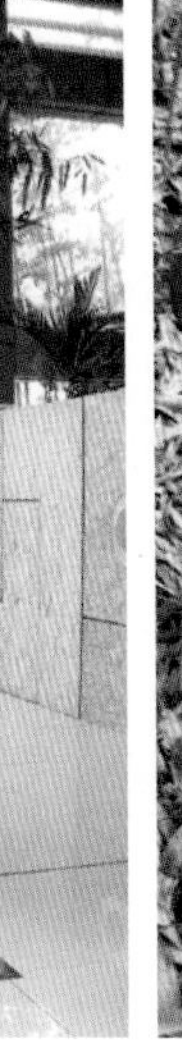

金镶玉竹-景观1

金镶玉竹-笋

金镶玉竹-竹林

金镶玉竹-景观2

金镶玉竹-景观3

金镶玉竹-景观4

黄色，但具绿色纵条纹。

秆色美丽，适作园林栽培供观赏。

在英国苏格兰爱丁堡动物园、奥地利美泉宫动物园、荷兰欧维汉动物园和芬兰艾赫泰里动物园，均见用引栽的金镶玉竹饲喂圈养大熊猫。

分布于我国北京、江苏，浙江、四川有引栽；英国有引栽。

耐寒区位：7~9 区。

11.3 桂竹（中国植物志）

刚竹（中国主要植物图说·禾本科）、斑竹（四川、甘肃通称）、五月季竹（中国竹类植物图志）

Phyllostachys bambusoides Sieb. et Zucc. in Abh. Akad. Wiss. München. 3: 746. pl. 5. fig. 3. 1843 [1844]; Munro in Trans. Linn. Soc. 26: 36. 1868; Gamble in Ann. Bot. Gard. Culcutta 7: 27. pl. 27. 1896; McClure in Agr. Handb. USDA no. 114: 20. ff. 12, 13. 1957; Y. L. Keng in Fl. Ill. Pl. Prim. Sin. Gramineae 99. 1959, p.p; Icon. Corm. Sin. 5: 39. fig. 6908. 1976, et in Fl. Tsinling. 1(1): 63. fig. 56. 1976, et in Fl. Taiwan. 5: 725. fig. 1490. 1978; S. Suzuki in Ind. Jap. Bambusae 13 (f. 3-1, 2.), 74, 75(pl. 13), 336. 1978; C. P. Wang et al. Act. Phytotax. Sin. 18(2): 181. 1980, et in Fl. Guizhou. 5: 296. 1988, et in Icon. Arb. Yunn. Inferus 1463. fig. 691. 1991; S. L. Zhu et al., A Comp. Chin. Bamb. 112. 1994; Keng et Wang in Fl. Reip. Pop. Sin. 9(1): 292. pl. 80. 1996; T. P. Yi in Sichuan Bamb. Fl. 105. pl. 30. 1997, et in Fl. Sichuan. 12: 87. pl. 30. 1998; D. Ohrnb., The Bamb. World, 199. 1999, et in Fl. Yunnan. 9: 203. pl. 5-14. 2003; Yi et al. in Icon. Bamb. Sin. 317. 2008, et in Clav. Gen. Spec. Bamb. Sin. 99, 103. 2009; Ma et al. The Genus *Phyllostachys* in China. 82. 2014.——*P. bambusoides* Sieb. et Zucc. f. *zitchiku* Makino in Bot. Mag. 14: 63. 1900.——*P. pinyanensis* Wen in Bull. Bot. Res. 2(1): 67, f. 6. 1982.——*P. reticulata* (Ruprecht) K. Koch in Dendrologie 2(2): 356. 1873; D. Z. Li et al. in Fl. China 22: 176. 2006.

地下茎（竹鞭）节间长 2.5~7.0cm，直径 1.0~2.6cm，坚硬，淡黄色，实心、近实心或有小的中空，具芽一侧有纵沟，每节有根或瘤状突起 8~21 枚；鞭芽 1 枚，三角状卵形或卵圆形，淡黄褐色，光亮，边缘具纤毛。秆高达 20m，直径 15cm；全秆共 35~55 节，节间长达

桂竹-秆与箨

桂竹-鲜笋

桂竹-笋1

桂竹-笋2

桂竹-笋（局部）

42cm，幼时亮绿色，无毛，无白粉，老秆于节下有稍明显的白粉环，秆壁厚约5mm；箨环狭窄，无毛；秆环稍高于箨环；节内高3~4mm，老时微被白粉质。分枝习性高，枝条长达1.3m，直径1.2cm。笋暗红色至黑褐色；箨鞘革质，三角状长圆形，通常短于节间，背面黄褐色，有时带绿色或紫色，具较密的紫褐色斑块、小斑点和脉纹，疏生褐色刺毛，边缘初时生短纤毛；箨耳紫褐色，镰形，有时无箨耳，边缘通常具长10~15mm、初时黄绿色或黄色带紫色的缝毛；箨舌拱形，淡褐色或带绿色，边缘具纤毛；箨片长达26cm，宽达12mm，无毛，外翻，带状，平直或偶在顶部微皱曲，两侧紫色，边缘黄色，微粗糙。小枝具叶2~4枚；叶鞘无毛，上部边缘具纤毛；叶耳半圆形，黄绿色或暗绿色，缝毛放射状；叶舌伸出，高2~3mm；叶片长5.5~15.0cm，宽1.5~2.5cm，上面深绿色，下面粉绿色，近基部有短柔毛，次脉（4）5~6对，小横脉显著，边缘具小锯齿。花枝具缩小叶片，穗状，长5~8cm，偶可长达10cm，基部具3~5枚逐渐增大的鳞片状苞片；佛焰苞6~8枚，叶耳小型或近于无，缝毛通常存在，短，缩小叶圆卵形至线状披针形，基部收缩为圆形，上部渐尖呈芒状，每片佛焰苞腋内具1枚或有时2枚、稀可3枚的假小穗，但基部1~3枚的苞腋内无假小穗而苞片早落。小穗披针形，长2.5~3.0cm，含1~2（3）朵小花；小穗轴呈针状延伸于最上孕性小花的内稃后方，其顶端常有不同程度的退化小花，节间除针状延伸的部分外，均具细柔毛；颖1（2）枚或缺失，状如佛焰苞；外稃披针形，具多脉，长2.0~2.5cm，被稀疏微毛，先端渐尖呈芒状；内稃狭披针形，稍短于外稃，除2脊外，背部无毛或常于先端有微毛；鳞被3枚，菱状长圆形，长3.5~4.0mm，边缘生纤毛；雄蕊3枚，花药长11~14mm，成熟时悬垂于花外；子房近三角状形，长约2mm，有极短子房柄，

桂竹-竹林

花柱细长，柱头3枚，羽毛状。果实未见。笋期多在5月中下旬；花期4~6月或更长。

材用竹种；笋味稍苦，水煮清漂后可食用；常见园林绿化用竹。

在有大熊猫分布的四川西部、陕西南部和甘肃南部均有分布，其垂直分布可达海拔1600m，是野生大熊猫天然采食的下线竹种；在国内多家动物园，以及美国圣地亚哥动物园、奥地利美泉宫动物园、比利时天堂动物园、日本神户市立王子动物园、韩国爱宝乐动物园、泰国清迈动物园等，均见用该竹饲喂圈养大熊猫。

分布于我国黄河流域及以南各地；本种是日本最早从我国引栽的竹种，现栽培较广；欧美各国及韩国也有引栽。

耐寒区位：7~9区。

11.4 蓉城竹（中国植物志）

白夹竹（中国竹类植物图志）

Phyllostachys bissetii McClure in J. Arn. Arb. 37: 180. fig.1. 1956, et in Agr. Handb. USDA no. 114. 25. ff. 14. 15. 1957; C. P. Wang et al. in Act. Phytotax. Sin. 18(2): 181. 1980; S. L. Zhu et al., A Comp. Chin. Bamb. 115. 1994; Keng et Wang in Fl. Reip. Pop. Sin. 9(1): 286. pl. 77: 1-3. 1996; T. P. Yi in Sichuan Bamb. Fl. 108. pl. 31. 1997, et in Fl. Sichuan. 12: 90. pl. 31. 1998; D. Z. Li et al. in Fl. China 22: 174. 2006; Yi et al. in Icon. Bamb. Sin. 321. 2008, et in Clav. Gen. Sp. Bamb. Sin. 102. 2009; Ma et al., The Genus *Phyllostachys* in China. 43. 2014.

竹鞭节间长2~4cm，直径7~10mm，具芽一侧有纵沟槽，淡黄色，无毛，有较小中空，每节生根或瘤状突起5~12枚；鞭芽卵圆形或卵状锥形，边缘无纤毛或初时被纤毛。秆高5~7m，直径达4（5）cm；全秆具30~42（50）节，节间长达35cm，幼时被白粉，有白色短硬毛，微粗糙，秆壁厚约4mm；箨环稍隆起，褐色，无毛；秆环隆起，略高于箨环；节内高3~5mm。分枝习性较高，始于第13~20节，枝条长达135cm，直径3~6（9）cm，有小的中空或近实心。笋淡紫绿色或紫红绿色，微被白粉，无毛，无斑点；箨鞘早落，背面暗绿色至淡绿色，并微带紫色，先端有时具乳白色纵条纹，被白粉，无毛或秆下部箨鞘有时具柔毛，无斑点或在上部具极微小斑点，边缘具纤毛；箨耳绿色或绿色带紫色，镰形或微小，或不存在，有或无繸毛；

箨舌截平行或拱形，紫色，宽于箨片基部而常露出，边缘生纤毛；箨片直立，深绿色或深绿色带紫色，狭三角形或三角状披针形，平直或波状，基部较宽。小枝具叶1~2（3）枚；叶鞘紫绿色或绿色，无毛，上部纵脊不发育，边缘初时生纤毛；叶耳和鞘口缝毛易脱落；叶舌截平形或近圆弧形，紫色，背面被短柔毛，边缘初时密生短纤毛；叶片披针形，纸质稍厚，长（5）8~12cm，宽1.2~1.8cm，先端渐尖，基部楔形或有时近圆形，下面灰绿色，初时被白色短柔毛，其毛在基部较密，次脉5~7对，小横脉不甚清晰，约可见其组成长方格子状，边缘具小锯齿。花枝呈短穗状，长2~5cm，基部托以4~8枚逐渐增大的苞片。佛焰苞4~6枚，无叶耳及鞘口缝毛，变态叶微小，披针形至锥形，每片佛焰苞内具1~2（3）枚假小穗；小穗含2~3（4）朵小花，长约1.4mm，淡绿色，密被灰色开展柔毛，顶生1朵小花通常败育；小穗轴易逐节折断，绿色，无毛，节间长1.0~1.5mm；颖缺失或1枚，无毛，纵脉纹明显，边缘密生短纤毛；外稃披针形，长10~15mm，纸质，密被开展的灰色柔毛，具7~9脉，先端锥状渐尖，边缘密生灰色纤毛；内稃长8~10mm，密被灰色柔毛，背部具2脊，先端2裂呈芒状；鳞被1~3枚，披针形、长圆形或菱状卵形，长1.0~1.5（2）mm，不等大，脉纹明显，边缘上部具纤毛；雄蕊3枚，花药黄色，长4~6mm，花丝细长，伸出花外；子房倒锥形或倒卵状椭圆形，具柄，无毛，有光泽，长约1.5mm，花柱1枚，无毛，长2.5~3.5mm，柱头3枚，有时1枚或2枚，羽毛状。颖果倒卵状椭圆形，长3.5~4.5mm，直径约1.5mm，淡黄褐色，无毛，光亮，具腹沟，顶端具宿存花柱。笋期4月中下旬。花期甚长，多在5~8月；果期7月。

笋材两用竹种。

蓉城竹-笋

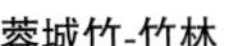
蓉城竹-竹林

蓉城竹-秆

在四川蜂桶寨国家级自然保护区，本种是野生大熊猫天然取食的主要竹种之一。该竹1941年伴随大熊猫，先后由四川成都引入欧洲、美国栽培。在美国华盛顿国家动物园、英国苏格兰爱丁堡动物园、奥地利维也纳美泉宫动物园、荷兰欧维汉动物园、芬兰艾赫泰里动物园和俄罗斯莫斯科动物园，均见引栽蓉城竹饲喂圈养大熊猫。

分布于我国浙江、四川，在四川成都及其西北部山区垂直分布海拔500~1200m；美国、欧洲有引栽。

耐寒区位：9区。

11.5 白哺鸡竹（植物分类学报）

Phyllostachys dulcis McClure in J. Wash. Acad. Sci. 35 (9): 285, fig. 2. 1945, et in Agr. Handb. USDA No. 114: 30. ff. 20. 21. 1957; Z. P. Wang et al. in Act. Phytotax. Sin. 18 (2): 182. 1980; Keng et Wang in Flora Reip. Pop. Sin. 9 (1): 291. 1996; D. Ohrnb., The Bamb. World, 207. 1999; Yi et al. in Icon. Bamb. Sin. 322. 2008. et in Clav. Gen. Spec. Bamb. Sin. 103. 2009; Ma et al., The Genus *Phyllostachys* in China. 91. 2014.

秆高6~10m，直径4~6cm；节间长约25cm，幼时微被白粉，老秆灰绿色，常具淡黄色或橙红色细条纹和斑块；秆环高于箨环。箨鞘背面淡黄色或乳白色，稍带绿色或上部略带紫红色，有时具紫色纵条纹，具稀疏小斑点和刺毛，边缘绿褐色；箨耳绿色或绿色带紫色，卵形或镰形，边缘具繸毛；箨舌拱形，淡紫褐色，边缘具短纤毛；箨片外翻，带状，皱曲，紫绿色，边缘淡绿黄色。小枝具叶2~3枚；叶耳和鞘口繸毛存在；叶舌长伸出；叶片长9~14cm，宽1.5~2.5cm，下面被柔毛。笋期4月下旬。

白哺鸡竹-竹林

白哺鸡竹-笋

笋用竹种。

在奥地利维也纳美泉宫动物园、比利时天堂动物园，均见用该竹饲喂圈养大熊猫。

分布于我国江苏、浙江；美国早有引栽。

耐寒区位：8 区。

11.6 毛竹（中国植物志）

楠竹（四川、贵州、云南通称）、孟宗竹（台湾）

Phyllostachys edulis (Carr.) H. de Leh. in Le Bambou 1: 39. 1906; 陈嵘 . 中国树木分类学 , 78 页 . 图 58. 1937, et in Nat' l Hort. Mag. 25: 45. 1946; C. S. Chao et S. A. Renv. in Kew Bull. 43: 420. 1988; R. A. Young in Wash. Acad. Sci. 37: 345. 1937. et in Nat' l Hort. Mag. 25: 45. 1946; C. S. Chao et S. A. Renv. in Kew Bull. 43: 420. 1988. ——*P. edulis* (Carr.) H de Leh. f. *edulis*, Ma et al., The Genus *Phyllostachys* in China. 92. 2014.——*P. heterocycla* (Carr.) Matsumura Shokubutsu in mei-i, 1895: 213; Mitford in Bamb. Gard. 1896: 160.——*P. heterocycla* f. *pubescens* (H. de Leh.) D. McClink in Kew Bull. 38: 185. 1983.——*P. heterocycla* (Carr.) Mitford var. *pubescens* (Mazel) Ohwi. Fl. Jap. 77. 1953; Yi et al., in Icon. Bamb. Sin. 327. 2008, et in Clav. Gen. Spec. Bamb. Sin. 97. 2009.——*P. macroculmis* var. *edulis* Simonson ex A.V. Vasil'ev in Trans in Sukhumi Bot. Gard. 9: 23. 1956.——*P. mitis* Bean in Gard. Chron. ser. 3, 15, 1894: 238, 369.; ——*P. pubescens* Mazel ex H. de Leh., Bamb. 1: 7. 1906;

毛竹-生境1

毛竹-生境2

毛竹-秆

毛竹-箨

毛竹-笋1

McClure in J. Arn. Arb. 37: 189. 1956, et in Agr. Handb. USDA No.114: 51. ff. 40, 41. 1957; 中国主要植物图说 · 禾本科，89 页，图 65. 1959; 华东禾本科植物志，39 页，图 10. 1962; 江苏植物志，上册，152 页，图 233. 1977; Fl. Taiwan 5: 733. pl. 1495. 1978; S. Suzuki, Ind. Jap. Bambusac. 10 (f. 1), 12 (f. 2), 70, 71 (pl. 1), 336, 1978; 广西竹种及其栽培，119 页，图 63. 1987; 云南树木图志，下册，1460 页，图 687. 1991; Keng et Wang in Flora Reip. Pop. Sin. 9(1): 275. 1996.——*P. pubescens* f. *lutea* Wen in Bull. Bot. 2 (1): 79. 1982.——*Bambusa mitis* hort. ex Carrière in Rev. Hort. 1866: 380.

竹鞭节间长（2）3~6cm，直径 1~3cm，无毛，具光泽，实心或近实心，具芽一侧有深沟槽，每节生根或瘤状突起 8~17 枚；鞭芽卵圆形或卵状锥形，芽鳞边缘具灰褐色纤毛。秆高 20m，直径约 20cm，梢端后期略弯曲；节间长 40cm，圆筒形，但在分枝一侧具沟槽或具 1 脊和 2 纵沟槽，灰绿色或粉绿色，幼时密被灰白色柔毛和厚白粉，老后节下有白粉环，秆壁厚约 10mm 或更厚，髓为笛膜状；箨环隆起，初时被黄褐色刺毛；秆环不明显或在细秆中隆起；节内高 4~6mm，微被白粉质。枝条 2 枚，斜展，长 1.3m，直径 1.2cm，初时被小硬毛，实心或近实心。笋紫褐色至黑褐色，密被毛；箨鞘近等长或略长于节间，背面密被棕色刺毛，具黑褐色至黑色斑点，纵脉纹显著，边缘密生棕色长纤毛；箨耳小或有时不发育，繸毛发达，长 3cm；箨舌强隆起，弓形，边缘具长 3cm 紫色或后期变为淡黄色的纤毛；箨片外翻，绿色或绿紫色，长三角形或披针形，有皱曲，长 20cm，宽 20mm，被小刺毛，边缘下部疏生小刺毛，上部则变为纤毛。小枝具叶 2~4 枚；叶鞘长 2.0~3.2cm，无毛或

毛竹-竹廊1

毛竹-竹廊2

毛竹-竹林1

毛竹-竹林2

毛竹-笋2

初时上部被灰色微毛，边缘上部具小纤毛；叶耳不明显，鞘口缕毛初时为紫色，长 3~6mm；叶舌隆起，高 1.0~2.5mm，边缘无纤毛或具 2~5 枚径直纤毛；叶柄长达 4mm，无毛或初时被微毛；叶片线状披针形，较薄，长 4~12cm，宽 0.5~1.2cm，下面基部沿中脉两侧被灰白色短柔毛，次脉 3~6 对，小横脉组成长方格子状，边缘一侧密生小锯齿，另一侧近于平滑。花枝穗状，长 4~7cm，基部具 4~6 枚逐渐较大的鳞片状苞片，有时花下方尚有 1~3 枚近于正常发育的叶，此时花枝呈顶生状；佛焰苞 10 余枚，常偏于一侧，呈整齐的覆瓦状排列，下部数片不孕而早落，缩小叶小，披针形或锥状，每片孕性佛焰苞腋内具假小穗 1~3 枚；小穗含小花 1 朵；小穗轴延生于最上方小花的内稃背部，呈针状，节间具短柔毛；颖 1 枚，长 15~28mm，顶端常具锥状如佛焰苞的缩小叶，被毛，边缘具纤毛；外稃长 22~24mm，上部及边缘被毛；内稃稍短

饲养员清洗毛竹

备用投食毛竹

大熊猫正在取食毛竹1

大熊猫正在取食毛竹2

于外稃，中部以上被毛；鳞被3枚，披针形，长约5mm，宽约1mm；雄蕊3枚，花丝分离，长约4cm，花药长约12mm；柱头3枚，羽毛状。颖果长椭圆形，长4.5~6.0mm，直径1.5~1.8mm，顶端具宿存花柱基部。笋期5月；花期5~8月。

毛竹是我国分布广、栽培历史悠久、经济价值大的笋材两用竹种。秆供建筑、家具、竹材胶合板、竹材镟切装饰板和劈篾编织竹器、工艺品等用；竹篼亦是制作工艺品的良好材料；枝梢作扫帚；笋鲜食，也可加工成即食笋、玉兰片、笋干和罐头笋等，笋衣也是蔬菜；箨鞘为编织麻袋、地毯、鞋垫和造纸原料。毛竹林地可种植竹荪、羊肚菌等食用真菌；毛竹还是重要的风景用竹，目前中国各地开发的竹海风景区，大多属于毛竹分布区。

在我国浙江杭州野生动物世界、浙江德清县珍稀野生动物繁殖研究中心、江苏苏州太湖国家湿地公园、广东广州动物园、湖南长沙动物园、安徽合肥野生动物园、福建福州大熊猫研究中心、湖北武汉市动物园、江西南昌动物园、江苏南京市红山森林动物园、四川阆中熊猫科普馆、辽宁大连森林动物园、上海动物园、上海野生动物园、山东威海市刘公岛国家森林公园、山东潍坊金宝乐园和台湾台北动物园，以及奥地利维也纳美泉宫动物园、日本神户市立王子动物园、泰国清迈动物园、比利时天堂动物园、韩国爱宝乐动物园和澳大利亚阿德莱德动物园等，均见用该竹竹笋、竹枝或竹梢饲喂圈养大熊猫。

分布于我国自秦岭、汉水流域至长江流域以南和台湾地区，黄河流域一些地区有栽培；日本、欧美各国均有引栽。

大熊猫正在取食毛竹3

耐寒区位：8~10 区。

11.6a 龟甲竹（井坪竹类图谱）

***Phyllostachys edulis* 'Kikko-chiku'**, G. H. Lai in J. Anhui Agr. Sci. 40(8): 4623. 2012; Ma et al., The Genus *Phyllostachys* in China. 106. 2014; J. Y. Shi in Int. Cul. Regist. Rep. Bamb. (2013-2014): 24. 2015. ——*P. edulis* (Carr.) H. de Lehaie f. *heterocycla* (Carr.) Makino ex A. V. Vasil' ev in Trans. Sukhumi Bot Gard. 9: 23. 1956; Yi in J. Sichuan For. Sci. Techn. 36(2): 2015.——*P. edulis* 'Heterocycla', J. P. Demoly in Bamb. Ass Europ. Bamb. EBS Sect. Fr. no. 8: 23. 1991; D. Ohrnb., The Bamb. World, 210. 1999, et in Amer. Bamb. Soc. in Bamb. Species Source List no. 35: 26. 2015.——*P. edulis* 'Kikko' , J. P. Demoly in Bamb. Assoc. Europ. Bamb. EBS Sect. Fr. no. 8: 23. 1991. ——*P. edulis* (Carr.) H. de Leh. var. *heterocycla* (Carr.) H. de Leh. in Bamb.1: 39. 1906; Makino in Bot. Mag. Tokyo 26: 22. 1912.——*P. heterocycla* (Carr.) Mitford in Bamb. Gard. 160. 1896; Z. P. Wang et G. H. Ye. in J. Nanjing Univ. (Nat. Sci. ed.) 1983 (3): 493. 1983; 中国竹谱 , 69 页 . 1988; Yi et al. in Icon. Bamb. Sin. 326. 2008. et in Clav. Gen. Spec. Bamb. Sin. 98. 2009. ——*P. heterocycla* 'Heterocycla', Murata in Kitamura et Murata Col. Ill. Woody Pl. Jap. 2: 362. 1979. ——*P. mitis* var. *heterocycla* (Carrière) Makino in Bot. Mag. Tokyo 13: 267. 1899.——*P. pubescens* 'Heterocycla', Brennecke in J. Amer. Bamb. Soc. 1(1): 8. 1980; Keng et Wang in Flora Reip. Pop. Sin. 9(1): 276. 1996. ——*P. pubescens* var. *biconvexa* Nakai in J. Jap. Bot. 9(1): 29. 1933.——*P. heterocycla* 'Kikko-chiku', Mitford ex Ohwi in Fl. Jap. rev. ed. 1965: 136.——*P. heterocycla* 'Kikku-chiku', A. H. Lawson in Bamb. Gard. Guide, 1968: 160.——*P. heterocycla* 'Kiko', Crouzet in Bamb. 1981: 75-

76.——*P. pubescens* Mazel ex H. de Leh. var. *heterocycla* (Carr.) H. de Leh., Bamb. 1: 39. 1906; 中国主要植物图说 · 禾本科 , 99 页 , 图 66. 1959; 江苏植物志 , 上册 , 153 页 . 1977; S. Suzuki, Ind. Jap. Bambusac. 13 (f. 1-3), 70, 71 (pl. 1), 336. 1978. ——*P. pubescens* 'Heterocycla', Martin et J. P. Demoly in Bul. Assoc. Parcs Bot. France 1: 10. 1979. ——*P. pubescens* 'Kikko', Crouzet in Allg. Kat. Bambous. German Ed. [1996]: 82. ——*Bambusa heterocycla* Carr. in Rev. Hort. 49: 354. f. 80. 1878.

与毛竹特征相似，不同之处在于其秆中部以下的一些节间极度短缩并一侧肿胀，相邻的节交互倾斜而于一侧彼此上、下相接或近于相接，呈明显龟甲状。

该竹属优质观赏竹，可盆栽、庭院或公园栽培供观赏。在马来西亚国家动物园、日本神户市立王子动物园，均见用该竹饲喂圈养大熊猫。

分布于我国浙江、四川；法国、日本有引栽。

耐寒区位：8~10 区。

龟甲竹-竹丛

龟甲竹-笋

龟甲竹-秆及分枝

11.7 淡竹

Phyllostachys glauca McClure in J. Arn. Arb., 37: 185. f. 6. 1956, et in Agr. Handb. USDA no. 114: 36. ff. 26, 27. 1957; 华东禾本科植物志 , 307 页 , 图 331.1962; 江苏植物志 , 上册 , 156 页 , 图 242. 1977; 中国竹谱 , 68 页 . 1988; 云南树木图志 , 下册 , 1455 页 , 图 685. 1991; Keng et Wang

淡竹-秆

淡竹-箨

淡竹-花

淡竹-箨片

淡竹-竹丛

淡竹-笋1

淡竹-笋2

in Flora Reip. Pop. Sin. 9(1): 260. pl. 69: 1-3. 1996; D. Ohrnb., The Bamb. World, 214. 1999; D. Z. Li et al. in Fl. China 22: 169. 2006; Yi et al. in Icon. Bamb. Sin. 260. 2008, et in Clav. Gen. Spec. Bamb. Sin. 92. 2009; Amer. Bamb. Soc. in Bamb. Species Source List no. 35: 27. 2015.

秆高达 12m，直径 5cm；节间长达 40cm，幼时密被白粉，秆壁厚约 3mm；秆环与箨环等高。箨鞘背面淡紫褐色或淡紫绿色，另有不同深浅颜色的纵条纹，具紫色脉纹及稀疏小斑点；箨耳及鞘口缝毛缺失；箨舌截平形，暗紫褐色，高 2~3mm，先端具裂齿，边缘有短纤毛；箨片开展或外翻，线状披针形或带状，平直或有时微皱曲，紫绿色，近边缘黄色。小枝具叶 2~3 枚；叶耳和鞘口缝毛早落；叶舌紫褐色；叶片长 7~16cm，宽 1.2~2.5cm，下面中脉两侧略有柔毛。花枝穗状，长达 11cm，基部有 3~5 枚逐渐增大的鳞片状苞片；佛焰苞 5~7 枚，无毛或一侧疏生柔毛，鞘口缝毛有时存在，数少，短细，缩小叶狭披针形至锥状，每苞内有 2~4 枚假小穗，但其中常仅 1 枚或 2 枚发育正常，侧生假小穗下方所托的苞片披针形，先端有微毛。小穗长约 2.5cm，狭披针形，含 1 朵或 2 朵小花，常以最上端一朵成熟；小穗轴最后延伸成刺芒状，节间密生短柔毛；颖不存在或仅 1 枚；外稃长约 2cm，常被短柔毛；内稃稍短于外稃，脊上生短柔毛；鳞被长 4mm；花药长 12mm；柱头 2，羽毛状。笋期 4 月中旬至 5 月底；花期 6 月。

笋食用；秆劈篾供编织竹器。

在我国上海野生动物园、江苏南京市红山森林动物园、山东济南动物园、临沂动植物园、陕西秦岭等，均见用该竹喂食圈养大熊猫；在美国孟菲斯动物园，亦见用引栽的淡竹饲喂圈养大熊猫。

分布于我国黄河和长江流域各地区；美国有引栽。

耐寒区位：7~9 区。

11.8 水竹（中国植物志）

Phyllostachys heteroclada Oliv. in Hook. Icon. Pl. 23 (ser. 3.): pl. 2288. 1894; Z. P. Wang et al. in Act. Phytotax. 18(2): 187. 1980; 广西竹种及其栽培 , 132 页 , 图 71. 1987; Fl. Guizhou. 5: 303. pl. 98: 4-7. 1988, et in Icon. Arb. Yunnan Inferus 1467. fig. 692: 4-6 (p. p). 1991; S. L. Zhu et al., A

水竹-秆

水竹-花

水竹-笋1

水竹-笋2

水竹-箨

Comp. Chin. Bamb. 122. 1994; Keng et Wang in Fl. Reip. Pop. Sin. 9(1): 306. pl. 84. 1996; T. P. Yi in Sichuan Bamb. Fl. 128. pl. 41. 1997, et in Fl. Sichuan. 12: 109. pl. 37: 1-16. 1998; D. Ohrnb., The Bamb. World, 215. 1999, et in Fl. Yunnan. 9: 205. 2003; D. Z. Li et al. in Fl. China 22: 179. 2006; Yi et al. in Icon. Bamb. Sin. 355. 2008, et in Clav. Gen. Sp. Bamb. Sin. 107. 2009; Ma et al., The Genus *Phyllostachys* in China 46. 2014.——*P. cerata* McClure in Lingnan Univ. Sci. Bull. no. 9: 41. 1940. ——*P. congesta* Rendle in J. Linn. Soc. Bot. 36: 438. 1904; E. G. Camus, Les Bamb. 62. pl. 31. fig. C. 1913; Y. L. Keng in Fl. Ill. Pl. Prim. Sin. Gramineae 108, fig. 78 (p.p.). 1959, et in Icon. Corm. Sin. 5: 42. fig . 6913. 1976; 陈嵘 . 中国树木分类学 , 81 页 . 1937; 中国主要植物图说・禾本科 , 108 页 , p. p. 图 78. 1959; 华东禾本科植物志 , 49 页 , p. p. 图 16. 1962; 江苏植物志 , 上册 , 158 页 . 图 251. 1977.——*P. dubia* Keng in Sinensia 11 (nos. 5 et 6): 407. 1940.——*P. cerata* McClure in Lingnan Univ. Sci. Bull. no. 9: 41. 1940.——*P. purpurata* McClure in Lingnan Univ. Sci. Bull. no. 9: 43. 1940; D. Ohrnb., The Bamb. World, 230. 1999. ——*P. heteroclada* f. *purpurata* (McClure) Wen in Bull. Bot. Res. 2(1): 78. 1982. ——*P. heteroclada* 'Purpurata', Ohmberger Bamb. World Gen. *Phyllostachys*, 1983: 12.——*P. purpurata* McClure, i. c. 43. 1940.——*P. purpurata* cv. Straigiistem McClure in Agr. Handb. USDA no. 114: 56. 1957; 江苏植物志 , 上册 , 159 页 . 图 254. 1977.

地下茎节间长 1.5~4.0cm，直径 5~8mm，圆柱形，具芽一侧有纵沟槽，淡黄色，无毛，有小的中空，每节生根或瘤状突起 3~9 枚；鞭芽圆卵圆形或卵形，淡黄色或黄褐色，有光泽，幼时上端及两侧密被黄褐色小刺毛。秆高 2.5~8.0（10）m，直径 0.8~4.5（5.5）cm，径直；全秆具 26~35（40）节，中部节间长 20~28cm，最长 38cm，幼时绿色或绿色带紫色，被白粉（尤以箨环下最厚密），无毛或有时被灰白色小刺毛，微具晶状小点，老秆箨环下有一圈宽 3~6mm 的白粉，秆壁厚 2.5~5.0mm；箨环隆起，幼时紫色，无毛，有时具箨鞘基部残留物；秆环较平或在分枝节上者显著隆起，绿色或带紫色，无毛；节内高 3~5mm。枝条斜展，长 1m，直径 8mm，节下被白粉，基部节间三棱形，实心。笋绿色或绿褐色，有时具紫色纵条纹，微被白粉，无毛或疏生灰白色小刺毛；箨鞘早落，淡黄灰色，革质，无斑点，长 14~36cm，宽 5~9cm，先端圆弧形，背面被白粉，无毛或疏生灰白色小刺毛，边缘上部密生褐色或黄褐色纤毛；箨耳较小，卵形、椭圆形或短镰形，淡紫色，边缘具数条缕毛，在小的箨鞘上无箨耳及缕毛，或仅有缕毛；箨舌圆弧形或截平形，深紫色，高 1.0~1.5mm，边缘具短纤毛；箨片直立，三角形或狭长三角形，绿色、绿紫色或紫色，舟状内曲，不皱折，无毛，长 2.5~13.0cm，宽 8~18mm，边缘初时生小纤毛。小枝具叶（1）2（3）枚；叶鞘长 1.5~2.5（3.5）cm，淡绿色，无毛，边缘上部疏生纤毛；叶耳无，鞘口缕毛长 1~3mm，直立；叶舌截平形，高约 0.5mm，口部有纤毛；叶柄背面初时被灰色短柔毛；叶片质地较薄，长 5.5~12.5cm，宽 1.0~1.8（2）cm，基部楔形或近圆形，下面淡绿色，基部具灰白色柔毛，次脉 5~6 对，小横脉组成长方格子状，下面淡绿色，基部具灰白色柔毛，次脉 5~6 对，小横脉组成长方格子状，边缘仅一侧具小锯齿。假花序头状，具假花序 2~3 枚，长 1.0~2.5cm，生于无叶或具叶小枝顶端，为长 1.2~2.2cm 的佛焰苞所包，花序轴节间长 2~8mm，被灰白色柔毛；苞片如存在时为披针形或狭披针形，长 7~13mm，纸质，枯草色，脊上生小纤毛或无毛。小穗长达 1.7cm，淡绿色带紫色，含 2~5 朵小花；小穗轴节间无毛，绿色，长 1.0~1.5mm；颖 1 至数枚，长 1.0~1.5cm，披针形，先端长尖，纸质，无毛，纵脉纹显著，有时具脊；第一外稃长 1.0~1.3cm，长三角状披针形，有不明显的 7~9 脉，先端长尖，除基部外密被灰白色小刺毛；鳞被 3 枚，倒卵状长圆形或狭长圆形，前方 2 片长 2.0~2.8mm，后方 1 片较小，膜质，具紫色脉纹，上部边缘生纤毛；花药黄色，长 4~6mm，花丝纤细，长约 1.7cm，成熟时伸出花外；子房光滑无毛，有短柄，具腹沟，花柱长约 2mm。柱头 1~3 枚，长 2~4mm，羽毛状。颖果倒卵形，淡黄褐色，长 3.0~4.5mm，直径 1.5~2.0mm，先端具一长达 2.5mm 宿存的花柱。笋期 5 月；花期 5~7 月；果实成熟期 6~8 月。

笋材为两用竹种。

在四川天全、宝兴、泸定和康定等地，常见野生大熊猫冬季下移时采食本竹种；在成都、都江堰、雅安等大熊猫养殖基地和峨眉山生物资源试验站、武汉市动物园、南京市红山森林动物园、大连森林动物园、上海野生动物园、济南动物园、华蓥山大熊猫野化放归培训基地等，均见采用该竹喂食圈养大熊猫。

分布于我国黄河流域及以南各地，分布区内有原生水竹林，垂直分布海拔 1500~1600m。

耐寒区位：8~9 区。

水竹-竹林

11.9 轿杠竹（中国植物志）

石竹（台湾花莲，兆丰）

Phyllostachys lithophila Hayata in Icon. Pl. Form. 6: 141. f. 51. 1916, et in ibid. 7: 95. 1918; W. C. Lin. in Bull. Taiwan For. Res. Inst. No. 69: 97. ff. 40, 41. 1961, et in Fl. Taiwan 5: 727. pl. 1491. 1978; S. L. Zhu et al., A Comp. Chin. Bamb. 130. 1994; Keng et Wang in Fl. Reip. Pop. Sin. 9(1): 313. 1996; D. Ohrnb., The Bamb. World, 217. 1999, et in Fl. Yunnan. 9: 205. 2003; Yi et al. in Icon. Bamb. Sin. 333. 2008, et in Clav. Gen. Sp. Bamb. Sin. 99. 2009.

轿杠竹-竹丛

秆高 3~12m，直径 4~12cm，幼秆被白粉，后逐渐变为深绿色，节下方有粉环；节间长 10~40cm，秆壁厚达 4~8mm。箨鞘近革质，淡黄色，具暗褐色斑点，疏生细毛；箨耳小或几不明显，具暗褐色缝毛；箨舌隆起，绿色带黄色，边缘生纤毛；箨片钻形或线状披针形，淡黄绿色，微皱曲。末级小枝具叶 2~3 枚，有时具叶 4~5 枚；叶鞘无毛；叶耳不明显；叶舌突出；叶柄长 4~8mm；叶片狭披针形，长 8~20cm，宽 1.2~2.0cm。笋期 4~5 月。

在泰国清迈动物园，有见用引栽的轿杠竹饲喂圈养大熊猫。

中国台湾特产；泰国有引栽。

耐寒区位：11 区。

11.10 台湾桂竹（植物分类学报）

桂竹（台湾植物志）

Phyllostachys makinoi Hayata in Icon. Pl. Form. 5: 250, 1915, et in ibid. 6: 142. f. 52. 1916; McClure in Agr. Handb. USDA no. 114: 38. ff. 28, 29. 1957; Y. L. Keng in Fl. Ill. Prim. Sin. Gramineae 103. fig. 72. 1959, et in Fl. Taiwan 5: 727. pl. 1492. 1978, p. p.; S. Suzuki in Ind. Jap. Bambusac. 14 (f. 4), 76, 77 (pl. 4), 337. 1978; S. L. Zhu et al., A Comp. Chin. Bamb. 131. 1994; Keng et Wang in Fl. Reip. Pop. Sin. 9(1): 254. pl. 66: 7~12. 1996; D. Z. Li et al. in Fl. China 22: 168. 2006; Yi et al. in Icon. Bamb. Sin. 334. 2008, et in Clav. Gen. Sp. Bamb. Sin. 90. 2009; Ma et al., The Genus *Phyllostachys* in China 119. 2014.

秆高 10~20m，直径 3~8cm；节间长达 40cm，初时被薄白粉，在放大镜下能见到猪皮状小凹穴或白色微点，秆壁厚达 10mm；秆环与箨环等高或秆环稍高。箨鞘背面乳黄色，有时带绿色或褐色，具绿色脉纹，无白粉或微被白粉，无毛，有较密的大小不等的斑点；箨耳及鞘口缝毛均不发达或缺失；箨舌微拱形或截形，紫

台湾桂竹-叶

台湾桂竹-秆

台湾桂竹-笋

用于制作乐器的商品竹

色，边缘具紫红色长纤毛；箨片外翻，带状，平直或微皱，中间绿色，两边橘黄色或绿黄色。小枝具叶 2~3 枚；叶耳有时存在，鞘口缝毛发达；叶舌拱形，常缺裂，边缘具紫红色纤毛；叶片长 8~14cm，宽 1.5~2.0cm，下面初时被毛。假花序穗状，侧生于枝节，基部有一组向上逐渐增大其中上面的呈佛焰苞状的苞片，佛焰苞长 17~20mm，具 13~15 脉，先端生有宽卵形、顶端长渐尖、背部具 3~4 脉和小横脉的缩小叶，或退化成钻状附着物，口部无耳但生有一些弯曲缝毛。每个苞片生有无柄假小穗 1~2 枚；颖 1~2 枚，中部具 1 脊，先端长渐尖，第 1 颖长 8~10mm，近膜质，背部有稀疏短柔毛，第 2 颖或仅有 1 颖时长 12~15mm，具 7 脉，背部近先端有稀疏微柔毛，边缘有稀疏细纤毛。每假小穗有小花 1 朵；外稃长 21~23mm，先端有长

台湾桂竹-景观

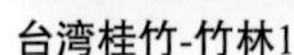
台湾桂竹-竹林1

台湾桂竹-竹林2

台湾桂竹-竹林3

的锐尖头，有微柔毛；内稃长 18~24mm，短于外稃（有时稍长于外稃），背部具 2 脊，先端 2 裂，有微柔毛；鳞被 3 枚，膜质，极狭的线形；柱头 3 枚，羽毛状。笋期 5 月上旬。

笋供食用；秆材致密坚韧，供建筑、造纸、家具、制笛等用。

在中国台湾台北动物园和泰国清迈动物园，见用台湾桂竹或引栽的该竹饲喂圈养大熊猫。

分布于我国台湾、福建，江苏、浙江有引栽；泰国。

耐寒区位：9~10 区。

11.11 美竹（植物分类学报）

黄古竹（江苏植物志）、红鸡竹（植物研究）、青竹（四川宝兴）、画眉竹（四川泸定）、金竹（四川会理）

Phyllostachys mannii Gamble in Ann. Roy. Bot. Gard. Calcutta 7: 28. pl. 28. 1896; C. S. Chao et S. A. Renv. in Kew Bull. 43: 417. 1988; S. L. Zhu et al., A Comp. Chin. Bamb. 131. 1994; Keng et Wang in Flora Reip. Pop. Sin. 9(1): 281. pl. 76: 1-4. 1996; D. Ohrnb., The Bamb. World, 218. 1999; T. P. Yi in Sichuan Bamb. Fl. 112. pl. 33. 1997, et in Fl. Sichuan. 12: 95. pl. 33: 6-7. 1998; Fl. Yunnan. 9: 202. pl. 48: 1-4. 2003; D. Z. Li et al. in Fl. China 22: 173. 2006; Icon. Bamb. Sin. 334. 2008; Clav. Gen. Sp. Bamb. Sin. 100. 2009.——*P. assamica* Gamble ex Brandis, Indian Trees 607. 1906.——*P. bawa* E. G. Camus, Les Bamb. 66. 1913.——*P. decora* McClure in J. Arn. Arb. 37: 182. f. 2. 1956, et in Agr. Handb. USDA 114: 29. ff. 18, 19, 1957; 华东禾本科植物志 , 307 页 , 图 330. 1962; 江苏植物志 , 上册 , 154 页 , 图 237. 1977; 云南树木图志 , 下册 , 1463 页 , 图 690. 1991. C. P. Wang et al. in Act. Phytotax. Sin. 18(2): 181. 1980; Fl. Xizang. 5: 59. fig. 28. 1987.——*P. helva* Wen in Bull. Bot. Res. 2(1): 64. f. 3. 1982. ——*P. mannii* 'Mannii', Amer. Bamb. Soc. in Bamb. Species Source List no. 35: 27. 2015.

地下茎节间长 1.5~5.5cm，直径 5~8mm，淡黄色，圆柱形，具芽一侧具纵沟槽，中空度小或近于实心，每节生根或瘤状突起（2）

美竹-秆和叶

美竹-笋

5~7（12）枚；鞭芽卵圆形或近圆形，芽鳞光亮，无毛。秆高 4~8（10）m，直径（1）2.0~3.5（6）cm，径直；全秆具（22）28~35（40）节，节间长 20~36cm，最长达 43cm，基部节间长 5~10cm，圆筒形，但在分枝一侧具 1 纵脊和 2 纵沟槽，初时淡绿色，无白粉，疏生白毛，老秆节下有白粉环，秆壁厚 3~7mm，髓为笛膜状；箨环狭窄，稍隆起，褐色，无毛；秆环与箨环等高或稍高；节内高 3~5mm，初时密被白粉。通常于秆的第 10~25 节开始分枝，枝条长达 80（110）cm，直径 1~6mm。笋黄绿色，有淡紫色或黄白色纵条纹；箨鞘革质，方状长圆形，早落，先端圆弧形，背面无毛，暗紫色或淡紫色，具淡黄色或淡黄绿色条纹，常疏生紫褐色小斑点，边缘上部具短纤毛；箨耳无或具大小不等的紫色镰形箨耳，大者边缘具紫色长达 8mm 的弯曲缝毛；箨舌高 1~2mm，截平形或稍拱形，紫色，背面被长毛，边缘具短纤毛；箨片直立或开展，长 1.5~6.0（13）cm，宽 6~9（13）mm，淡绿黄色或紫绿色，三角形或三角状带形，平直或波曲至微皱曲，基部不收缩，边缘乳黄色带紫色。小枝具叶 1~2（3）枚；叶鞘黄绿色，边缘初时生短纤毛；叶耳小或不明显，鞘口缝毛直立；叶舌高约 1mm，具易脱落的缝毛；叶片披针形，长 7.5~16.0cm，宽 1.3~2.2cm，下面淡绿色，基部被灰白色柔毛，次脉 3~5 对，小横脉较清晰，边缘仅一侧有小锯齿。假花序穗状，稍紧缩，侧生于枝节，基部有一组向上逐渐增大其中上面的呈佛焰苞状的苞片，佛焰苞长 15~17mm，具明显的 15~17 脉，先端有短尖头，口部既无耳也无缝毛。每苞片有无柄假小穗 1（稀 2）枚；颖 2 枚，中部具 1 脊，第 1 颖长 8~9mm，具不明显或稍明显纵脉，先端钝，第 2 颖长 11~12mm，约具 7 脉，近无毛，先端长渐尖。每个假小穗有小花 2 枚；外稃长约 15mm，先端有长锐尖头，中上部有微柔毛；内稃等长或稍短于外稃，具2脊，中上部有微柔毛，先端2裂；鳞被3枚，膜质，近线状；雄蕊3枚，花丝长17~23mm，白色，花药淡黄绿色，长约7mm；子房卵形，花柱长11~13mm，柱头3枚，羽毛状。笋期4~5月。

笋味稍苦，可供食用；秆材坚韧，劈篾可编织竹器，圆竹可做各种竿具。

在四川宝兴、冕宁、泸定等地，均见大熊猫采食本竹种；在我国陕西秦岭，以及比利时天堂动物园，均见用该竹饲喂圈养大熊猫。

分布于我国黄河至长江流域，以及直达西藏东南部；印度也有分布；美国有引栽。

耐寒区位：7~9区。

11.12 篌竹（中国植物志）

白夹竹（四川竹类植物志），花竹（中国主要植物图说·禾本科），刀枪竹、笔笋竹（植物分类学报）

Phyllostachys nidularia Munro in Gard. Chron. new ser. 6: 773. 1876; McClure in Handb. USDA no. 114: 42. ff. 32, 33. 1957; Y. L. Keng, Fl. Ill. Pl. Prim. Sin. Gramineae 107, fig. 77 (4-13). 1959; 华东禾本科植物志，48页，p. p. 图15. 1962; Fl. Tsiling. 1(1): 62. 1976; Icon. Corm. Sin. 5: 41. fig. 6912. 1976; 江苏植物志，上册，157页. 图248. 1977; Z. P. Wang et al. in Act. Phytotax. 18 (2): 185. 1980; 香港竹谱，70页. 1985; 广西竹种及其栽培，131页，图70. 1987; 中国竹谱，72页. 1988; Fl. Guizhou. 5: 301. pl. 99: 1-3. 1988; Icon. Arb. Yunn. Inferus 1467. fig. 692: 1-3 (p.p). 1991; S. L. Zhu et al., A Comp. Chin. Bamb. 132. 1994; Keng et Wang in Fl. Reip. Pop. Sin. 9(1): 304. pl. 83: 8-10. 1996; T. P. Yi in Sichuan Bamb. Fl. 125. pl. 39. 1997, et in Fl. Sichuan. 12: 105. pl. 36. 1998; D. Ohrnb., The Bamb. World, 219. 1999; Fl. Yunnan. 9: 205. 2003; D. Z. Li et al. in Fl.China 22: 178. 2006; Yi et al. in Icon. Bamb. Sin. 358. 2008, et in Clav. Gen. Spec. Bamb. Sin. 106. 2009; T. P. Yi et al. in J. Sichuan For. Sci. Tech. 31(4): 3, 9. 2010; Ma et al. The Genus *Phyllostachys* in China. 56. 2014.——*P. nidularia* Munro f. *glabrovagina* (McClure) Wen in J. Bamb. Res. 3(2): 36. 1984; et 4(2): 17. 1985.——*P. nidularia* Munro f. *vexillaris* Wen in Bull. Bot. Res. 2(1): 74. f. 11. 1982.——*P. nidularia* Munro 'Smoothsheath' McClure in Agr. Handb. U. S. D. A. no.114: 44. 1957.

地下茎坚硬，节间长2~4cm，直径6~12（15）mm，圆柱形，具芽一侧有纵沟槽，淡黄色，每节生根或瘤状突起4~13枚，中空很小而近于实心；鞭芽阔卵形或卵状锥形，淡黄褐色，光亮，

篌竹-花序

篌竹-分枝1

先端不贴生，边缘初时被灰黄色短纤毛。秆高达10（16）m，直径5（8）cm，径直；全秆具（30）45~50（55）节，中部节间长20~35节，最长达45~58cm，绿色，无毛，幼时被白粉，秆壁厚2~4mm，髓为笛膜状；箨环隆起，初时具棕色刺毛；秆环同高或稍高于箨环；节内高4~5(7)mm，向下变细。分枝习性较高，通常始于秆的第8~18节，枝条长达110cm，直径4~9mm，基部节间三菱形，实心或近实心。笋淡灰绿色，常被白粉，有时具紫色或黄白色纵条纹，被稀疏淡黄褐色小刺毛，笋箨边缘有紫色纤毛；箨鞘早落，稍短于节间长度，长圆形，先端圆弧形，革质，背面绿色，上部具乳白色纵条纹，中下部为紫色纵条纹，上部被白粉，基部密生褐色刺毛，

篌竹-分枝2

篌竹-秆

篌竹-节间

篌竹-生境

篌竹-竹丛

篌竹-笋1

向上部刺毛变稀疏，边缘生纤毛；箨耳由箨片近基部向两侧扩展而成，三角形或镰形，宽大，长3cm，宽2cm，紫色，有光泽，边缘疏生燧毛；箨舌稍拱形或截平形，紫褐色，高1.0~2.5mm，边缘具微纤毛；箨片直立，宽三角形，绿紫色，舟状内曲，无毛，长3~10cm，宽3~4cm，边缘初时具灰白色短纤毛。小枝具叶1（2）枚；叶鞘长1.7~3.0cm，无毛，如小枝仅具叶1枚时，则叶鞘与小枝紧密结合，不易剥离叶片下倾；叶耳和鞘口燧毛微弱或均无；叶舌低或不明显，外叶舌发达，边缘有灰白色短纤毛；叶柄长3~10mm，微弯；叶片披针形，长4~13cm，宽1~2cm，质地较坚韧，先端渐尖，基部阔楔形或近圆形，下面灰绿色，有时基部具柔毛，次脉5~7对，小横脉较清晰，组成长方形，边缘仅一侧具小锯齿。花枝具少数叶片。假花序头状，生于小枝下部，长1.5~2.0cm，基部托有一组约为6枚逐渐增大的苞片，此苞片位于下部者为卵形，坚韧，绿色带深棕色，边缘生纤毛，位于上部者则成有鞘的佛焰苞，宽卵形，长8~12mm，紫色，背部具多脉，顶端具小尖头或缩小叶，边缘具纤毛；假小穗的苞片狭长形，长达1cm，质地薄，顶端渐尖，具脊，脊上生短纤毛或无毛。小穗含2~4朵小花，长8~14mm，顶生小花不孕；小穗轴节

篌竹-笋2

篌竹-箨1

篌竹-竹林1

篌竹-定向培育1

篌竹-定向培育2

篌竹-定向培育3

间长约2mm，无毛；颖1枚，与苞片相似，长6~10mm；外稃卵状披针形，背面上半部有小硬毛，先端长渐尖或有脊，具9~11脉，第一外稃长7~12mm；内稃长6~9mm，除近基部外均被小硬毛，先端具2齿裂，背部具2脊，脊上生纤毛；鳞被3枚，卵形或长圆形，长2~3mm，顶端生纤毛；雄蕊3枚，花药黄色，长约4mm，具蜂窝状花纹，成熟时露出花外；子房三菱形，长1.5mm，基部具柄，先端收缩成长约2mm的花柱，顶生3枚长2~6mm的柱头，其上疏生羽毛。果实待查。笋期4月下中旬至5月中旬；花期4月下旬至8月上旬。

笋材两用竹种；也是园林竹种。

在四川芦山、荥经、邛崃、崇州、都江堰、汶川和彭州等地，野生大熊猫冬季下移时常觅食本竹种；在四川成都、卧龙、都江堰、雅安等大熊猫基地、峨眉山生物资源实验站、汶川县三江大熊猫生态教育馆、宝兴县大熊猫文化宣传教育中心、华蓥山大熊猫野化放归培训基地、山东龙口动植物园、辽宁大连森林动物园，以及俄罗斯莫斯科动物园，奥地利维也纳美泉宫动物园，该竹是饲喂圈养大熊猫的重要常备竹种。

分布于我国陕西、河南及长江流域以南各地，有大面积原生篌竹林，垂直分布海拔1600m；日本早已引栽，欧洲亦有引种。

耐寒区位：8~9区。

11.12a 黑秆篌竹（世界竹藤通讯）

***Phyllostachys nidularia* 'Heigan Houzhu'**, M. Wei et al. in World Bamb. Ratt. 17(4): 47. 2019; J. X. Wu, L. S. Ma and J. Yao in Cert. Int. Reg. Bamb. Cult., No. WB-001-2019-041. 2019.

与篌竹特征近似，不同之处在于其秆为灰黑色，是篌竹（栽培型）*P.* 'Nidularia' 的变异植株经进一步分离、培育而成的大熊猫主食竹新品种。本品种笋味鲜甜、肉质细腻、脆嫩，亦可作为发展人类优质笋用竹的栽培新品种。

在四川成都一些动物园，该竹被用于饲喂圈养的大熊猫。

仅见四川省都江堰市和崇州市有少量人工栽培。

黑秆篌竹-新秆

黑秆篌竹-老秆

黑秆篌竹-竹丛

11.12b 花篌竹（世界竹藤通讯）

***Phyllostachys nidularia* 'Huahouzhu'**, J. Y. Huang et al. in World Bamb. Ratt. 19(2): 72. 2021, & in Cert. Int. Reg. Bamb. Cult., No. WB-001-2021-051. 2021.

与篌竹特征近似，不同之处在于其秆为灰黑色，且基部数节具黄绿色纵条纹，叶绿色具黄色纵条纹，是黑秆篌竹 *P. nidularia* 'Heigan Houzhu' 的变异植株经进一步分离、培育而成的大熊猫主食竹新品种。

本品种笋味鲜甜、肉质细腻、脆嫩，亦可作为发展人类优质笋用竹的栽培新品种。由于其笋形如矛、优雅挺拔，秆色独特、株型美观，还可用于城市园林绿化。

在四川成都一些动物园，该竹被用于饲喂圈养的大熊猫。

仅见四川省崇州市有少量人工栽培。

花篌竹-秆

花篌竹-叶

花篌竹-分枝

11.13 紫竹（竹谱详录）

黑竹（四川通称）、墨竹（甘肃文县）

Phyllostachys nigra (Lodd. ex Lindl.) Munro in Trans. Linn. Soc. 26: 38. 1968; Y. L. Keng, Fl. Ill. Pl. Prim. Sin. Gramineae 105. fig. 75. 1959; 华东禾本科植物志，46 页，图 14. 1962; Icon. Corm. Sin. 5: 41. 1976; 陈嵘 . 中国树木分类学，81 页 . 1937; McClure in Agr. Handb. USDA No. 114: 45, ff. 34, 35. 1957, et in Fl. Tsinling. 1 (1): 64. 1976; 江苏植物志，上册，158 页，图 249. 1977, et in Fl. Taiwan 5: 730. pl. 1493. 1978; S. Suzuki in Ind. Jap. Bambusac. 5 (f. 5-1), 78, 79 (pl. 5), 337. 1978; Z. P. Wang et al. in Act. Phytotax. Sin. 18 (2): 179. 1980; 香港竹谱，71 页，1985; 广西竹种及其栽培，129 页，图 69. 1987; Fl. Guizhou. 5: 299. pl. 98: 1-3. 1988; 中国竹谱，73 页 . 1988; Icon. Arb. Yunn. Inferus 1460. fig. 688. 1991; S. L. Zhu et al., A Comp. Chin. Bamb.

紫竹-景观1

135. 1994; Keng et Wang in Flora Reip. Pop. Sin. 9(1): 288. 1996; D. Ohrnb., The Bamb. World, 220. 1999; T. P. Yi in Sichuan Bamb. Fl. 120. pl. 37. 1997, et in Fl. Sichuan. 12: 101. pl. 35: 1-16. 1998 et in Fl. Yunnan. 9: 200. 2003; D. Z. Li et al. in Fl. China 22: 175. 2006; Yi et al. in Icon. Bamb. Sin. 336. 2008, et in Clav. Gen. Spec. Bamb. Sin. 101. 2009; Ma et al. The Genus *Phyllostachys* in China 61. 2014. ——*P. filifera* McClure in Lingnan Univ. Sic. Bull. 9: 42. 1940. ——*P. nana* Rendle in J. Linn. Soc. Lond. Bot. 36: 441. 1904. ——*P. nigripes* Hayata, Icon. Pl. Form. 6: 142. f. 53. 1916.——*P. puberula* (Miq.) Munro var. *nigra* (Lodd.) H. de Leh. in Act. Congr. Int. Bot. Brux. 2: 223. 1910.——*P. stolonifera* Kurz. ined. ex Munro in Trans. Linn. Soc. London 26: 38. 1868.——*Arundinaria stolonifera* Kurz. ined. ex Cat. Hort. Bot. Calc. 1864: 79, nom. nud. ; Kurz ex Teijsmann et Binnendijk in Cat. Pl. Horto Bot. Bogor., 1866: 19, nom. nud.——*Bambusa nigra* Lodd. ex Lindl. in Penny Cyclop. 3: 357. 1835. ——*Sinarundinaria nigra* A. H. Lawson in Bamb. Gard. Guide, 1968: 128.

地下茎节间长 2.0~3.5cm，直径 1.0~1.2cm，紫黑色，无毛，具芽一侧有深沟槽，实心或有很小中空，每节上生根或瘤状突起 7~12 枚；鞭芽卵圆形，淡黄色，贴生或不贴生。秆高 4~8（10）m，直径达 5cm；节间长 25~30cm，幼时被白粉及细柔毛，初时淡绿色，一年生以后

紫竹-秆1

紫竹-秆2

紫竹-秆3

紫竹-秆和叶

逐渐出现紫斑，最后变为紫黑色，无毛，秆壁厚3~5mm，髓呈笛膜状；箨环稍隆起，初时被小刺毛；秆环稍隆起或隆起，高于箨环或二者等高；节内高1~3mm，初时被短柔毛。枝条斜展，长80cm，直径4mm，基部节间三菱形或略呈四方形，初时淡绿色，以后变为紫黑色，实心。笋紫红色、淡红褐色或绿色带紫红色；秆箨早落，箨鞘短于节间，长圆形，革质，纵脉纹明显，

紫竹-笋

紫竹-箨

紫竹-竹鞭

紫竹-景观2

紫竹-竹林1

紫竹-竹林2

先端圆形，背面红褐色，无斑点或具极微小不易察觉的深紫斑点，此斑点在箨鞘上部较密集，微被白粉，被较密的刺毛；边缘上部具整齐黄褐色纤毛；箨耳发达，紫黑色，长椭圆形或镰形或微小，边缘具紫黑色弯曲呈放射状的燧毛；箨舌拱形或截平形，紫色，与箨鞘顶端等宽，先端微波状，有裂缺，边缘密生长纤毛；箨片直立或开展，无毛，绿色，脉紫色，三角形或三角状披针形，微皱褶或波状，长达6cm。小枝具叶2~3枚；叶鞘长1.7~3.0cm，淡黄绿色，边缘通常无纤毛；叶耳不明显或缺失，鞘口初时具燧毛3~8枚，易脱落；叶舌截平形，紫褐色，高约1mm；叶柄长2~4mm，背面初时被灰色短柔毛；叶片线状披针形，薄纸质，长7~10cm，宽0.7~13.0cm，基部楔形或近圆形，上面淡黄绿色，下面灰黄绿色，基部初时被灰黄色短柔毛，次脉3~5对，小横脉组成长方格子状，边缘具小锯齿而粗糙。花枝无叶。假花序穗状，长2~4cm，具数枚假小穗，基部具5~6枚，长1.5~18.0mm、自下而上逐渐较大、排列由紧密到疏松、鳞片状到披针形、通常无毛的苞片。小穗含2~4朵小花，长1.4~2.0cm，顶生小花不孕；小穗轴节间长约1mm，被灰色短柔毛或无毛；颖2枚，长1.0~1.4cm，披针形，被微毛；外稃披针形或卵状披针形，密被灰色短柔毛（基部近无毛），长1.2~1.8cm，先端长渐尖，具不明显的多脉；内稃长8~10mm，密被灰色柔毛，背部具2脊，脊间很狭窄，先端2齿裂；鳞被3枚，披针形，前方2枚长约2.5mm，后方1枚长约1.5mm，边缘上部疏生短纤毛；雄蕊3枚，花药紫色，基部箭镞形，长6~7mm，花丝细长，白色；子房细圆柱形，淡黄色，无毛，长约1mm，花柱1枚，长约2mm，柱头3枚，自不相等距离处发出，试管刷状。果实未见。笋期4月；花期5~10月。

著名观赏竹种，地栽或盆栽均可；秆可作

工艺品、乐器及手杖。

在我国上海野生动物园、温岭市长屿硐天熊猫乐园、香港海洋公园，有见用该竹饲喂圈养的大熊猫；在美国的华盛顿国家动物园和亚特兰大动物园、英国苏格兰爱丁堡动物园、奥地利维也纳美泉宫动物园、比利时天堂动物园、澳大利亚阿德莱德动物园、荷兰欧维汉动物园、芬兰艾赫泰里动物园、韩国爱宝乐动物园等，亦见用该竹饲喂圈养大熊猫。

分布于我国湖南南部与广西交界处，至今仍有大片的野生紫竹林，现全国各地均有栽培；印度、日本及欧美国家早有引栽。

耐寒区位：7~10 区。

11.13a 毛金竹（植物分类学报）

金竹（四川通称，甘肃文县），金竹子、岩爬竹（甘肃文县），灰金竹（云南植物志）

Phyllostachys nigra (Lodd. ex Lindl.) Munro var. ***henonis*** (Mitford) Stapf ex Rendle in J. Linn. Soc. Bot. 36: 443. 1904; Y. L. Keng, Fl. Ill. Pl. Prim. Sin. Gramineae 106. fig. 67. 1959; Icon. Corm. Sin. 5: 41. fig. 6911. 1976; Fl. Tsinling. 1 (1): 64. 1976; 江苏植物志 , 上册 , 158 页 . 1977; S. Suzuki, Ind. Jap. Bambbusac. 15 (f. 6-1), 80. 81 (pl. 6). 338. 1978; Z. P. Wang et al. in Act. Phytotax. Sin. 18(2): 180. 1980; T. P. Yi in J. Bamb. Res. 2(1): 38. 1983; 广西竹种及其栽培 , 130 页 , 图 69-2. 1987; C. S. Chao et S. A. Ren in Kew Bull. 43: 416. 1988; 中国竹谱 , 74 页 . 1988; Fl. Guizhou. 5: 301. pl. 98: 4-8. 1988; Icon. Arb. Yunn. Inferus 1463. fig. 689. 1991; S. L. Zhu et al., A Comp. Chin. Bamb. 136. 1994; Keng et Wang in Fl. Reip. Pop. Sin. 9(1): 289. pl. 78: 1-4. 1996; T. P. Yi in Sichuan Bamb. Fl. 122. pl. 38. 1997, et in Fl. Sichuan. 12: 103. pl. 35: 17. 1998; Fl. Yunnan. 9: 202. pl. 47: 10-13. 2003; D. Z. Li et al. in Fl. China 22: 175. 2006; Icon. Bamb. Sin. 337. 2008,

毛金竹-笋1

毛金竹-笋2

毛金竹-笋3

et in Clav. Gen. Sp. Bamb. Sin. 101. 2009; T. P. Yi et al. in J. Sichuan For. Sci. Tech. 31(4): 3, 9. 2010; Ma et al. The Genus *Phyllostachys* in China 61. 2014.——*P. nigra* 'Henonis', D. McClintock in Plantsman 1(1): 48. 1979.——*P. nigra* f. *henonis* Muroi ex Sugimoto, New Keys Jap. Trees 466. 1961; D. Ohrnb., The Bamb. World, 226. 1999. ——*P. nigra* 'Henon', McClure in J. Arn. Arb. 37: 194. 1956; Amer. Bamb. Soc. in Bamb. Species Source List no. 35: 28. 2015.——*P. nigra* Munro var. *puberula* (Miq.) Fiori in Bull Tosc. Ort. 42: 97. f. 3, 4, 6, 1917.——*P. fauriei* Hack. in Bull. Herb. Boiss. 7: 718. 1899.——*P. henonis* Bean in Gard. Chron. Ill. 15: 238. 1894, nom. nud.: Mitf. Gard. 47: 3 1895. et Bamb. Gard. 149. 1896. ——*P. henryi* Rendle in J. Linn. Soc. Bot. 36: 441. 1904.——*P. nevinii* Hance in J. Bot. Brit. et For. 14: 295. 1876.——*P. nevinii* var. *hupehensis* Rendle in op. cit. 36: 442. 1904. ——*P. montana* Rendle in 1.c. 36: 441. 1904, ramo foliato excl. ——*P. puberula* (Miq.) Munro in Gard. Chron. new ser. 6: 733.

毛金竹-叶（引自武晶）

毛金竹-分枝（引自武晶）

毛金竹-秆1

毛金竹-秆2

毛金竹-箨

毛金竹-箨耳（引自武晶）

毛金竹-箨片（引自武晶）

毛金竹-竹丛

1876. ——*P. stauntoni* Munro in Trans. Linn. Soc. 26: 37. 1868. ——*Bambusa puberula* Miq. in Ann. Mus. Bot. Ludg. Bat. 2: 285. 1866.

毛金竹为紫竹一变种，与紫竹特征相似，不同之处在于其地下茎节间淡黄色；秆始终淡绿色，高可达 18m；箨鞘顶端极少有深褐色微小斑点。该竹现被大量人工栽培，并依据《国际栽培植物命名法规》将其栽培种群修订为 *P. nigra* 'Henonis'。

笋为食用佳品；秆供建筑、农具、家具、竿具等用，也可劈篾编织竹器；中药竹沥、竹茹多来自该竹。

在四川荥经、甘肃白水江国家级自然保护区，大熊猫冬季下移时常采食本竹种；在我国甘肃白水江国家级自然保护区、美国亚特兰大动物园、英国苏格兰爱丁堡动物园、奥地利维也纳美泉宫动物园、日本神户市立王子动物园、比利时天堂动物园、韩国爱宝乐动物园和芬兰艾赫泰里动物园等，均见用该竹饲喂圈养大熊猫。

分布于我国黄河流域以南各地；日本、欧洲各国早有引栽，美国也有栽培。

耐寒区位：7~10 区。

11.14 灰竹（江苏植物志）

石竹（江苏、浙江、福建）

Phyllostachys nuda McClure in J. Wash. Acad. Sci. 35: 288. fig. 2. 1945, et in Agr. Hand. USDA no. 114: 48. ff. 36, 37. 1957; Fl. Jiangsu. Superus 157. fig. 246. 1977; Fl. Taiwan 5: 730. pl. 1494. 1978; S. L. Zhu et al., A Comp. Chin. Bamb. 136. 1994; Keng et Wang in Fl. Reip. Pop. Sin. 9 (1): 259. pl. 68: 1-5. 1996; D. Z. Li et al. in Fl. China 22: 169. 2006; Yi et al. in Icon. Bamb. Sin. 338. 2008, et in Clav. Gen. Sp. Bamb. Sin. 91. 2009; Ma et al., The Genus *Phyllostachys* in China. 124. 2014.——*P. nuda* 'Nuda', Keng et Wang in Flora Reip. Pop. Sin. 9(1): 259. 1996.——*P. nuda* McClure f. nuda, Ma et al., The Genus *Phyllostachys* in China. 124. 2014. ——*P. nuda* f. *lucida* Wen in Bull. Bot. Res. 2(1): 75. 1982.

秆高 6~9m，直径 2~4cm，常于基部呈“之”字形曲折；节间长 30cm，幼时被白粉，尤箨环下一圈更浓密，节处常暗紫色，节下方有暗紫色晕斑，秆壁厚；秆环很隆起，高于箨环。箨鞘背面淡绿色或淡红褐色，有紫色纵条纹或紫褐色斑块，被白粉，脉间具稍瘤基状刺毛；箨耳及鞘口缝毛缺失；箨舌截形，黄绿色，边缘被短纤毛；箨片外翻，狭三角形或带状，幼时微皱曲，后平直，绿色有紫色纵条纹。小枝具叶 2~4 枚；叶耳和鞘口缝毛俱无；叶片长 8~16cm，下面灰绿色，次脉 4~5 对。花枝穗状，长 5~9cm，基部有 3~5 枚逐渐增大的鳞片状苞片；佛焰苞 5~7 枚，边缘生柔毛，无叶耳及鞘口缝毛，缩小叶小，卵状披针形至锥状，每苞腋有 2 枚或 3 枚假小穗，基部的 1 枚或 2 枚佛

灰竹-竹林1

灰竹-秆

灰竹-箨

灰竹-笋

灰竹-竹林2

焰苞常不孕而早落。小穗含 1 朵或 2 朵小花，长 2.7~3.5cm，狭披针形；小穗轴最后延伸成针状，节间密生短柔毛；颖不存在或为 1 枚；外稃长 2.5~3.0cm，无毛或仅边缘疏生短柔毛；内稃长 2.0~2.5cm，通常无毛；鳞被 3 枚，长约 4mm；花药长约 1cm；柱头 2 枚或 3 枚，羽毛状。笋期 4~5 月；花期 5 月。

优质笋用竹，笋肉厚，产区称“石笋”，是加工天目笋干的主要原料；秆坚实，多作竹器柱脚，亦作柄材使用。

在美国孟菲斯动物园、奥地利维也纳美泉宫动物园、比利时天堂动物园、英国苏格兰爱丁堡动物园和荷兰欧维汉动物园等，均见用该竹饲喂圈养大熊猫。

分布于我国的陕西、江苏、安徽、浙江、江西、福建、台湾、湖南等地，山东有引栽；美国早有引栽。

耐寒区位：8~10 区。

11.15 早园竹（中国植物志）

Phyllostachys propinqua McClure in J. Wash. Acad. Sci. 35: 289. f. 1. 1945. et in Agr. Handb. USDA no. 114: 49. ff. 38, 39. 1957; 广西竹种及其栽培 , 123 页 , 图 65. 1987; 中国竹谱 , 78 页 . 1988; 云南树木图志 , 下册 , 1458 页 , 图 684. 1991; Keng et Wang in Flora Reip. Pop. Sin. 9 (1): 262. pl. 69: 4-6. 1996; D. Ohrnb., The Bamb. World, 230. 1999; D. Z. Li et al. in Fl. China 22: 169. 2006; Yi et al. in Icon. Bamb. Sin. 343. 2008. et in Clav. Gen. Spec. Bamb. Sin. 92. 2009; Amer. Bamb. Soc. in Bamb. Species Source List no. 35: 29. 2015.

秆高 6m，直径 4cm；节间长约 20cm，基部节间暗紫带绿色，幼时被厚白粉，秆壁厚约

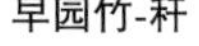
早园竹-秆

早园竹-笋1

早园竹-笋2

早园竹-花

早园竹-叶

早园竹-箨

早园竹-竹林

早园竹-笋和秆

4mm；秆环稍隆起与箨环等高。箨鞘背面淡红褐色或黄褐色，还有不同深浅颜色的纵条纹，被紫褐色小斑点和斑块，上部两侧常先变干枯呈淡黄色；箨耳及鞘口缕毛缺失；箨舌拱形，暗褐色，边缘具短纤毛；箨片外翻，披针形或线状披针形，平直，绿色，背面带紫褐色，近边缘黄色。小枝具叶2~3枚；叶耳和鞘口缕毛常缺失；叶舌长拱形，被微纤毛；叶片长7~16cm，宽1~2cm，下面中脉两侧略有柔毛。假花序穗状，侧生于枝节，基部有一组向上逐渐增大其中上面的呈佛焰苞状的苞片或仅有一些佛焰苞状的苞片；佛焰苞长20~29mm，具明显的17~19脉，背部通常有稀疏的短柔毛，先端具大小多变的卵形至钻形缩小叶，口部既无耳也无缕毛。每苞片有无柄的假小穗1~3枚；颖1枚，长15~20mm，中部具1脊，背部具11~13枚，有短柔毛，先端渐尖。每假小穗通常具小花1枚；外稃长23~28mm，质地坚硬，几无脉，近无毛，或稍有脉和微柔毛，先端长渐尖；内稃长20~22mm，近无毛，背部具2脊，先端2裂；鳞被3枚，膜质；雄蕊3枚，花丝长24~33mm，花药黄色，长7~8mm；子房卵形，具长柄，花柱长15~20mm，柱头3枚，羽毛状。笋期4~5月。

笋味好，食用佳品；秆劈篾供编织竹器，整秆作竿具或柄具；园林栽培供观赏。

在北京动物园、天津市动物园、石家庄市动物园、济南动物园、陕西秦岭，均见用该竹饲喂圈养大熊猫。

分布于我国河南、江苏、安徽、浙江、湖北、贵州、广西；美国有引栽。

耐寒区位：7~9区。

早园竹-景观1

旱园竹-竹径1

旱园竹-竹径2

旱园竹-景观2

旱园竹-景观3

11.16 红边竹（植物分类学报）

Phyllostachys rubromarginata McClure in Lingnan Univ. Sci. Bull. No. 9: 44. 1940, et in Agr. Handb. USDA no. 114: 56. ff. 46, 47. 1957; S. L. Zhu et al., A Comp. Chin. Bamb. 147. 1994; Keng et Wang in Fl. Reip. Pop. Sin. 9(1): 263. pl. 70: 1-5. 1996; D. Z. Li et al. in Fl. China 22: 177. 2006; Yi et al. in Icon. Bamb. Sin. 344. 2008, et in Clav. Gen. Sp. Bamb. Sin. 90, 109. 2009; Amer. Bamb. Soc. in Bamb. Species Source List no. 35: 29. 2015.——*P. aristata* W. T. Lin in Act. Phytotax. Sin. 26(3): 230. fig. 9. 1988. ——*P. rubromarginata* McClure f. *castigata* Wen in Bull. Bot. Res. 2 (1): 76. 1982. ——*P. shuchengensis* S. C. Li et S. H. Wu in Journ. Anhui Agr. Coll. 1981(2): 50. 1981. ——*P. subulata* W. T. Lin et Z. M. Wu in Journ. Bamb. Res. 13(2): 16. fig. 2. 1994.

秆高 10m，直径 3.5cm；节间长 35cm 或更长，幼时几无白粉，秆壁厚 4.5~6.0mm；箨环初时密生下向的淡黄色细硬毛；秆环稍隆起，与箨环等高。箨鞘背面绿色或淡绿色，无斑点或大笋中有稀疏小斑点，在秆基部的箨鞘上常具紫色或金黄色纵条纹，上部边缘暗紫色，底部密被淡黄色细硬毛；箨耳及鞘口缝毛缺失；箨舌截平或微凹，高不及 1mm，暗紫色，背部具长毛，边缘具白色短纤毛；箨片开展或微外翻，带状，平直，绿紫色，基部远窄于箨舌。小枝具叶 1~2 枚；叶耳不发达，鞘口缝毛直立，幼秆上的叶可具小叶耳及近放射状缝毛；叶舌紫色，边缘具纤毛；叶柄初时被白色柔毛；叶片披针形，长椭圆形至带状长圆形，长 6~17cm，宽 1.2~2.2cm，上面沿中脉略粗糙，下面疏被柔毛或近无毛。花枝穗状，长约 5cm，基部托以 4 枚或 5 枚逐渐增大的鳞状苞片；佛焰苞 5~6 枚，无叶耳及鞘口缝毛或仅有少数短小的缝毛，缩小叶微小，披针形至锥状，每片佛焰苞内有（1）2~4 枚假小穗，如为 3 枚或 4 枚时则其中有 1 枚或 2 枚形小而发育不良。小穗具 1~4 朵小花，常托以苞片 1 枚；小穗轴无毛或有柔毛；颖 1 枚或 2 枚，有时缺；外稃长 1.5~2.0cm，具柔毛；内稃短于其外稃，具柔毛；鳞被长菱形，长约 4mm；花药长 8~10mm；柱头 3 枚，羽毛状。

笋味佳，供食用；秆篾性好，劈篾供编织竹器。

在美国孟菲斯动物园和英国苏格兰爱丁堡动物园，均见用该竹饲喂圈养大熊猫。

分布于河南、安徽、浙江、江西、广西和云南。

耐寒区位：8~10 区。

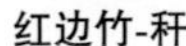
红边竹-秆

红边竹-笋

11.17　彭县刚竹（四川竹类植物志）

甜竹（四川彭州）

Phyllostachys sapida Yi in J. Bamb. Res. 10 (4): 21. fig. 1. 1991; T. P. Yi in Sichuan Bamb. Fl. 118. pl. 36. 1997, et in Fl. Sichuan. 12: 100. pl. 33: 6-7. 1998; D. Ohrnb., The Bamb. World, 233. 1999; Yi et al. in Icon. Bamb. Sin. 345. 2008, et in Clav. Gen. Sp. Bamb. Sin. 92. 2009.

地下茎节间长（1）1.2~5.5cm，直径7~12mm，中空度很小或实心。秆高4~7m，直径1.2~3.0cm；全秆具30~40节，节间长12~20（26）cm，绿色，无毛，幼时节下微被白粉环，秆壁厚4~10mm，坚韧，髓笛膜状；箨环淡黄褐色，无毛；秆环脊状隆起，高于箨环；节内高2.5~5.0mm。分枝较低，通常始于第4~7节；枝条约呈45°斜角开展，长0.6~1.0m，直径3.5~7.0mm，各节上可再分次级枝。笋淡棕黄色，有深紫色斑点，无毛；箨鞘早落，短于节间，长三角形，先端弧形变窄，背面无毛，具深紫色斑点，纵脉纹显著隆起，小横脉不发育，边缘具短纤毛；箨耳及鞘口缝毛缺失；箨舌截平形或微拱形，高0.5~2.0mm，淡棕黄色，边缘初时具白色短纤毛；箨片外翻，平直，三角形至线状披针形，紫绿色或暗绿色，无毛，长3~35mm，宽1.5~5.0mm，边缘有微锯齿。小枝具叶1~2枚；叶鞘长2.0~3.2cm，无毛；叶耳及鞘口两肩缝毛缺失；叶舌高达1mm，边缘具白色短纤毛，外叶舌口部初时有白色纤毛；叶柄长1.5~2.5mm，淡绿色，无毛；叶片线状披针形，纸质，长9~15cm，宽1.4~1.8cm，先端渐尖，基部楔形，下面灰白色，两面均无毛，次脉4~5对，边缘一侧具小锯齿，另一侧平滑或近于平滑。花果待查；笋期5月中下旬。

适于园林绿化；笋供食用。

在四川彭州银厂沟和宝兴蜂桶寨国家级自然保护区等地，该竹为大熊猫自然采食竹竹种之一。

分布于我国四川彭州和宝兴。垂直分布海拔700~1600m，生于山地黄壤土上。

耐寒区位：9区。

彭县刚竹-竹林

彭县刚竹-笋

11.18 金竹（李衎，竹谱详录）

Phyllostachys sulphurea (Carr.) A. et C. Riv. in Bull. Soc. Acclim. Ill. 5: 773. 1878; Mitford. Bamb. Gard. 122. 1896; C. S. Chao et S. A. Renvoize in Kew Bull. 43(3) : 418. 1988; S. L. Zhu et al., A Comp. Chin. Bamb. 147. 1994.——*P. sulphurea* (Carr.) A. et C. Riv., Keng et Wang in Fl. Reip. Pop. Sin. 9(1): 253. 1996; D. Z. Li et al. in Fl. China 22: 167. 2006; Yi et al. in Icon. Bamb. Sin. 345. 2008, et in Clav. Gen. Spec. Bamb. Sin. 89. 2009; Ma et al., The Genus *Phyllostachys* in China. 136. 2014.——*P. bambusoides* Sieb. et Zucc. cv. Allgold McClure in Journ. Arn. Arb. 37: 193. 1956, et in Agr. Handb. USDA no. 114: 23. 1957. ——*P. bambusoides* Sieb. et Zucc. var. *castilloni-holochrysa* (Pfitr.) H. de Leh. in Act. Congr. Int. Bot. Brux. 2: 228. 1910.——*P. bambusoides* Sieb. et Zucc. var. *sulphurea* Makino ex Tsuboi, Illus. Jap. Sp. Bamb. ed. 2: 7. pl. 5. 1916.——*P. castillonis* Mitford var. *holochrysa* Pfitz. in Deut. Dendr. Ges. Mitt. 14: 60. 1905. ——*P. mitis* A. et C. Riv. var. *sulphurea* (Carr.) H. de Leh. in l. c. 2: 214. pl. 8. 1907.——*P. quilioi* A. et C. Riv. var. *casillonis-holochrysa* Regel ex H. de Leh., 1: 118. 1906.——*P. reticulata* (Rupr.) C. Koch. var.

金竹-分枝1

金竹-分枝2

金竹-叶1

金竹-叶2

金竹-竹林1

holochrysa (Pfitz.) Nakai in Journ. Jap. Bot. 9: 341. 1933.——*P. reticulata* (Rupr.) C. Koch. var. *sulphurea* (Carr.) Makino in Bot. Mag. Tokyo 26: 24. 1912.——*P. viridis* (Young) McClure f. *youngii* C. D. Chu et C. S. Chao in Act. Phytotax. Sin. 18(2): 169. 1980, non *P. viridis* cv. Robert Young McClure 1956.——*Bambusa sulfurea* Carr. in Rev. Hort. 1873: 379. 1873.

秆高 8m，直径 6cm，节间长 20~25（35）cm；秆节微隆起，分枝以下秆环不明显，仅见箨环；新秆鲜黄色，有光泽，节间光滑无毛，被稀薄均匀雾状白粉，节下尤多；节下有一圈不连续、边缘呈缺刻状的淡绿色环；老秆金黄色，少数节间有 1~2 条淡绿色纵条纹。秆箨乳黄色微带紫红色，上部边缘褐色或淡褐色，具深褐色圆斑或点状斑（类似墨迹斑）；箨耳和繸毛缺失；箨舌较宽，高 2~3mm，初黄绿色，后淡褐色，先端截形或微弧形，有白色短纤毛，有时具淡黄绿色或淡褐色长纤毛；箨片带状，外翻，中间绿色，边缘橘黄色或橘红色末级小枝具叶

金竹-分枝与叶

金竹-秆1

金竹-秆2

金竹-竹林2

2~3 枚；叶鞘淡绿色，光滑无毛；叶耳及繸毛发达，淡黄绿色；叶舌伸出，淡黄绿色，先端近截平形或有缺刻；叶片披针形，长 4~10cm，宽 1.0~1.5cm，表面绿色，有时具黄色细纵条纹，背面灰绿色，基部具毛，次脉 5~8 对，小横脉稍明显。笋期 5 月中旬至 10 月上旬。

该竹种色彩美丽，园林栽培供观赏；秆可作小型建筑用材和各种农具柄；笋供食用，唯味微苦。

在四川崇州、绵竹、青川、荥经、松潘，陕西洋县、宁陕，该竹是野生大熊猫冬季下移觅食时的主食竹竹种之一；在法国巴黎动物园和奥地利维也纳美泉宫动物园，有见用该竹饲喂园中大熊猫。

分布于我国黄河至长江流域；日本、荷兰、法国、美国、阿尔及利亚有引种栽培。

金竹-秆3

耐寒区位：8~9 区。

11.18a 刚竹（中国植物志）

***Phyllostachys sulphurea* 'Viridis'**, W. Y. Zhang et N. X. Ma in S. L. Zhu et al. in Compend. Chin. Bamb., 1994: 148; Keng et Wang in Flora Reip. Pop. Sin. 9(1): 251. 1996; J. Y. Shi in Int. Cul. Regist. Rep. Bamb. (2013-2014): 24. 2015.——*P. chlorina* Wen in Bull. Bot. Res. 2 (1): 61. f. 1. 1982. ——*P. faberi* Rendle in J. Linn. Soc. Bot. 36: 439. 1904.——*P. meyeri* McClure f. *sphaeroides* Wen in 1. c. 2(1): 74.1982. ——*P. mitis* A. et C. Riv. in Bull Soc. Acclim. Ill 5: 689. 1878, tantum descr., excl. Syn. ——*P. sulphurea* f. *viridis* (R. A. Young) Ohrnberger in Bambus-Brief no. 2: 10. 1993.——*P.sulphurea* (Carr.) A. et C. Riv. var. *viridis* R. A. Young in J. Wash. Acad. Sci. 27: 345. 1937; C. S. Chao et S. A. Renv. in Kew Bull. 44: 419. 1988; 中国竹谱，82 页. 1988; Yi et al. in Icon. Bamb. Sin. 346. 2008. et in Clav. Gen. Spec. Bamb. Sin. 89. 2009; Ma et al., The Genus *Phyllostachys* in China. 137. 2014.——*P. viridis* (R. A. Young) McClure in Journ. Arn. Arb. 37: 192. 1956, et in Agr. Handb. USDA no.114: 62. f. 50. 1957. ——*P. villosa* Wen in 1. c. 2(1): 71. f. 9. 1982.

与金竹特征近似，不同之处在于其秆高 6~15m，直径 4~10cm；节间长 20~45cm，绿色或淡黄绿色，初时微被白粉，无毛，在放大镜下能见到猪皮状小凹穴或白色晶体状小点，具分枝的一侧扁平或具浅纵沟，秆髓薄膜状，秆壁厚约 5mm；箨环微隆起；秆环在不分枝各节上不明显。秆每节分枝 2 枚。箨鞘早落，背面乳黄色或绿黄褐色带灰色，具绿色脉纹，微被白粉，无毛，有淡褐色或褐色圆形斑点或斑块；箨耳及鞘口繸毛俱缺失；箨舌拱形或截平形，绿黄色，边缘具淡绿色或白色纤毛；箨片外翻，狭三角形至带状，绿色而边缘橘黄色，微皱曲。小枝具叶 2~5 枚；叶鞘近无毛或上部被细柔毛；叶耳及鞘口繸毛发达；叶片长圆状披针形或披针形，长 6~13cm，宽 1.1~2.2cm。

秆供建筑或作农具柄等用；笋味微苦，但可食用。

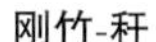

刚竹-秆

刚竹-笋

在我国山东济南动物园、潍坊金宝乐园和河北保定爱保大熊猫苑，均见用该竹饲喂园中大熊猫；在法国巴黎动物园、奥地利维也纳美泉宫动物园、新加坡动物园、英国苏格兰爱丁堡动物园、俄罗斯莫斯科动物园和芬兰艾赫泰里动物园等，均见用该竹饲喂园中大熊猫。

我国黄河至长江流域，以及福建均有分布；日本、法国、奥地利、美国有引种栽培。

耐寒区位：7~9 区。

刚竹-竹林

11.19 乌竹（安徽农学院学报）

毛壳竹（植物分类学报）

Phyllostachys varioauriculata S. C. Li et S. H. Wu in J. Anhui Agr. Coll. 1981(2): 49. 1981; Keng et Wang in Flora Reip. Pop. Sin. 9(1): 286. 1996; D. Ohrnb., The Bamb. World, 236. 1999; Yi et al. in Icon. Bamb. Sin. 349. 2008, et in Clav. Gen. Spec. Bamb. Sin. 102. 2009; Ma et al., The Genus *Phyllostachys* in China. 68. 2014.——*P. hispida* S. C. Li et al. in Act. Phytotax. Sin. 20(4): 492, 493. f. 1. 1982.

秆高 3~4m，直径 1.1~3.0cm，表面有不规则细纵沟；节间长 30cm，幼时微被白粉，有毛，粗糙，箨环下方具明显白粉环；秆环隆起，高

乌竹-秆和笋

于箨环。箨鞘薄纸质，暗绿紫色，先端有乳白色或淡紫色放射状条纹，背面密被灰白色小刚毛和白粉，边缘具纤毛，下部秆箨先端具稀疏棕色小斑点；箨耳紫色，镰形或微小，或仅一侧发育，耳缘和鞘口具弯曲缝毛；箨舌截平形或稍为弧形，暗紫色，边缘流苏状毛紫色或白色；箨片直立，绿紫色，狭三角形或披针形，基部稍窄于箨鞘顶端。小枝具叶 2 枚；叶耳微弱，鞘口缝毛易脱落；叶舌黄绿色；叶片长 5~11cm，宽 0.9~1.1cm，下面粉绿色，基部被微毛。笋期 4 月中旬，暗绿紫色。

用于园林绿化。

在英国苏格兰爱丁堡动物园、奥地利维也纳美泉宫动物园、比利时天堂动物园等，均见用该竹饲喂圈养大熊猫。

分布于我国安徽舒城，浙江杭州有引栽；欧洲有引栽。

耐寒区位：8 区。

乌竹-笋

11.20 硬头青竹（中国植物志）

龙竹（四川都江堰）

Phyllostachys veitchiana Rendle in J. Linn. Soc. Bot. 36: 443. 1904; E. G. Camus, Les Bamb. 59. 1913; Keng et Wang in Fl. Reip. Pop. Sin. 9(1): 302. pl. 86: 9-10. 1996; T. P. Yi in Sichuan Bamb. Fl. 128. pl. 40. 1997, et in Fl. Sichuan. 12: 108. pl. 37: 17-19. 1998; D. Z. Li et al. in Fl. China 22: 178. 2006; Yi et al. in Icon. Bamb. Sin. 363. 2008, et in Clav. Gen. Sp. Bamb. Sin. 106. 2009; T. P. Yi et al. in J. Sichuan For. Sci. Tech. 31(4): 3, 9. 2010; Ma et al., The Genus *Phyllostachys* in China 69. 2014. ——*P. rigida* X. Jiang et Q. Li in J. Sichuan Agr. Coll. 2(2): 127. fig. 1. 1984; S. L. Zhu et al., A Comp. Chin. Bamb. 144. 1994.

地下茎节间长 1.8~4.0cm，直径 6~14mm，淡黄色，无毛，具芽一侧有纵沟槽，中空直径 0.5~3.5mm，每节生根或瘤状突起 6~14 枚；鞭芽圆卵形，肥厚，淡黄色，先端不贴主轴，芽鳞有光泽，近边缘处初时被短硬毛。秆高 5~8m，直径 2~4cm；全秆具 35~40（45）节，节间长 22~25（30）cm，圆筒形，深绿色，有光泽，幼时密被白粉，无毛，秆壁厚达 6mm，髓笛膜状；箨环初时紫色，后变为褐色，无毛；秆环显著隆起；节内高 3~4mm，在分枝节上向下变细。秆的第 13~17 节开始分枝，呈 45°~50°

硬头青竹-笋

硬头青竹-花

锐角开展，长 1.65m，直径 5mm，具小的中空或为实心。笋淡绿色，微被白粉，常具淡紫色纵条纹，无毛或有时具极稀少的灰白色小硬毛；箨鞘早落，长圆形，革质，短于节间，先端圆弧形，背面无毛，纵脉纹明显，小横脉在近边缘处可见，边缘上部密生淡黄色短纤毛；箨耳由箨片基部两侧延展而成，大型，椭圆形或镰形，紫色，先端向下弯曲，边缘有长 2~12mm 紫色弯曲縫毛；箨舌微呈楔或稍作尖拱形，紫色，高 0.7~1.0mm，边缘初时密生径直灰色纤毛；箨片直立，长三角形或三角状披针形，淡绿色，有紫红色脉纹，长 1~8cm，宽 1.2~1.8cm，无毛或有时初时在背面偶见极少灰色小硬毛。每小枝具叶 1~2 枚；叶鞘长 2.0~3.1cm，无毛，如小枝仅具叶 1 枚时，其叶鞘与小枝紧密靠合，不易分离，具叶 2 枚时，其下部 1 枚叶鞘稍长于上部 1 枚，并易于分离，边缘初时生灰白色纤毛；叶耳缺失，鞘口无縫毛或初时两肩各具 1~2 枚长 1mm 的径直縫毛；叶舌淡绿色而边缘带紫色，截平形，高约 1mm，边缘具短纤毛，外叶舌显著，边缘生短纤毛；叶片线状披针形，长 8~14cm，宽 1.2~1.8cm，先端长渐尖，基部狭楔形或宽楔形，无毛，下面灰白色，次脉 6 对，小横脉形成长方形或正方形，边缘具小锯齿。花枝为较紧密的头状或短穗状，其下托以 5~6 枚逐渐增大的鳞片状苞片，后者薄革质，边缘弥生纤毛；佛焰苞生于花枝下部者为广卵形，越向枝的上部越窄，叶耳及鞘口縫毛缺失，叶

硬头青竹-秆

硬头青竹-箨

舌明显，缩小叶极小，锥状或三角形，每片佛焰苞腋内具假小穗1枚或2枚；小穗通常具4朵或5朵小花；小穗轴易自颖之上及诸小花之间脱落；颖1枚或2枚，大小多变化，通常较外稃为狭窄，呈膜质，被长柔毛，先端渐尖呈芒状；外稃狭披针形，除基部外密被长柔毛，有不明显的多脉，背部具脊，先端渐尖呈短芒状，第一朵小花的外稃长12~14mm，其内稃及雌雄蕊常发育不良而极小，其余小花的内稃短于外稃，具长柔毛，顶端2裂；鳞被匙形，上端具细纤毛；雄蕊3枚，花丝长1.2cm，花药黄色，长约6mm；子房三菱形，花柱1枚，柱头3枚。笋期5月中旬。花期5~6月。

笋材两用竹种。

在四川宝兴和都江堰，大熊猫冬季下移时采食该竹种。

分布于我国湖北西部和四川西部，垂直分布达海拔1500m。

耐寒区位：9区。

11.21 早竹（江苏植物志）

Phyllostachys violascens (Carr.) A. et C. Riv., Bull. Soc. Acclim. (sér. 3) 5: 770, f. 42. 1878; Mitford in Garden 47: 3. 1895; Mitford in Bamb. Gard., 1896: 139; McClure ex H. Okamura et al. Ill. Hort. Bamb. Sp. Jap., 1991: 161; D. Ohrnb., The Bamb. World, 236. 1999; Ma et al., The Genus *Phyllostachys* in China. 141. 2014; Yi et al. in Icon. Bamb. Sin. Ⅱ . 298. 2017.——*P. praecox* C. D. Chu et C. S. Chao in Act. Phytotax. Sin. 18 (2): 176. f. 4. 1980; 江苏植物志 , 上册 , 156 页 , 图 144. 1977 (tantum in Sinice. descr.); 中国竹谱 , 76 页 . 1988; 云南树木图志 , 下册 , 1458 页 . 1991; Keng et Wang in Flora Reip. Pop. Sin. 9 (1): 273. pl. 73: 1-4. 1996; Yi et al. in Icon. Bamb. Sin. 340. 2008, et in Clav. Gen. Spec. Bamb. Sin. 95. 2009; Amer. Bamb. Soc. in Bamb. Species Source List no. 35: 29. 2015.——*Bambusa violascens* Carrière in Rev. Hort., 1869: 292.

秆高 8~10m，直径 4~6cm，幼秆深绿色，密被白粉，无毛，节暗紫色，老秆绿色、黄绿色或灰绿色；部分秆下部数节略曲折；节间较短；长 15~25cm，秆壁厚约 3mm，中部略缢缩；秆环与箨环均隆起，二者等高，节内高约 3mm；新秆深绿色，节部紫色，节间有明显紫

早竹-竹林1

色晕斑，密被细块状白粉；老秆灰绿色或黄绿色，具褐色、淡褐色或黄褐色纵条纹，常在沟槽对面一侧稍膨大，节下有粉环，微被粉垢。箨鞘背面褐绿色或淡黑褐色，初时多少被白粉，无毛，具大小不等的斑点和紫色纵条纹；箨耳及鞘口缝毛缺失；箨舌，褐绿色或紫褐色，拱形两侧明显下延或稍下延，致使箨舌两侧露出甚多，边缘生细纤毛；箨片窄带状披针形，强烈皱曲或秆上部者平直，外翻，绿色或紫褐色。小枝具叶 2~3（6）枚；叶鞘光滑无毛，叶耳和鞘口缝毛缺失；叶片带状披针形，长 6~18cm，宽 0.8~2.2cm。花枝呈穗状，长 4~5（7）cm，

早竹-秆

早竹-竹林2

早竹-箨

早竹-箨片

早竹-笋1

早竹-笋2

基部托以 4~6 枚逐渐增大的鳞片状苞片；佛焰苞 5~7 枚，无毛或疏生短柔毛，无叶耳及鞘口缝毛，缩小叶小形，狭披针形至锥状，每片佛焰苞内生有 2 枚假小穗；侧生假小穗常不发育，顶生假小穗常含 2 朵小花，常仅下方的 1 朵发育；颖 1 枚，被短柔毛；外稃长 2.5~2.8cm，背部有短柔毛疏生；内稃长 2.0~2.5cm，背部 1/2 以上疏生短柔毛；鳞被仅见到 1 枚，长约 3mm；花药 12~13mm；柱头仅见有 2 枚。花期 4~5 月，笋期 3~5 月。

笋期早，产量高，笋味美，属优良笋用竹种。

在我国杭州野生动物世界、宁波雅戈尔动物园，以及比利时天堂动物园等，该竹均被用于饲喂圈养大熊猫。

分布于我国江苏、安徽、浙江、江西、湖南、福建；重庆、四川有引栽。

耐寒区位：8~9 区。

11.21a 雷竹

***Phyllostachys violascens* 'Prevernalis'**, Ma et al. The Genus *Phyllostachys* in China. 145. 2014.——*P. violascens* (Carr.) A. et C. Riv. f. *prevernalis* (S. Y. Chen et C. Y. Yao) Yi et al. in Icon. Bamb. Sin. Ⅱ. 298, 313. 2017. —— *P. praecox* C. D. Chu et C. S. Chao f. *prevernalis* S. Y. Chen et C. Y. Yao in Act. Phytotax. Sin. 18(2): 177. 1980; D. Ohrnb., The Bamb. World, 229. 1999; Yi et al. in Icon. Bamb. Sin. 342. 2008, et in Clav. Gen. Spec. Bamb. Sin. 95. 2009. ——*P. praecox* 'Prevernalis',

雷竹-生境

·景观1

雷竹-秆1

雷竹-秆和叶

雷竹-景观2

雷竹-秆2

雷竹-秆3

雷竹-竹林1

雷竹-竹林2

雷竹-分枝

雷竹-竹林3

雷竹基地-四川都江堰

Keng et Wang in Flora Reip. Pop. Sin. 9(1): 273. 1996; Amer. Bamb. Soc. in Bamb. Species Source List no. 35: 29. 2015.

与早竹特征相似，不同之处在于其新秆被少量白粉，径直；节间较长，各节间长短均匀，中部明显缢缩；秆环隆起较高，笋期略早于早竹。

笋期早，产量高，笋味美，属优良笋用竹种，被全国各地适宜气候区广泛引种栽培。

在中国大熊猫保护研究中心、四川多家大熊猫养殖基地、福州大熊猫研究中心、南京市红山森林动物园、济南动物园、溧阳市天目湖南山竹海，以及俄罗斯莫斯科动物园，均见该竹被用于饲喂圈养大熊猫。

分布于我国浙江；江苏、安徽、四川有引栽。

耐寒区位：8~9 区。

11.22 粉绿竹（植物分类学报）

金竹（江苏植物志）

Phyllostachys viridiglaucescens (Carr.) A. et C. Riv. in Bull. Soc. Acclim. Ⅲ. 5: 700. 1878; McClure in Agr. Handb. USDA No. 114. 60. ff. 48, 49. 1957; 江苏植物志，上册，153 页，图 236. 1977; 中国竹谱，84 页 . 1988; Keng et Wang in Flora Reip. Pop. Sin. 9(1): 295. 1996; D. Ohrnb., The Bamb. World, 237. 1999; Ma et al., The Genus *Phyllostachys* in China 147. 2014.——*P. viridi-glaucescens* (Carr.) A. et C. Riv., Yi et al. in Icon. Bamb. Sin. 350. 2008. et in Clav. Gen. Spec. Bamb. Sin. 104. 2009.——*Bambusa viridiglaucescens* Carr. in Rev. Hort. 146. 1861.——*Phyllostachys altiligulata* G. G. Tang et Y. L. Hsu in Journ. Nanjing. Inst. For. 1985(4): 18. f. 2. 1985.

秆高达 8m，直径 4~5cm；节间长 21~25cm，幼时被白粉；秆环稍高于箨环。箨鞘背面淡

粉绿竹-笋

粉绿竹-秆

粉绿竹-竹林

紫褐色，有时稍带绿黄色，具暗褐色小斑点，被黄色刺毛；箨耳紫褐色或淡绿色，狭镰形，边缘缝毛长 2cm；箨舌强隆起，紫褐色，边缘具纤毛；箨片外翻，带状，上半部皱曲，中间黄绿色，边缘橘黄色。小枝具叶 1~3 枚；叶耳不明显，具缝毛；叶舌伸出；叶片长 9.5~13.5cm，宽 1.2~1.8cm。花枝穗状，长 5.5~8.5cm，具 3~5 枚逐渐增大的鳞片状苞片；佛焰苞 4~7 枚，被柔毛，具小型的叶耳及缝毛，或仅有缝毛少数条，或叶耳及缝毛俱缺，缩小叶披针形，圆卵形乃至锥状，佛焰苞在花枝下部的 3~5 枚为不孕性，其余的腋内则生有 1 枚或 2 枚假小穗。小穗含 1 朵或 2 朵小花；小穗轴具毛，能延伸至上部小花的内稃之后；颖缺或仅 1 枚；外稃长约 2.5cm，上半部具柔毛，先端芒状渐尖；内稃稍短于外稃，上半部具柔毛；鳞被长约 4mm，狭椭圆形，具纤毛；花药长约 12mm；柱头 3 枚，羽毛状。笋期 4 月下旬。

笋供食用；秆作柄具用。

在英国苏格兰爱丁堡动物园、奥地利维也纳美泉宫动物园、比利时天堂动物园、荷兰欧维汉动物园等，均见用该竹饲喂圈养大熊猫。

分布于我国江苏、浙江、安徽、江西；欧洲有引种栽培。

耐寒区位：8 区。

11.23 乌哺鸡竹（江苏植物志）

Phyllostachys vivax McClure in J. Wash. Acad. Sci. 35: 292. f. 3. 1945. et in Agr. Handb. USDA no. 114: 65. ff. 52, 53. 1957; 华东禾本科植物志, 309 页 . 图 334. 1962; 江苏植物志, 上册, 156 页, 图 243. 1977; 香港竹谱, 73 页 . 1985; 中国竹谱, 85 页 . 1988; 云南树木图志, 下册, 1458 页, 图 686. 1991; Keng et Wang in Flora Reip. Pop. Sin. 9(1): 270. 1996; D. Ohrnb., The Bamb. World, 237. 1999; Ma et al., The Genus *Phyllostachys* in China 148. 2014; Yi et al. in Icon. Bamb. Sin. 350. 2008. et in Clav. Gen. Spec. Bamb. Sin. 94. 2009.——*P. vivax* cv. Vivax, Keng et Wang in Flora Reip. Pop. Sin. 9 (1): 272. 1996.——*P. vivax* f. *vivax*, Ma et al. The Genus *Phyllostachys* in China 148. 2014.

秆高 5~15m，直径 8cm；节间长 25~35cm，幼时被白粉，秆壁厚约 5mm；秆环隆起，略高于箨环，常一侧较高。箨鞘背面淡黄绿色带紫色或淡黄褐色，密被黑褐色斑块和斑点，其中部更密，微被白粉；箨耳及鞘口缝毛缺失；箨舌弧形，两侧下延，淡棕色至棕色，边缘具细纤毛；箨片外翻，带状长披针形，强烈皱曲，

乌哺鸡竹-笋

乌哺鸡竹-竹林

背面绿色，腹面褐紫色。小枝具叶2~3枚；叶耳和鞘口缝毛存在；叶舌高约3mm；叶片微下垂，长9~18cm，宽1.2~2.0cm。花枝穗状，基部托以4~6枚逐渐增大的鳞片状苞片；佛焰苞5~7枚，无毛或疏生短柔毛，叶耳小，具放射状缝毛，缩小叶卵状披针形至狭披针形，长达2.5cm，每片佛焰苞内有1枚或2枚假小穗。小穗长3.5~4.0cm，常含2朵或3朵小花，被疏柔毛；颖1枚；外稃长2.7~3.2cm，被极稀疏的柔毛；内稃长2.2~2.6cm，几无毛，背部2脊明显；鳞被狭披针形，长约5mm；花药长12mm；子房无毛，柱头3枚。笋期4月中下旬；花期4~5月。

优良笋用竹种。

在美国圣地亚哥动物园、奥地利维也纳美泉宫动物园、比利时天堂动物园、荷兰欧维汉动物园等，均见用该竹饲喂圈养大熊猫。

分布于我国江苏、浙江；福建、河南、山东有引栽；美国亦有引栽。

耐寒区位：7~9区。

***Phyllostachys vivax* 'Aureocaulis'**, J. P. Demoly in Bamb. Assoc. Europ. Bamb. EBS Sect. Fr. no. 8: 24. 1991; Amer. Bamb. Soc. Newsl.16 (4): 10. 1995; Keng et Wang in Flora Reip. Pop. Sin. 9(1): 272. 1996; D. Ohrnb., The Bamb. World, 237. 1999; Amer. Bamb. Soc. in Bamb. Species Source List no. 35: 30. 2015; J. Y. Shi in Int. Cul. Regist. Rep. Bamb. (2013-2014): 24. 2015. ——*P. vivax* McClure f. *aureocaulis* N. X. Ma in J. Bamb. Res. 4(1): 56. 1985; Keng et Wang in Flora Reip. Pop. Sin. 9(1): 272. 1996; Yi et al. in Icon. Bamb. Sin. 351. 2008. et in Clav. Gen. Spec. Bamb. Sin. 94. 2009; Ma et al. The Genus Phyllostachys in China 149. 2014.

与乌哺鸡竹特征相似，区别在于秆全部为硫黄色，并在秆的中下部偶有几个节间具 1 条或数条绿色纵条纹。

竹秆色泽鲜艳，属大型观赏竹种；笋食用。

分布于我国河南、浙江、四川、广东、广西；比利时、美国有引栽。

耐寒区位：8 区。

黄秆乌哺鸡竹-笋

黄秆乌哺鸡竹-秆

黄秆乌哺鸡竹-竹林

12 苦竹属 *Pleioblastus* Nakai

Pleioblastus Nakai in J. Arn. Arb. 6: 145. 1925, et in Journ. Jap. Bot. 9: 163. 1933; Keng et Wang in Fl. Reip. Pop. Sin. 9(1): 588. 1996; D. Ohrnb., The Bamb. World, 54. 1999; D. Z. Li et al. in Fl. China 22: 121. 2006; Yi et al. in Icon. Bamb. Sin. 619. 2008, et in Clav. Gen. Spec. Bamb. Sin. 179. 2009.——*Nipponocalamus* Nakai in J. Jap. Bot. 18: 350. 1942; l. c. 26: 326. 1951.

Lectotypus: ***Pleioblastus gramineus*** (Bean) Nakai.

苦竹属又名大明竹属。

灌木状或小乔木状竹类。地下茎单轴型或复轴型。秆散生或少数种类可密丛生，直立；节间圆筒形或在分枝一侧下部微扁平，节下常具白粉环，中空或稀近实心，髓笛膜状或棉花状；箨环木栓质隆起；秆环平至隆起。秆每节上枝条3~7枚，或秆上部节上更多，无明显主枝，开展至直立。箨鞘早落、迟落或宿存，厚纸质至革质，背面基部常密被一圈毛茸，边缘具纤毛；箨耳和鞘口縫毛存在或缺失；箨舌截平形至弧形；箨片锥形至披针形，基部向内收窄，常外翻。小枝具叶3~5枚，少数种类可多至13枚；叶鞘口部具径直或波曲縫毛；叶片长圆状披针形或狭长披针形，小横脉组成长方形。圆锥花序具少数至多枚小穗，侧生或稀可顶生于叶枝上；小穗细长形或窄披针形，鲜绿色或紫色，有的被白粉，含小花数朵；小穗轴节间被微毛，顶端杯状，常具短缘毛；颖2枚或5枚，先端锐尖，具缘毛；内稃背部2脊间具沟槽，先端钝，具缘毛；鳞被3枚，后方1枚长约为前方2枚的2倍；雄蕊3枚，花丝分离，花药锥形，黄色；花柱1枚，柱头3（2）枚，羽毛状。颖果长圆形。笋期5~6月；花期在夏季。

全世界的苦竹属植物有50余种，产于中国、日本、朝鲜，越南也有记载。中国有33种，主产于长江中下游各地。

本属植物多为材用、笋用或观赏竹种。

到目前为止，见有大熊猫采食下列3种苦竹属植物。

12.1 苦竹（峨眉植物图志）

伞柄竹（中国树木分类学补编）

Pleioblastus amarus (Keng) Keng f. in Techn. Bull. Nat' l. For. Res. Bur. China no. 8: 14. 1948; 中国主要植物图说·禾本科，36页，图25. 1959; 竹的种类及栽培利用，161页，图59. 1984; 中国竹谱，91页. 1988; 云南树木图志，下册，1491页，图708. 1991; Keng et Wang in Fl. Reip. Pop. Sin. 9(1): 598. pl. 182. 1996; D. Ohrnb., The Bamb. World, 55. 1999; D. Z. Li et al. in Fl. China 22: 123. 2006; Yi et al. in Icon. Bamb. Sin. 625. 2008, et in Clav. Gen. Spec. Bamb. Sin. 181. 2009. ——*P. varius* (Keng) Keng f. Clav. Gen. Sp. Gram. Prim. Sin. 9, 52. 1957. ——*Arundinaria amara* Keng in Sinensia 6(2): 148. f. 2. 1935; W. P. Fang, Icon. Pl. Omei. 1(2): pl. 52. 1944; 陈嵘 . 中国树木分类学(补编), 7 页 . 1953. ——*A. varia* Keng in 1. c. 6(2): 150. f. 3. 1935.

秆高 3~5m, 直径 1.5~2.0cm; 节间长 27~29cm, 圆筒形，但在分枝一侧下半部微扁平，幼时被白粉，节下方一圈白粉环明显，秆壁厚约 6mm；箨环厚木栓质隆起，初时密被棕紫褐色刺毛；秆环隆起，高于箨环。秆每节分枝 5~7 枚，上举。箨鞘革质，绿色，背面被白粉，无毛或被白色至棕紫色细刺毛，边缘密生金黄色纤毛；箨耳不明显或无，具数条直立短縫毛；箨舌截

苦竹-鲜笋

苦竹-叶1

苦竹-竹林1

平形，高 1~2mm，边缘具短纤毛；箨片狭长披针形，开展，背面被不明显的短柔毛。小枝具叶 3~4 枚；叶耳和鞘口两肩縫毛缺失；叶舌紫红色，高约 2mm；叶片长 4~20cm，宽 1.2~2.9cm，下面被白色绒毛，其毛在基部尤多，次脉 4~8 对，小横脉明显。总状花序或圆锥花序，具 3~6 枚小穗，侧生于主枝或小枝的下部各节，基部为 1 枚苞片所包围，小穗柄被微毛；小穗含 8~13 朵小花，长 4~7cm，绿色或绿黄色，被白粉；小穗轴节间长 4~5mm，一侧扁平，上部被白色微毛，下部无毛，为外稃所包围，顶端膨大呈杯状，边缘具短纤毛；颖 3~5 枚，向上逐渐变大，

苦竹-分枝1

苦竹-笋1

苦竹-叶2

苦竹-景观

苦竹-秆1

苦竹-秆2

苦竹-笋2

苦竹-分枝2

苦竹-分枝3

第1颖可为鳞片状，先端渐尖或短尖，背部被微毛和白粉，第2颖较第1颖宽大，先端短尖，被毛和白粉，第3~5颖通常与外稃相似而稍小；外稃卵状披针形，长8~11mm，具9~11脉，有小横脉，顶端尖至具小尖头，无毛而被有较厚的白粉，上部边缘有极微细毛，因后者常脱落而变为无毛；内稃通常长于外稃，罕或与之等长，先端通常不分裂，被纤毛，脊上具较密的纤毛，脊间密被较厚白粉和微毛；鳞被3枚，卵形或倒卵形，后方1枚形较窄，上部边缘具纤毛；花药淡黄色，长约5mm；子房狭窄，长约2mm，无毛，上部略呈三菱形；花柱短，柱

苦竹-竹林2

苦竹-箨

苦竹-竹林3

头3枚，羽毛状。笋期6月；花期4~5月。

本种篾性一般，当地用以编篮筐，秆材还能做伞柄或菜园的支架，以及旗杆、帐杆等用。

在国内多家动物园或大熊猫养殖基地，常见用该竹饲喂圈养大熊猫。

分布于我国江苏、安徽、浙江、福建、湖南、湖北、四川、贵州、云南，广泛栽培或原生于低海拔山坡地。

耐寒区位：8~9区。

12.2 斑苦竹（中国植物志）

苦竹（四川各地通称）、光竹（岭南大学学报）

Pleioblastus maculatus (McClure) C. D. Chu et C. S. Chao in Acta Phytotax. Sin. 18(1): 31. 1980; S. L. Zhu et al., A Comp. Chin. Bamb. 209. 1994; Keng et Wang in Fl. Reip. Pop. Sin. 9(1): 601. pl. 183. 1996; T. P. Yi in Sichuan Bamb. Fl. 302. pl. 121. 1997, et in Fl. Sichuan. 12: 273. pl. 97. 1998; D. Ohrnb., The Bamb. World, 66. 1999; D. Z. Li et al. in Fl. China 22: 122. 2006; Yi et al. in Icon. Bamb. Sin. 639. 2008, et in Clav. Gen. Spec. Bamb. Sin. 181. 2009; T. P. Yi et al. in J. Sichuan For. Sci. Tech. 31(4): 7, 14. 2010. ——*P. kwangxiensis* W. Y. Hsiung et C. S. Chao in Acta Phytotax. Sin. 18(1): 32. fig. 5. 1980; W. Y. Hsiung in Bamb. Res. 1: 18. fig. 5. 1981. ——*Arundinaria amara* Keng in Sinensia 6(2): 148. fig. 2. 1935; Fang W. P. Icon. Pl. Omwei. 1(2): pl. 52. 1944. ——*A. chinensis* C. S. Chao et G. Y. Yang in J. Bamb. Res. 13(1): 13. 1994; Fl. Yunnan. 9: 167. 2003.——*A. maculata* (McClure) C. D. Chu et S. C. Chao in Fl. Guizhouen. 5: 320. pl. 106. 1988. ——*Sinobambusa maculata* McClure in Lingnan Univ. Sci. Bull. 9: 64. 1940.

地下茎节间长 1.0~4.5cm，直径 4~13mm，黄色，无毛，有光泽，圆筒形，具芽一侧无沟槽，有极小的中空或近于实心，每节上生根或瘤状突起 0~4 枚；鞭芽黄色，卵圆形，贴生，或锥形，不贴生，边缘初时具纤毛。秆高 4~9（12）m，直径（1.5）3~6（7）cm，梢尾部直立；全秆具 20~31（42）节，节间长 30~40（86）cm，基部节间长 10~13cm，圆筒形，但在分枝一侧基部微凹，幼时被厚白粉，节下方一圈白粉环更厚，无毛，纵细线棱纹稍明显，秆壁厚 3~5（7）mm，髓为锯屑状；箨环

斑苦竹-秆1

斑苦竹-笋1

大熊猫取食斑苦竹竹笋

斑苦竹-笋2

斑苦竹-秆2

斑苦竹-秆节

厚木栓质圆脊状隆起，初时密被黄褐色长1~2（3）mm上向刺毛；秆环微隆起或肿起；节内高4~7（9）mm，有时密被白粉，向下变细。秆芽锥状卵圆形或卵形，边缘具纤毛，贴生。通常于秆的第6~11节开始分枝，枝条在秆每节上分枝3~5枚，长达80cm，直径达6mm，直立或上举。笋淡黄绿色或淡棕色，具深紫色斑块，像涂了一层油一样光亮；箨鞘早落，长三角形，革质，绿黄色或棕红色略带紫色，短于节间，背面有丰富的油脂而具显著光泽，常具棕色斑点，基部密被下向黄褐色刺毛，纵脉纹明显，边缘通常无纤毛；箨耳缺失或微小，紫褐色，具数条短而易脱落的縫毛；箨舌截平形，棕红色，高1~3mm，边缘通常无纤毛；箨片反折而下垂，长2~28cm，宽3~20mm，绿色带紫色，狭条状或线状披针形，近基部被微毛，边缘具细锯齿。小枝具叶3~5枚；叶鞘长2.5~5.0cm，无毛，边

斑苦竹-箨1

斑苦竹-叶

斑苦竹-箨2

斑苦竹-采集、运输、加工

大熊猫取食斑苦竹竹秆

缘亦无纤毛；叶耳和鞘口两肩缝毛缺失；叶舌截形，高1~2mm，背面被粗毛，边缘具短纤毛；叶柄长2~7mm；叶片披针形，长10~20cm，宽1.5~2.5cm，质地较坚韧，下面淡绿色，被微毛，其毛在基部较多，次脉4~6（8）对，小横脉存在，基部楔形或稍圆，边缘具小锯齿。花序基部具4~7枚为一组的苞片。总状花序简短，具1~4枚小穗；小穗柄一侧扁平，长3~10mm，具小刺毛或近于无毛（在脊上更多），上部被白粉；小穗含6~18朵小花，长6~9cm，圆柱形，粗壮，直径3~4mm，淡绿色或淡绿色带紫色，微被白粉，尤以小穗下部白粉较多；小穗轴节间长4~6mm，下部为外稃所围抱，扁平，绿色，具纵槽，无毛或上部有微毛，在其杯状顶端被微毛，横切面约有3个中空小眼；颖常为3枚，新鲜时被白粉，向上逐渐较大，第一颖长3~5mm，无毛或在顶端生有细毛，具5脉；外稃卵状披针形，长8~13mm，具9~11脉，小横脉存在，顶端锐尖，无毛或上部具短柔毛，近边缘质薄透明，被白粉，尤以下部小穗的外稃白粉较显著，边缘上不密生黄褐色短纤毛；内稃等长或短于外稃，先端钝圆，脊上及顶端均生有纤毛，脊间被白粉，脉纹不明显；鳞被3枚，前方2枚倒卵状披针形，长约3mm，后方1枚倒卵状披针形，长约2mm，下部具脉纹，上部生纤毛；雄蕊3枚，花药长6~8mm，黄色，先端具2齿尖；子房椭圆形，长约1mm，无毛，花柱1枚，长约1.5mm，先端具3枚长约1.5mm的羽毛状白色柱头。颖果长椭圆形，上部向背面弯曲，先端具锐尖头，褐紫色，长约8mm，直径约2mm，无毛，有光泽，腹沟宽约1mm（向上则沟更窄），纵贯颖果长度的4/5。笋期4月下旬至6月；花期4~7月；果期6~8月。

笋食用，味稍苦，但有回甘，因而斑苦竹鲜笋深受群众喜爱；目前川渝地区营造了大面积的笋用斑苦竹林；秆作各种竿具或篱笆；幼秆被厚白粉，竹冠窄圆柱形，美观，为重要的观赏竹种。

大熊猫取食斑苦竹竹叶

在四川卧龙国家级自然保护区的正河岸边坡地上，见有野生大熊猫采食本竹种；在中国大熊猫保护研究中心各基地、成都大熊猫繁育研究基地、杭州野生动物世界、南京市红山森林动物园、峨眉山生物资源实验站、大连森林动物园、济南动物园、临沂动植物园、长春东北虎园、安阳市人民公园、华蓥山大熊猫野化放归培训基地、遵义动物园、皖南国家休宁野生动物救护中心、保定爱保中华大熊猫苑，以及俄罗斯莫斯科动物园等，均见用该竹饲喂圈养大熊猫。

分布于我国江苏、江西、福建、广东、广西、重庆、四川、贵州、云南等地，安徽、陕西有栽培，生于低海拔的山区或农家栽培，其垂直分布海拔1400（1500）m。

耐寒区位：8~10区。

12.3 油苦竹（竹子研究汇刊）

秋竹（福建）

Pleioblastus oleosus Wen in Journ. Bamb. Res. 1(1): 24. pl. 3. 1982; 云南树木图志，下册，1494页. 1991; Keng et Wang in Fl. Reip. Pop. Sin. 9(1): 602. 1996; D. Ohrnb., The Bamb. World, 68. 1999; D. Z. Li et al. in Fl. China 22: 122. 2006; Yi et al. in Icon. Bamb. Sin. 640. 2008, et in Clav. Gen. Spec. Bamb. Sin. 181.——*Sinobambusa maculata* McClure in Lingnan Univ. Sci. Bull. 9: 64. 1940.——*Arundinaria chinensis* C. S. Chao et G. Y. Yang in J. Bamb. Res. 13(1): 13. 1994; Fl. Yunnan. 9: 167. 2003.

秆高3~5m，直径1~3cm；节间长18~20(26)cm，圆筒形，但在分枝一侧下部具沟槽，幼时无白粉或被少量白粉，老秆光亮；箨环初时被淡棕色刺毛；秆环隆起，高于箨环。秆每节上枝条2~3枚，以后增至4~5枚。箨鞘淡绿色，稍光亮，短于节间，基部被一圈淡棕色刺毛；箨耳和鞘口缝毛存在或否；箨舌高1~2mm，淡绿色，边缘具短纤毛；箨片直立或外翻，绿色，披针形。小枝具叶3~4枚；叶耳和鞘口两肩缝毛缺失，或偶具2条短缝毛；叶舌微隆起，高约2mm，被微毛；叶片长12~20cm，宽1.3~2.2cm，下面常被微毛，次脉5~7对。圆锥花序侧生；小穗含11~13朵小花；

油苦竹-分枝

油苦竹-秆1

油苦竹-叶

油苦竹-鲜笋1

油苦竹-鲜笋2

油苦竹-秆2

油苦竹-竹丛

油苦竹-秆节1

油苦竹-秆节2

颖 2~4 枚，具 5~7 脉，先端钝圆而有喙状尖头；外稃近无毛，长 12~13mm，宽约 6mm，先端急尖；内稃等长于外稃，稍狭，具 2 脊，先端渐尖，脊上具纤毛；鳞被 3 枚，质厚，长约 1mm，上半部近菱形，下半部变狭呈柄状，边缘有纤毛；子房圆筒形，柱头 2~3 枚，羽毛状。

笋可食用。秆材可供编织或绞口用。

在陕西秦岭，有见用该竹饲喂圈养大熊猫。

分布于我国浙江、江西、福建和云南。

耐寒区位：8~9 区。

13 茶秆竹属 *Pseudosasa* Makino ex Nakai

Pseudosasa Makino ex Nakai in J. Jap. Bot. 2(4): 15. 1920, nom. nud.; Makino ex Nakai in J. Arn. Arb. 6: 150. 1925; Keng et Wang in Fl. Reip. Pop. Sin. 9(1): 630. 1996; T. P. Yi in Fl. Sichuan. 12: 258. 1998; D. Ohrnb., The Bamb. World, 75. 1999; D. Z. Li et al. in Fl. China 22: 115. 2006; Yi et al. in Icon. Bamb. Sin. 595. 2008, et in Clav. Gen. Spec. Bamb. Sin. 52. 2009.——*Sinocalamus* McClure in Lingnan Univ. Sci. Bull. no. 9: 66.1940, p. p.; Y. L. Keng, Fl. Ill. Pl. Prim. Sin. Gramineae 63. 1959, p. p.

Typus: ***Pseudosasa japonica*** Makino.

茶秆竹属又名矢竹属。

灌木状竹类或稀小乔木状竹类。地下茎复轴型。秆散生兼多丛生，直立；节间圆筒形，但在分枝节间一侧基部至中下部具沟槽，秆髓海绵状；秆环平或稍隆起。秆芽1枚；秆每节1~3分枝，秆上部节上分枝可较多，基部贴秆而上举，常无二级分枝。箨鞘宿存或迟落；箨耳和鞘口缝毛存在或缺失；箨片直立或开展，早落。小枝具叶数；叶耳存在或否；叶舌低矮或较高；叶片小横脉显著。总状或圆锥花序，生于秆上部枝条的下方各节；小穗具柄，线形，含小花2~10朵或稀更多；小穗轴节间可逐节断落；颖2枚；外稃可镰刀状弯曲，具多条纵脉和小横脉，先端尖；内稃背部具2脊，具纵脉，脊间并具小横脉，先端尖；鳞被3枚；雄蕊3（4或5）枚，花丝分离；花柱1枚，柱头3枚，羽毛状并波曲。颖果，具腹沟。笋期在春末至夏初。

全世界的茶秆竹属植物40余种，产于中国、朝鲜、日本和越南。中国有37种，分布于华东地区南部及华南地区，向北可达秦岭以南。

到目前为止，仅见野生大熊猫采食本属1种竹子。

13.1 笔竿竹（植物研究）

Pseudosasa guanxianensis Yi in Bull. Bot. Res. 2(4): 103. fig. 3. 1982; T. P. Yi, l. c. 15(3): 4. fig. 2 1996; S. L. Zhu et al., A Comp. Chin. Bamb. 218. 1994; Keng et Wang in Fl. Reip. Pop. Sin. 9(1): 645. 1996; T. P. Yi in Fl. Sichuan. 12: 259. 1998; D. Ohrnb., The Bamb. World, 78. 1999; Yi et al. in Icon. Bamb. Sin. 604. 2008, et in Clav. Gen. Sp. Bamb. Sin. 174. 2009. ——*Indocalamus longiauritus* auct. non Hand-Mazz., Anz. Akad. Wiss.Wien, Math.-Naturwiss. Kl. 62: 254. 1925; C. S. Chao et al. in J. Nanjing For. Univ. 17(4): 6, 8. 1993; G. Y. Yang et al. in J. Bamb. Res. 13(1): 21. 1994.

竹鞭节间长1~4cm，直径3~7mm，圆筒形，具芽一侧有沟槽或无沟槽，光亮，无毛，中空微小，节不隆起，每节生根或具瘤状突起2~4枚。秆高2.0~3.5m，直径0.5~1.2cm，梢端径直；全秆具9~15节，节间长（14）25~32（42）cm，圆筒形，在分枝一侧下部微扁平，深绿色，无毛，纵细线棱纹在老秆上略明显，中空，秆壁厚 2~3mm，髓呈锯屑状；箨环隆起，初时密被下向棕黑色小刺毛；秆环微隆起至隆起，光亮，无毛；节内高 3~5mm，光亮。秆芽 1 枚，卵形或长椭圆状卵形，贴生，有光泽，边缘密生灰黄色小纤毛。秆每节上枝条 3~5（8）枚，上举，无主枝，基部贴秆或不贴主秆，全长 20~40cm，具 3~6 节，节间长 1~8cm，直径 1~2mm。笋淡绿色或紫绿色，具稀疏棕黑色小

笔竿竹-分枝1

笔竿竹-缝毛

笔竿竹-箨

笔竿竹-笋

笔竿竹-叶

笔竿竹-分枝2

笔竿竹-笋和秆

刺毛；箨鞘宿存，厚革质至软骨质，较坚脆，灰黄色，三角状长椭圆形，长 10~17cm，基底宽 3.0~4.8cm，顶端宽 5~11mm，背面无毛或近边缘疏被棕黑色刺毛，略有光泽，纵脉纹不甚明显，小横脉不发育，边缘上部密生棕色纤毛；箨耳椭圆形，暗褐色，长 2~3mm，宽 1.0~1.5mm，边缘具淡黄褐色径直长 4~15mm 的放射状縫毛；箨舌弧形，灰褐色至暗褐色，无毛，高 1.0~1.5mm，边缘密生灰黄色长 2~8mm 的縫毛；箨片线状披针形，外翻，易脱落，绿色，微弯，长（2）3~5cm，基部宽（3）4~7mm，无毛，纵脉纹较明显，边缘具小锯齿，不内卷。小枝具叶（2）3（4）枚；叶鞘长 7~9cm，绿色，无毛，上部纵脉纹及纵脊明显，边缘常无纤毛；叶耳椭圆形或镰形，紫褐色，脱落性，长 1~2mm，宽约 1mm，边缘密生灰黄色或灰褐色径直或微弯曲长 2~5mm 的縫毛；叶舌绿色或紫绿色，无毛，高约 1mm，幼时口部密生灰黄色长 4~7mm 的縫毛；叶柄长（3）4~5（8）mm，绿色；叶片披针形，坚纸质，无毛，长（9）14~21cm，宽（2）2.8~4.0cm，先端渐尖，基部阔楔形至圆形，上面深绿色，下面淡绿色，次脉 6~10 对，小横脉清晰，边缘具小锯齿。花枝侧生，长 15~25cm。总状花序生于具叶小枝顶端，由 2~5 枚小穗组成，稀下部小穗基部再分出 1 枚并由 7 枚小穗组成的简单圆锥花序，长 4~8cm，基部为叶鞘所包藏或伸出，序轴被灰白色小硬毛；小穗柄直立，略波状曲

笔竿竹-秆

笔竿竹-竹丛

折，长 1~5mm，被小硬毛，基部具 1 枚苞片（位于花序上部者常分裂为纤维状）；小穗含 8~12 朵小花，长 2.5~5.0cm，淡绿色或淡紫褐色；小穗轴节间扁平，长 1~5mm，基部被灰白色微毛，顶端边缘密生纤毛；颖 2 枚（顶生小穗仅具颖 1 枚），卵状披针形，不等大，无毛，边缘上部具纤毛，先端具尾状尖头，第 1 颖长 4~7mm，宽 2~3mm，具 3 脉，第 2 颖长 7~11mm，宽 2.5~4.5mm，具 5~7 脉；外稃卵状披针形长 9~14mm，宽 3.5~5.5mm，具 5~9 脉，内面小横脉清晰，边缘上部具纤毛；内稃具 2 脊，长 6~10mm，脊间宽约 1mm，脊上具纤毛，先端微 2 裂；鳞被 3 枚，菱状卵形，长约 2mm，脉纹紫色，上部具纤毛；雄蕊 3 枚，花药深紫色，长 3~4mm，基部叉开，花丝白色，纤细；子房狭卵状椭圆形，长约 1mm，无毛，花柱 1 枚，柱头 2 枚，白色，羽毛状。幼果狭卵状椭圆形，长约 4mm，直径 1mm，先端有短的宿存花柱，无腹沟。笋期 4 月；花期 5~6 月。

在其自然分布区，该竹是野生大熊猫冬季下移时采食竹种之一。

分布于我国四川都江堰，在海拔 1000~1200m 的山地黄壤或紫色土的阔叶林下小片原生，或在寺庙周围栽培；福建厦门、华安及云南昆明有引栽，生长好。

耐寒区位：9 区。

14 筇竹属 *Qiongzhuea* Hsueh et Yi

Qiongzhuea Hsueh et Yi in Acta Bot. Yunnan. 2(1): 91. 1980; Keng et Wang in Flora Reip. Pop. Sin. 9 (1): 348. 1996; Yi et al. in Icon. Bamb. Sin. 348. 2008. et in Clav. Gen. Spec. Bamb. Sin. 82. 2009; Ma L. S. et al. in Bull. Bot. Rcs., 29(5): 615. 2009. ——*Chimonobambusa* Makino in Bot. Mag. Tokyo 28(329) 1914: 153; D. Ohrnb., The Bamb. World. 177. 1999; D. Z. Li et al. in Fl. China 22: 152. 2006. ——*C.* Sect. *Qiongzhuea* (Hsueh et Yi) Wen et D. Ohrnb. ex D. Ohrnb., Gen. *Chimonobambusa* 12. 1990.

Typus: ***Qiongzhuea tumidinoda*** Hsueh et Yi.

灌木状竹类。地下茎复轴型。秆直立；节间圆筒形或有的种基部数节间略呈四方形，在分枝一侧扁平，并通常具2纵脊和3纵沟槽，无白粉，秆壁甚厚或下部节间实心或近实心；秆环平，微隆起或极度隆起呈一锐圆脊。秆芽3枚，贴秆或不贴秆。秆每节3分枝，枝环强度隆起，小枝纤细。箨鞘早落；箨耳缺失；箨片小，锥形或长三角形，长在1cm以内，直立。小枝具数叶；叶片披针形至狭披针形，小横脉明显。花序续次发生，花序轴各节具枚大型苞片，并着生1枚至数枚分枝，不再分次生枝，顶端具1枚假小穗，下部为1组小苞片所包被，形似具柄；小穗含小花3~8朵，微作两侧压扁，绿色或紫绿色；小穗轴脱节于颖之上及诸小花之间，节间扁平，无毛，基部微被白粉；颖2枚或3枚，常呈苞片状；外稃先端渐尖或长渐尖，无毛，具7~9条纵脉；内稃短于外稃，背部具2脊，先端钝或微裂；鳞被3枚；雄蕊3枚，花丝分离，花药黄色；子房无毛，花柱1枚，稍长，柱头2枚，羽毛状。厚皮质颖果，成熟时不为稃片所全包而部分外露。染色体 $2n$=48。笋期春末至夏初。花果期夏季。

全世界的筇竹属植物约14种1变型，我国特产，分布于湖北、湖南、广东、重庆、四川、贵州，以及云南的中山地带。

本属植物为野生大熊猫常年采食的主食竹竹种，亦常作为圈养大熊猫饲喂竹种。到目前为止，已记录野生大熊猫采食的本属竹类有5种。

14.1 大叶筇竹（中国植物志）

小罗汉竹、白罗汉竹（四川马边），冷水竹（四川雷波），库叉麦曲（彝语译音，四川马边）

Qiongzhuea macrophylla Hsueh et Yi in Acta Phytotax. Sin. 23(5): 398~399. f. 1. 1985; T. P. Yi in J. Bamb. Res. 4(1): 16. 1985; D. Ohrnb. in Gen. *Qiongzhuea* ed. 3. 8. 1989; S. L. Zhu et al., A Comp. Chin. Bamb. 164. 1994; Keng et Wang in Fl. Reip. Pop. Sin. 9(1): 355. 1996; T. P. Yi in Sichuan Bamb. Fl. 165. pl. 56.1997, et in Fl. Sichuan. 12: 145. pl. 49. 1998; Yi et al. in Icon. Bamb. Sin. 288. 2008. et in Clav. Gen. Spec. Bamb. Sin. 82. 2009; T. P. Yi et al. in J. Sichuan For. Sci. Tech.

大叶筇竹-生境

31(4): 4, 10. 2010. ——*Q. intermedia* Hsueh et D. Z. Li in Acta Bot. Yunnan. 10(1): 53. fig. 2. 1988; S. L. Zhu et al., A Comp. Chin. Bamb. 163. 1994. ——*Q. macrophylla* (Wen et D. Ohrnb.) Hsueh et Yi in Taxon 45: 219. 1996.——*Q. macrophylla* Hsueh et Yi f. *leiboensis* Hsueh et D. Z. Li in Act. Bot. Yunnan. 10(1): 51. fig. 1. 1988; D. Ohrnb. in Gen. *Qiongzhuea* ed 3. 9. 1989; S. L. Zhu et al., A Comp. Chin. Bamb. 164. 1994; Keng et Wang in Fl. Reip. Pop. Sin. 9(1): 356. pl. 97: 15-17. 1996. ——*Chimonobumbusa macrophylla* (Hsueh et Yi) Wen et D. Ohrnb. in Bamboos World Gen. *Chimonobambusa* ed 1. 21. 1990; T. H. Wen in J. Amer. Bamb. Soc. 11(1-2): 64. fig. 33. 1994; D. Ohrnb., The Bamb. World. 180. 1999; D. Z. Li et al. in Fl. China 22: 155. 2006.——*C. macrophylla* (Hsueh et Yi) Wen et D. Ohrnb. f. *intermedia* (Hsueh et D. Z. Li) Wen et D. Ohrnb. in Gen. *Chomonobambusa* ed. 1. 21. 1990; T. H. Wen in J. Amer. Bamb. Soc. 11 (1-2): 64. fig. 34. 1994.——*C. macrophylla* (Hsueh et Yi) Wen et D. Ohrnb. f. *leiboensis* (Hsueh et D. Z. Li) Wen et D. Ohrnb. in Gen. *Chimonobambusa* ed. 1. 21. 1990; T. H. Wen in J. Amer. Bamb. Soc. 11 (1-2): 66. fig. 35. 1994; D. Ohrnb., The Bamb. World. 180. 1999.——*C. macrophylla* (Hsueh et Yi) Wen et D. Ohrnb. var. *leiboensis* (Hsueh et D. Z. Li) D. Z. Li, com. in atat. nov. in Fl. China 22: 156. 2006.

地下茎节间长 1~3cm，直径 3~10mm，圆筒形或在具芽一侧有纵沟槽，中空，无毛，有光泽，每节具根或瘤状突起 2~5 枚。秆高（1.5）2.5~3.0（5.0）m，直径 1.0~2.1cm，梢端直立；

大叶筇竹-秆

大叶筇竹-笋

全秆具 20（25）节，节间长 18~21（26）cm，圆筒形，但在秆上部的分枝一侧扁平而具 2 纵脊和 3 纵沟槽，绿色，无毛，亦无白粉，平滑，中空，秆壁厚 2.5~3.5mm，髓呈笛膜状；箨环稍隆起，褐色，无毛；秆环极度隆起呈一圆脊，中有环形缝线的关节，状如二盘相扣合，易自其处脆断；节内很高，通常高 4~7mm，常在同一节上高低不一，高者位于秆各节的同一侧面，该处秆环更为隆起，低矮者位于相对的一侧面，而秆环较为低平，无毛。秆芽通常 3 枚，不贴于主秆。秆分枝习性较高，每秆节上枝条 3 枚，斜展，长 15~70cm，直径 1.5~2.5mm，绿色，无毛。笋淡绿色，无毛；箨鞘早落，厚纸质，三角状长圆形，较节间为短，先端短三角形，背面无毛，纵脉纹明显，小横脉不发育，边缘上部具黄褐色短纤毛；箨耳缺失，鞘口两肩无縫毛；箨舌截平形，黄褐色或紫褐色，高 0.5~1.0mm；箨片直立，锥形或三角状锥形，长 3~9mm，宽 1.0~1.5mm，无毛纵脉纹明显，常内卷。小枝具叶（1）2~3（4）枚；叶鞘长 4.5~7.2mm，淡绿色，无毛，纵脉纹及上部纵脊明显，边缘无纤毛或幼时有灰褐色短纤毛；叶耳缺失，鞘口两肩无縫毛；叶舌圆弧形或截平形，紫褐色或淡绿紫色，无毛，高 0.5~1.0mm；叶柄长 1.5~4.0mm，无毛；叶片长圆状披针形，长 11~21cm，宽 1.6~3.9cm，纸质，下面灰绿色，两面俱无毛，次脉 5~8 对，小横脉清晰，边缘

大叶筇竹-箨

具小锯齿。花枝未见。笋期 4 月下旬。

著名优质笋用竹和观赏竹种。

在其自然分布区，该竹为野生大熊猫的重要主食竹竹种。

我国四川特产，仅限于雷波与马边交界的小凉山小部分地区有分布，生于海拔 1500~2200m 的山地常绿阔叶林下。

耐寒区位：9 区。

大叶筇竹-竹丛

14.2 泥巴山筇竹（四川林业科技）

三月笋、三月竹（四川荥经、汉源）

Qiongzhuea multigemmia Yi in J. Bamb. Res. 19(1): 18. f. 5. 2000, et in J. Sichuan For.Sci. Techn. 21(2): 18. f. 5. 2000; Yi et al. Icon. Bamb. Sin. 291. 2008, et in Clav. Gen. Sp. Bamb. Sin. 82. 2009; T. P. Yi et al. in J. Sichuan For. Sci. Tech. 31 (4): 4, 11. 2010.

地下茎复轴型，竹鞭节间长1~4cm，直径5~6mm，圆筒形，无沟槽，有光泽，具小的中空，每节上生根或瘤状突起2~4枚；鞭芽半圆形或卵圆形，贴生，近边缘初时被黄褐色硬毛。秆高1~3m，直径0.5~1.2cm，梢端径直；全秆具18~25节，节间长（5）16~18（22）cm，绿色，无毛，无白粉，圆筒形，但在分枝一侧具2~4纵脊及3~5条纵沟槽，或在秆下部具芽一侧仅具1纵脊和2纵沟槽，幼时从节间下部至上部具有由稀疏变密集的暗黄色短硬毛，且粗糙，无纵细线菱纹，中空，秆壁厚1~3mm，髓为膜质；箨环隆起，较窄而薄，初时密被灰色或黄褐色短硬毛；秆环稍隆起、隆起或在分枝节上者显著隆起呈一圆脊，秆中上部者常有环形缝合线之关节；节内高1.5~5.0mm，常有黑垢，分枝节上者向下强烈变细。秆芽在秆每节上（2）5~7枚，组成卵圆形的复合芽，贴生，芽鳞被黄褐色短硬毛。秆每节上枝条（1）3~13枚，细瘦，粗度大致相等，簇生，斜展，长10~25cm，直径1.0~1.5mm，具4~7节，节间长0.3~7.0cm，节下初时有一圈厚白粉及微毛并在以后变为黑垢，中空微笑或实心。箨鞘早落，三角状长圆形，厚纸质，约为节间长度的1/2，长6~10cm，宽2.5~4.5cm，先端短三角形，顶端宽2~4mm，背面具淡黄色稀疏贴生瘤基刺毛，纵脉纹明显，小横脉不发育，边缘上部具黄褐色纤毛；箨耳及鞘口两肩缝毛缺失；箨舌截平形或圆弧形，紫褐色或淡黄色，无毛，高

泥巴山筇竹-竹丛

泥巴山筇竹-笋

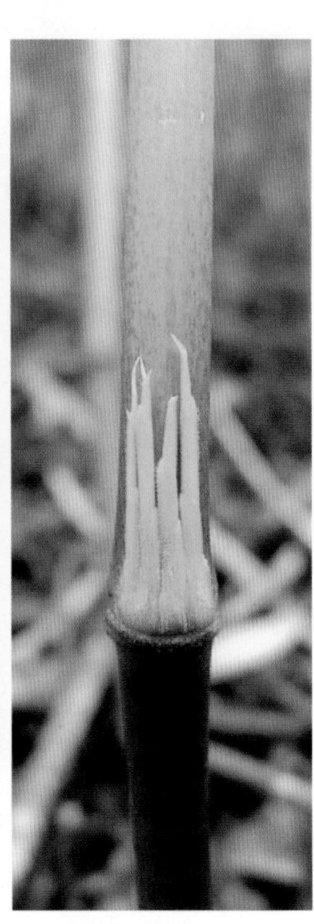
泥巴山筇竹-芽

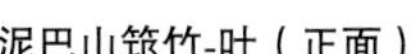
泥巴山筇竹-叶（正面）

泥巴山筇竹-叶（背面）

约 1mm，边缘具细缺刻；箨片直立，三角形，长 2.5~8.5mm，宽 2~4mm，边缘常内卷。小枝具叶 2~4；叶鞘长 3.5~5.0cm，淡绿色，无毛，纵脉纹及上部两侧近边缘处小横脉明显，边缘无纤毛或有时外缘密生黄褐色纤毛；叶耳不明显或明显，上端具 3~5 枚长 3~4mm 的径直黄褐色繸毛；叶舌近圆弧形或截平形，紫褐色，高 0.5~1.0mm，边缘初具短纤毛，外叶舌显著；叶柄淡绿色，长 2~3（4）mm；叶片线状披针形，纸质，长 8.5~13.0cm，宽 1.2~1.8cm，先端长渐尖，基部楔形或少数阔楔形，上面深绿色，下面灰白色，两面俱无毛，次脉 5（6）对，小横脉清晰，组成正方形和长方形，边缘仅一侧具小锯齿。花枝无叶或有时混杂具叶小枝，簇生于主杆中上部各节上，其节下被微毛及厚白粉；苞片 1 枚，纸质，无毛，宛如缩小的秆箨，或在花枝上部节上者类似颖片，生于花枝各节上，其腋间具先出叶或芽。假小穗紫绿色，稍作两侧压扁状，长 1.5~3.0cm，宽 3~5mm；小穗含 4~5 朵小花；小穗轴节间长 3~5mm，淡绿色，无毛，近轴面扁平；颖 1 枚，薄纸质，无毛，披针形或卵状披针形，长 8~18mm，宽 2~4mm，先端渐尖，具 11 脉；外稃卵状披针形，薄纸质，无毛，先端渐尖或长渐尖，长 1.0~1.4cm，宽 3.5~4.5mm，具 7~9 脉；内稃短于外稃，膜质，长 8~11mm，背部具 2 脊，脊间宽约 1mm，具不明显 2~4 脉，先端 2 尖头，脊外两侧纵脉不明显；鳞被 3 枚，卵状披针形，膜质，几等大，长 2.5~3.0mm，纵脉纹明显，初时边缘上部具小纤毛；雄蕊 3 枚，花丝白色，花药黄色，长 4.5~5.0mm；子房椭圆形或卵状椭圆形，长约 2mm，无毛，花柱 1 枚，长约 1mm，柱头 2 枚，羽毛状，长 1~3mm。厚皮质颖果，长椭圆形或倒卵状椭圆形，新鲜时紫绿色，有光泽，无毛，长 7~11mm，直径 2.5~3.5mm，果皮厚约 1mm，顶端具宿存花柱，无腹沟。笋期 4 月下旬；花期 5 月；果实成熟期 7~8 月。

优质笋用竹种。秆为造纸原料。

在其自然分布区，该竹为大熊猫的重要主食竹种。

分布于我国四川西部荥经与汉源交界的大相岭地区，在海拔 1550~2400m 的山上部至顶部，常有单一泥巴山筇竹林，形成一种特有的竹林自然景观，也生于林下或沟边灌木林中。

耐寒区位：9 区。

14.3 三月竹（中国植物志）

Qiongzhuea opienensis Hsueh et Yi in Acta Bot. Yunnan. 2(1): 98. f. 4. 1980; D. Z. Li et C. J. Hsueh in Act. Bot. Yunnan. 10(1): 54. 1988; D. Ohrnb. in Gen. *Qiongzhuea* ed. 3. 10. 1989; S. L. Zhu et al., A Comp. Chin. Bamb. 164. 1994; Keng et Wang in Fl. Reip. Pop. Sin. 9(1): 350. pl. 95: 1-4. 1996; T. P. Yi in Sichuan Bamb. Fl. 175. pl. 61.1997, et in Fl. Sichuan. 12: 155. pl. 53. 1998; Yi et al. Icon. Bamb. Sin. 293. 2008, et in Clav. Gen. Sp. Bamb. Sin. 83. 2009; T. P. Yi et al. in J. Sichuan For. Sci. Tech. 31(4): 4, 10. 2010; X. L. Jiang, et al. in J. Sichuan For. Sci. Tech. 32(2): 13-15. 2011.——*Q. opienensis* (Wen et D. Ohrnb.) Hsueh et Yi in Taxon 45: 220. 1996.——*Oreocalamus opienensis* (Hsueh et Yi) Keng f. in J. Nanjing Univ. (Nat. Sci. ed.) 22(3): 416. 1986.——*Chimonobambusa opienensis* (Hsueh et Yi) Wen et D. Ohrnb. ex D.Ohrnb. in Gen. *Chimonobambusa* 30. 1990; T. H. Wen in J. Amer. Bamb. Soc. 11 (1-2): 76. 1994; D. Ohrnb., The Bamb. World. 180. 1999; D. Z. Li et al. in Fl. China 22: 160. 2006.

地下茎节间长 2~5cm，直径 5~15mm，淡黄色，无毛，圆筒形或具芽一侧有浅沟槽，中空，每节上生根 2~9 枚；鞭芽圆锥形或卵形，长 4~5mm，宽 5~7mm，芽鳞暗褐色，有光泽，具黄褐色小硬毛，边缘具黄褐色纤毛。秆高 2~7m，直径 1.0~5.5cm；全秆具 30~40 节，节间长 18~20（25）cm，圆筒形或有时基部数节间略呈四方形，分枝一侧具 1~2 纵脊和 2~3 纵沟，绿色，无毛，亦无白粉，秆壁厚 5~8mm；箨环狭窄，稍隆起，褐色，无毛；秆环稍隆起至隆起；节内高 2.5~4.0mm。

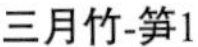
三月竹-笋1

三月竹-笋2

三月竹-竹丛

三月竹-秆

三月竹-笋3

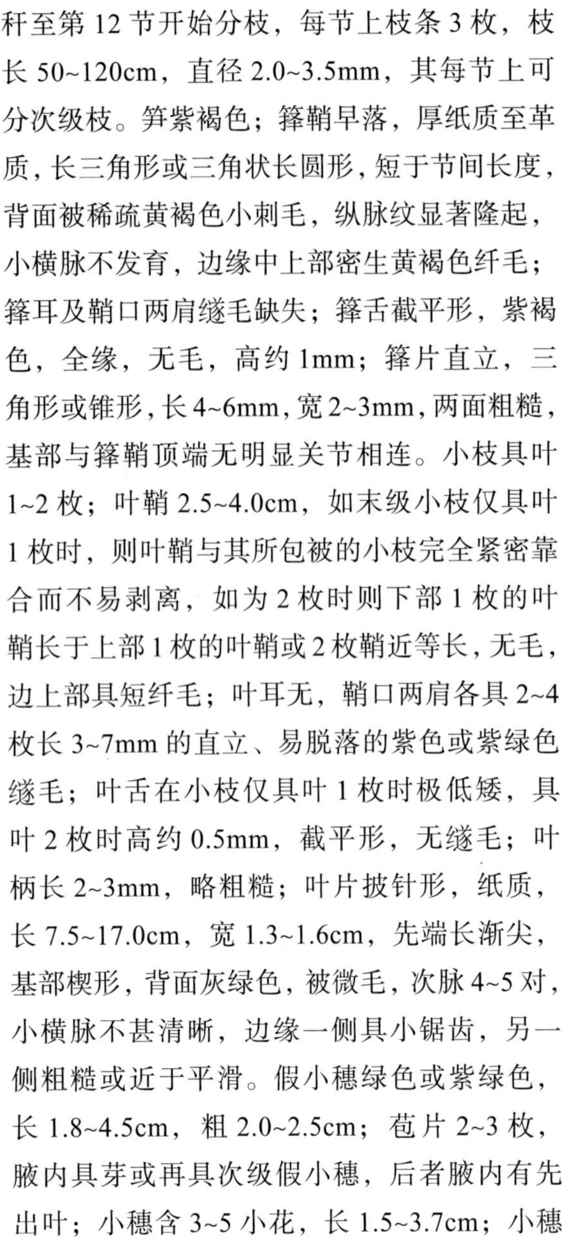

秆至第 12 节开始分枝，每节上枝条 3 枚，枝长 50~120cm，直径 2.0~3.5mm，其每节上可分次级枝。笋紫褐色；箨鞘早落，厚纸质至革质，长三角形或三角状长圆形，短于节间长度，背面被稀疏黄褐色小刺毛，纵脉纹显著隆起，小横脉不发育，边缘中上部密生黄褐色纤毛；箨耳及鞘口两肩缝毛缺失；箨舌截平形，紫褐色，全缘，无毛，高约 1mm；箨片直立，三角形或锥形，长 4~6mm，宽 2~3mm，两面粗糙，基部与箨鞘顶端无明显关节相连。小枝具叶 1~2 枚；叶鞘 2.5~4.0cm，如末级小枝仅具叶 1 枚时，则叶鞘与其所包被的小枝完全紧密靠合而不易剥离，如为 2 枚时则下部 1 枚的叶鞘长于上部 1 枚的叶鞘或 2 枚鞘近等长，无毛，边上部具短纤毛；叶耳无，鞘口两肩各具 2~4 枚长 3~7mm 的直立、易脱落的紫色或紫绿色缝毛；叶舌在小枝仅具叶 1 枚时极低矮，具叶 2 枚时高约 0.5mm，截平形，无缝毛；叶柄长 2~3mm，略粗糙；叶片披针形，纸质，长 7.5~17.0cm，宽 1.3~1.6cm，先端长渐尖，基部楔形，背面灰绿色，被微毛，次脉 4~5 对，小横脉不甚清晰，边缘一侧具小锯齿，另一侧粗糙或近于平滑。假小穗绿色或紫绿色，长 1.8~4.5cm，粗 2.0~2.5cm；苞片 2~3 枚，腋内具芽或再具次级假小穗，后者腋内有先出叶；小穗含 3~5 小花，长 1.5~3.7cm；小穗轴节间长 3~7mm，在具花一侧扁平，绿色或紫色，无毛；颖 2~3 枚，线状披针形，向上逐渐增大，长 6~11mm，无毛，先端渐尖；外稃长 7~12mm，具 7（9）脉，无毛，先端长渐尖；内稃长 7~10mm，无毛，脊间纵脉纹不明显，脊外每侧具 1 脉，先端渐尖；鳞被 3 枚，上部紫色，边缘无纤毛，后方 1 枚狭披针形，长 1.5mm，前方 2 枚披针形，长约 2mm；雄蕊 3 枚，花药下垂，紫色，长 4.5~5.5mm，基部明显箭镞形，花丝细长，白色；子房椭圆形，长 5~2mm，无毛，花柱 1 枚，长 1.5~2.0mm，柱头 2 枚，白色，羽毛状。果实坚果状，长 8~12mm，直径 4~6mm，长圆形，绿色，无腹沟，光亮无毛，具宿存稃片，顶端具宿存花柱，果皮厚 1~2mm，胚乳白色，胚直。笋期 4~5 月；花期 4 月；果期 5 月。

笋味甜，是无污染、最宜鲜食的山珍蔬食品；秆作豆支撑架、家具、农具或烤烟杆等用，也是造纸原料。

在其自然分布区，该竹为野生大熊猫的重要主食竹竹种。

分布于我国四川马边和峨边，生于海拔（800）1500~2300m 的常绿阔叶林带、常绿落叶阔叶混交林带的林下，少量生于亚高山针阔叶林或暗针叶林下。

耐寒区位：9 区。

14.4 实竹子（中国植物志）

油竹（四川峨边），八月竹（四川马边）

Qiongzhuea rigidula Hsueh et Yi in Acta. Phytotax. Sin. 21(1): 96. f. 2. 1983; T. P. Yi in J. Bamb. Res. 4(1): 15. 1985; D. Z. Li et C. J. Hsueh in Act. Bot. Yunnan. 10(1): 54. 1988; D. Ohrnb. in Gen. *Qiongzhuea* ed. 3. 12. 1989; S. L. Zhu et al., A Comp. Chin. Bamb. 164. 1994; Keng et Wang in Fl. Reip. Pop. Sin. 9(1): 349. 1996; T. P. Yi in Sichuan Bamb. Fl. 177. pl. 62. 1997, et in Fl. Sichuan. 12: 157. pl. 54. 1998; Yi et al. Icon. Bamb. Sin. 295. 2008, et in Clav. Gen. Sp. Bamb. Sin. 83. 2009; T. P. Yi et al. in J. Sichuan For. Sci. Tech. 31(4): 4, 10. 2010.——*Q. rigidula* (Wen et D. Ohrnb.) Hsueh et Yi in Taxon 45: 220. 1996.——*Oreocalamus rigidulus* Hsueh et Yi in Act. Phytotax. Sin. 21(1): 96, f. 2. 1985; (Hsueh et Yi) Keng f. in J. Nanjing Uinv. (Nat. Sci. ed.) 22(3): 416. 1986; D. Z. Li et Hsueh in Act. Bot. Yunnan. 10(1): 54. 1988; D. Ohrnb., Gen. *Qiongzhuea* ed. 3. 12. 1989; Wen et D. Ohrnb. ex D. Ohrnb., Gen. *Chimonobambusa* 42. 1990.——*Chimonobambusa rigidula* (Hsueh et Yi) Wen et D. Ohrnb. in Gen. *Chimonobambusa* ed. 1. 42. 1990; T. H. Wen in J. Amer. Bamb. Soc. 11(1-2): 74. fig. 39. 1994; D. Z. Li et al. in Fl. China 22: 186. 2006.

地下茎节间长（1）2~5cm，直径 5~10mm，圆筒形，中空直径 1.0~1.5mm，无毛，有光泽，每节上生根或瘤状突起（2）3~5 枚；鞭芽卵形或锥形，黄褐色，无毛，有光泽。秆径直，

实竹子-生境

实竹子-笋

实竹子-芽

高 2~4（6）m，直径 1.5~2.5（3）cm；全秆具 25~31 节，节间长 15~18（24）cm，圆筒形或略呈四方形，绿色，光滑，无毛，亦无白粉，秆壁厚 4~10mm；箨环狭窄，隆起，褐色，无毛；秆环稍隆起或隆起，光亮；节内高 2~4mm。秆芽 3 枚，细瘦，钻形，贴生，紫色，无毛。分枝习性颇高，通常始于第 10 节以上，秆每节通常分枝 3 枚，长 30~60cm，直径 2~3mm，斜展。笋紫红色，无毛或有时具稀疏小刺毛；箨鞘早落，黄褐色，长三角形或三角状长圆形，厚纸质至革质，短于节间，长 8~12cm，背面无毛或有时具稀疏小刺毛，有光泽，纵脉纹密聚而隆起，小横脉不发育，边缘密生黄褐色纤毛；箨耳及鞘口两肩缝毛缺失；箨舌截平形，无毛，高约 1mm；箨片直立，三角形或锥形，长 3~8mm，宽 1~2mm，微粗糙，纵脉纹明显，边缘内卷，易脱落。小枝具叶 1~2（3）枚；叶鞘长 3~4cm，淡绿色，无毛，边缘初时生灰色纤毛；叶耳和鞘口缝毛缺失；叶舌截平形，紫褐色，无毛，高约 1mm，边缘通常无纤毛；叶柄长 1~2mm，无毛；叶片披针形，纸质，长 7~13cm，宽 0.8~1.7cm，先端渐尖，基部楔形，下面灰绿色，两面均无毛，次脉（3）4 对，小横脉清晰，组成长方形，边缘仅一侧具小锯齿。花枝无叶或有时在顶端具叶 1（2）枚，长 30~50cm，具花小枝长 4~10cm，4~9 枚簇生于各节上。假小穗无柄；小穗含 3~6 朵小花，长 1.7~2.5cm，紫色；小穗轴节间长 2~5mm，压扁，无毛；颖（或苞片）4~5 枚，逐渐增大，长 1~6mm，具 7~11 脉，无毛；外

实竹子-竹丛

实竹子-分枝

稃长 8~14mm，宽 4.0~6.5mm，长卵形，纸质，具 9~13 脉，无毛，先端渐尖，边缘无纤毛；内稃纸质，长 7~12mm，无毛，背部具 2 脊，脊间宽 1.0~1.5mm，具不明显 2 脉，脊外两侧各具 2 脉，先端 2 浅齿裂，边缘无纤毛；鳞被 3 枚，披针形或卵状披针形，长 1.5~3.0mm，宽 1.0~1.5mm，紫色，膜质透明，纵脉纹明显，边缘上部具纤毛；雄蕊 3 枚，花丝白色，花药细长形，紫色，长 5~7mm，基部箭镞形；子房椭圆形，长约 1mm，无毛，花柱 1 枚，较短，柱头 2 枚，羽毛状，长约 3mm。厚皮质颖果坚果状，绿色或紫绿色，椭圆形，稀近圆球形，长 8~11mm，直径 5~7mm，光亮无毛，先端钝圆，无腹沟，常具宿存花柱，果皮厚 1~2mm，胚乳白色。笋期 9 月（盛期在白露前后）；花期 1~3 月；果实成熟期 5 月。

优质笋用竹种；秆劈篾供编织各种竹器，同时也是造纸原料。

在其自然分布区，该竹为野生大熊猫的重要主食竹竹种；在成都各大熊猫养殖基地，有见用该竹饲喂圈养大熊猫。

分布于我国四川南部沐川、屏山、马边和峨边交界的山区。生于海拔 1300~1700m 的中山地带阔叶林下、灌丛中或组成纯竹林。

耐寒区位：9 区。

14.5 筇竹（汉书张骞传）

罗汉竹（四川雷波、马边、筠连、叙永，云南绥江、永善）、宝塔竹（四川雷波、叙永）

Qiongzhuea tumidinoda Hsueh et Yi in Acta Bot. Yunnan. 2(1): 93. f. 1-2. 1980; Keng f. in J. Bamb. Res. 3(1): 27. 1984; D. Z. Li et Hsueh in Act. Bot. Yunnan. 10(1): 51. 1988; 中国竹谱, 60 页. 1988; D. Ohrnb. in Gen. Qiongzhuea ed. 3. 13. 1989; D. Z. Li et C. J. Hsueh in Act. Bot. Yunnan. 10(1): 51.1988; Icon. Arb. Yunn. Inferus 1480. fig. 701. 1991; S. L. Zhu et al., A Comp. Chin. Bamb. 166. 1994; Keng et Wang in Fl. Reip. Pop. Sin. 9(1): 356. pl. 97: 1-14. 1996; T. P. Yi in Sichuan Bamb. Fl. 167. pl. 57. 1997, et in Fl. Sichuan. 12: 147. pl. 50. 1998; Icon. Bamb. Sin. 296. 2008; Clav. Gen. Sp. Bamb. Sin. 82. 2009; T. P. Yi et al. in J. Sichuan For. Sci. Tech. 31(4): 4, 10. 2010. ——*Q. tumidissinoda* (Hsueh et Yi ex D. Ohrnb.) Hsueh et Yi in Taxon 45: 220. 1996; Fl. Yunnan. 9: 190. pl. 45:1-14. 2003.——*Chimonobambusa tumidissinoda* Hsueh et Yi ex D. Ohrnb. in Gen. *Chimonobambusa* ed. 1. 45. 1990; D. Ohrnb., The Bamb. World. 187. 1999; D. Z. Li et al. in Fl. China 22:

筇竹-生境1

筇竹-分枝

筇竹-果

筇竹-花

筇竹-叶

筇竹-林冠

156. 2006. ——*C. tumidinoda* (Hsueh et Yi) Wen in J. Bamb. Res. 10(1): 17. 1991.

地下茎节间长（1.2）2.0~3.8cm，直径4~15mm，中空甚小，每节上生根3~6枚瘤状突起，其中常有2~3枚发育成根；鞭芽圆锥形，先端下方具淡黄色毛茸；秆基在地表以下各节生根12条左右，呈轮状排列。秆高2.5~6.0m，直径1~3cm，梢部直立；全秆具22~32节，节间一般长15~20cm，最长达25cm，基部节间长8~10cm，圆筒形或在具分枝的一侧扁平并有2纵脊和3纵沟槽，无毛，无白粉，光滑，基部数节间近实心，向秆上部的节间逐渐中空，秆壁厚5~10mm，髓为笛膜状；箨环甚窄，褐色，初时被棕褐色刺毛；秆环极度隆起呈一圆脊，犹如二盘上、下相扣合，通常一侧隆起较甚，相对一侧较平，中有环形缝线浅沟，受外力后易自该处整齐折断；节内在同一节上宽窄不一，通常宽的一边位于秆的同一侧面，该处秆环格外隆起。秆芽3枚，并列，不贴秆；先出叶革质。秆每节上枝条3枚斜上至开展，长20~70cm，直径1.5~3.0mm，基部节间三菱形，近实心，次级枝纤细。笋紫红色或紫色带绿色；秆箨早落，短于节间，通常约为节间长度之半，长三角形或三角状长圆形，稻草色，厚纸质至薄革质，背面纵脉纹细密而显著，小横脉有时可见，脉间被棕色瘤基小刺毛，边缘上部密生淡棕色纤毛；箨耳缺失，鞘口缢毛棕色，长2~3mm；箨舌高1.0~1.3mm，边缘密生小纤毛；箨片直立，锥形或锥状披针形，无毛，长5~17mm，易脱落。小枝具叶2~4枚；叶鞘长2~4mm，淡绿色，

筇竹-秆1

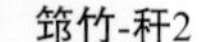

筇竹-秆2

筇竹-笋

筇竹-箨

无毛，边缘生短小纤毛；叶耳无，鞘口缝毛数条，易脱落；叶舌低矮，截平形或圆弧形，紫绿色，无毛；叶柄长 1~2mm，无毛；叶片狭披针形，长 5~14cm，宽 0.6~1.2cm，先端细长渐尖，基部狭窄或截形，下面灰绿色，两面均无毛，次脉 2~4 对，小横脉清晰，组成长方格子状，边缘具斜上的小锯齿。花枝无叶或有时混杂具叶小枝，长 4~45cm，具花枝条纤细，无毛；苞片薄纸质，向上逐渐增大，卵状披针形，先端具短尖头，具纵脉纹，宿存或迟落。假小穗绿色、暗绿色或紫绿色，生于主枝或小枝各节上，较纤细，微作两侧压扁，长 3.0~4.5cm，直径 2.5~4.0mm；小穗含花 3~8 朵；小穗轴节间长 4~6mm，粗 0.2~0.3mm，扁平，无毛，基部微被白粉质；颖 2 枚，薄纸质，无毛，第 1 颖卵形，线段尖锐，长 3~4mm，第 2 颖长卵形，具数条纵脉纹，长 8~10mm；外稃长卵形，长 10~14mm，无毛，有光泽，先端渐尖或长渐尖，纸质，枯草色或褐色，具 9 脉，小横脉稍明显，近边缘膜质；内稃短于外稃，长 8~12mm，无毛，背部具 2 脊，脊间宽约 1mm，具不明显的纵脉，先端钝或微 2 裂，脊外两侧纵脉亦不明显；鳞被 3 枚，两侧的 2 枚为菱状卵形，长约 2.5mm，后方 1 枚倒披针形，长约 1.5mm，膜质，透明，具数条纵脉纹，上部边缘具小纤毛；雄蕊 3 枚，花药紫色，长 4~8mm，基部箭镞形，花丝白色，长 5~10mm，伸出花外；子房倒卵形，长约 2.5mm，无毛，花柱 1 枚，长约 1mm，柱

筇竹-竹丛1

筇竹-生境2

筇竹-景观

筇竹-秆3

筇竹-竹丛2

头 2 枚，羽毛状，长约 2mm。厚皮质颖果，倒卵状长椭圆形或阔椭圆形，新鲜时墨绿色，光滑无毛，长 10~12mm，直径约 6mm，顶端具宿存花柱。笋期 4 月下旬至 5 月中旬；花期 4 月；果实成熟期 5 月。

优质笋用竹种，笋肉肥厚脆嫩、味美，每年有大量笋制品畅销国内外；秆材是造纸原料；秆节特别膨大，秆形特殊而优美，常做乐器或工艺品用竹；同时也是珍贵的园林观赏竹。

在四川雷波、马边的大熊猫保护区，该竹为大熊猫的主要主食竹竹种；在英国苏格兰爱丁堡动物园和芬兰艾赫泰里动物园等，亦有采用该竹饲喂圈养大熊猫的记录。

分布于我国四川南部和云南东北部，生于海拔 1500~2200（2600）m 的山地阔叶林下；欧美部分国家有引栽。

耐寒区位：9 区。

15 唐竹属 *Sinobambusa* Makino ex Nakai

Sinobambusa Makino ex Nakai in J. Jap. Bot. 2: 8. 1918; Makino ex Nakai in J. Arn. Arb. 6: 152. 1925; Keng et Wang in Flora Reip. Pop. Sin. 9 (1): 224. 1996; D. Ohrnb., The Bamb. World, 244. 1999; D. Z. Li et al. in Flora of China. 22: 147. 2006; Yi et al. in Icon. Bamb. Sin. 247. 2008. et in Clav. Gen. Spec. Bamb. Sin. 72. 2009.——*Neobambos* Keng ex Keng f. in Techn. Bull. Nat' l. For. Res. Bur. China no. 8: 15. 1948, nom. nud.

Typus: ***Sinobambusa tootsik*** (Sieb.) Makino.

灌木状至乔木状竹类。地下茎单轴型或有时复轴型。秆散生或混生，直立；节间圆筒形，但在分枝一侧下半部扁平或偶见具沟槽；箨环隆起，与秆环同高或在分枝节上低于秆环。秆每节3分枝，有时可多至5~7枝，近等粗。箨鞘脱落性，厚纸质至革质，背面基部通常密被刺毛；箨耳发达或缺失；箨舌弧状隆起，全缘；箨片披针形，脱落性。小枝具叶3~9枚；叶片披针形，小横脉明显。花枝具叶或无叶，总状或圆锥状；假小穗通单生于花枝各节或顶端，侧生者基部具叶1枚先出；苞片2枚至数枚，向上逐渐增大，上部1~2枚苞腋内具芽，此芽可萌生为次级假小穗；小穗长，含小花50朵以上，成熟时小穗轴逐节折断；颖通常缺失，有时1枚；外稃具纵脉，通常有小横脉，先端急尖，具小尖头；内稃先端钝圆，背部具2脊，脊上及先端具纤毛；鳞被（2）3枚，具多脉，具缘毛；雄蕊3枚，有时2枚或4枚，花丝分离；花柱1枚，有时2枚或3枚，柱头2枚或3枚，羽毛状。颖果。笋期在春季至初夏。

全世界的唐竹属植物为16种3变种1变型，中国全产。分布于浙江、江西、福建、台湾、湖南、广东、广西、重庆、四川、贵州、云南等地；越南也有分布。

到目前为止，仅发现大熊猫采食本属竹类1种。

15.1 唐竹（中国植物志）

寺竹（香港）、疏节竹（中国植物图鉴）

Sinobambusa tootsik (Sieb.) Makino in J. Jap. Bot. 2: 8. 1918; Makino ex Nakai in J. Arn. Arb. 6: 152. 1925; 中国主要植物图说·禾本科, 91页, 图62. 1959; S. Suzuki, Ind. Jap. Bambusac. 16 (f. 14), 96, 97. (pl. 14), 339. 1978; Fl. Taiwan 5: 739. pl. 1499. 1978; Wen in J. Bamb. Res. 1(2): 11. pl. 3. 1982; 竹的种类及栽培利用, 86页, 图29. 1984; 香港竹谱, 77页. 1985; 中国竹谱, 54页. 1988; Keng et Wang in Flora Reip. Pop. Sin. 9(1): 226. 1996; D. Ohrnb., The Bamb. World, 247. 1999; D. Z. Li et al. in Flora of China. 22: 148. 2006; Yi et al. in Icon. Bamb. Sin. 256. 2008. et in Clav. Gen. Spec. Bamb. Sin. 73. 2009.——*Arundinaria tootsik* (Sieb.) Makino in Bot Mag. Tokyo 14: 62. 1900 et in ibid. 19: 63. 1905 (descr. Jap.); 白泽保美. 日本竹类图谱

唐竹-景观

唐竹-分枝

唐竹-笋

唐竹-箨

43 页 . 1912; E. G. Camus, Bambus. 35, 1913; 贾祖璋，贾祖珊 . 中国植物图鉴 , 1185 页 , 图 2074. 1937. ——*A. dolichantha* Keng in Sinensia 7: 418. f. 6. 1936.——*Bambos tootsik* Sieb. in Syn. Pl. Oecon. Univ. Regni Jap. 5. 1827, nom. nud.——*Neobambos dolicanthus* (Keng) Keng ex Keng f. in Techn. Bull. Nat' l. For. Res. Bur. China no. 8: 15. 1948. ——*Pleioblastus dolichanthus* (Keng) Keng f. in Clav. Gen. Sp. Gram. Prim. Sin. 154. 1957; 中国主要植物图说・禾本科 , 37 页 , 图 27. 1959. ——*Semiarundinaria okuboi* Makino in J. Jap. Bot. 8: 43. 1933.——*S. tootsik* (Sieb.) Muroi in Amat. Herb. 10: 210. 1942.

地下茎单轴型。秆散生，高 5~12m，直径 2~6cm；节间长 30~40（80）cm，初时被白粉，在节下尤密，老秆有纵肋纹，具分枝的一侧扁平并具沟槽；箨环木栓质隆起，开初具紫褐色刚毛；秆环隆起，与箨环同高。秆每节通常分枝 3 枚，有时多达 5~7 枚，枝环很隆起。箨鞘早落，近长方形，先端钝圆，背面初时淡红色，被薄白粉和贴生棕褐色刺毛，基部尤密，边缘有纤毛；箨耳卵形至椭圆形，秆先端者常镰形，表面被绒毛或粗糙，缝毛波曲，长 2cm；箨舌高约 4mm，拱形，边缘具短纤毛或无毛；箨片绿色，披针形或长披针形，外翻，边缘有稀疏锯齿，边缘略向内收窄后外延。小枝具叶 3~6（9）枚；叶耳不明显，偶见者为卵状而开展，鞘口缝毛放射状，长达 15mm；叶舌高 1.0~1.5mm；叶片长 6~22cm，宽 1.0~3.5cm，下面稍带灰白色，具细柔毛，边缘具细锯齿，次脉 4~8 对，小横脉可见。假小穗 1~3（5）枚，着生在同一花枝上，顶生假小穗具长 2~11mm 之柄（实为花枝的最末一节间），侧生假小穗无柄，假小穗线状细长，长 8~20cm，粗 2~3mm，基部托

唐竹-竹林1

唐竹-竹林2

唐竹-秆

以2枚至数枚苞片，向上逐渐增大而与外稃相似，上部1枚或2枚腋内有芽；小穗轴节间长达5~7mm，扁平，上部具微毛；小花长椭圆形，长7~12mm，灰绿色，无毛；外稃卵形，宽7mm，革质兼纸质，先端急尖，具短尖头，边缘生有向上的纤毛，顶端略有微毛，具15脉并有小横脉；内稃椭圆形，与外稃同长或略短，宽4mm，先端钝圆，具2脊，脊上与先端生纤毛，脊间具微弱小横脉，纵脉不明显，脊外至边缘各具2脉或3脉；鳞被3枚，膜质，近菱形兼椭圆形或卵形，后方1枚鳞被形，且稍不规则，上部具纤毛，基部近楔状，稍厚，具7~9脉纹，长约2.5mm；花药长4~6mm，淡黄色；子房圆柱形，长1.8~2.0mm，无毛，花柱1枚，极短，柱头3枚，长3~4mm，具多数屈曲丝状毛。笋期4~5月。

优美的庭园观赏和生态绿化竹种。

在四川都江堰（各基地）、台湾台北动物园，以及日本神户市立王子动物园和澳大利亚阿德莱德动物园，均见用该竹饲喂圈养大熊猫。

分布于我国福建、广东、广西；云南昆明世界园艺博览园有引栽；越南北部有分布；日本、欧洲、美国有引栽。

耐寒区位：9~10区。

16 玉山竹属 *Yushania* Keng f.

Yushania Keng f. in Acta Phytotax. Sin. 6(4): 355. 1957; Keng et Wang in Fl. Reip. Pop. Sin. 9(1): 480. 1996; D. Ohrnb., The Bamb. World, 153. 1999; D. Z. Li et al. in Fl. China 22: 57. 2006; Yi et al. in Icon. Bamb. Sin. 510. 2008, et in Clav. Gen. Sp. Bamb. Sin. 148. 2009.

Typus: ***Yushania niitakayamensis*** (Hayata) Keng f.

灌木状高山竹类。地下茎合轴型，秆柄细长，前后两端直径近相一致，长 20~50cm，直径在 1cm 以内，节间长 5~12mm ，其节间长度与粗度之比大于 1，实心或少数种为中空，在解剖上有内皮层，常有气道。秆散生，直立，稀斜倚；节间圆筒形，少有在分枝一侧基部稍扁平，空心或近实心，髓锯屑状；箨环隆起；秆环平或微隆起。秆芽 1 枚，长卵形，贴生。秆每节分枝 1 枚或数枚多，如为 1 枚时，其直径通常与主秆近等粗，如为数枚时，则远较主秆细弱，有的种秆下部节上 1 分枝，粗壮，上部节数分枝，较细瘦。箨鞘迟落或宿存，稀早落，革质或软骨质；箨耳缺失或明显；箨片直立或外翻，脱落性。小枝具叶数枚至 10 余枚；叶片小型至大型，小横脉通常明显。总状或圆锥花序生于具叶小枝顶端，花序分枝腋间常具瘤状腺体，下方常具一微小苞片；小穗柄细长，有时腋间亦具瘤状腺体，基部有时具苞片；小穗含花 2~8（14）朵，圆柱形，紫色或紫褐色，顶生小花常不孕；小穗轴节间脱节于颖之上及诸花之间，节间顶端膨大，具缘毛；颖 2 枚；外稃先端锐尖或渐尖，具纵脉；内稃等长或略短于外稃，背部具 2 脊，先端具 2 裂齿或微凹；鳞被 3 枚，具缘毛；雄蕊 3 枚，花丝细长，花药黄色；子房纺锤形或椭圆形，花柱 1 枚，很短，柱头 2 枚，稀 3 枚，羽毛状。颖果长椭圆形，具腹沟。染色体 $2n$ =48。笋期夏季。花果期多在春末至夏季。

全世界的玉山竹属植物接近 80 余种，产于亚洲东部和非洲。其中，除 *Y. jaunsarensis* (Gamble) Yi (=*Y. anceps* (Mitford) Li) 产于喜马拉雅西北部，*Y. rolloana* (Gamble) Yi 产于印度阿萨姆邦，*Y. alpina* (Schum.) Lin 产于非洲刚果、肯尼亚和坦桑尼亚，缅甸玉山竹 *Y. burmanica* Yi 产于缅甸东北部外，其余 78 种均产于我国的亚热带中山、亚高山地带，尤以西南地区的种类最为丰富。

本属植物许多为野生大熊猫主食竹种，已记录大熊猫采食本属竹类有 11 种。

I 短锥玉山竹组 Sect. *Brevipaniculatae* Yi

Sect. ***Brevipaniculatae*** Yi in J. Bamb. Res. 14(2): 4. 1995, nom. nov. ——Sect. *Confusae* Yi in l. c. 5(1): 8. 1986. Nom. in errorem et invalidum.

Typus: ***Yushania brevipaniculatae*** Yi

秆通常较粗壮，每节上多分枝，无明显粗壮主枝，其直径远较秆为细弱。圆锥花序或总状花序。

已记录大熊猫采食本组竹类有 7 种。

16.1 熊竹（四川竹类植物志）

马子（彝语译音，四川马边）

Yushania ailuropodina Yi in J. Bamb. Res. 15(3): 6. f. 3. 1996; T. P. Yi in Sichuan Bamb. Fl. 261. pl. 102. 1997, et in Fl. Sichuan.12: 235. pl. 80: 1-7. 1998; D. Z. Li et al. in Fl. China 22: 67. 2006; Yi et al. in Icon. Bamb. Sin. 517. 2008, et in Clav. Gen. Sp. Bamb. Sin. 155. 2009; T. P. Yi et al. in J. Sichuan For. Sci. Tech. 31(4): 7, 13. 2010.

秆柄长（10）20~45cm，直径4.5~9.0mm，具19~50节，节间长4~15mm，实心；鳞片长三角形，纸质，淡黄色，有光泽，远较节间为长，排列较为疏松。秆高3~4（5）m，直径0.8~1.5cm，梢头直立；全秆具20~25节，节间一般长22~26cm，最长达36cm，基部节间长约10cm，圆筒形，平滑，有光泽，无纵细线棱纹，幼时被白粉和紫色小斑点，无毛，中空，秆壁厚2~3mm，髓锯屑状；箨环隆起，褐色，无毛；秆环平或在分枝节上肿起；节内高4~6mm，向下逐渐变细。秆芽1枚，长卵形，贴秆着生，边缘生纤毛。秆的第5~8节开始分枝，每节上6~10分枝，开展或直立，长30~75cm，直径1.0~2.5mm，小枝纤细下垂。笋褐紫色，密被深紫色斑点或斑块，无毛；箨鞘宿存，密被褐色至深紫色斑点或斑块，软骨质，长圆形，长为节间长度的1/3~1/2，宽3~5cm，背面无毛，纵脉纹明显，小横脉不发育，边缘无纤毛；箨耳缺失，鞘口两肩无繸毛；箨舌截平形，高1~2mm；箨片线状披针形，外翻，长（4）10~40mm，宽1.5~2.5mm，紫色或紫绿色，无毛，干后常内卷。小枝具叶2~4（5）枚；叶鞘长2~3cm，深紫色，无毛，边缘无纤毛；叶耳缺失，鞘口无繸毛或偶具1~3枚直立紫色繸毛；叶舌截平形，紫色，无毛，高约1mm；叶

熊竹-生境

熊竹-叶

熊竹-竹丛

熊竹-分枝

熊竹-秆

熊竹-箨

柄长 1.0~1.5mm，紫色；叶片线状披针形，长 4.0~7.5cm，宽 5~7mm，下面淡绿色，基部楔形，两面均无毛，次脉 2 对，小横脉较清晰，组成长方格子状，边缘初时有小锯齿。花枝未见。笋期 6 月中下旬。

笋味甜；秆划篾供编织竹器用。

在马边大风顶国家级自然保护区，该竹为大熊猫主要的主食竹竹种。

分布于我国四川马边，生于海拔 2600~3000m 的峨眉冷杉林下。

耐寒区位：9 区。

16.2 短锥玉山竹（中国植物志）

峨眉玉山竹（南京大学学报），大箭竹、墨竹（峨眉植物图志），油竹子（四川彭州），箭竹（四川宝兴）

Yushania brevipaniculata (Hand.-Mazz.) Yi in J. Bamb. Res. 5(1): 44. 1986; D. Ohrnb. in Gen. *Yushania* 12. 1989; S. L. Zhu et al., A Comp. Chin. Bamb. 188. 1994; Keng et Wang in Fl. Reip. Pop. Sin. 9(1): 489. pl. 136. 1996; T. P. Yi in Sichuan Bamb. Fl. 254. pl. 98. 1997, et in Fl. Sichuan. 12: 227. pl. 78. 1998; D. Ohrnb., The Bamb. World, 156. 1999; D. Z. Li et al. in Fl. China 22: 61. 2006; Yi et al. in Icon. Bamb. Sin. 518. 2008, et in Clav. Gen. Sp. Bamb. Sin. 148. 2009; T. P. Yi et al. in J. Sichuan For. Sci. Tech. 31(4): 6, 13. 2010. ——*Y. chungii* (Keng) Z. P. Wang et G. H. Ye in J. Nanjing Univ. (Nat. Sci. ed.) 1981(1): 93. 1981; T. P. Yi in J. Bamb. Res. 4(2): 33. 1985. ——*Aundinaria brevipaniculata* Hand.-Mazz. in Anzeig. Akad. Wiss. Math. Naturw. Wein 57: 237. 1920.——*A. chungii* Keng in W. P. Fang, Icon. Pl. Omei. 1(2): pl. 53. 1944.——*Sinarundinaria brevipaniculata* (Hand.-Mazz.) Keng f. in Nat' l. For. Res. Bur. China, Techn. Bull. no. 8: 13. 1948.——*S. chungii* (Keng) Keng f. in Nat' l. For. Res. Bur. China, Techn. Bull. no. 8: 13. 1948.

秆柄长达 20cm 以上，直径 5~8mm，具 12~32 节，节间长 3~8mm，圆柱形，无毛，淡黄色，略有光泽，实心；鳞片厚纸质，暗褐色，纵脉纹不甚明显。秆高 2.0~2.5（4）m，直径 5~10（15）mm；全秆共有（15）18~25 节，节间长 20~25（32）cm，圆筒形，幼时密被白粉，并有紫色小斑点，平滑，无毛，老时变为黄色，常有黑垢，中空，秆壁厚 2.5~3.0mm，髓为锯屑状；箨环隆起，褐色，幼时有时具棕色小刺毛；秆环平或微隆起，无毛，有光泽；节内高（2）3~5mm，光亮。秆芽长椭圆形，扁平，贴生，芽鳞边缘具白色纤毛。秆常于第6~7节开始分枝，每节枝条3~8枚，斜展，稍短略下垂，长达70cm，具（3）5~8节，节间长1.5~12.0cm，直径1.0~2.5mm，无毛，常有黑垢。笋紫绿色或紫色，常有淡绿色纵条纹，具贴生的淡黄色刺毛，敷有白粉；箨鞘约为节间长度的1/3，宿存，软骨质，坚脆，长圆形，背面淡黄褐色，具黑褐色斑块，下部疏被淡黄褐色刺毛，纵脉纹略可见，小横脉不发育，顶端圆弧形，宽6~10mm，边缘上部生淡黄褐色纤毛；箨耳发达，抱秆，线形，紫色，缝毛多条，长7~8mm，放射状排列；箨舌圆弧形，灰褐色，无毛，高达4mm；箨片外翻，狭长披针形或线状披针形，无毛，长2.0~4.5cm，宽1~2mm，纵脉纹明显。小枝具叶（2）3（6）枚；叶鞘长3~5cm，上部纵脊不明显，无毛，边缘无纤毛；叶耳线形，褐色，具数枚长2~5mm的淡黄褐色放射状缝毛；叶舌发达，圆弧形，暗褐色，无毛，高1~2mm；叶柄长2~3mm，无毛；叶片披针形，长7~12cm，宽8~16mm，基部楔形或阔楔形，下面淡绿色，两面均无毛，次脉（3）4（5）对，边缘具细锯齿。花枝长达30cm，下部节上可再分一次具花小枝。顶生圆锥花序，具多达20枚以上的小穗，长8~12cm，一次性发生，基部为叶鞘包藏或伸出，分枝无毛，基部托有小苞片，各具2~3枚小穗。小穗柄略波状曲折，

短锥玉山竹-笋

短锥玉山竹-分枝

短锥玉山竹-秆

短锥玉山竹-箨

短锥玉山竹-竹丛

长1.5~3.0cm，腋间具瘤状腺体；小穗含花4~7朵，长2.5~5.0cm，紫色或紫黑色；小穗轴节间扁平，长5~8mm，宽约0.5mm，背部被贴生微毛，向顶端则毛更密；颖2枚，无毛，先端尖锐或钝圆，第1颖卵形兼长圆形，长2.5~4.0mm，仅具1脉及数条小横脉，第2颖卵状披针形，长4~7mm，具7~9脉，脉间具小横脉；外稃卵状披针形，纸质，紫色，长9~11mm，具7~11脉，小横脉网状，先端渐尖或具短尖头，无毛，但基盘被灰色或黄褐色长约1mm的短柔毛；内稃长8~9mm，背部具2脊，脊上被微毛（上部并具细刺毛），脊间具纵沟，先端微凹；鳞被3枚，前方2枚斜形或半卵形，后方1枚卵形，长约1.5mm，下部具脉纹，上部边缘生纤毛；雄蕊3枚，花药黄色，长5~6mm，花丝分离；花柱短，柱头2，羽毛状。颖果细长，狭椭圆形或近圆柱形，长5~7mm，直径1.1~1.6mm，紫褐色，光滑无毛，腹部中部常略微弧形弯曲，有纵沟，先端具宿存花柱。笋期6~8月；花期5~8月；果期多在9月。

笋可食用；秆材供编制竹器。

在四川平武、北川、安县、茂县、绵竹、什邡、彭州、汶川、都江堰、崇州、邛崃、芦山、宝兴、天全、泸定、荥经、洪雅、峨眉山、峨边等县市，该竹是野生大熊猫常年喜食的主要竹种之一。

分布于我国四川西部中山至亚高山地带，海拔1800~3400m，多为阔叶林或亚高山暗针叶林下的主要灌木层片，林窗地也可形成小片纯竹林。

耐寒区位：9区。

16.3 空柄玉山竹（中国植物志）

水竹子（四川石棉），莫尼、马兹（彝语译音，四川冕宁）

Yushania cava Yi in J. Bamb. Res. 4(2): 33. f. 13. 1985; D. Ohrnb. in Gen. *Yushania* 14. 1989; S. L. Zhu et al., A Comp. Chin. Bamb. 189. 1994; Keng et Wang in Fl. Reip. Pop. Sin. 9(1): 529. pl. 156: 1-5. 1996; T. P. Yi in Sichuan Bamb. Fl. 271. pl. 107. 1997, et in Fl. Sichuan. 12: 242. pl. 84. 1998; D. Ohrnb., The Bamb. World, 157. 1999; D. Z. Li et al. in Fl. China 22: 63. 2006; Yi et al. in Icon. Bamb. Sin. 520. 2008, et in Clav. Gen. Sp. Bamb. Sin. 150. 2009; T. P. Yi et al. in J. Sichuan For. Sci. Tech. 31(4): 7, 13. 2010.

地下茎合轴混合型，即秆柄既有全部节间中空、节处无横隔板的伸长类型，其长达42cm，壁厚2~3mm，髓初为层片状，后变为锯屑状，也有整个秆柄很短、节间完全实心的短缩类型，从而形成的地面秆既有小丛生也有散生；鳞片长三角形，淡黄色，疏松排列，无毛，纵脉纹不发育。秆高达3.5（6）m，直径0.6~1.5（2）cm；全秆共有20~28节，节间长14~25（34）cm，

空柄玉山竹-笋

圆筒形，或在分枝一侧下半部微扁平并稍有纵脊，淡黄绿色，无毛，平滑，节下方有一圈白粉，秆壁厚 1.5~2.5mm，髓初为层片状，以后变为锯屑状；箨环稍明显，褐色，无毛；秆环平或在分枝节上微隆起；节内高 3.5~4.5mm，有光泽。秆芽长卵形，贴生，边缘生灰白色纤毛。秆条在秆的每节上 4~9 枚，上举，基部常紧贴主秆，长 15~26cm，直径 1.0~1.8mm，基部通常四棱形，无毛，常有白粉。笋淡绿色，无毛；箨鞘早落，软骨质，黄色，长圆形，短于节间，无毛，先端圆弧形或短三角形，顶端通常偏斜，宽 5~8mm，背面纵脉纹较平，小横脉不发育，边缘初时具灰白色纤毛；箨耳缺失，鞘口两肩无缝毛，或偶于初时各具 2~3 条长 1~5（6）mm 黄褐色直立的缝毛；箨舌微下凹，紫色，高 1.0~1.5mm，边缘初时有纤毛；箨片直立，线状三角形或线状披针形，长 0.8~6.0cm，宽 2~4mm，秆下部者微皱折，纵脉纹明显，边缘通常平滑。小枝具叶 2~3（5）；叶鞘长 1.9~3.0cm，边缘初

空柄玉山竹-箨

空柄玉山竹-秆

空柄玉山竹-竹丛1

空柄玉山竹-竹丛2

时被灰色短纤毛；叶耳无，鞘口两肩各具5~7条长1.5~5.0（7）mm的黄色直立或弯曲的繸毛；叶舌近截平形，紫色，无毛，高约0.5mm；叶柄长1.0~1.5mm，无毛；叶片线状披针形，纸质，较厚，长3.3~5.0cm，宽4.5~6.0mm，基部楔形，无毛，下面淡绿色，次脉（2）3对，小横脉清晰，较密，边缘仅一侧具针芒状小锯齿。花果待查。笋期5~6月。

笋味甜，食用佳品；秆材劈篾供编织各种竹器。

在其自然分布区，该竹野生大熊猫的主食竹种。

分布于我国四川石棉、冕宁，生于海拔2000~2600m的低洼沼泽地上，常见伴生灌木为柳树。

耐寒区位：9区。

16.4 白背玉山竹（竹子研究汇刊）

Yushania glauca Yi et Long in J. Bamb. Res. 8(2): 33. f. 2. 1989; S. L. Zhu et al., A Comp. Chin. Bamb. 191. 1994; Keng et Wang in Fl. Reip. Pop. Sin. 9(1): 491. pl. 137: 1-7. 1996; T. P. Yi in Sichuan Bamb. Fl. 257. pl. 99. 1997, et in Fl. Sichuan. 12: 230. pl. 79: 11-13. 1998; D. Ohrnb., The Bamb. World, 159. 1999; D. Z. Li et al. in Fl. China 22: 61. 2006; Yi et al. in Icon. Bamb. Sin. 525. 2008, et in Clav. Gen. Sp. Bamb. Sin. 148. 2009; T. P. Yi et al. in J. Sichuan For. Sci. Tech. 31(4): 6, 13. 2010.

秆柄长15~45cm，直径5~12（15）mm，具24~40节，节间长（4）8~22mm，淡黄色，平滑，无毛，有光泽，实心；鳞片长三角形，交互排列较为疏松，淡黄色而近边缘处紫色，无毛，纵脉纹向上逐渐明显，无小横脉，先端有小尖头，边缘无纤毛。秆高3~6（7）m，粗1.1~1.7cm，直立；全秆约有27节，节间长约26（33）cm，基部节间长3~5cm，圆筒形，但在有分枝一侧的基部微扁平，绿色，幼时密被厚白粉，无毛，纵细线棱纹不发育或不明显，中空，秆壁厚2.5~5.0mm，髓初为环状，后期为锯屑状；箨环隆起，紫褐色，木栓质，无毛，具灰褐色粉质；秆环稍肿起或在分枝节为隆起，无毛；节内高3~5mm，无毛，平滑，光亮秆芽卵状长圆形或长卵形，贴生，有白粉，边缘有灰白纤毛。枝条在秆之每节为3~5枚或在后期可增多，直立或斜展，长30~55（150）cm，直径2~5（7）mm，无毛，节间幼时密被厚白粉，枝箨背面有紫斑。笋淡绿色，无毛，有紫色斑点；箨鞘宿存，长圆形，软骨质，具紫褐色斑

白背玉山竹-分枝

白背玉山竹-笋

点，纵肋紫色，为其节间长度的1/3~1/2，顶端有时不对称，近圆拱形，边缘无纤毛；箨耳很发达，镰形，紫红色，环抱主秆，边缘具多条放射状开展之縫毛；箨舌圆拱形或微拱形，紫色，无毛，高1~4mm；箨片三角形或披针形，直立或上部者开展，无毛，长（0.8）1.5~5.5cm，宽5~15mm，基部两侧延伸，平展，纵脉纹明显，边缘近于平滑。小枝具叶（1）2~3（5）枚；叶鞘长（2.5）4~6cm，无毛，边缘亦无纤毛；叶耳长圆形或镰形，紫色或淡绿色，边缘具径直黄色或紫色縫毛；叶舌歪斜，紫色或淡绿色，无毛，高1~2mm；叶柄长2.5~4.0（5.0）mm，初时常有白粉，背面有灰白色短柔毛；叶片披针形，长（4.0）7.0~13.5cm，宽（7）11~17mm，基部楔形或阔楔形，下面灰白色，两面均无毛，次脉3~5对，小横脉细密，形成近于正方格形，叶缘有毛状小锯齿。花枝未见。笋期5月中下旬。

在其自然分布区，该竹为野生大熊猫天然觅食的主食竹竹种之一。

分布于我国四川雷波，生于海拔2500~3200m的冷杉林下。

耐寒区位：9区。

16.5 石棉玉山竹（中国植物志）

箭竹（四川石棉）、马口（彝语译音，四川冕宁）

Yushania lineolata Yi in J. Bamb. Res. 4(2): 31. f. 12. 1985; D. Ohrnb. in Gen. *Yushania* 30. 1989; S. L. Zhu et al., A Comp. Chin. Bamb. 192. 1994; Keng et Wang in Fl. Reip. Pop. Sin. 9(1): 491. pl. 138. 1996; T. P. Yi in Sichuan Bamb. Fl. 259. pl. 100. 1997, et in Fl. Sichuan. 12: 231. pl. 79: 1-10. 1998; D. Ohrnb., The Bamb. World, 160. 1999; D. Z. Li et al. in Fl. China 22: 61. 2006; Yi et al. in Icon. Bamb. Sin. 528. 2008, et in Clav. Gen. Sp. Bamb. Sin. 148. 2009; T. P. Yi et al. in J. Sichuan For. Sci. Tech. 31 (4): 6, 13. 2010.

秆柄节间长9~16mm，直径9~10mm，淡黄色，平滑，无毛，实心。秆高达3.5m，粗9~15mm，径直；全秆具约36节，节间长16~24cm，圆筒形，幼时密被白粉，无毛，纵向细肋明显，中空，秆壁厚2~3mm，髓锯屑状；箨环隆起，褐色，幼时密被黄褐色短刺毛；秆环平，无毛；节内高4~5mm，初时密被白粉。秆芽长卵形，贴生。秆每节生5~7枝，枝条基部贴秆，长5~50cm，直径1~3mm，无毛，有黑垢。箨鞘迟落，软骨质，长圆形，为节间长度的2/3，背面淡黄色，具褐色小斑点，无毛，纵肋明显，顶端圆拱形，边缘具灰黄色纤毛；箨耳镰形，边缘具多条黄褐色或紫色长4~9mm放射状开展之縫毛；箨舌圆拱形，灰色至灰褐色，无毛，高2~3mm；箨片线状披针形，外翻，幼时偶在上部具稀疏小刺毛，宽1.5~3.0（4）mm，纵脉纹明显，边缘常内卷。小枝具叶（1）2~3枚；叶鞘长3.1~5.0cm，无毛，边缘亦无纤毛；无叶耳，鞘口无縫毛或两侧各生有4~7条黄褐色直立縫毛；叶舌截平形或圆拱形，褐色，无毛，高约1mm；叶柄长1.5~2.5mm，无毛；叶片披针形，长（3.5）6.5~9.5cm，宽4~11mm，先端渐尖，基部楔形，上面绿色，无毛，下面淡绿色，无毛或基部略粗糙，次脉3对或4对，小横脉微清晰，叶缘一侧具小锯齿。笋期6~7月；花期5~6月；果期8月。

笋味甜，食用；秆可作围篱、搭建苗圃荫棚或劈篾编织竹器。

在其自然分布区，该竹为野生大熊猫的主食竹竹种之一。

分布于我国四川石棉、冕宁，生于海拔2400~3150m的阔叶林或松林下，也见于灌丛中或组成纯竹林。

耐寒区位：9区。

石棉玉山竹-秆

石棉玉山竹-分枝

石棉玉山竹-箨

16.6 斑壳玉山竹（中国植物志）

冷竹、箭竹（四川普格），山竹、苦竹、岩竹（云南巧家），马赛（彝语译音，四川普格）

Yushania maculata Yi in J. Bamb. Res. 5(1): 33. f. 11. 1986; D. Ohrnb. in Gen. *Yushania* 34. 1989; Icon. Arb. Yunn. Inferus 1431. 1991; S. L. Zhu et al., A Comp. Chin. Bamb. 193. 1994; Keng et Wang in Fl. Reip. Pop. Sin. 9(1): 507. pl. 145: 1-6. 1996; T. P. Yi in Sichuan Bamb. Fl. 261. pl. 101. 1997, et in Fl. Sichuan. 12: 233. pl. 80: 8-10. 1998; D. Ohrnb., The Bamb. World, 160. 1999; D. Z. Li et al. in Fl. China 22: 65. 2006; Yi et al. in Icon. Bamb. Sin. 531. 2008, et in Clav. Gen. Sp. Bamb. Sin. 152. 2009; T. P. Yi et al. in J. Sichuan For. Sci. Tech. 31(4): 7, 13. 2010.

斑壳玉山竹-生境1

斑壳玉山竹-生境2

斑壳玉山竹-分枝

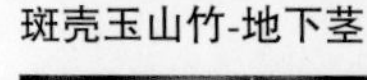

斑壳玉山竹-地下茎

斑壳玉山竹-秆

斑壳玉山竹-笋

斑壳玉山竹-芽

秆柄长达 40cm，具 30~50 节，节间长 3~10mm，直径 5~10mm；鳞片三角形至长三角形，厚纸质至革质，淡黄色，无毛，有光泽，交互疏松排列，背面两侧纵脉纹明显而中部平滑，边缘初时有白色纤毛。秆高 2.0~3.5m，直径 0.8~1.5cm，径直；全秆具 17~24 节，节间长 30（40）cm，基部节间长 10~15cm，圆筒形，幼时密被白粉，具灰色或淡黄色小刺毛，纵肋纹明显，中空，秆壁厚 2~3mm，髓锯屑状；箨环隆起，初时密生棕色刺毛；秆环平或在分枝节上微隆起；节内高 4~9mm，平滑，光亮。秆芽 1 枚，长椭圆状卵形，贴生，初时有白粉，边缘密生淡黄色纤毛。秆自第 7~12 节开始分枝，每节上枝条 7~12 枚，直立或斜展，长达 70cm，直径 1~2mm。笋棕紫色，密被棕紫色斑点，疏生黄色小刺毛；箨鞘宿存，软骨质，长椭圆状三角形，长约为节间的 1/3，背面密被紫褐色斑点，无毛或在基部疏生棕色小刺毛，纵脉纹明显，小横脉不发育，边缘疏生棕色小刺毛；箨耳无，鞘口两肩各具 3~5 条长 5~10mm 直立紫色䍁毛；箨舌截平形，淡绿色至紫绿色，高 1.0~2.5mm；箨片外翻，线状披针形，长 1.0~3.5mm，宽 1.0~1.5mm，无毛，边缘近于平滑。

小枝具叶 3~5 枚；叶鞘长 4.5~6.0cm，紫色或紫绿色，无毛，边缘通常无纤毛；叶耳无，鞘口两肩各具 3~5 条长 4~7mm 直立紫色䍁毛；叶舌截平形或微作圆弧形，紫色，无毛，高约 1mm；叶柄长 1~2mm，常有白粉；叶片线状披针形，长 9~13（15）cm，宽 9~11mm，无毛，基部楔形，次脉 4 对，小横脉不清晰，边缘初

斑壳玉山竹-竹梢

斑壳玉山竹-花

斑壳玉山竹-叶

斑壳玉山竹-竹丛

时具小锯齿。总状花序顶生，紫色，具叶或无叶。小穗总状或圆锥花序生于具叶小枝顶端，花序分枝腋间常具瘤状腺体，下方常具一微小苞片；小穗柄细长，有时腋间亦具瘤状腺体，基部有时具苞片；小穗含花（3）4~7 朵，圆柱形，紫色或紫褐色，顶生小花常不孕；小穗轴节间脱节于颖之上及诸花之间，节间顶端膨大，具缘毛；颖 2 枚；外稃先端锐尖或渐尖，具纵脉；内稃等长或略短于外稃，背部具 2 脊，先端具 2 裂齿或微凹；鳞被 3 枚，具缘毛；雄蕊 3 枚，花丝细长，花药黄色；子房纺锤形或椭圆形，花柱 1 枚，很短，柱头 2 枚，稀 3 枚，羽毛状。笋期 5 月下旬至 7 月上旬；花期 5 月下旬至 6 月。

在四川冕宁，该竹为野生大熊猫主食竹竹种之一。

笋食用；秆作篱笆、扫帚；叶和小枝为牛、羊饲料。

分布于我国四川西南部和云南东北部，生于海拔（1800）2200~3500m 的疏林下或灌丛间，亦可形成纯竹林。

耐寒区位：9 区。

16.7 紫花玉山竹

紫竿玉山竹（中国植物志）、扭翁（藏语译音，四川乡城）、必打马（彝语译音，四川冕宁）

Yushania violascens (Keng) Yi in J. Bamb. Res. 5(1): 45. 1986; D. Ohrnb. in Gen. *Yushania* 47. 1989; Icon. Arb. Yunn. Inferus 1425. 1991; Keng et Wang in Fl. Reip. Pop. Sin. 9(1): 499. pl. 141. 1996; T. P. Yi in Sichuan Bamb. Fl. 264. pl. 103. 1997, et in Fl. Sichuan. 12: 235. pl. 81. 1998; D. Ohrnb., The Bamb. World, 165. 1999; D. Z. Li et al. in Fl. China 22: 63. 2006; Yi et al. in Icon. Bamb. Sin. 539. 2008, et in Clav. Gen. Sp. Bamb. Sin. 150. 2009; T. P. Yi et al. in J. Sichuan For. Sci. Tech. 31(4): 6, 13. 2010.——*Arundinaria violascens* Keng in J. Wash. Acad. Sci. 26(10): 396. 1936. ——*Sinarundinaria violascens* (Keng) Keng f. in Nat' l. For. Res. Bur. China, Techn. Bull. no. 8: 14. 1948.

秆柄长 18~60cm，直径 5~11mm，具 32~52 节，节间长 6~23mm，黄褐色，平滑，无毛，实心；鳞片呈长三角形，交互疏松排列，淡黄色，无毛，有光泽，微显纵脉纹，长达 4.5cm，宽 3.5cm，先端具小尖头，边缘具棕色纤毛。

紫花玉山竹-地下茎

紫花玉山竹-叶

紫花玉山竹-竹丛

紫花玉山竹-箨

紫花玉山竹-芽

秆散生，直立，高 1.5~2.0m，直径 0.5~1.0cm；全秆约具 20 节，节间长 15（28）cm，基部节间长约 8cm，中空或有时近于实心，圆筒形，绿色，幼时密被白粉及节间上部疏生黄色或黄褐色小刺毛，细纵肋明显，秆壁厚 2~4mm，髓呈锯屑状；箨环隆起，幼时有时具淡黄色小刺毛；秆环平或微隆起；节内高 2~3mm，无毛。秆芽 1 枚，长卵形，贴生，边缘具灰色纤毛。秆每节分枝 7~8 枚，直立或上举，长达 56cm，直径 1~2mm，常被白粉，近实心。笋紫绿色或紫色，疏生黄褐色刺毛；箨鞘迟落，革质，绿色或紫色，带状，稀长椭圆形，等于或长于节间，背面疏生淡黄色刺毛，纵脉纹明显，小横脉不发育，边缘初时有刺毛；箨耳小，鞘口两肩各具 3~6（8）条长 3~8mm 的上向縫毛；箨舌截平形，深紫色，高约 1mm，边缘初时生短纤毛；箨片外翻，稀直立，线状披针形，绿色或紫色，长 1.1~6.0（12）cm，宽 1~3mm，较箨鞘顶端为窄，无毛，内面基部微粗糙，边缘有小锯齿，干后常内卷。小枝具叶 2（4）枚；叶鞘长 2.1~4.2cm，紫色，无毛，边缘具黄褐色纤毛；叶耳缺，鞘口两肩各具 3~5 枚淡黄褐色长 1.0~2.5mm 的弯曲縫毛；叶舌截平形，淡绿色，无毛，高约 1mm；叶柄极短，常不及 1mm，无毛；叶片披针形，纸质，无毛，长 4.5~8.5cm，宽 5.0~7.5（9）mm，下面灰绿色，次脉 3~4 对，小横脉明显。边缘具小锯齿或一侧近于平滑。总状花序长 4~7cm，含 3~5 枚小穗，花序下方被叶鞘包裹，分枝直立，平滑，长约 14cm；小穗含 5~9 朵小花，长 2.7~4.0cm，深紫色；小穗轴节间长 4mm，上端渐粗，并在顶端生有柔毛；颖片渐尖（第 1 颖甚至呈尾尖

紫花玉山竹-秆

或稀可为钝圆头），上方具微毛或有时为无毛，第 1 颖长 5~7mm，具（1）3~5 脉，第 2 颖长 7~11mm，具 7~9 脉；外稃长圆状披针形，先端渐尖或具芒尖，遍体生微毛乃至粗糙，具 9 脉，透光视之有小横脉，第一花外稃长 12~15mm，基盘密生长约 1mm 的毛茸；内稃长 9~10mm，先端具 2 裂齿，生有微毛，脊向先端生有硬纤毛；鳞被 3 枚，长约 2mm，前方 2 枚半卵形，后方 1 枚窄披针形，基部具脉纹，边缘生有流苏状纤毛；花药黄色，长 5~6mm；子房纺锤形，长约 2mm，向上渐细为（2）3（4）枚极短的花柱，柱头羽毛状，长约 3mm。果实未见。笋期 6~7 月；花期 4~5 月。

秆作扫帚。

在四川冕宁拖乌等地，该竹是野生大熊猫采食的主食竹竹种。

分布于我国四川西南部和云南北部，生于海拔 2400~3400m 的林下或灌丛中。

耐寒区位：9 区。

II　玉山竹组 Sect. *Yushania*

——Sect. ***Yushania*** Yi in J. Bamb. Res. 5(1): 8. 1986. quad. Y. confusam tontum, ceteris speciebus excl.

Typus: ***Yushania niitakayamensis*** (Hayata) Keng f.

秆纤细，每节上 1 分枝，或在秆下部节上 1 分枝而上部各节上可多至 3（5~8）枚，直立或上升，其直径与秆近等粗（至少 1 分枝时如此）。圆锥花序。

到目前为止，已记录野生大熊猫采食的本组竹类有 4 种。

16.8　鄂西玉山竹（中国植物志）

箭竹（中国主要植物图说·禾本科，重庆石柱，四川古蔺）、风竹（重庆黔江、秀山）、烧府子（重庆巫溪）、烧火子（重庆城口）、油竹（重庆奉节）、拐油竹（重庆南川）、龙须子（四川万源）、华竹（四川筠连、叙永）

Yushania confusa (McClure) Z. P. Wang et G. H. Ye in J. Nanjing Univ. (Nat. Sci. ed.) 1981(1): 92. 1981; D. Ohrnb. in Gen. *Yushania* 18. 1989; S. L. Zhu et al., A Comp. Chin. Bamb. 189. 1994;

鄂西玉山竹-竹丛

Keng et Wang in Fl. Reip. Pop. Sin. 9(1): 549. pl. 165. 1996; T. P. Yi in Sichuan Bamb. Fl. 278. pl. 111. 1997, et in Fl. Sichuan.12: 248. pl. 87. 1998; D. Ohrnb., The Bamb. World, 157. 1999; D. Z. Li et al. in Fl. China 22: 72. 2006; Yi et al. in Icon. Bamb. Sin. 549. 2008, et in Clav. Gen. Sp. Bamb. Sin. 159. 2009; T. P. Yi et al. in J. Sichuan For. Sci. Tech. 31(4): 7, 13. 2010.——*Indocalamus confusus* McClure in Lingnan Univ. Sci. Bull. 9: 20. 1940.——*Arundinaria nitida* Mitford ex Stapf in Kew Bull. Misc. Inform. 109: 20. 1896, pro parte quoad spec. sub A. Henry 6832 tantum ceteris exclusis. ——*Sinarundinaria nitida* (Mitford) Nakai in J. Jap. Bot. 11(1): 1. 1935, pro parte; Y. L. Keng, Fl. Ill. Pl. Prim. Sin. Gramineae 22. fig. 12. 1959; Icon. Corm. Sin. 5: 29. fig. 6887. 1976.

秆柄长（10）20~40cm，直径（2）4~7mm，具（10）16~36 节，节间长 4~13mm，淡黄色，无毛，有光泽，实心；鳞片长三角形，革质，淡黄色至暗褐色，光亮，纵脉纹不明显或微明显，先端具一小尖头，边缘具纤毛。秆高 1~2m，直径 2~7（10）mm，梢端稍弯拱；全秆具（12）15~18 节，节间长（10）15~33cm，圆筒形或在具分枝一侧基部扁平，通常无毛，幼时被白粉，具紫色小斑点，空腔很小，髓初时为丝状，后期变为锯屑状；箨环隆起，初时具黄色小刺毛；秆环平或微隆起；节内高 3~4（5）mm，无毛。秆芽 1 枚，卵状椭圆形或长椭圆形，贴生，芽鳞有光泽，边缘具纤毛。分枝始于秆的第 4~5 节，枝条在秆下部每节分枝 1 枚或 2

鄂西玉山竹-笋

鄂西玉山竹-箨

鄂西玉山竹-秆

枚，上部节上者可为3~5枚，直立或上举，长30~40（60）cm，直径（0.5）1~2（3.5）mm，每节上可再分生次级枝。笋紫红色、紫色或紫绿色，常被棕色刺毛；箨鞘宿存，长为节间长度的2/5~1/2，革质，长三角形，黄褐色或暗褐色，背面被灰色至棕色刺毛，纵脉纹明显，边缘具纤毛；箨耳缺失，鞘口常具数条长1~2mm的黄褐色缕毛；箨舌截平形，紫色或淡绿色，无毛，高约1mm；箨片外翻，线状披针形至线形，新鲜时绿色，长1.2~3.5cm，腹面基部被微毛，边缘具小锯齿，通常内卷。小枝具叶（2）3~5（6）枚；叶鞘长（2）3.0~6.5cm，通常无毛，边缘具灰白色纤毛；叶耳无，鞘口每边各具数条长2~5mm的灰黄色缕毛；叶舌截平形，高约1mm，无毛；叶柄长1~3mm，背面密被灰色或黄色短柔毛，稀无毛；叶片披针形，长（3）8~13（21.5）cm，宽6~15（21）mm，先端渐尖，基部楔形，上面无毛，下面灰绿色，基部沿中脉被灰黄色短柔毛或微毛，次脉4~5（6）对，小横脉明显，边缘仅一侧具小锯齿。圆锥花序生于具叶小枝顶端，开展，长7~20cm，分枝细长，光滑无毛，腋间有小瘤状腺体，通常在分枝处下方具一小型苞片（有时分裂为纤维状）；小穗柄纤细，开展或略上举，长5~20（30）mm；小穗含（2）4~5（6）朵小花，长22~34mm，绿色或紫色；小穗轴节间长3~5mm，扁平，被白色微毛，顶端膨大成碟状，边缘具灰白色纤毛；颖2枚，上部具微毛，先端渐尖，边缘具纤毛，第1颖长2.5~8.0mm，具3~5脉，第2颖长6~9mm，具5~7脉；外稃长圆状披针形或卵状披针形，长8~9mm，先端渐尖，背面有微毛，具7~9脉，边缘具短纤毛；内稃长约8mm，先端裂呈2小尖头，背部具2脊，脊间具2脉，脊上生纤毛；鳞被3枚，长1.0~1.5mm，前方2枚半卵状披针形，后方1枚披针形，膜质，纵脉纹不甚明显，上部边缘生有纤毛；雄蕊3枚，花药黄色，基部箭镞形，长5~6mm；子房卵形，长约1mm，无毛，花柱1枚，长约0.6mm，柱头2枚，白色，羽毛状，长约2.5mm。果实未见。笋期6~9月；花期4~8月。

秆可搭建茅屋及制作毛笔杆、竹筷，粉碎后可制碎料板。

在四川石棉县擦罗和雷波县二宝顶，该竹是野生大熊猫主要采食竹竹种。

分布于我国陕西南部、安徽西部、湖北西部、湖南西部、重庆、四川盆周山地、贵州北部和云南东北部，为玉山竹属在我国分布最广的一个种，常成片生于海拔1000~2300m的林下、林中空地或荒坡地，纯竹林或在林中形成灌木层片，稀生于灌丛中。

耐寒区位：9区。

16.9 大风顶玉山竹（四川竹类植物志）

马解（彝语译音，四川马边）

Yushania dafengdingensis Yi in J. Bamb. Res. 15(3): 9. f. 4. 1996; T. P. Yi in Sichuan Bamb. Fl. 273. pl. 109. 1997, et in Fl. Sichuan. 12: 246. pl. 86. 1998; D. Ohrnb., The Bamb. World, 158. 1999; D. Z. Li et al. in Fl. China 22: 70. 2006; Yi et al. in Icon. Bamb. Sin. 550. 2008, et in Clav. Gen. Sp. Bamb. Sin. 157. 2009; T. P. Yi et al. in J. Sichuan For. Sci. Tech. 31(4): 7, 14. 2010.

秆柄长（13）25~70cm，直径6~11mm，具25~60节，节间长5~20mm，淡黄色，光亮，实心；鳞片三角形或长三角形，薄革质，淡黄色，无毛，纵脉纹明显，先端具小尖头，排列疏松。秆高2~3（4）m，直径1.2~1.6（2）cm，梢端直立；全秆具12~16节，节间长 18~22（32）cm，基部节间长 5~10cm，圆筒形，但在具分枝一侧中下部扁平，幼时被白粉，尤节下方一圈更密，具紫色小斑点，平滑，无纵细线棱纹，无毛，中空，秆壁厚 2.5~5.0mm，髓为锯屑状；箨环隆起，初时紫色，后变为褐色或黄褐色，无毛；秆环平或在分枝节上隆起；节内高 4~9mm。秆芽 1 枚，长椭圆状卵形，贴生，无毛，边缘初时生纤毛。秆的第 6~7 节开始分枝，每节上仅具 1 枚枝条，粗与主秆相若，或在秆上部节上者较细小。笋淡绿色带紫色，无毛；箨鞘宿存，淡黄白色，软骨质，较坚硬，无毛，光亮，长圆形，先端圆形收缩，长度为

大风顶玉山竹-竹林

节间的1/3~1/2，纵脉纹很明显，小横脉不发育，边缘初时生紫色纤毛；箨耳发达，半月形或镰形，紫色，边缘繸毛发达，紫色，长达12mm；箨舌近截平形，紫色，无毛，高1.0~2.5mm；箨片通常直立，长三角形、卵状长三角形或线状披针形，长0.8~2.5cm，宽3~6mm，无毛，边缘近于平滑。小枝具叶3~4（6）枚；叶鞘长（4）6~10cm，淡绿色或淡绿色带紫色，无毛，边缘亦无纤毛；叶耳很发达，半月形或镰形，紫色，边缘繸毛发达，紫色，长达10mm；叶舌截平形，紫色，无毛，高1.0~1.5mm；叶柄长1.0~1.5mm，淡绿色，无毛；叶片长圆状披针形，长（4.5）12~18cm，宽（1.2）2.0~3.7cm，无毛，下面灰绿色，先端渐尖，基部楔形，次脉（4）5~7（8）对，小横脉细密，组成长方格子状，边缘具小锯齿。花枝未见。笋期6月中下旬至7月上旬。

笋味淡甜，可食用。

在马边大风顶自然保护区，该竹为野生大熊猫的主食竹竹种。

分布于我国四川马边大风顶国家级自然保护区觉罗豁，生于海拔2200~2600m的峨眉冷杉林下。

耐寒区位：9区。

大风顶玉山竹-叶与繸毛

大风顶玉山竹-秆与箨

大风顶玉山竹-分枝

大风顶玉山竹-幼秆

16.10 雷波玉山竹（中国竹类图志）

Yushania leiboensis Yi in J. Sichuan For. Sci. Techn. 21(1): 4. fig. 3. 2000; Yi et al. in Icon. Bamb. Sin. 552. 2008, et in Clav. Gen. Sp. Bamb. Sin. 159. 2009; T. P. Yi et al. in J. Sichuan For. Sci. Tech. 31(4): 7, 14. 2010.

秆柄长18~40cm，直径3~4mm，具25~35节，节间长3~12mm，淡黄色，实心；鳞片长三角形，交互疏松排列，淡黄色，但上部往往带紫色，无毛，纵脉纹明显，先端具小尖头，边缘无纤毛。秆散生，高1.0~1.5m，直径3~4mm，梢头直立；全秆具12~15节，节间长（2.5）7~11（13）cm，圆筒形，无毛，幼时微被白粉，有紫色小斑点，平滑，无纵细线棱纹，中空，秆壁厚1.0~1.5mm，髓初时呈环状；箨环隆起，淡黄褐色，无毛；秆环微肿起或在分枝节上显著肿起，有光泽；节内高2~3mm，有光泽。秆芽长卵形，贴生，边缘具灰白色纤毛。秆之第2~4节开始分枝，在秆下部各节具1分枝，上部节上者2~4（7）分枝，枝条长12~35cm，粗1.0~1.5mm，幼时亦具紫色小斑点。笋淡绿色带紫色，背面被紫色贴生极短小硬毛，笋味甜；箨鞘宿存，长为节间长度的1/3~1/2，薄革质，长圆状三角形，先端短三角形，暗黄色，无毛，纵脉纹明显，上部具小横脉，边缘无纤毛；箨耳及鞘口繸毛均无；箨舌截平形，高1.0~1.5mm，紫色，边缘具极短灰白色纤毛；箨片外翻，线状三角形，长达8mm，基部较箨鞘顶端窄，长3~8mm，宽约1mm，紫色，

雷波玉山竹-生境

雷波玉山竹-竹丛

雷波玉山竹-箨

雷波玉山竹-笋

雷波玉山竹-叶

雷波玉山竹-分枝

无毛。小枝具叶（4）5~7 枚；叶鞘长 2.0~3.2cm，淡绿色，无毛；无叶耳及鞘口繸毛；叶舌显著，斜截平形，高 1.0~1.5mm，淡绿色，无缘毛；叶柄长 1.0~1.5mm，淡绿色，无毛；叶片线状披针形，纸质，较硬，长 7.0~11.5cm，宽 4.5~7.0mm，先端细长渐尖，基部楔形，下面淡绿色，两面均无毛，次脉不明显，2~3 对，小横脉组成长方形，边缘具小锯齿。花枝未见。笋期 5 月。

在其自然分布区，该竹为野生大熊猫冬季下移时觅食的主要竹种。

分布于我国四川雷波。生于海拔 1600~1700m 的山地阔叶林下。

耐寒区位：9 区。

16.11 马边玉山竹（中国植物志）

箭竹（四川马边、雷波）

Yushania mabianensis Yi in J. Bamb. Res. 5(1): 47. pl. 17. 1986; Keng et Wang in Fl. Reip. Pop. Sin. 9(1): 536. pl. 159: 1-6. 1996; T. P. Yi in Sichuan Bamb. Fl. 273. pl. 108. 1997, et in Fl. Sichuan. 12: 244. pl. 85: 1-5. 1998; D. Ohrnb., The Bamb. World, 160. 1999; D. Z. Li et al. in Fl. China 22: 68. 2006; Yi et al. in Icon. Bamb. Sin. 553. 2008, et in Clav. Gen. Sp. Bamb. Sin. 155. 2009.

秆柄长20~35cm，直径3~4（5）mm，具29~38节，节间长4~14mm，淡黄色，无毛，有光泽，实心；鳞片长三角形，疏松排列，淡黄色，上部脉纹明显，边缘初时具纤毛。秆散生，直立，高1~2m，直径0.4~0.8cm；全秆约具13节，节间一般长17~19cm，最长达27cm，基部节间长5~6cm，圆筒形或在秆上部节间分枝一侧基部微扁平，绿色，幼时有幼紫色斑点，节下通常有一圈白粉及灰色至棕色刺毛，后脱落变无毛，平滑，纵细线棱纹不明显，中空，秆壁厚约2mm，髓初时为片状分隔，后变为锯屑状；箨环常在初时密被下向棕色刺毛，微隆起；秆环平或在分枝节上鼓起并高于箨环；节内高2.5~4.0mm，光滑。秆芽卵状长圆形，贴生，具灰白色短硬毛及长缘毛。枝条在秆下部节上为1枚，直立，粗达5mm，在秆上部者每节可达3（4）枚，斜展，粗1.5~2.0mm，均可在节上再分次级枝。箨鞘宿存，黄褐色至褐色，革质，三角状长圆形，长约为节间长度的2/5，长5.5~10.0cm，宽1.2~1.9cm，背面被黄褐色倒向

马边玉山竹-分枝

马边玉山竹-箨

马边玉山竹-地下茎

马边玉山竹-秆

马边玉山竹-笋

马边玉山竹-竹丛

刺毛，纵脉纹在基部以上部位明显，近基部平滑，小横脉不发育，边缘密生纤毛；箨耳镰形，抱秆，𦨣毛直或微弯，长达 5mm；箨舌近截平形，紫色，无毛，高约 0.5mm；箨片外翻，线状披针形，长 1.0~2.2cm，宽 1.5~2.0（3）mm，无毛，易脱落。小枝具叶 3~5 枚；叶鞘长 4.5~7.0cm，无毛或有时具小刺毛，边缘初时有纤毛；叶耳椭圆形或镰形，具长达 5（7）mm 多至 11 枚的放射状𦨣毛；叶舌圆弧形或近截平形，无毛，高 1.0~1.5mm；叶柄长 2~3mm，无毛；叶片披针形或线状披针形，纸质，长（7）9~16（20）cm，宽（1）1.4~2.2（2.8）cm，无毛，基部楔形或阔楔形，背面灰绿色，次脉（5）6 对，小横脉清晰，边缘仅一侧密生小锯齿。花枝未见。笋期 9 月。

笋食用；秆作篱笆、扫帚；叶和小枝为牛、羊饲料。

在四川雷波和马边天然林区，该竹是野生大熊猫冬季垂直下移时觅食的主要竹种。

分布于我国四川南部雷波和马边，生于海拔 1430~1900m 的阔叶林下或灌丛间。

耐寒区位：9 区。

17 国外圈养大熊猫临时用竹

除上述常见大熊猫主食竹外，还有少数国外动物园，就近选择或远程购买一些竹类植物，作为大熊猫主食竹的临时代用品，也发挥了一定作用。据相关记录，这些临时性大熊猫食用竹共有13属27种1变种8栽培品种，计36种及种下分类群，但其准确性尚待进一步考证。

17.1 簕竹属 *Bambusa* Retz. corr. Schreber

（1）比哈簕竹 *Bambusa balcooa* Roxburgh

用竹机构：澳大利亚阿德莱德动物园。

（2）簕竹 *Bambusa blumeana* J. A. et J. H. Schult. f.

用竹机构：俄罗斯莫斯科动物园。

（3）马来矮竹 *Bambusa heterostachya* (Munro) Holttum

用竹机构：马来西亚国家动物园。

（4）孝顺竹 *Bambusa multiplex* (Lour.) Raeuschel ex J. A. et J. H. Schult.

（4a）金色女神竹 *Bambusa multiplex* ‘Golden Goddess’

用竹机构：澳大利亚阿德莱德动物园。

（4b）小叶琴丝竹 *Bambusa multiplex* ‘Stripestem Fernleaf’

用竹机构：澳大利亚阿德莱德动物园。

（5）俯竹 *Bambusa nutans* Wall. ex Munro

用竹机构：新加坡动物园。

（6）青皮竹 *Bambusa textilis* McClure

（6a）崖州竹 *Bambusa textilis* ‘Gracilis’

用竹机构：澳大利亚阿德莱德动物园。

（7）青秆竹 *Bambusa tuldoides* Munro

用竹机构：美国圣地亚哥动物园。

17.2 绿竹属 *Dendrocalamopsis* (Chia et H. L. Fung) Keng f.

（1）吊丝球竹 *Dendrocalamopsis beecheyana* (Munro) Keng f.

用竹机构：美国圣地亚哥动物园。

17.3 牡竹属 *Dendrocalamus* Nees

（1）麻竹 *Dendrocalamus latiflorus* Munro

（1a）美浓麻竹 *Dendrocalamus latiflorus* ‘Mei-nung’

用竹机构：澳大利亚阿德莱德动物园。

（2）吊丝竹 *Dendrocalamus minor* (McClure) Chia et H. L. Fung

用竹机构：澳大利亚阿德莱德动物园。

17.4 箭竹属 *Fargesia* Franch. emend. Yi

（1）缺苞箭竹 *Fargesia denudata* Yi

用竹机构：俄罗斯莫斯科动物园。

（2）箭竹 *Fargesia spathacea* Franch.

用竹机构：俄罗斯莫斯科动物园。

17.5 阴阳竹属 *Hibanobambusa* Maruyama et H. Okamura

（1）白纹阴阳竹 *Hibanobambusa tranguillans* ‘Shiroshima’

用竹机构：英国苏格兰爱丁堡动物园。

17.6 刚竹属 *Phyllostachys* Sieb. et Zucc.

（1）桂竹 *Phyllostachys bambusoides* Sieb. et Zucc.

（1a）金明竹 *Phyllostachys bambusoides* ‘Castillonis’

用竹机构：美国圣地亚哥动物园。

（2）角竹 *Phyllostachys fimbriligula* Wen

用竹机构：奥地利维也纳美泉宫动物园。

（3）曲秆竹 *Phyllostachys flexuosa* (Carr.) A. et C. Riv.

用竹机构：比利时天堂动物园。

（4）红壳雷竹 *Phyllostachys incarnata* Wen

用竹机构：俄罗斯莫斯科动物园。

（5）高节竹 *Phyllostachys prominens* W. Y. Xiong

用竹机构：英国苏格兰爱丁堡动物园。

（6）衢县红壳竹 *Phyllostachys rutila* Wen

用竹机构：奥地利维也纳美泉宫动物园。

17.7 苦竹属 *Pleioblastus* Nakai

（1）川竹 *Pleioblastus simonii* (Carr.) Nakai

（1a）异叶川竹 *Pleioblastus simonii* ‘Heterophyllus’

用竹机构：奥地利维也纳美泉宫动物园。

17.8 茶秆竹属 *Pseudosasa* Makino ex Nakai

（1）茶秆竹 *Pseudosasa amabilis* (McClure) Keng f.

（1a）薄箨茶秆竹 *Pseudosasa amabilis* (McClure) Keng f. var. *tenuis* S. L. Chen et G. Y. Sheng

用竹机构：奥地利维也纳美泉宫动物园。

（2）矢竹 *Pseudosasa japonica* (Sieb. et Zucc.) Makino

用竹机构：奥地利维也纳美泉宫动物园。

17.9 筇竹属 *Qiongzhuea* Hsueh et Yi

（1）三月竹 *Qiongzhuea opienensis* Hsueh et Yi

用竹机构：俄罗斯莫斯科动物园。

17.10 赤竹属 *Sasa* Makino et Shibata

（1）千岛赤竹 *Sasa kurilensis* (Ruprecht) Makino et Shibata

用竹机构：英国苏格兰爱丁堡动物园。

（2）津轻赤竹 *Sasa tsuboiana* Makino

用竹机构：英国苏格兰爱丁堡动物园。

17.11 东笆竹属 *Sasaella* Makino

（1）椎谷笹 *Sasaella glabra* (Nakai) Nakai ex Koidzumi

（1a）白纹椎谷笹 *Sasaella glabra* ‘Albo-striata’

用竹机构：英国苏格兰爱丁堡动物园。

17.12 业平竹属 *Semiarundinaria* Makino ex Nakai

（1）业平竹 *Semiarundinaria fastuosa* (Mitford) Makino

用竹机构：奥地利维也纳美泉宫动物园、比利时天堂动物园。

17.13 泰竹属 *Thyrsostachys* Gamble

（1）泰竹 *Thyrsostachys siamensis* (Kurz ex Munro) Gamble

用竹机构：马来西亚国家动物园。

第三部分 附录

附录 1

大熊猫主食竹分属检索表

1. 花序为逐次发生的假花序，无延续的花序主轴；侧生小穗无柄或近无柄，着生于节环明显的主秆及其各分枝的节上；花枝各节常具苞片和前出叶；秆箨多为脱落性或早落。
  2. 地下茎合轴型，秆柄短，不作长距离横走，秆丛生，或秆柄延伸成假鞭，能在地中作长距离横走，秆近散生；雄蕊 6 枚。
    3. 小穗较长，各小花疏离，同一小穗中各外稃几等长；小穗轴容易逐节断落，节间较长；箨耳通常存在……1. **簕竹属** ***Bambusa*** Retz. corr. Schreber
    3. 小穗较短，各小花排列紧密，同一小穗中各外稃大小不相等，位于小穗中部者较大；小穗轴不易逐节折断，节间很短；箨耳缺失或存在时甚小。
      4. 秆壁薄，约 0.5cm；秆节上无明显粗壮主枝；叶片中等大小；外稃较内稃宽，鳞被 3~4 枚；囊果，果皮薄……10. **慈竹属** ***Neosinocalamus*** Keng f.
      4. 秆壁厚，1~2cm；秆节中下部每节上通常具粗壮主枝 1~3 枚；叶片常大型；外稃等宽或稍宽于内稃，鳞被缺失或稀 1~3 枚；颖果或坚果。
        5. 箨耳明显存在；鳞被 3 枚……4. **绿竹属** ***Dendrocalamopsis*** (Chia et H. L. Fung) Keng f.
        5. 箨耳通常缺失；鳞被缺失或偶具 1~2（3）枚……5. **牡竹属** ***Dendrocalamus*** Nees
  2. 地下茎单轴型或复轴型，有在地中作长距离横走的真鞭；秆散生或兼小丛生，节间圆筒形或有时略呈四方形，但在分枝一侧有纵长沟槽及棱脊；秆每节分枝 2 枚、3 枚或 5~7 枚；小穗容易逐节断落，雄蕊 3 枚或 6 枚。
    6. 假小穗或假小穗丛具早落或迟落的佛焰苞状苞片；秆每节分枝 2 枚……11. **刚竹属** ***Phyllostachys*** Sieb. et Zucc.
    6. 假小穗或假小穗丛无佛焰苞状苞片；秆每节分枝 3 枚。
      7. 秆节节内具一圈锐利的气生根刺；笋期在秋季……3. **方竹属** ***Chimonobambusa*** Makino
      7. 秆节节内无一圈气生根刺；笋期在春季。
        8. 秆节间较长，其长度可达 50cm 或更长；箨环木栓质增厚，常显著隆起……15. **唐竹属** ***Sinobambusa*** Makino ex Nakai
        8. 秆节间较短，其长度仅达 20cm 左右；箨环狭窄而薄，略隆起……14. **筇竹属** ***Qiongzhuea*** Hsueh et Yi
1. 花序为一次发生的真花序，有延续的花序主轴；小穗具柄，生于节环不明显的总状或圆锥花序上；

花序轴分枝处的下方常有 1 枚小型苞片，腋内极稀具前出叶，或有时为瘤枕所代替；秆箨常宿存或迟落。

9. 地下茎合轴型；秆芽 3 枚或更多；枝条斜展或开展；雄蕊 3 枚，柱头 2 枚；秆悬垂，攀缘状竹类……6. **镰序竹属 *Drepanostachyum*** Keng f.

9. 地下茎各种类型；秆芽 1 枚；枝条直立、上举或开展；雄蕊 6 枚或 3 枚，柱头 2 枚或 3 枚；秆直立。

10. 地下茎合轴型，秆柄节上无芽眼，不延伸或延伸成假鞭；灌木状竹类，生于海拔 1000m 以上的亚高山地区。

11. 秆柄粗短，两端不等粗，前端直径大于后端，通常长在 15（20）cm 以内，直径 1~3（7）cm，节间长在 5mm 以内，实心，在解剖上通常无气道；秆丛生或近散生；秆每节分枝多数；花序下方具一组由叶鞘扩大成的或大或小佛焰苞；柱头 2~3 枚……7. **箭竹属 *Fargesia*** Franchet emend. Yi

11. 秆柄细长，整个秆柄的粗度大体一致，通常长为 20~50cm，直径在 1cm 以内，节间长 5~12mm，实心或少数种有中空，在解剖上通常具气道；秆散生；秆每节分枝 1 枚至少数枚；花序下方的叶鞘不扩大成佛焰苞；柱头 2 枚……16. **玉山竹属 *Yushania*** Keng f.

10. 地下茎单轴型或复轴型，有节上生根或芽眼的真鞭；乔木状竹类，生于低海拔山地或平原。

12. 秆每节分枝数枚（茶秆竹属 *Pseudosasa* 每节分枝 1~3 枚为例外），枝条直径较主秆细；片小型至中型，次脉较少，小横脉显著或否；花序顶生或侧生，如侧生时，其花序所在的小枝长度不会超过它所着生的那一条具叶枝。

13. 雄蕊 3~6 枚；秆每节分枝 1~3 枚，枝条基部紧贴主秆……13. **茶秆竹属 *Pseudosasa*** Makino ex Nakai

13. 雄蕊 3 枚；秆每节分枝 3~11 枚，小枝斜展或平展。

14. 箨片直立，锥形或三角状锥形，最宽达 1.5（2.5）mm；小穗基部外稃腋内常具不发育的退化小花；雌花柱头 2 枚……9. **月月竹属 *Menstruocalamus*** Yi

14. 箨片直立或外翻，线形、披针形、三角形、线状披针形或带状，最宽在 3mm 以上；小穗基部外稃腋内无不发育的退化小花。

15. 秆箨环木栓质肥厚，显著肿起；秆髓锯屑状；花序较短，通常侧生；雌花柱头 3 枚……12. **苦竹属 *Pleioblastus*** Nakai

15. 秆箨环不木栓质肥厚，稍隆起；秆髓笛膜状；花序较长而疏散，生于具叶小枝顶端；雌花柱头 2 枚或 3 枚……2. **巴山木竹属 *Bashania*** Keng f. et Yi

12. 秆每节分枝 1 枚，稀秆下部节上 1 分枝，而上部节上可达 3 分枝，当单枝时，其直径与主秆近等粗；叶片大型，次脉多对，小横脉显著；花序生于具叶小枝顶端……8. **箬竹属 *Indocalamus*** Nakai

附录2

大熊猫主食竹各属分种检索表

一、簕竹属 *Bambusa* Retz. corr. Schreber

1. 灌木状竹类，秆不畸形，高 4~8（10）m；秆直径 1~4cm，节间长 30~50cm，具向上的白色或棕色小刺毛（节下尤密）。
    2. 秆节间黄色，具数条宽窄不等的绿色纵条纹········1.1a **小琴丝竹 *B. multiplex* 'Alphonse Karr'**
    2. 秆节间绿色，无宽窄不等的绿色纵条纹。
        3. 小枝具叶 5~12 枚；叶片长 5~6（22）cm，宽 7~16（20）cm ································1.1b **凤尾竹 *B. multiplex* 'Fernleaf'**
        3. 小枝具叶 9~13 枚；叶片长 3.3~6.5（22）cm，宽 4~7cm ································1.1 **孝顺竹 *B. multiplex***（Lour.）Raeuschel ex J. A. et J. H. Schult.
1. 乔木状竹类，高 8~15m；秆直径 3~6（9）cm，节间长 20~38cm，无向上的白色或棕色小刺毛；秆有时畸形。
    4. 秆畸形，节间短缩肿胀。
        5. 秆径较小，节间短缩呈酒瓶状 ································1.3 **佛肚竹 *B. ventricosa*** McClure
        5. 秆径较大，节间短缩呈佛肚状································1.4b **大佛肚竹 *B. vulgaris* 'Wamin'**
    4. 秆正常，节间不短缩肿胀。
        6. 箨耳彼此不等大,箨鞘先端两侧不对称上拱宽弧形,鞘在背面仅在近内侧的边缘处被小刺毛 ································1.2 **硬头黄竹 *B. rigida*** Keng et Keng f.
        6. 箨耳彼此近等大，箨鞘先端拱凸并波曲，呈“山”字形，鞘的背面全面被毛。
            7. 秆绿色，无纵条纹 ································1.4 **龙头竹 *B. vulgaris*** Schrader ex Wendland
            7. 秆黄色，具绿色纵条纹 ································1.4a **黄金间碧竹 *B. vulgaris* 'Vittata'**

二、巴山木竹属 *Bashania* Keng f. et Yi

1. 叶片宽大，长圆状披针形，长达 15~20cm，宽达 3.8~4.0cm，次脉 5~8（11）对；圆锥花序紧密而直立。
    2. 秆高达2.5m，直径达1cm，节间幼时无白粉或有时节下稍有白粉，有时节间上部被灰黄色小刺毛，无纵细线棱纹；箨耳及鞘口缝毛缺失；箨片外翻，稀直立；小枝具叶 2（3）枚；叶舌边缘初始具缝毛；叶柄及叶片均无毛 ································2.3 **宝兴巴山木竹 *B. baoxingensis*** Yi
    2. 秆高达 5~8（11）m，直径达 4（6.4）cm，节间幼时被白粉，无毛，纵细线棱纹明显；小枝具叶 4~6 枚；叶柄及叶片初始被柔毛。

3. 箨耳明显，新月形，边缘具多数直立波曲缝毛；外稃具明显芒尖……………………………………………2.2 **秦岭木竹** ***B. aristata*** Y. Ren, Y. Li et G. D. Dang

3. 箨耳缺失，鞘口缝毛易脱落；外稃不具芒尖………………2.5 **巴山木竹** ***B. fargesii*** Keng f. et Yi

1. 叶片狭窄，线状披针形，长达6.7（9）cm，宽8mm左右，次脉3对左右；总状花序或稀圆锥花序，疏松开展。

4. 箨片三角形或秆之上部者为披针形，直立，宽5.0~7.5mm；叶片宽达7.5mm，次脉2~3对；总状花序具2~3枚小穗；内稃脊上通常无纤毛；花药长3.5~4.5mm……………………………………………2.6 **峨热竹** ***B. spanostachya*** Yi

4. 箨片三角状线形或线状披针形，外翻（马边巴山木竹多直立为例外），宽1~3mm；叶片宽达11（14）mm，次脉3~4（5）对；总状花序具3~5枚小穗，或有时具8~9枚小穗而组成圆锥花序；内稃脊上生纤毛；花药长（4）5~6mm。

5. 秆节间在分枝一侧基部微扁平，幼时常有紫色小斑点；枝条在秆之每节上为3枚，但后期因次生枝的发生而为多枚；箨鞘背面无毛，幼时具紫色小斑点；小枝具叶（2）3枚……………………………………………2.4 **冷箭竹** ***B. faberi*** (Rendle) Yi

5. 秆节间在分枝一侧下部显著扁平，幼时无紫色斑点；枝条在秆之每节上仅1枚；箨鞘背面下部被白色小刺毛，幼时无斑点；小枝具叶3~5枚……………………………………………2.1 **马边巴山木竹** ***B. abietina*** Yi et L. Yang

三、方竹属 *Chimonobambusa* Makino

1. 箨鞘宿存或早落，背面具白色斑点、斑块或淡黄白色斑块。

2. 秆箨宿存；小枝具叶2~4枚。

3. 新秆下部节间为绿色，无浅绿色纵条纹，秆箨等长或稍长于节间长度。

4. 秆及分枝呈淡紫、紫红至紫色，笋亮灰色………………3.2c **紫玉** ***Ch. neopurpurea*** **'Ziyu'**

4. 秆及分枝绿色。

5. 秋季发笋；笋期8~10月，无二次发笋现象………………3.2 **刺黑竹** ***Ch. neopurpurea*** Yi

5. 春秋两季发笋；春季发笋为1月中旬至3月中旬，量少；秋季发笋为6月中旬至10月上旬……………3.2a **都江堰方竹** ***Ch. neopurpurea*** **'Dujiangyan Fangzhu'**

3. 新秆下部节间为淡紫绿色，具浅绿色纵条纹，秆箨短于其节间长度……………………………………………3.2a **条纹刺黑竹** ***Ch. neopurpurea*** **'Lineata'**

2. 秆箨早落；小枝具叶1~2（3）枚。

6. 秆节间圆筒形；叶片长15~22cm，宽1.4~2.4cm，次脉5~6对……………………………………………3.9 **蜘蛛竹** ***Ch. zhizhuzhu*** Yi

6. 秆略呈四方形；叶片长6~15cm，宽0.5~1.2cm，次脉3~4对……………………………………………3.1 **狭叶方竹** ***Ch. angustifolia*** C. D. Chu et C. S. Chao

1. 秆箨迟落或早落，箨鞘背面无斑点和斑块。

7. 箨鞘长于节间。

8. 秆之节间无毛，平滑；箨鞘短于节间，背面无毛；叶片宽达 1.7cm，次脉 4~5 对……………………………………3.6 **八月竹** ***Ch. szechuanensis*** (Rendle) Keng f.

8. 秆之节间具瘤基状小刺毛，小刺毛脱落后留有宿存瘤基，使秆表面或至少在节间上部显著粗糙。

9. 叶片下面灰白色……………………………3.7 **天全方竹** ***Ch. tianquanensis*** Yi

9. 叶片下面淡绿色或淡灰绿色。

10. 叶片下面淡灰绿色，宽达 1.3（1.6）cm，次脉（3）4（5）对……………………………………3.5 **溪岸方竹** ***Ch. rivularis*** Yi

10. 叶片下面淡绿色，宽达 2.7cm，次脉 4~7 对。

11. 秆基部的气生根不及前者发达，竹笋整体偏黄，仅尖端微绿，整体色彩相对单调……………………………………3.4 **方竹** ***Ch. quadrangularis*** Yi

11. 秆基部的气生根特别发达，竹笋上半部呈明显翠绿色，翠绿部分约占笋长的 1/2 左右，整体色彩艳丽……………3.4a **青城翠** ***Ch. quadrangularis*** **'Qingchengcui'**

7. 箨鞘短于节间。

12. 秆在 1~3 年内仍密被白色柔毛；箨环上的白色绒毛长期不落；叶片上面深绿色，下面灰绿色……………………………………3.8 **金佛山方竹** ***Ch. utilis*** (Keng) Keng f.

12. 秆仅在幼时被黄褐色小刺毛，以后渐变为无毛；箨环初期被黄褐色绒毛，以后毛脱落，亦渐变为无毛；叶片两面均为深绿色……………3.3 **刺竹子** ***Ch. pachystachys*** Hsueh et Yi

四、绿竹属 *Dendrocalamopsis* (Chia et H. L. Fung) Keng f.

1. 秆节间全为绿色，无异色条纹；箨舌低矮，高约 1mm……………………………………4.1 **绿竹** ***D. oldhami*** (Munro) Keng f. (Munro) Keng f.

1. 秆节间为绿色，但具淡黄色纵条纹；箨舌较高，高 3~9mm……………………………………4.2 **吊丝单** ***D. vario-striata*** (W. T. Lin) Keng f.

五、牡竹属 *Dendrocalamus* Nees

1. 秆箨背面无毛或具早落之小刺毛；小穗较宽大……………5.1 **麻竹** ***D. latiflorus*** Munro

1. 秆箨背面常具刺毛；小穗较短小。

2. 秆节间幼时被棕色刺毛……………5.3 **马来甜龙竹** ***D. asper*** (J. A. et J. H. Schult.) Backer ex Heyne

2. 秆节间幼时被白色绒毛……………5.2 **勃氏甜龙竹** ***D. brandisii*** (Munro) Kurz

六、镰序竹属 *Drepanostachyum* Keng f.

1. 箨鞘边缘通常无纤毛；叶片长达 10.5cm，宽 1cm，次脉（2）3~4 对……………………………………6.1 **钓竹** ***D. breviligulatum*** Yi

1. 箨鞘边缘密生淡黄褐色长 2~3mm 之纤毛；叶片长达 18cm，宽 2.2cm，次脉 4~6 对……………………………………6.2 **羊竹子** ***D. saxatile*** (Hsueh et Yi) Keng f. ex Yi

七、箭竹属 *Fargesia* Franchet emend. Yi

1. 秆芽半圆形、卵形或锥形，肥厚，由清晰的数枚乃至多数芽组合而成复合芽，不贴生或稀贴生；髓呈锯屑状；秆环显著隆起、隆起或稍微隆起，通常高于箨环；秆箨早落；箨耳缺失。
  2. 秆之节上可明显地分为粗细不等的两种枝条，较粗的直径 1.5~6.0mm，较细的直径 1.0~1.5mm；秆之直径 1~2cm……7.1 **岩斑竹** ***F. canaliculata*** Yi
  2. 秆各节上的枝条近等粗，直径 1~1.5（2）mm；秆之直径 0.6~1.5（2）cm。
    3. 枝条在其每节上一般不再分次生枝，稀在基部 1~2 节上可再分次生枝……7.5 **细枝箭竹** ***F. stenoclada*** Yi
    3. 枝条在其每节上可再分次生枝。
      4. 箨片开展或直立；叶片小横脉清晰……7.4 **膜箨箭竹** ***F. membranacea*** Yi
      4. 箨片外翻；叶片小横脉不清晰。
        5. 秆之节间实心或近实心；秆环幼时常为紫色；秆箨通常长于节间长度，薄革质；叶鞘两肩通常无缝毛……7.2 **扫把竹** ***F. fractiflexa*** Yi
        5. 秆之节间中空；秆环淡绿色；秆箨短于节间长度，革质；叶鞘两肩具直立缝毛……7.3 **墨竹** ***F. incrassata*** Yi
1. 秆芽长卵形，扁平，由不明显的少数芽组合而成复合芽，紧贴主秆；髓呈锯屑状或少数呈海绵状；秆环平，稀微隆起或隆起，通常低于箨环；箨鞘迟落至宿存，稀早落；箨耳存在或缺失；佛焰苞大型，花序简短紧缩，二者长度近相等，致使花序由佛焰苞开口一侧露出，或佛焰苞小型，花序大型开展，位于佛焰苞上方。
  6. 箨鞘长圆形或长圆状椭圆形，先端圆形、近圆形、稀“山”字形，与基部等宽或近等宽，背面无毛或具极稀疏小刺毛；箨耳缺失；秆之节间中空。
    7. 箨片直立。
      8. 箨鞘背面疏生灰色或灰黄色小刺毛；箨舌圆弧形；叶鞘鞘口两肩缝毛发达，长 1~4mm；叶片长达 18cm，下面疏生白色短柔毛（基部尤密）……7.26 **糙花箭竹** ***F. scabrida*** Yi
      8. 箨鞘背面无毛；箨舌略呈“山”字形或偏斜；叶鞘鞘口两肩无缝毛；叶片长达 9（12）cm，无毛……7.20 **团竹** ***F. obliqua*** Yi
    7. 箨片外翻。
      9. 叶片宽达 10~13mm，次脉 3~4 对。
        10. 叶鞘两肩无缝毛，叶片基部楔形或阔楔形……7.1 **缺苞箭竹** ***F. denudata*** Yi
        10. 叶鞘两肩各具 1~5 枚缝毛，叶片基部阔楔形或近圆形……7.19 **神农箭竹** ***F. murielae*** (Gamble) Yi
      9. 叶片宽达 5~7mm，次脉 2~3 对。
        11. 幼秆节间被白粉，箨鞘先端圆弧形，箨片远较箨鞘顶端为窄……7.21 **小叶箭竹** ***F. parvifolia*** Yi
        11. 幼秆节间仅在节下微被白粉；箨鞘顶端短钝尖，箨片与箨鞘顶端近等宽；小枝具（1）2 枚……7.18 **马骆箭竹** ***F. maluo*** Yi

6. 箨鞘长三角形或长圆状三角形，先端三角形或带形，远较基部为狭窄，背面密被刺毛或稀无毛；箨耳缺失或存在；秆之节间中空、近实心或实心。

12. 箨鞘远长于或略长于节间长度，超包节间。

13. 箨鞘革质，先端呈短三角形，狭长部分在箨鞘长度 1/5 以上。

14. 箨鞘红褐色；叶片下面基部被灰白色微毛……………………………7.25 **青川箭竹 *F. rufa*** Yi

14. 箨鞘紫色或紫褐色；叶片两面无毛。

15. 秆节间实心或近于实心，当有中空时则其空腔直径较秆壁厚度为小……………………………………………………………………………………………………7.13 **雅容箭竹 *F. elegans*** Yi

15. 秆节间中空，空腔直径较秆壁厚度为大。

16. 箨鞘背面被棕色刺毛，或稀可无毛，具小横脉；箨耳镰形，边缘生缝毛；叶耳椭圆形，边缘亦生缝毛……7.23 **秦岭箭竹 *F. qinlingensis*** Yi et J. X. Shao

16. 箨鞘背面无毛或起初疏被灰白色小硬毛，小横脉不明显；无箨耳和缝毛；无叶耳和鞘口缝毛，或初始有灰白色微缝毛……………………………………………………………………………………7.19 **华西箭竹 *F. nitida*** (Mitford) Keng f. ex Yi

13. 箨鞘下半部革质，上半部纸质，先端带形或三角状带形，狭窄部分在箨鞘长度 1/3~1/2 或以上。

17. 秆高达 10m，直径达 5cm；箨鞘背面密被黑紫色斑点和斑块……………………………………………………………………………………………………7.16 **丰实箭竹 *F. ferax*** (Keng) Yi

17. 秆高达 5~7m，直径达 2cm；箨鞘背面无斑点。

18. 秆柄长 1~3cm；秆密丛生，节间纵细线棱纹极明显；箨鞘宿存，背面上半部被稀疏棕色刺毛，稀无毛，并在上半部有明显小横脉，鞘口缝毛发达；箨舌高约 1mm；叶片长达 9.5cm，宽达 7mm，次脉 2（3）对……………………………………………………………………………………7.7 **油竹子 *F. angustissima*** Yi

18. 秆柄长 4.0~6.5cm；秆丛生，节间平滑无纵细线棱纹；箨鞘早落，背面密生黄褐色刺毛，小横脉不清晰，鞘口无缝毛；箨舌高达 7mm；叶片长达 13cm，宽达 9mm，次脉 3~4 对……………………………………………7.17 **九龙箭竹 *F. jiulongensis*** Yi

12. 箨鞘长度较节间为短或近相等。

19. 箨片外翻。

20. 秆之节间中空。

21. 秆之节间长达 30cm；箨鞘紫色，有淡黄色斑点，背面有稀疏灰白色或淡黄色贴生小刺毛，鞘口缝毛发达；小枝具叶 4~5 枚；无叶耳，有鞘口缝毛；叶片无毛，次脉 3~4 对…………………………………………………………7.12 **清甜箭竹 *F. dulcicula*** Yi

21. 秆之节间长达 40~60cm；箨鞘无斑点。

22. 箨鞘背面密被贴伏的棕色刺毛；箨环无毛……………7.6 **贴毛箭竹 *F. adpressa*** Yi

22. 箨鞘背面无毛或被极稀疏的黄褐色刺毛；箨环初时被黄褐色刺毛或短硬毛。

23. 秆节间纵细线肋纹明显；小枝具叶 2~3 枚，叶鞘口两肩缝毛缺失……………………………………………………………………7.22 **少花箭竹 *F. pauciflora*** (Keng) Yi

23. 秆节间平滑，无纵细线肋纹；小枝具叶（3）5（6）枚；叶鞘口两肩各具4~8条縫毛 ………… 7.8 **短鞭箭竹** ***F. brevistipedis*** Yi

20. 秆之基部节间实心，向上则中空度逐渐增大；笋灰绿色，有紫色纵条纹；箨鞘背面无毛或偶有块状密集贴生的棕色小刺毛；叶片下面灰白色，基部中脉两侧被柔毛；圆锥花序开展 ………… 7.27 **昆明实心竹** ***F. yunnanensis*** Hsueh et Yi

19. 箨片直立或至少在秆之中下部者直立。

24. 叶耳存在。

25. 箨片基部不下延，窄于或远窄于箨鞘顶端之宽度；叶耳长椭圆形，先端具縫毛 ………… 7.11 **龙头箭竹** ***F. dracocephala*** Yi

25. 箨片基部下延，与箨鞘顶端同宽；叶耳近圆形，边缘具縫毛 ………… 7.9 **紫耳箭竹** ***F. decurvata*** J. L. Lu

24. 叶耳缺失。

26. 叶鞘两肩具径直縫毛 ………… 7.24 **拐棍竹** ***F. robusta*** Yi

26. 叶鞘两肩无縫毛。

27. 节间幼时在节下被黄褐色小刺毛；箨鞘背面被棕色贴生刺毛；叶片小横脉不明显 ………… 7.14 **牛麻箭竹** ***F. emaculata*** Yi

27. 节间无毛；箨鞘背面被灰白色开展小刺毛；叶片小横脉清晰 ………… 7.15 **露舌箭竹** ***F. exposita*** Yi

八、箬竹属 *Indocalamus* Nakai

1. 秆中部箨上的箨片为窄披针形、线状披针形或狭三角状锥形，基部不向内收窄。

2. 植株被白粉，以后变为粉垢 ………… 8.1 **巴山箬竹** ***I. bashanensis*** (C. D. Chu et C. S, Chao) H. R. Zhao et Y. L. Yang

2. 植株不被白粉，以后亦无粉垢。

3. 箨耳不存在或稀微弱存在 ………… 8.4 **阔叶箬竹** ***I. latifolius*** (Keng) McClure

3. 箨耳发达，呈镰形。

4. 箨鞘紫色，背面具灰色斑点；秆节间在节下方微被一圈白粉 ………… 8.3 **峨眉箬竹** ***I. emeiensis*** C.D. Chu et C. S. Chao

4. 箨鞘灰色，背面常具紫色斑点；秆节间在节下方无白粉环 ………… 8.2 **毛粽叶** ***I. chongzhouensis*** Yi et L. Yang

1. 秆中部箨上的箨片为广三角形、长三角形或卵状披针形，直立而紧贴秆，基部向内收窄成为近圆弧形或近截平的圆形。

5. 箨耳宽大，镰形；叶片下面灰白色 ………… 8.5 **箬叶竹** ***I. longiauritus*** Hand.-Mazz.

5. 箨耳狭窄，线形或半镰形；叶片下面淡绿色 ………… 8.6 **半耳箬竹** ***I. semifalcatus*** (H. R. Zhao et Y. L. Yang) Yi

九、月月竹属 *Menstruocalamus* Yi

1. 秆高 2~5m，直径 0.8~2.0cm，梢端直立……9.1 **月月竹** ***M. sichuanensis*** (Yi) Yi

十、慈竹属 *Neosinocalamus* Keng f.

1. 秆节间全绿色，不具深绿色或淡黄色条纹和铁锈色刺毛……10.1 **慈竹** ***N. affinis*** (Rendle) Keng f.
1. 秆节间不全绿色，具深绿色或淡黄色条纹，或具铁锈色刺毛。
  2. 幼秆节间密被铁锈色刺毛，间敷有白粉，不具深绿色或淡黄色条纹……10.1a **黄毛竹** ***N. affinis*** **'Chrysotrichus'**
  2. 秆具深绿色或淡黄色条纹，幼秆节间不密被铁锈色刺毛，不间敷白粉。
    3. 秆节间淡黄色，但有宽窄不等的深绿色纵条纹……10.1b **大琴丝竹** ***N. affinis*** **'Flavidorivens'**
    3. 秆节间绿色，但在具芽或分枝一侧有淡黄色细纵条纹……10.1c **金丝慈竹** ***N. affinis*** **'Viridiflavus'**

十一、刚竹属 *Phyllostachys* Sieb. et Zucc.

1. 秆中、下部的箨鞘背面具有密聚或稀疏的大小不等的斑点（在生长不良的瘦小秆上者，其箨鞘可不现斑点），箨片通常外翻或开展，笋期时在笋的上端呈散开状，但亦可直立相互作覆瓦状排列成为笔头状；地下茎（竹鞭）节间在横切面上无通气道或仅有几个分布不均匀的通气道（组 1. 刚竹组 Sect. *Phyllostachys*）。
  2. 秆箨无箨耳及缝毛，箨鞘背面无刺毛（或仅在上部于脉间具微小刺毛），偶可疏生刺毛。
    3. 秆的节间表面在 10 倍放大镜下可见到白色晶体状细颗粒或小凹穴，尤以节间的上部表面为密。
      4. 秆环在秆下部不分枝的各节中明显隆起，高于其箨环或与之同高；箨舌在新鲜时其边缘生紫红色纤毛……11.9 **台湾桂竹** ***P. makinoi*** Hayata
      4. 秆环在秆下部不分枝的各节中不明显或低于其箨环（唯在瘦小秆则秆环可较高）；箨舌在鲜时其边缘生有淡绿色或白色的纤毛。
        5. 秆黄色……11.17 **金竹** ***P. sulphurea*** (Carr.) A. et C. Riv.
        5. 秆绿色或淡黄绿色……11.17a **刚竹** ***P. sulphurea*** **'Viridis'**
    3. 秆的节间表面无上述晶体状细颗粒或小凹穴，或仅在秆节的下方有之。
      6. 幼秆中部的各箨环及箨鞘背面基底密生短柔毛或稀疏的长刺毛。
        7. 秆基部或稍上部的各节间极为短缩，常呈不规则的肿胀而畸形，或节间正常，但在秆中下部各节间之上端仍有些膨大（此膨大部分之长度约为 1cm）……11.1 **罗汉竹** ***P. aurea*** Carr. ex A. et C. Riv.
        7. 秆的各节间都正常，无畸形或膨大……11.15 **红边竹** ***P. rubromarginata*** McClure

6. 幼秆中部的各箨环及箨鞘背面的基底均无毛。

8. 箨舌较窄而高，其宽度不大于高的 5 倍，其基底与箨鞘连接处呈截形或上拱呈弧形，两侧不下延，当稀可下延时则箨鞘背面的上部在脉间生有微小刺毛，箨片通常平整，偶可波状起伏或微皱曲。

9. 箨鞘背面的中上部在脉间具微小刺毛，抚摸有糙涩感；幼秆节间有晕斑，尤以节间的上部为多……11.14 **灰竹 *P. nuda*** McClure

9. 箨鞘背面无微小刺毛或偶可在顶端的脉间有之，有时还可疏生刺毛；幼秆的节间无晕斑（老秆则可具紫斑）。

10. 箨片三角形、披针形或线状披针形。

11. 箨鞘新鲜时上部两侧常先变干枯为草黄色，箨舌暗褐色，先端上拱呈弧形；小枝具叶 2~3 枚……11.15 **早园竹 *P. propinqua*** McClure

11. 箨鞘新鲜时上部两侧不先变为草黄色，箨舌淡棕黄色，截平形或微作弧形；小枝具叶 1~2 枚……11.17 **彭县刚竹 *P. sapida*** Yi

10. 箨片呈带状或线状披针形，箨舌暗紫褐色或淡褐色，先端呈截平形或微作拱形……11.7 **淡竹 *P. glauca*** McClure

8. 箨舌常较低矮而宽，有时亦可窄长，但其基底均为上拱的弧形，两侧显著下延或微下延，偶或不下延，箨片皱曲或偶可平直。

12. 秆中部节间长于 25cm，幼时微被白粉，秆节处不带紫色。

13. 秆节间全为绿色，无纵条纹……11.23 **乌哺鸡竹 *P. vivax*** McClure

13. 秆节间全为黄色，或在秆中下部以下节间偶有一至数条绿色纵条纹……11.23a **黄秆乌哺鸡竹 *P. vivax* 'Aureocaulis'**

12. 秆中部节间短于 25cm，幼时微被厚白粉，秆节处呈紫色。

14. 新秆密被白粉；秆中部的节间长不超过 25cm，中部略缢缩；秆环隆起较低……11.21 **早竹 *P. violascens*** (Carr.) A. et C. Riv.

14. 新秆被少量白粉；节间较长，中部明显缢缩；秆环隆起较高……11.21a **雷竹 *P. violascens* 'Prevernalis'**

2. 秆箨有箨耳，耳缘生有縫毛，如果箨耳不发达，则具有鞘口縫毛，后者长在 5~10mm 或以上（美竹 ***P. mannii*** Gamble 有时可无箨耳及縫毛，但其箨鞘鲜时质地硬脆，并在上部边缘呈紫红色），箨鞘背面多少被刺毛，稀无毛。

15. 箨鞘鲜时为淡黄色，有时带红色或绿色，背面具稀疏小斑点；箨耳绿色……11.5 **白哺鸡竹 *P. dulcis*** McClure

15. 箨鞘鲜时不为淡黄色，箨耳不呈绿色，如为绿色时则箨鞘背面具大小不等斑点。

16. 箨耳微小，如近于无箨耳时，则箨鞘具有较长的鞘口縫毛，偶可箨耳较大而呈镰形，此时其箨舌则密生有长达 8mm 以上的纤毛。

17. 幼秆无白粉或有不易察觉的极薄白粉。

18. 箨片平直或微皱曲……11.3 **桂竹 *P. bambusoides*** Sieb. et Zucc.

18. 箨片明显皱曲，不平直……11.23 **粉绿竹 *P. viridiglaucescens*** (Carr.) A. et C. Riv.

17. 幼秆被白粉

19. 箨舌强隆起，边缘具粗长纤毛，箨片长三角形或披针形。叶片纤细，长 4~11cm，宽 0.5~1.2cm。

20. 秆正常，不畸变呈龟甲状 ………… 11.6 **毛竹** ***P. edulis*** (Carr.) H. de Leh.

20. 秆节间皱缩畸变，呈龟甲状 ……… 11.6a **龟甲竹** ***P. edulis*** **'Kikko-chiku'**

19. 箨舌隆起，边缘生纤毛，箨片钻形或线状披针形；叶片较大，长 8~20cm，宽 1.2~2.0cm ……………………… 11.9 **轿杠竹** ***P. lithophila*** Hayata

16. 箨耳显著，通常呈镰形，如果无箨耳或为小型时，则箨鞘的质地硬而脆，并在箨鞘背面被有极为稀疏的小斑点，箨舌边缘所生的纤毛较短。

21. 箨舌矮而宽，其宽度约为高的 10 倍，边缘较完整，不作撕裂状，箨鞘革质，其质地硬而脆，上部边缘为紫色 ……………………………………………………… 11.10 **美竹** ***P. mannii*** Gamble

21. 箨舌较高，边缘常作撕裂状，箨鞘的边缘不为紫色。

22. 秆绿色，分枝一侧的沟槽为黄色 ……………………… 11.2 **黄槽竹** ***P. aureosulcata*** McClure

22. 秆黄色，或具绿色纵条纹。

23. 秆黄色，无绿色纵条纹，或仅基部有绿色纵条纹 ……………………………………………………………………… 11.2a **黄秆京竹** ***P. aureosulcata*** **'Aureocaulis'**

23. 秆金黄色，具鲜艳绿色纵条纹，不仅限于基部秆 ……………………………………………………………………… 11.2b **金镶玉竹** ***P. aureosulcata*** **'Spectabilis'**

1. 秆中、下部的箨鞘背面无斑点，箨片直立，平整，笋期常在笋尖端自下而上相互作覆瓦状排列而呈笔头状；地下茎（竹鞭）节间在横切面上用肉眼即可见有一圈环列的通气道（组 2. 水竹组 Sect. *Heterocladae* Z. P. Wang et G. H. Ye）。

24. 箨舌窄而高，在标本上其宽度通常不超过高的 8 倍，先端细裂成粗长的纤毛，或在蓉城竹 *P. bissetii* McClure 中仅为短纤毛。

25. 秆节间绿色，无毛或仅具少量短刺毛，秆箨脱落后覆盖有稀疏白粉。

26. 秆仅下部箨鞘在背面被毛，箨舌边缘生短纤毛 ……………………………………………………………………… 11.4 **蓉城竹** ***P. bissetii*** McClure

26. 秆中、下部的箨鞘，都在背面被毛，箨舌边缘生有粗的长纤毛 ……………………………………………………… 11.19 **乌竹** ***P. varioauriculata*** S. C. Li et S. H. Wu

25. 秆节间紫色或灰绿色，幼秆密被短柔毛和白粉。

27. 箨鞘绿色或黄色，并带以紫色，箨舌截形或边缘为拱形 ……………………………………………………………… 11.18 **硬头青竹** ***P. veitchiana*** Rendle

27. 箨鞘红褐色，箨舌强烈隆起成拱形或作山峰状。

28. 秆紫色，高仅 4~7m ……………………………… 11.13 **紫竹** ***P. nigra*** (Lodd. ex Lindl.) Munro

28. 秆灰绿色，高可达 18m ……………………………………………………………… 11.13a **毛金竹** ***P. nigra*** var. ***henonis*** (Mitford) Stapf ex Rendle

24. 箨舌宽而矮，宽度为其高的 8 倍以上，先端生短纤毛。

29. 箨耳较大，呈三角形或窄镰形；秆在箨环上常密生柔毛或硬毛，稀可无毛 …………………………………………………………………………… 11.12 **篌竹** ***P. nidularia*** Munro

29. 箨耳小，呈卵形，若稀可较大而呈镰形时，则秆的箨环均无毛……11.8 **水竹** ***P. heteroclada*** Oliv.

十二、苦竹属 *Pleioblastus* Nakai

1. 箨鞘无光泽，多少被粉、被蜡质或在背面生微毛……………………12.1 **苦竹** ***P. amarus*** (Keng) Keng
1. 箨鞘多少具光泽，其背面通常无毛无粉，亦无蜡质。
   2. 幼秆被厚白粉，节下方一圈白粉环更厚；箨鞘背面具紫色或棕色斑点……………………………………………………………12.2 **斑苦竹** ***P. maculatus*** (McClure) C. D. Chu et C. S. Chao
   2. 幼秆无白粉或被少量白粉，老秆光亮；箨鞘背面通常无斑点，多少具光泽………………………………………………………………………………12.3 **油苦竹** ***P. oleosus*** Wen

十三、茶秆竹属 *Pseudosasa* Makino ex Nakai

1. 秆高 2.0~3.5 m，直径 0.5~1.2cm，梢端径直……………………13.1 **笔竿竹** ***Pseudosasa guanxianensis*** Yi

十四、筇竹属 *Qiongzhuea* Hsueh et Yi

1. 秆环在整个秆上均极度隆起而成一显著之锐脊，粗度达节间之倍，中有环形缝线之关节，状如 2 盘相扣合，易自其处逐节脆断；节内在同一节上高低很不一致，高者位于秆各节的同一侧面，该处秆环更隆起，低者位于相对一侧面，而秆环较为低平。
   2. 笋淡绿紫色，无毛；箨鞘背面无毛，鞘口两肩无缝毛；叶片宽大，长圆状披针形，长 11~21cm，宽 1.6~3.9cm，次脉 5~8 对………………14.1 **大叶筇竹** ***Q. macrophylla*** Hsueh et Yi
   2. 笋紫红色或紫色带绿色，具棕色刺毛；箨鞘背面具棕色瘤基刺毛，鞘口两肩具少数直立棕色缝毛；叶片较小，狭披针形，长 5~14cm，宽 0.6~1.2cm，次脉 2~4 对…………………………………………………………………………………14.2 **筇竹** ***Q. tumidinoda*** Hsueh et Yi
1. 秆环在分枝以下各节上不隆起或微隆起，不自其处逐节折断；节内在分枝以下的同一节上高度近相等，其秆环稍隆起时也不显示有高、低两个侧面。
   3. 秆之节间无毛；秆芽及每节分枝 3 枚。
      4. 位于小枝下部的 1 枚叶鞘近等长或稍长于最上部的 1 枚叶鞘，如为后者则小枝最上面的 1 叶片系由下部叶鞘所着生者；叶片下面被微毛，次脉 4~5 对，小横脉不甚清晰；笋期 4~5 月…………………………………………………………………………14.3 **三月竹** ***Q. opienensis*** Hsueh et Yi
      4. 位于小枝下部的 1 枚叶鞘较上部的 1 枚为短，因而小枝最上面的 1 叶片则为上部叶鞘所着生者；叶片下面无毛，次脉（3）4 对，小横脉清晰；笋期 9 月……………………………………………………………………………14.4 **实竹子** ***Q. rigidula*** Hsueh et Yi
   3. 秆之节间幼时自下而上具由稀变密的暗黄色短硬毛；秆芽通常 3 枚以上……………………………………………………………………………14.2 **泥巴山筇竹** ***Q. multigemmia*** Yi

十五、唐竹属 *Sinobambusa* Makino ex Nakai

1. 秆高 5~12m，直径 2~6cm；节间长 30~40（80）cm……15.1 **唐竹** ***Sinobambusa tootsik*** (Sieb.) Makino

十六、玉山竹属 *Yushania* Keng f.

1. 枝条在秆之每节上为多数，其直径远小于主秆；顶生圆锥花序或总状花序。
  2. 箨耳明显存在。
    3. 幼秆节间有紫色小斑点，平滑，无纵细线棱纹；箨鞘背面基部疏生棕色刺毛，顶端两侧对称；叶耳通常存在，线形；小穗柄腋间具瘤状腺体；内稃先端微凹；鳞被斜形、半卵形或卵形……………16.2 **短锥玉山竹** ***Y. brevipaniculata*** (Hand.-Mazz.) Yi
    3. 幼秆节间无紫色斑点；箨鞘背面无毛。
      4. 箨片直立，基部两侧延伸，宽达 15mm；叶耳长圆形或镰形；叶舌斜形；叶柄背面初始有灰白色短柔毛，被白粉；叶片背面灰白色，长达 13.5cm，宽达 17mm……………16.4 **白背玉山竹** ***Y. glauca*** Yi et T. L. Long
      4. 箨片外翻，基部不向两侧延伸，宽达 4mm；叶耳缺失；叶舌截平形或圆弧形；叶柄无毛，无白粉；叶片背面淡绿色，长达 9.5cm，宽达 11mm；小穗柄腋间无瘤状腺体；内稃先端 2 齿裂；鳞被披针形……………16.5 **石棉玉山竹** ***Y. lineolata*** Yi
  2. 箨耳缺失。
    5. 秆柄实心。
      6. 秆箨稍长于或近等于节间长度，背面无斑点和斑块；叶片长达 8.5cm，宽达 7.5（9）mm，次脉（2）3 对……………16.7 **紫花玉山竹** ***Y. violascens*** (Keng) Yi
      6. 箨鞘长约为节间长度的 1/3，背面密被深紫褐色斑点。
        7. 秆之节间纵细线棱纹显著；箨鞘背面无毛或基部疏生棕色小刺毛，鞘口具径直縫毛，边缘初始疏生小刺毛；叶鞘长达 6cm；叶片长达 13（15）cm，宽达 11mm，次脉 4 对……………16.6 **斑壳玉山竹** ***Y. maculata*** Yi
        7. 秆之节间平滑，无纵细线棱纹；箨鞘背面无毛，鞘口无縫毛，边缘无纤毛；叶鞘长达 3cm；叶片长达 7.5cm，宽达 7mm，次脉 2 对……………16.1 **熊竹** ***Y. ailuropodina*** Yi
    5. 秆柄中空；秆之节间在分枝一侧下半部扁平并稍有纵脊，平滑，节下有一圈白粉；箨鞘早落，软骨质，顶端通常偏斜形，不对称；箨片直立；叶片长达 5cm，宽达 6mm，次脉（2）3 对……………16.3 **空柄玉山竹** ***Y. cava*** Yi
1. 枝条在秆之每节上仅 1 枚，其直径与主秆等粗，或在秆之下部节上者为 1 枚，其直径与主秆等粗或近等粗，秆中部以上者可多至 2~4（7）枚，其直径较主秆更为细小；顶生圆锥花序。
  8. 箨耳及鞘口縫毛缺失；秆高达 1.5（2）m；叶耳缺失；节间圆筒形或仅在最基部微扁平。
    9. 箨鞘背面被灰色至棕色刺毛，两肩常有縫毛；叶鞘两肩具数枚灰黄色縫毛；叶片下面基部被柔毛，次脉明显，4~5（6）对……16.8 **鄂西玉山竹** ***Y. confusa*** (McClure) Z. P. Wang et G. H. Ye
    9. 箨鞘背面无毛，两肩无縫毛；叶鞘两肩縫毛缺失；叶片两面均无毛，次脉不明显，隐约可见 2~3 对……………16.10 **雷波玉山竹** ***Y. leiboensis*** Yi
  8. 箨耳及縫毛发达；叶耳及縫毛也发达。

10. 秆高达 3（4）m，直径达 1.6（2.0）cm，节间在分枝一侧中下部明显扁平；箨鞘背面无毛；箨片直立……………………………………………………………16.9 **大风顶玉山竹 *Y. dafengdingensis*** Yi

10. 秆高 1~2m，直径 0.4~0.8mm，节间圆筒形或在分枝一侧基部微扁平；箨鞘背面被下向黄褐色刺毛；箨片外翻……………………………………………………16.11 **马边玉山竹 *Y. mabianensis*** Yi

附录 3

中国大熊猫自然保护区一览表

序号	名称	所在地	涉及乡镇	所在山系	级别	面积 /hm²	批准时间 / 年 – 月 – 日
		四川省					
1	卧龙自然保护区	四川省阿坝州汶川县	三江镇、卧龙镇、耿达镇	邛崃山	国家级	200000	1963-4-2
2	白水河自然保护区	四川省成都市彭州市	小鱼洞镇、龙门山镇	岷山	国家级	30150	1996-12-31
3	千佛山自然保护区	四川省绵阳市安州区、北川县	高川乡、千佛镇、墩上乡、擂鼓镇	岷山	国家级	11083	1993-8-28
4	小寨子沟自然保护区	四川省绵阳市北川县	青片乡、马槽乡、白什乡、小坝乡	岷山	国家级	44385	1979-5-1
5	雪宝顶自然保护区	四川省绵阳市平武县	虎牙乡、泗耳乡、大桥镇、土城乡	岷山	国家级	63615	1993-8-28
6	王朗自然保护区	四川省绵阳市平武县	白马乡	岷山	国家级	32297	1963-4-2
7	唐家河自然保护区	四川省广元市青川县	清溪镇	岷山	国家级	40000	1978-12-15
8	马边大风顶自然保护区	四川省乐山市马边县	永红乡、烟峰镇、高卓营乡	凉山	国家级	30164	1978-12-15
9	黑竹沟自然保护区	四川省乐山市峨边县	勒乌乡、黑竹沟镇、觉莫乡	凉山	国家级	29643	1997-1-1
10	栗子坪自然保护区	四川省雅安市石棉县	栗子坪乡、回隆乡、擦罗乡、安顺乡	小相岭	国家级	47940	2001-9-24
11	蜂桶寨自然保护区	四川省雅安市宝兴县	硗碛藏族乡、盐井乡、民治乡、穆坪镇、太平镇	邛崃山	国家级	39039	1975-3-20
12	九寨沟自然保护区	四川省阿坝州九寨沟县	漳札镇	岷山	国家级	64297	1978-12-15
13	美姑大风顶自然保护区	四川省凉山州美姑县	龙窝乡、树窝乡、依果觉乡、炳途乡、苏洛乡	凉山	国家级	50655	1978-12-15
14	龙溪一虹口自然保护区	四川省成都市都江堰市	龙池镇	岷山	国家级	31000	1993-4-24
15	鞍子河自然保护区	四川省成都市崇州市	苟家乡	邛崃山	省级	10141	1993-8-28
16	九顶山自然保护区	四川省德阳市绵竹市、什邡市，阿坝州茂县	红白镇、金花镇、清坪乡、天池乡	岷山	省级	61640	1998-7-1
17	片口自然保护区	四川省绵阳市北川县	开坪乡、片口乡、小坝乡	岷山	省级	19730	1993-8-28
18	小河沟自然保护区	四川省绵阳市平武县	黄羊乡、水晶镇、木皮乡、阔达乡	岷山	省级	28227	1993-8-28
19	余家山自然保护区	四川省绵阳市平武县	木皮乡	岷山	县级	894	2006-3-27
20	东阳沟自然保护区	四川省广元市青川县	三锅乡、蒿溪回族乡	岷山	省级	30760	2001-7-1
21	毛寨自然保护区	四川省广元市青川县	姚渡镇	秦岭	省级	20800	2001-1-1
22	八月林自然保护区	四川省乐山市金口河区	共安乡	凉山	县级	10235	2006-1-1
23	瓦屋山自然保护区	四川省眉山市洪雅县	高庙镇、瓦屋山镇、张村乡、吴庄乡	大相岭	省级	36490	1993-8-28

序号	名称	所在地	涉及乡镇	所在山系	级别	面积 /hm^2	批准时间 / 年－月－日
24	大相岭自然保护区	四川省雅安市荥经县	石滓乡、凰仪乡、新庙乡	大相岭	省级	28450	2003-4-1
25	喇叭河自然保护区	四川省雅安市天全县	紫石乡	邛崃山	省级	23437	1963-4-2
26	草坡自然保护区	四川省阿坝州汶川县	草坡乡、绵虒乡	邛崃山	省级	55612	2001-1-1
27	米亚罗自然保护区	四川省阿坝州理县	朴头乡、杂谷脑镇	邛崃山	省级	160732	1999-1-6
28	宝顶沟自然保护区	四川省阿坝州茂县	东兴乡、富顺乡、永和乡、沟口乡、飞虹乡、土门乡、石大关乡	岷山	省级	89884	1993-8-28
29	白羊自然保护区	四川省阿坝州松潘县	白羊乡	岷山	省级	76710	1993-8-28
30	黄龙自然保护区	四川省阿坝州松潘县	施家堡乡、黄龙乡	岷山	省级	55051	1983-9-10
31	龙滴水自然保护区	四川省阿坝州松潘县	施家堡乡、小河乡	岷山	县级	25855	2004-3-10
32	白河自然保护区	四川省阿坝州九寨沟县	白河乡、漳扎镇	岷山	国家级	16204	1963-4-2
33	贡杠岭自然保护区	四川省阿坝州九寨沟县、若尔盖县	大录乡、漳扎镇	岷山	省级	147844	2009-9-18
34	勿角自然保护区	四川省阿坝州九寨沟县	马家乡、勿角乡、草地乡	岷山	省级	37014	1993-8-28
35	包座自然保护区	四川省阿坝州若尔盖县	包座乡	岷山	县级	143848	2003-11-25
36	冶勒自然保护区	四川省凉山州冕宁县	冶勒乡	小相岭	省级	24293	1993-8-28
37	申果庄自然保护区	四川省凉山州越西县	中果庄乡、拉吉乡	凉山	省级	33700	2000-10-25
38	马鞍山自然保护区	四川省凉山州甘洛县	阿嘎乡、吉米镇、波波乡、阿尔乡、新市坝镇、普昌镇	凉山	省级	27981	2001-6-21
39	麻咪泽自然保护区	四川省凉山州雷波县	谷堆乡、长河乡、拉咪乡	凉山	省级	38800	2001-3-1
40	黑水河自然保护区	四川省成都市大邑县	西岭镇、雾山乡、斜源乡	邛崃山	省级	31790	1993-8-28
41	贡嘎山自然保护区	四川省雅安市石棉县，甘孜州泸定县、九龙县、康定县	洪坝乡、新民乡、草科乡、田湾乡、得妥乡	小相岭	国家级	409144	1996-3-1
42	老君山自然保护区	四川省宜宾市屏山县	太平乡、新安镇、锦屏镇、龙华镇、龙溪乡	凉山	国家级	3500	2000-2-29
43	芹菜坪自然保护区	四川省乐山市沐川县	利店镇、武圣乡	凉山	省级	2584	2005-11-11
44	羊子岭自然保护区	四川省雅安市雨城区	望鱼乡、周河乡	大相岭	市级	2383	2003-1-1
45	四姑娘山自然保护区	四川省阿坝州小金县	日隆镇	邛崃山	国家级	56000	1995-3-1
46	湾坝自然保护区	四川省甘孜州九龙县	湾坝镇	小相岭	省级	120100	1997-4-2
		陕西省					
47	黄柏塬自然保护区	陕西省宝鸡市太白县	黄柏塬镇	秦岭	国家级	21865	2006-12-30
48	牛尾河自然保护区	陕西省宝鸡市太白县	黄柏塬镇	秦岭	省级	13492	2004-4-27

续表

序号	名称	所在地	涉及乡镇	所在山系	级别	面积 /hm²	批准时间 / 年 – 月 – 日
49	长青自然保护区	陕西省汉中市洋县	华阳镇、茅坪镇	秦岭	国家级	29906	1994-12-14
50	桑园自然保护区	陕西省汉中市留坝县	桑园坝乡、江口镇	秦岭	国家级	13806	2002-8-26
51	摩天岭自然保护区	陕西省汉中市留坝县	桑园坝乡	秦岭	国家级	8520	2003-6-17
52	佛坪自然保护区	陕西省汉中市佛坪县	长角坝镇、岳坝镇	秦岭	国家级	29240	1978-12-15
53	观音山自然保护区	陕西省汉中市佛坪县	长角坝镇	秦岭	国家级	13534	2003-6-17
54	皇冠山自然保护区	陕西省安康市宁陕县	皇冠镇	秦岭	省级	12372	2001-4-13
55	平河梁自然保护区	陕西省安康市宁陕县	江口镇、太山庙镇、皇冠镇、城关镇	秦岭	国家级	21152	2006-12-30
56	天华山自然保护区	陕西省安康市宁陕县	四亩地镇	秦岭	国家级	25485	2003-6-17
57	鹰嘴石自然保护区	陕西省商洛市镇安县	木王镇、杨泗乡、余师乡、月河镇	秦岭	省级	11462	2004-4-27
58	老县城自然保护区	陕西省西安市周至县	厚畛子镇	秦岭	国家级	12611	1993-7-10
59	周至自然保护区	陕西省西安市周至县	板房子镇、厚畛子镇、王家河镇	秦岭	国家级	56393	1984-1-1
60	太白山自然保护区	陕西省西安市周至县、宝鸡市太白县和眉县	黄柏塬乡、厚畛子镇、桃川镇、营头镇	秦岭	国家级	56325	1965-9-8
61	紫柏山自然保护区	陕西省宝鸡市凤县	留凤关镇、留侯镇	秦岭	国家级	17472	2002-9-3
62	青木川自然保护区	陕西省汉中市宁强县	青木川镇	秦岭	国家级	10200	2003-5-21
		甘肃省					
63	白水江自然保护区	甘肃省陇南市文县、武都区	石坊镇、铁楼乡、丹堡镇、刘家坪乡、范坝镇、碧口镇、中庙镇、三仓镇、枫相乡、洛塘镇	岷山	国家级	183799	1963-1-1
64	博峪河自然保护区	甘肃省甘南州舟曲县、陇南市文县	博峪镇、中寨镇、石鸡坝镇	岷山	省级	54862	2006-11-21
65	尖山自然保护区	甘肃省陇南市文县	尖山乡、城关镇	岷山	省级	10040	1992-12-16
66	插岗梁自然保护区	甘肃省甘南州舟曲县	武坪乡、插岗乡、拱坝镇、曲告纳镇、峰迭镇、憨班镇、立节镇	岷山	省级	83054	2005-12-28
67	白龙江阿夏自然保护区	甘肃省甘南州迭部县	达拉乡、阿夏乡、旺藏乡、卡坝乡、洛大镇	岷山	省级	135536	2004-12-9
68	多儿自然保护区	甘肃省甘南州迭部县	多儿乡、阿夏乡	岷山	省级	54575	2004-12-9
69	裕河自然保护区	甘肃省陇南市武都区	枫相乡、裕河镇、五马镇、洛塘镇	秦岭	省级	51058	2002-1-14

注：本表参考以下资料整理而成。

1. 四川省林业厅 . 四川的大熊猫：四川省第四次大熊猫调查报告 [M]. 成都：四川科学技术出版社，2015.
2. 周灵国 . 秦岭大熊猫：陕西省第四次大熊猫调查报告 [M]. 西安：陕西科学技术出版社，2017.
3. 史智翯 . 甘肃省第四次大熊猫调查报告 [M]. 兰州：甘肃科学技术出版社，2017.
4. 环境保护部自然生态保护司 . 2017 年全国自然保护区名录 [DB/OL]. （2019-05-14）[2021-01-20]. http://www.mee.gov.cn/ywgz/zrstbh/zrbhdjg/201905/

—— 附录 4 ——

中国竹类植物名录

根据国际生物科学联盟（The International Union of Biological Sciences，IUBS）的规定，全世界野生或自然起源的植物的拉丁学名是由《国际植物命名法规》（*International Code of Botanical Nomenclature*，ICBN）、后更名为《国际藻类、菌物和植物命名法规》（*International Code of Nomenclature for algae*，*fungi*，*and plants*，ICN）加以规范和管理，而因人类有意活动选择、引种、培育和生产的栽培植物的名称则由《国际栽培植物命名法规》（*International Code of Nomenclature for Cultivated Plants*，ICNCP）加以规范和管理。这是目前世界公认的关于国际植物命名的两大法规体系。1996 年，由科学出版社出版的《中国植物志》第九卷第一分册，共收录中国历史上按照 ICBN 公开发表的竹类植物 37 属 502 种 72 变种（var.）23 变型（f.）60 栽培型（cv.）；2008 年，由该出版社出版的《中国竹类图志》，新增了 6 属 206 种，并对其中的部分种下分类群进行了修订，最终收录中国竹类植物 43 属 708 种 53 变种 94 变型 4 个杂交种；2017 年出版的《中国竹类图志》（续），再收录中国竹类植物 43 种 3 变种 40 变型，计 86 种及种下分类群；此后，全国各地又陆续新发表了多枝竹属、纪如竹属、雷文竹属和华赤竹属 4 个新属，以及 130 多个种及种下分类群。2013 年起，为了进一步规范竹类植物的名称，权威机构组织有关专家依据《国际栽培植物命名法规》对我国之前发表的竹类变种、变型和栽培型进行了系统整理和修订，并于 2020 年 12 月正式发表了《中国竹品种报告》。经统计，截至 2022 年 6 月底，我国依据 ICN 和 ICNCP 两大法规公开发表的竹类植物，共计 47 属 770 种 55 变种 251 栽培品种。

I 簕竹超族 Supertrib. **BAMBUSATAE**

族 1. 梨竹族 Trib. **MELOCANNEAE** Benth.

一、梨竹属 *Melocanna* Trin.

1. 梨竹 *Melocanna baccifera* (Roxb.) Kurz
2. 小梨竹 *Melocanna humilis* Kurz

二、泡竹属 *Pseudostachyum* Munro

1. 泡竹 *Pseudostachyum polymorphum* Munro

三、梨藤竹属 *Melocalamus* Benth.

1. 澜沧梨藤竹 *Melocalamus arrectus* Yi
2. 梨藤竹 *Melocalamus compactiflorus* (Kurz) Benth. et Hook. f.

3. 西藏梨藤竹 *Melocalamus elevatissimus* Hsueh et Yi

4. 流苏梨藤竹 *Melocalamus fimbriatus* Hsueh et Hui

5. 纤细梨藤竹 *Melocalamus gracilis* W. T. Lin

6. 大吊竹 *Melocalamus scandens* Hsueh et Hui

7. 高肩梨藤竹 *Melocalamus yunnanensis* (Wen) Yi

四、薄竹属 *Leptocanna* Chia et H. L. Fung

1. 薄竹 *Leptocanna chinensis* (Rendle) Chia et H. L. Fung

五、篦簩竹属 *Schizostachyum* Nees

1. 垂耳竹 *Schizostachyum auriculatum* Q. H. Dai et D. Y. Huang

2. 短枝黄金竹 *Schizostachyum brachycladum* (Kurz) Kurzv

3. 糯米竹 *Schizostachyum cordatum* (Wen et Q. H. Dai) N. H. Xia

4. 沙簕竹 *Schizostachyum diffusum* (Blanco) Merr.

5. 苗竹仔 *Schizostachyum dumetorum* (Hance) Munro

6. 沙罗单竹 *Schizostachyum funghomii* McClure

7. 山骨罗竹 *Schizostachyum hainanense* Merr. ex McClure

8. 岭南篦竹 *Schizostachyum jaculans* Holttum

9. 屏边篦簩竹 *Schizostachyum pingbianense* Hsueh et Y. M. Yang ex Yi et al.

10. 篦簩竹 *Schizostachyum pseudolima* McClure

11. 红毛篦簩竹 *Schizostachyum sanguineum* W. P. Zhang

12. 斜秆沙罗竹 *Schizostachyum subvexorum* Q. H. Dai et D. Y. Huang

13. 万石山篦簩竹 *Schizostachyum wanshishanensis* S. H. Chen, K. F. Huang et H. Z. Guo

14. 火筒竹 *Schizostachyum xinwuense* Wen et J. Y. Chin

六、空竹属 *Cephalostachyum* Munro

1. 空竹 *Cephalostachyum fuchsianum* Gamble

2. 小空竹 *Cephalostachyum pallidum* Munro

3. 糯竹 *Cephalostachyum pergracile* Munro

4. 针麻竹 *Cephalostachyum scandens* Bor

5. 金毛空竹 *Cephalostachyum virgatum* (Munro) Kurz

七、泰竹属 *Thyrsostachys* Gamble

1. 大泰竹 *Thyrsostachys oliveri* Gamble

2. 泰竹 *Thyrsostachys siamensis* (Kurz ex Munro) Gamble

八、单枝竹属 *Bonia* Balansa

1. 芸香竹 *Bonia amplexicaulis* (Chia, H. L. Fung et Y. L. Yang) N. H. Xia

2. 响子竹 *Bonia levigata* (Chia, H. L. Fung et Y. L. Yang) N. H. Xia

3. 小花单枝竹 *Bonia parvifloscula* (W. T. Lin) N. H. Xia

4. 单枝竹 *Bonia saxatilis* (Chia, H. L. Fung et Y. L. Yang) N. H. Xia

4a. 箭秆竹 *Bonia saxatilis* (Chia, H. L. Fung et Y. L. Yang) N. H. Xia var. *solida* (C. D. Chu et C. S. Chao) D. Z. Li

族 2. 箣竹族 Trib. BAMBUSEAE Trin.

九、新小竹属 *Neomicrocalamus* Keng f.

1. 箭挡新小竹 *Neomicrocalamus mannii* (Gamble) R. B. Majumdar
2. 西藏新小竹 *Neomicrocalamus microphyllus* Hsueh et Yi
3. 新小竹 *Neomicrocalamus prainii* (Gamble) Keng f.

十、瓜多竹属 *Guadua* Kunth

1. 瓜多竹 *Guadua angustifolia* Kunth
   1a. 条纹瓜多竹 *Guadua angustifolia* 'Bicolor'

十一、箣竹属 *Bambusa* Retz. corr. Schreber

亚属 1. 箣竹亚属 Subgen. ***Bambusa***

1. 抱秆黄竹 *Bambusa amplexicaulis* W. T. Lin et Z. M. Wu
2. 狭耳坭竹 *Bambusa angustiaurita* W. T. Lin
3. 狭耳箣竹 *Bambusa angustissima* Chia et H. L. Fung
4. 印度箣竹 *Bambusa arundinacea* (Retz.) Willd.
5. 裸耳竹 *Bambusa aurinuda* McClure
6. 箣竹 *Bambusa blumeana* J. A. et J. H. Schultf.
   6a. 惠方箣竹 *Bambusa blumeana* 'Wei-fang Lin'
7. 焕镛箣竹 *Bambusa chunii* Chia et H. L. Fung
8. 东兴黄竹 *Bambusa corniculata* Chia et H. L. Fung
9. 牛角竹 *Bambusa cornigera* McClure
10. 吊罗坭竹 *Bambusa diaoluoshanensis* Chia et H. L. Fung
11. 坭箣竹 *Bambusa dissimulator* McClure
    11a. 白节箣竹 *Bambusa dissimulator* McClure var. *albinodia* McClure
    11b. 白节箣竹 *Bambusa dissimulator* 'Albinodia'（人工居群）
    11c. 毛箣竹 *Bambusa dissimulator* McClure var. *hispida* McClure
    11d. 毛箣竹 *Bambusa dissimulator* 'Hispida'（人工居群）
12. 小箣竹 *Bambusa flexuosa* Munro
13. 鸡窦箣竹 *Bambusa funghomii* McClure
14. 坭竹 *Bambusa gibba* McClure
15. 光鞘石竹 *Bambusa glabro-vagina* G. A. Fu
16. 乡土竹 *Bambusa indigena* Chia et H. L. Fung
17. 黎庵高竹 *Bambusa insularis* Chia et H. L. Fung
18. 油箣竹 *Bambusa lapidea* McClure
    18a. 绮彩 *Bambusa lapidea* 'Qicai' *
19. 软箣竹 *Bambusa latideltata* W. T. Lin
20. 紫斑箣竹 *Bambusa longipalea* W. T. Lin
21. 大耳坭竹 *Bambusa macrotis* Chia et H. L. Fung
22. 马岭竹 *Bambusa malingensis* McClure

23. 牛儿竹 *Bambusa prominens* H. L. Fung et C. Y. Sia
24. 坭黄竹 *Bambusa ramispinosa* Chia et H. L. Fung
25. 木竹 *Bambusa rutila* McClure
26. 糙秆坭竹 *Bambusa scabriculma* W. T. Lin
27. 掩耳黄竹 *Bambusa semitecta* W. T. Lin et Z. M. Wu
28. 车筒竹 *Bambusa sinospinosa* McClure
29. 海南斑竹 *Bambusa striato-maculata* G. A. Fu
30. 锦竹 *Bambusa subaequalis* H. L. Fung et C. Y. Sia
31. 壮竹 *Bambusa valida* (Q. H. Dai) W. T. Lin
32. 佛肚竹 *Bambusa ventricosa* McClure
    32a. 金明佛肚竹 *Bambusa ventricosa* 'Kimmei'
    32b. 小佛肚竹 *Bambusa ventricosa* 'Nana'
33. 霞山坭竹 *Bambusa xiashanensis* Chia et H. L. Fung

亚属 2. **孝顺竹亚属** Subgen. ***Leleba*** (Nakai) Keng f.

34. 花竹 *Bambusa albo-lineata* Chia
35. 隆武竹 *Bambusa annulata* W. T. Lin et Z. J. Feng
36. 阳春石竹 *Bambusa basisolida* W. T. Lin
37. 妈竹 *Bambusa boniopsis* McClure
38. 褐毛青皮竹 *Bambusa brunneo-aciculia* G. A. Fu
39. 缅甸竹 *Bambusa burmanica* Gamble
40. 佯黄竹 *Bambusa changningensis* Yi et B. X. Li
    40a. 佯黄 1 号 *Bambusa changningensis* 'Yanghuang 1' *
41. 密节竹 *Bambusa concava* W. T. Lin
42. 破篾黄竹 *Bambusa contracta* Chia et H. L. Fung
43. 大花竹 *Bambusa dahuazhu* Yi et B. X. Li
44. 客家竹 *Bambusa deformis* Yi et L. Yang
45. 长枝竹 *Bambusa dolichoclada* Hayata
    45a. 条纹长枝竹 *Bambusa dolichoclada* 'Stripe'
46. 蓬莱黄竹 *Bambusa duriuscula* W. T. Lin
47. 大眼竹 *Bambusa eutuldoides* McClure
    47a. 银丝大眼竹 *Bambusa eutuldoides* McClure var. *basistriata* McClure
    47b. 银丝大眼竹 *Bambusa eutuldoides* 'Basistriata'（人工居群）
    47c. 花叶青丝 *Bambusa eutuldoides* 'Huayqingsi'
    47d. 青丝黄竹 *Bambusa eutuldoides* McClure var. viridi-vittata (W. T. Lin) Chia
    47e. 青丝黄竹 *Bambusa eutuldoides* 'Viridivittata'（人工居群）
48. 鱼肚腩竹 *Bambusa gibboides* W. T. Lin
49. 毛秆竹 *Bambusa hirticaulis* R. S. Lin
50. 藤枝竹 *Bambusa lenta* Chia
51. 花眉竹 *Bambusa longispiculata* Gamble ex Brandis

52. 微舌黄竹仔 *Bambusa minutiligulata* W. T. Lin et Z. M. Wu
53. 拟黄竹 *Bambusa mollis* Chia & H. L. Fung
54. 孝顺竹 *Bambusa multiplex* (Lour.) Raeuschel ex J. A. et J. H. Schult.
    54a. 毛凤凰竹 *Bambusa multiplex* (Lour.) Raeuschel ex J. A. & J. H. Schult. var. *incana* B. M. Yang
    54b. 毛凤凰竹 *Bambusa multiplex* 'Incana'（人工居群）
    54c. 毛鞘银丝竹 *Bambusa multiplex* (Lour.) Raeuschel ex J. A. & J. H. Schult. var. *pubivagina* W. T. Lin & Z. J. Feng
    54d. 毛鞘银丝竹 *Bambusa multiplex* 'Pubivagina'（人工居群）
    54e. 观音竹 *Bambusa multiplex* (Lour.) Raeuschel ex J. A. & J. H. Schult. var. *riviereorum* R. Maire
    54f. 观音竹 *Bambusa multiplex* 'Riviereorum'（人工居群）
    54g. 石角竹 *Bambusa multiplex* (Lour.) Raeuschel ex J. A. & J. H. Schult. var. *shimadai* (Hayata) Sasaki
    54h. 石角竹 *Bambusa multiplex* 'Shimada'（人工居群）
    54i. 小琴丝竹 *Bambusa multiplex* 'Alphonse-Karr'
    54j. 凤尾竹 *Bambusa multiplex* 'Fernleaf'
    54k. 银丝竹 *Bambusa multiplex* 'Silverstripe'
    54l. 小叶琴丝竹 *Bambusa multiplex* 'Stripestem Fernleaf'
    54m. 垂柳竹 *Bambusa multiplex* 'Willowy'
    54n. 黄条竹 *Bambusa multiplex* 'Yellowstripe'
    54o. 紫斑孝顺竹 *Bambusa multiplex* 'Zibanxiaoshunzhu'
55. 黄竹仔 *Bambusa mutabilis* McClure
56. 俯竹 *Bambusa nutans* Wall. ex Munro
57. 米筛竹 *Bambusa pachinensis* Hayata
    57a. 长毛米筛竹 *Bambusa pachinensis* Hayata var. *hirsutissima* (Odashima) W. C. Lin
    57b. 长毛米筛竹 *Bambusa pachinensis* 'Hirsutissima'（人工居群）
58. 大薄竹 *Bambusa pallida* Munro
59. 撑篙竹 *Bambusa pervariabilis* McClure
    59a. 花身竹 *Bambusa pervariabilis* McClure var. *multistriata* W. T. Lin
    59b. 花身竹 *Bambusa pervariabilis* '*Multistriata*'（人工居群）
    59c. 花撑篙竹 *Bambusa pervariabilis* McClure var. *viridi-striata* Q. H. Dai & X. C. Liu
    59d. 花撑篙竹 *Bambusa pervariabilis* 'Viridistriata'（人工居群）
60. 石竹仔 *Bambusa piscatorum* McClure
61. 灰秆竹 *Bambusa polymorpha* Munro
62. 毛鞘黄竹仔 *Bambusa pubivaginata* W. T. Lin et Z. M. Wu
63. 紫竹仔 *Bambusa purpureo-vagina* G. A. Fu
64. 硬头黄竹 *Bambusa rigida* Keng et Keng f.
    64a. 黄条硬头黄竹 *Bambusa rigida* 'Luteolo-striata'
    64b. 硬头黄 7 号 *Bambusa rigida* 'Yingtouhuang 7'
    64c. 竹海硬头黄 *Bambusa rigida* 'Zhuhai Yingtouhuang'

65. 三灶坭竹 *Bambusa sanzaoensis* W. T. Lin

66. 信宜石竹 *Bambusa subtruncata* Chia & H. L. Fung

67. 青皮竹 *Bambusa textilis* McClure

67a. 光秆青皮竹 *Bambusa textilis* McClure var. *glabra* McClure

67b. 光秆青皮竹 *Bambusa textilis* 'Glabra'（人工居群）

67c. 崖州竹 *Bambusa textilis* McClure var. *gracilis* McClure

67d. 崖州竹 *Bambusa textilis* 'Gracilis'（人工居群）

67e. 紫斑竹 *Bambusa textilis* McClure var. *maculata* McClure

67f. 紫斑竹 *Bambusa textilis* 'Maculata'（人工居群）

67g. 紫秆竹 *Bambusa textilis* 'Purpurascens'

67h. 花青皮竹 *Bambusa textilis* 'Viridistriata''

68. 马甲竹 *Bambusa tulda* Roxb.

68a. 条纹马甲竹 *Bambusa tulda* 'Striata'

69. 青秆竹 *Bambusa tuldoides* Munro

69a. 鼓节青秆竹 *Bambusa tuldoides* 'Swolleninternode'

70. 乌叶竹 *Bambusa utilis* W. C. Lin

71. 多变黄竹 *Bambusa varioaurita* W. T. Lin & Z. J. Feng

72. 龙头竹 *Bambusa vulgaris* Schrader ex Wendland

72a. 黄金间碧竹 *Bambusa vulgaris* 'Vittata'

72b. 大佛肚竹 *Bambusa vulgaris* 'Wamin'

73. 疙瘩竹 *Bambusa xueana* Ohrnberger

74. 学琳石竹 *Bambusa xueliniana* R. S. Lin & C. H. Zheng

十二、单竹属 *Lingnania* McClure

1. 单竹 *Lingnania cerosissima* (McClure) McClure

1a. 花皮单竹 *Lingnania cerosissima* 'Huapidanzhu' *

2. 粉单竹 *Lingnania chungii* (McClure) McClure

2a. 水粉单竹 *Lingnania chungii* (McClure) McClure var. *barbellata* Q. H. Dai

2b. 水粉单竹 *Lingnania chungii* 'Barbellata'（人工居群）

2c. 小粉单竹 *Lingnania chungii* (McClure) McClure var. *petilla* Wen

2d. 小粉单竹 *Lingnania chungii* 'Petilla'（人工居群）

2e. 天鹅绒竹 *Lingnania chungii* 'Velutina'

2f. 花粉单竹 *Lingnania chungii* 'Vittata'

3. 料慈竹 *Lingnania distegia*（Keng et Keng f.）Keng f.

4. 有节竹 *Lingnania fujianensis* Yi et J. Y. Shi

5. 桂单竹 *Lingnania funghomii* McClure

6. 绵竹 *Lingnania intermedia* (Hsueh et Yi) Yi

7. 长药甲竹 *Lingnania longianthera* G. A. Fu

8. 水单竹 *Lingnania papillata* Q. H. Dai

9. 细单竹 *Lingnania papillatoides* (Q. H. Dai et D. Y. Huang) Yi

10. 疏花单竹 *Lingnania remotiflora* (Kuntze) McClure
11. 皱纹单竹 *Lingnania rugata* W. T. Lin
12. 藤单竹 *Lingnania scandens* McClure
13. 油竹 *Lingnania surrecta* Q. H. Dai
14. 木亶竹 *Lingnania wenchouensis* Wen
    14a. 黄条木亶竹 *Lingnania wenchouensis* 'Striata'

族 3. **牡竹族** Trib. **DENDROCALAMEAE** Benth.

十三、**慈竹属** ***Neosinocalamus*** Keng f.

1. 慈竹 *Neosinocalamus affinis* (Rendle) Keng f.
    1a. 黄毛竹 *Neosinocalamus affinis* 'Chrysotrichus'
    1b. 慈优 7 号 *Neosinocalamus affinis* 'Ciyou 7' *
    1c. 斗篷竹 *Neosinocalamus affinis* 'Doupengzhu'
    1d. 大琴丝竹 *Neosinocalamus affinis* 'Flavidorivens'
    1e. 佛肚慈竹 *Neosinocalamus affinis* 'Foducizhu'
    1f. 牛腿竹 *Neosinocalamus affinis* 'Niutuizhu'
    1g. 紫条纹慈竹 *Neosinocalamus affinis* 'Purpureo-striatus'
    1h. 蛇头竹 *Neosinocalamus affinis* 'Shetouzhu'
    1i. 绿秆花慈竹 *Neosinocalamus affinis* 'Striatus'
    1j. 金丝慈竹 *Neosinocalamus affinis* 'Viridiflavus'
2. 方城慈竹 *Neosinocalamus fangchengensis* Yi et J.Y. Shi
    2a. 美菱 Neo*sinocalamus fangchengensis* 'Meiling' *

十四、**绿竹属** ***Dendrocalamopsis*** (Chia et H. L. Fung) Keng f.

1. 苦绿竹 *Dendrocalamopsis basihirsuta* (McClure) Keng f. et W. T. Lin
2. 吊丝球竹 *Dendrocalamopsis beecheyana* (Munro) Keng f.
    2a. 大头典竹 *Dendrocalamopsis beecheyana* (Munro) Keng f. var. *pubescens* (P. F. Li) Keng f.
    2b. 大头典竹 *Dendrocalamopsis beecheyana* 'Pubescens'（人工居群）
3. 孟竹 *Dendrocalamopsis bicicatricata* (W. T. Lin) Keng f.
4. 大绿竹 *Dendrocalamopsis daii* Keng f.
5. 乌脚绿 *Dendrocalamopsis edulis* (Odashima) Keng f.
6. 线耳绿竹 *Dendrocalamopsis lineariaurita* Yi & L. Yang
    6a. 黄条线耳绿竹 *Dendrocalamopsis lineariaurita* 'Luridilineata'
7. 绿竹 *Dendrocalamopsis oldhami* (Munro) Keng f.
    7a. 绿矮脚 *Dendrocalamopsis oldhami* 'Luaijiao'
    7b. 花头黄 *Dendrocalamopsis lineariaurita* 'Revoluta'
    7c. 花秆绿竹 *Dendrocalamopsis lineariaurita* 'Striata'
    7d. 花叶花秆绿竹 *Dendrocalamopsis oldhami* 'Variegata'
8. 孖竹 *Dendrocalamopsis recto*-cuneata (W. T. Lin) Yi
9. 黄麻竹 *Dendrocalamopsis stenoaurita* (W. T. Lin) Keng f. et W. T. Lin

10. 吊丝单 *Dendrocalamopsis vario-striata* (W. T. Lin) Keng f.

十五、牡竹属 *Dendrocalamus* Nees

1. 马来甜龙竹 *Dendrocalamus asper* (J. A. et J. H. Schult.) Backer ex Heyne
2. 黑竹 *Dendrocalamus atroviridis* D. Z. Li et H. Q. Yang
3. 椅子竹 *Dendrocalamus bambusoides* Hsueh et D. Z. Li
4. 小叶龙竹 *Dendrocalamus barbatus* Hsueh & D. Z. Li
   4a. 毛脚龙竹 *Dendrocalamus barbatus* Hsueh & D. Z. Li var. *internodiiradicatus* Hsueh & D. Z. Li
   4b. 毛脚龙竹 *Dendrocalamus barbatus* 'Internodiiradicatus'（人工居群）
5. 缅甸龙竹 *Dendrocalamus birmanicus* A. Camus
6. 勃氏甜龙竹 *Dendrocalamus brandisii* (Munro) Kurz
   6a. 曼歇甜竹 *Dendrocalamus brandisii* 'Manxie Tianzhu' *
7. 美穗龙竹 *Dendrocalamus calostachyus* (Kurz) Kurz
8. 梁山慈竹 *Dendrocalamus farinosus* (Keng et Keng f.) Chia & H. L. Fung
   8a. 花梁山慈竹 *Dendrocalamus farinosus* 'Flavo-striatus'
   8b. 绵优 5 号 *Dendrocalamus farinosus* 'Mianyou 5' *
   8c. 西科 1 号 *Dendrocalamus farinosus* 'Xike 1' *
   8d. 西科 2 号 *Dendrocalamus farinosus* 'Xike 2' *
   8e. 西科 3 号 *Dendrocalamus farinosus* 'Xike 3'
   8f. 西科 4 号 *Dendrocalamus farinosus* 'Xike 4'
   8g. 西科 5 号 *Dendrocalamus farinosus* 'Xike 5'
   8h. 西科 6 号 *Dendrocalamus farinosus* 'Xike 6'
   8i. 西科 7 号 *Dendrocalamus farinosus* 'Xike 7'
   8j. 西科 8 号 *Dendrocalamus farinosus* 'Xike 8'
   8k. 西科 9 号 *Dendrocalamus farinosus* 'Xike 9'
9. 福贡龙竹 *Dendrocalamus fugongensis* Hsueh et D. Z. Li
10. 龙竹 *Dendrocalamus giganteus* Munro
11. 版纳甜龙竹 *Dendrocalamus hamiltonii* Nees et Arn. ex Munro
12. 冬竹 *Dendrocalamus inermis* (Keng et Keng f.) Yi
13. 建水龙竹 *Dendrocalamus jianshuiensis* Hsueh et D. Z. Li
14. 小软竹 *Dendrocalamus jinghongensis* P. Y. Wang, Y. X. Zhang et D. Z. Li
15. 麻竹 *Dendrocalamus latiflorus* Munro
   15a. 飞鸾六月麻竹 *Dendrocalamus latiflorus* Munro var. *magnus* (Wen) Wen
   15b. 矮脚麻 *Dendrocalamus latiflorus* 'Aijiaoma'
   15c. 金丝麻竹 *Dendrocalamus latiflorus* 'Jinsimazhu'
   15d. 美浓麻竹 *Dendrocalamus latiflorus* 'Mei-nung'
   15e. 葫芦麻竹 *Dendrocalamus latiflorus* 'Subconvex'
16. 荔波吊竹 *Dendrocalamus liboensis* Hsueh et D. Z. Li
17. 长耳吊丝竹 *Dendrocalamus longiauritus* S. H. Chen, K. F. Huang et R. S. Chen
18. 黄竹 *Dendrocalamus membranaceus* Munro

18a. 流苏黄竹 *Dendrocalamus membranaceus* 'Fimbriligulatus'

18b. 毛秆黄竹 *Dendrocalamus membranaceus* 'Pilosus'

18c. 秋实 *Dendrocalamus membranaceus* 'Qiushi' *

18d. 花秆黄竹 *Dendrocalamus membranaceus* 'Striatus'

19. 勐罕龙竹 *Dendrocalamus menghanensis* P. Y. Wang & D. Z. Li

20. 勐笼龙竹 *Dendrocalamus menglongensis* Hsueh & K. L. Wang

21. 黄竹 *Dendrocalamus membranaceus* Munro

21a. 流苏黄竹 *Dendrocalamus membranaceus* 'Fimbriligulatus'

21b. 毛秆黄竹 *Dendrocalamus membranaceus* 'Pilosus'

21c. 秋实 *Dendrocalamus membranaceus* 'Qiushi'

21d. 花秆黄竹 *Dendrocalamus membranaceus* 'Striatus'

22. 吊丝竹 *Dendrocalamus minor* (McClure) Chia & H. L. Fung

22a. 花吊丝竹 *Dendrocalamus minor* (McClure) Chia & H. L. Fung var. *amoenus* (Q. H. Dai & C. F. Huang) Hsueh & D. Z. Li

22b. 花吊丝竹 *Dendrocalamus minor* 'Amoenus'（人工居群）

23. 倬牡竹 *Dendrocalamus mutatus* Yi et B. X. Li

23a. 川牡竹 *Dendrocalamus mutatus* 'Chuanmuzhu' *

23b. 倬牡 1 号 *Dendrocalamus mutatus* 'Zhuomu 1' *

24. 江竹 *Dendrocalamus pachycladus* D. Z. Li et Hui

25. 粗穗龙竹 *Dendrocalamus pachystachys* Hsueh et D. Z. Li

26. 巴氏龙竹 *Dendrocalamus parishii* Munro

27. 金平龙竹 *Dendrocalamus peculiaris* Hsueh & D. Z. Li

28. 小麻竹 *Dendrocalamus pulverulentoides* N. H. Xia, J. B. Ni, Y. H. Tong & Z. Y. Ni

29. 粉麻竹 *Dendrocalamus pulverulentus* Chia & But

30. 融安黄竹 *Dendrocalamus ronganensis* Q. H. Dai & D. Y. Huang

31. 龙丹竹 *Dendrocalamus rongchengensis* Yi & C. Y. Sia

31a. 花龙丹竹 *Dendrocalamus rongchengensis* 'Hualongdan' *

32. 清甜竹 *Dendrocalamus sapidus* Q. H. Dai & D. Y. Huang

33. 野龙竹 *Dendrocalamus semiscandens* Hsueh & D. Z. Li

34. 锡金龙竹 *Dendrocalamus sikkimensis* Gamble ex Oliver

35. 巨龙竹 *Dendrocalamus sinicus* Chia & J. L. Sun

35a. 厚壁巨龙竹 *Dendrocalamus sinicus* var. *pachyloenus* Hui, W. Y. Liu & Z. J. Shi

35b. 厚壁巨龙竹 *Dendrocalamus sinicus* 'Pachyloenus'（人工居群）

36. 牡竹 *Dendrocalamus strictus* (Roxb.) Nees

37. 西藏牡竹 *Dendrocalamus tibeticus* Hsueh & Yi

38. 毛龙竹 *Dendrocalamus tomentosus* Hsueh & D. Z. Li

39. 黔竹 *Dendrocalamus tsiangii* (McClure) Chia & H. L. Fung

39a. 绿秆花黔竹 *Dendrocalamus tsiangii* 'Striatus'

39b. 花黔竹 *Dendrocalamus tsiangii* 'Viridistriatu'

40. 版纳龙竹 *Dendrocalamus xishuangbannaensis* D. Z. Li et H. Q. Yang
41. 盈江龙竹 *Dendrocalamus yingjiangensis* D. Z. Li et H. Q. Yang
42. 云南龙竹 *Dendrocalamus yunnanicus* Hsueh et D. Z. Li

十六、巨竹属 *Gigantochloa* Kurz ex Munro

1. 白毛巨竹 *Gigantochloa albociliata* (Munro) Kurz
2. 爪哇巨竹 *Gigantochloa apus* Kurz ex Munro
3. 紫秆巨竹 *Gigantochloa atroviolacea* Widjaja
4. 滇竹 *Gigantochloa felix* (Keng) Keng f.
5. 毛笋竹 *Gigantochloa levis* (Blanco) Merr.
6. 长舌巨竹 *Gigantochloa ligulata* Gamble
7. 黑毛巨竹 *Gigantochloa nigrociliata* (Büse) Kurz
8. 南峤滇竹 *Gigantochloa parviflora* (Keng f.) Keng f.
9. 花巨竹 *Gigantochloa verticillata* (Willd.) Munro
10. 花巨竹 *Gigantochloa verticillata* (Willd.) Munro

族 4. 倭竹族 Trib. SHIBATAEEAE Nakai emend. Keng f.

亚族 1. **唐竹亚族** Subtrib. ***Sinobambusinae*** Z. P. Wang

十七、大节竹属 *Indosasa* McClure

1. 摆竹 *Indosasa acutiligulata* Z. P. Wang et G. H. Ye
2. 甜大节竹 *Indosasa angustata* McClure
3. 窄叶大节竹 *Indosasa angustifolia* W. T. Lin
4. 短舌大节竹 *Indosasa breviligulata* W. T. Lin et Z. M. Wu
5. 大节竹 *Indosasa crassiflora* McClure
6. 算盘竹 *Indosasa glabrata* C. D. Chu & C. S. Chao
    6a. 毛算盘竹 *Indosasa glabrata* C. D. Chu & C. S. Chao var. *albo-hispidula* (Q. H. Dai & C. F. Huang) C. S. Chao & C. D. Chu
    6b. 毛算盘竹 *Indosasa glabrata* 'Albo-hispidula'（人工居群）
7. 浦竹仔 *Indosasa hispida* McClure
8. 粗穗大节竹 *Indosasa ingens* Hsueh et Yi
9. 哈竹 *Indosasa jinpingensis* Yi
10. 黄秆竹 *Indosasa levigata* Z. P. Wang et G. H. Ye
11. 荔波大节竹 *Indosasa lipoensis* C. D. Chu et K. M. Lan
12. 棚竹 *Indosasa longispicata* W. Y. Hsiung et C. S. Chao
13. 月耳大节竹 *Indosasa lunata* W. T. Lin
14. 斑箨大节竹 *Indosasa macula* W. T. Lin et Z. M. Wu
15. 小叶大节竹 *Indosasa parvifolia* C. S. Chao et Q. H. Dai
16. 横枝竹 *Indosasa patens* C. D. Chu et C. S. Chao
17. 微耳大节竹 *Indosasa pusilloaurita* W. T. Lin
18. 桑植大节竹 *Indosasa sangzhiensis* B. M. Yang

19. 倭形竹 *Indosasa shibataeoides* McClure

   19a. 皮竹 *Indosasa shibataeoides* McClure var. *flava* B. M. Yang et C. S. Zhao

20. 单穗大节竹 *Indosasa singulispicula* Wen

21. 中华大节竹 *Indosasa sinica* C. D. Chu et C. S. Chao

22. 江华大节竹 *Indosasa spongiosa* C. S. Chao et B. M. Yang

23. 小甜大节竹 *Indosasa suavis* W. T. Lin et Z. J. Feng

24. 五爪竹 *Indosasa triangulata* Hsueh et Yi

25. 武宁大节竹 *Indosasa wuningensis* Wen et Y. Zou

十八、唐竹属 *Sinobambusa* Makino ex Nakai

1. 尖舌唐竹 *Sinobambusa acutiligulata* W. T. Lin

2. 独山唐竹 *Sinobambusa dushanensis* (C. D. Chu et J. Q. Zhang) Wen

3. 白皮唐竹 *Sinobambusa farinosa* (McClure) Wen

4. 少毛唐竹 *Sinobambusa glabrata* W. T. Lin et Z. J. Feng

5. 扛竹 *Sinobambusa henryi* (McClure) C. D. Chu et C. S. Chao

6. 毛环唐竹 *Sinobambusa incana* Wen

7. 晾衫竹 *Sinobambusa intermedia* McClure

8. 南丹唐竹 *Sinobambusa nandanensis* Wen

9. 肾耳唐竹 *Sinobambusa nephroaurita* C. D. Chu et C. S. Chao

10. 红舌唐竹 *Sinobambusa rubroligula* McClure

11. 糙耳唐竹 *Sinobambusa scabrida* Wen

12. 胶南竹 *Sinobambusa seminuda* Wen

13. 花箨唐竹 *Sinobambusa striata* Wen

14. 沟槽唐竹 *Sinobambusa sulcata* W. T. Lin et Z. M. Wu

15. 唐竹 *Sinobambusa tootsik* (Sieb.) Makino

   15a. 火管竹 *Sinobambusa tootsik* (Sieb.) Makino var. *dentata* Wen

   15b. 火管竹 *Sinobambusa tootsik* 'Dentata'（人工居群）

   15c. 满山爆竹 *Sinobambusa tootsik* (Sieb.) Makino var. *laeta* (McClure) Wen

   15d. 满山爆竹 *Sinobambusa tootsik* 'Laeta'（人工居群）

   15e. 光叶唐竹 *Sinobambusa tootsik* (Sieb.) Makino var. *tenuifolia* (Koidz.) S. Suzuki

   15f. 光叶唐竹 *Sinobambusa tootsik* 'Tenuifolia'（人工居群）

   15g. 花叶唐竹 *Sinobambusa tootsik* 'Huayetangzhu'

16. 尖头唐竹 *Sinobambusa urens* Wen

十九、方竹属 *Chimonobambusa* Makino

1. 狭叶方竹 *Chimonobambusa angustifolia* C. D. Chu et C. S. Chao

   1a. 实心狭叶方竹 *Chimonobambusa angustifolia* 'Repleta'

2. 缅甸方竹 *Chimonobambusa armata* (Gamble) Hsueh et Yi

3. 短节方竹 *Chimonobambusa brevinoda* Hsueh et W. P. Zhang

4. 小方竹 *Chimonobambusa convoluta* Q. H. Dai et X. L. Tao

5. 大明山方竹 *Chimonobambusa damingshanensis* Hsueh et W. P. Zhang

6. 大叶方竹 *Chimonobambusa grandifolia* Hsueh et W. P. Zhang

7. 合江方竹 *Chimonobambusa hejiangensis* C. D. Chu et C. S. Chao

8. 毛环方竹 *Chimonobambusa hirtinoda* C. S. Chao et K. M. Lan

9. 乳纹方竹 *Chimonobambusa lactistriata* W. D. Li et Q. X. Wu

10. 雷山方竹 *Chimonobambusa leishanensis* Yi

11. 寒竹 *Chimonobambusa marmorea* (Mitford) Makino

11a. 银明寒竹 *Chimonobambusa marmorea* 'Gimmei'

11b. 花叶寒竹 *Chimonobambusa marmorea* 'Variegata'

12. 墨脱方竹 *Chimonobambusa metuoensis* Hsueh et Yi

13. 小花方竹 *Chimonobambusa microfloscula* McClure

14. 刺黑竹 *Chimonobambusa neopurpurea* Yi

14a. 都江堰方竹 *Chimonobambusa neopurpurea* 'Dujiangyan Fangzhu' *

14b. 条纹刺黑竹 *Chimonobambusa neopurpurea* 'Lineata' *

14c. 银剑 *Chimonobambusa neopurpurea* 'Yinjian' *

14d. 紫玉 *Chimonobambusa neopurpurea* 'Ziyu' *

15. 宁南方竹 *Chimonobambusa ningnanica* Hsueh et L. Z. Gao

16. 刺竹子 *Chimonobambusa pachystachys* Hsueh et Yi

17. 少刺方竹 *Chimonobambusa paucispinosa* Yi

18. 屏山方竹 *Chimonobambusa pingshanensis* Yi et J. Y. Shi

19. 方竹 *Chimonobambusa quadrangularis* (Fenzi) Makino

19a. 峨优 1 号 *Chimonobambusa quadrangularis* 'Eyou 1'

19b. 紫秆方竹 *Chimonobambusa quadrangularis* 'Purpureiculma'

19c. 青城翠 *Chimonobambusa quadrangularis* 'Qingchengcui'

19d. 曲秆方竹 *Chimonobambusa quadrangularis* 'Qugan Fangzhu'

20. 弯刺方竹 *Chimonobambusa recurva* Yi

21. 溪岸方竹 *Chimonobambusa rivularis* Yi

22. 武夷山方竹 *Chimonobambusa setiformis* Wen

23. 实心寒竹 *Chimonobambusa solida* B. M. Yang & C. Y. Zeng

24. 八月竹 *Chimonobambusa szechuanensis* (Rendle) Keng f.

24a. 龙拐竹 *Chimonobambusa szechuanensis* (Rendle) Keng f. var. *flexuosa* Hsueh & C. Li

24b. 龙拐竹 *Chimonobambusa szechuanensis* 'Flexuosa'（人工居群）

24c. 卧龙红 *Chimonobambusa szechuanensis* 'Wolonghong'

25. 天全方竹 *Chimonobambusa tianquanensis* Yi

26. 永善方竹 *Chimonobambusa tuberculata* Hsueh & L. Z. Gao

26a. 罗汉方竹 *Chimonobambusa tuberculata* 'Luohan fangzhu'

27. 金佛山方竹 *Chimonobambusa utilis* (Keng) Keng f.

27a. 小草坝方竹 *Chimonobambusa utilis* 'Xiaocaoba Fangzhu'

28. 云南方竹 *Chimonobambusa yunnanensis* Hsueh et W. P. Zhang

29. 蜘蛛竹 *Chimonobambusa zhizhuzhu* Yi

二十、筇竹属 *Qiongzhuea* Hsueh et Yi

1. 平竹 *Qiongzhuea communis* Hsueh et Yi
2. 细弱筇竹 *Qiongzhuea gracilis* W. T. Lin
3. 细秆筇竹 *Qiongzhuea intermedia* Hsueh et D. Z. Li
4. 光竹 *Qiongzhuea luzhiensis* Hsueh et Yi
5. 大叶筇竹 *Qiongzhuea macrophylla* Hsueh et Yi
6. 湖南冷竹 *Qiongzhuea maculata* Wen
7. 荆竹 *Qiongzhuea montigena* Yi
8. 泥巴山筇竹 *Qiongzhuea multigemmia* Yi
9. 三月竹 *Qiongzhuea opienensis* Hsueh et Yi
10. 柔毛筇竹 *Qiongzhuea puberula* Hsueh et Yi
11. 实竹子 *Qiongzhuea rigidula* Hsueh et Yi
12. 筇竹 *Qiongzhuea tumidinoda* Hsueh & Yi
    12a. 花秆筇竹 *Q. tumidinoda* 'Huagan Qiongzhu'
13. 半边罗汉竹 *Qiongzhuea unifolia* Yi
14. 瘤箨筇竹 *Qiongzhuea verruculosa* Yi

亚族 2. **倭竹亚族** Subtrib. **SHIBATAEINAE** Soderstrom et Ellis

二十一、阴阳竹属 *Hibanobambusa* Maruyama et H. Okamura

1. 阴阳竹 *Hibanobambusa tranguillans* (Koidzumi) Maruyama et H. Okamura
    1a. 金明阴阳竹 *Hibanobambusa tranguillans* 'Kimmei'
    1b. 白纹阴阳竹 *Hibanobambusa tranguillans* 'Shiroshima'

二十二、短穗竹属 *Brachystachyum* Keng

1. 短穗竹 *Brachystachyum densiflorum* (Rendle) Keng
    1a. 毛环短穗竹 *Brachystachyum densiflorum* (Rendle) Keng var. *villosum* S. L. Chen et C. Y. Yao

二十三、刚竹属 *Phyllostachys* Sieb. et Zucc.

组 1. **刚竹组** Sect. ***Phyllostachys***

1. 尖头青竹 *Phyllostachys acuta* C. D. Chu et C. S. Chao
2. 白壳竹 *Phyllostachys albidula* N. X. Ma et W. Y. Zhang
3. 黄古竹 *Phyllostachys angusta* McClure
    3a. 黄槽黄古竹 *Phyllostachys angusta* 'Flavosulcata'
4. 石绿竹 *Phyllostachys arcana* McClure
    4a. 黄槽石绿竹 *Phyllostachys arcana* 'Luteosulcata'
5. 刺芒刚竹 *Phyllostachys aristata* W. T. Lin
6. 罗汉竹 *Phyllostachys aurea* Carr. ex A. et C. Riv.
    6a. 绿秆黄槽罗汉竹 *Phyllostachys aurea* 'Flavescens-inversa'
    6b. 金黄罗汉竹 *Phyllostachys aurea* 'Holochrysa'
    6c. 黄秆绿槽罗汉竹 *Phyllostachys aurea* 'Koi'
7. 黄槽竹 *Phyllostachys aureosulcata* McClure
    7a. 黄秆京竹 *Phyllostachys aureosulcata* 'Aureocaulis'

7b. 金条竹 *Phyllostachys aureosulcata* 'Flavostriata'
7c. 哈尔滨竹 *Phyllostachys aureosulcata* 'Harbin'
7d. 京竹 *Phyllostachys aureosulcata* 'Pekinensis'
7e. 金镶玉竹 *Phyllostachys aureosulcata* 'Spectabilis'
7f. 花叶京竹 *Phyllostachys aureosulcata* 'Vittata'

8. 桂竹 *Phyllostachys bambusoides* Sieb. & Zucc.

8a. 翁竹 *Phyllostachys bambusoides* 'Albovariegata'
8b. 银明桂竹 *Phyllostachys bambusoides* 'Castilloni-inversa'
8c. 金明桂竹 *Phyllostachys bambusoides* 'Castillonis'
8d. 对花竹 *Phyllostachys bambusoides* 'Duihuazhu'
8e. 弓节桂竹 *Phyllostachys bambusoides* 'Geniculata'
8f. 白弓桂竹 *Phyllostachys bambusoides* 'White Crookstem'
8g. 金桂竹 *Phyllostachys bambusoides* 'Holochrysa'
8h. 黄缟竹 *Phyllostachys bambusoides* 'Kawadana'
8i. 斑竹 *Phyllostachys bambusoides* 'Lacrima-deae'
8j. 皱竹 *Phyllostachys bambusoides* 'Marliacea'
8k. 黄槽斑竹 *Phyllostachys bambusoides* 'Mixta'
8l. 寿竹 *Phyllostachys bambusoides* 'Shouzhu'

9. 蓉城竹 *Phyllostachys bissetii* McClure

9a. 黑蓉城竹 *Phyllostachys bissetii* 'Denigrata'

10. 毛壳花哺鸡竹 *Phyllostachys circumpilis* C. Y. Yao et S. Y. Chen

11. 嘉兴雷竹 *Phyllostachys compar* W. Y. Zhang et N. X. Ma

12. 白哺鸡竹 *Phyllostachys dulcis* McClure

13. 毛竹 *Phyllostachys edulis* (Carr.) H. de Lehaie

13a. 蝶毛竹 *Phyllostachys edulis* 'Abbreviata'
13b. 安吉锦毛竹 *Phyllostachys edulis* 'Anjiensis'
13c. 绿槽毛竹 *Phyllostachys edulis* 'Bicolor'
13d. 青龙竹 *Phyllostachys edulis* 'Curviculmis'
13e. 曲秆毛竹 *Phyllostachys edulis* 'Flexuosa'
13f. 紫箨毛竹 *Phyllostachys edulis* 'Early Purple'
13g. 油毛竹 *Phyllostachys edulis* 'Epruinosa'
13h. 麻衣竹 *Phyllostachys edulis* 'Exaurita'
13i. 金丝毛竹 *Phyllostachys edulis* 'Gracilis'
13j. 黄皮毛竹 *Phyllostachys edulis* 'Holochrysa'
13k. 龟甲竹 *Phyllostachys edulis* 'Kikko-chiku'
13l. 黄槽毛竹 *Phyllostachys edulis* 'Luteosulcata'
13m. 花龟竹 *Phyllostachys edulis* 'Mira'
13n. 绿皮花毛竹 *Phyllostachys edulis* 'Nabeshimana'
13o. 强竹 *Phyllostachys edulis* 'Obliquinoda'

13p. 梅花毛竹 *Phyllostachys edulis* 'Obtusangula'

13q. 厚竹 *Phyllostachys edulis* 'Pachyloen'

13r. 斑毛竹 *Phyllostachys edulis* 'Porphyrosticta'

13s. 安吉紫毛竹 *Phyllostachys edulis* 'Purpureoculmis'

13t. 孝丰紫筋毛竹 *Phyllostachys edulis* 'Purpureosulcata'

13u. 球节绿纹毛竹 *Phyllostachys edulis* 'Qiujie Luwenmaozhu'

13v. 方秆毛竹 *Phyllostachys edulis* 'Quadrangulata'

13w. 花毛竹 *Phyllostachys edulis* 'Tao Kiang'

13x. 圣音毛竹 *Phyllostachys edulis* 'Tubaeformis'

13y. 瘤枝毛竹 *Phyllostachys edulis* 'Tumescens'

$13z_1$. 佛肚毛竹 *Phyllostachys edulis* 'Ventricosa'

$13z_2$. 花秆金丝毛竹 *Phyllostachys edulis* 'Venusta'

14. 甜笋竹 *Phyllostachys elegans* McClure

14a. 黄槽甜笋竹 *Phyllostachys elegans* 'Luteosulcata'

15. 角竹 *Phyllostachys fimbriligula* Wen

16. 曲秆竹 *Phyllostachys flexuosa* (Carr.) A. et C. Riv.

17. 花哺鸡竹 *Phyllostachys glabrata* S. Y. Chen & C. Y. Yao

17a. 黄条花哺鸡竹 *Phyllostachys glabrata* 'Aureo-lineata'

17b. 绿槽花哺鸡竹 *Phyllostachys glabrata* 'Viridistriata'

18. 淡竹 *Phyllostachys glauca* McClure

18a. 变竹 *Phyllostachys glauca* McClure var. *variabilis* J. L. Lu

18b. 变竹 *Phyllostachys glauca* 'Variabilis'（人工居群）

18c. 筠竹 *Phyllostachys glauca* 'Yunzhu'

19. 贵州刚竹 *Phyllostachys guizhouensis* C. S. Chao et J. Q. Zhang

20. 红壳雷竹 *Phyllostachys incarnata* Wen

20a. 花秆红壳雷竹 *Phyllostachys incarnata* 'Bicolor'

21. 红哺鸡竹 *Phyllostachys iridescens* C. Y. Yao et C. Y. Chen

21a. 花秆红竹 *Phyllostachys iridescens* 'Heterochroma'

21b. 金沟红竹 *Phyllostachys iridescens* 'Luteosulcata'

21c. 坎岭红竹 *Phyllostachys iridescens* 'Striata'

22. 假毛竹 *Phyllostachys kwangsiensis* W. Y. Hsiung, Q. H. Dai et J. K. Liu

23. 轿杠竹 *Phyllostachys lithophila* Hayata

24. 台湾桂竹 *Phyllostachys makinoi* Hayata

24a. 黄条台湾桂竹 *Phyllostachys makinoi* 'Wuyishanensis'

25. 美竹 *Phyllostachys mannii* Gamble

26. 毛环竹 *Phyllostachys meyeri* McClure

27. 富阳乌哺鸡竹 *Phyllostachys nigella* Wen

28. 紫竹 *Phyllostachys nigra* (Lodd. ex Lindl.) Munro

28a. 毛金竹 *Phyllostachys nigra* (Lodd. ex Lindl.) Munro var. henonis (Mitford) Stapf ex Rendle

28b. 毛金竹 *Phyllostachys nigra* 'Henonis'（人工居群）

28c. 胡麻竹 *Phyllostachys nigra* (Lodd. ex Lindl.) Munro var. *punctata* Bean

28d. 胡麻竹 *Phyllostachys nigra* 'Punctata'（人工居群）

28e. 云斑紫竹 *Phyllostachys nigra* 'Boryana'

28f. 即黑紫竹 *Phyllostachys nigra* 'Hale'

28g. 罗汉紫竹 *Phyllostachys nigra* 'Heterocystis'

28h. 褐秆紫竹 *Phyllostachys nigra* 'Muchisasa'

28i. 条纹紫竹 *Phyllostachys nigra* 'Shimadake'

29. 灰竹 *Phyllostachys nuda* McClure

29a. 紫蒲头灰竹 *Phyllostachys nuda* 'Localis'

29b. 黄秆灰竹 *Phyllostachys nuda* 'Lucida'

29c. 花秆白叶灰竹 *Phyllostachys nuda* 'Miscella'

29d. 白叶灰竹 *Phyllostachys nuda* 'Varians'

30. 灰水竹 *Phyllostachys platyglossa* Z. P. Wang et Z. H. Yu

30a. 白壳灰水竹 *Phyllostachys platyglossa* 'Leucodermis'

31. 遂昌雷竹 *Phyllostachys primotina* Wen

32. 高节竹 *Phyllostachys prominens* W. Y. Xiong

33. 早园竹 *Phyllostachys propinqua* McClure

33a. 望江哺鸡竹 *Phyllostachys propinqua* 'Lanuginosa'

34. 谷雨竹 *Phyllostachys purpureociliata* G. H. Lai

35. 小斑刚竹 *Phyllostachys purpureomaculata* W. T. Lin et Z. J. Feng

36. 芽竹 *Phyllostachys robustiramea* S. Y. Chen et C. Y. Yao

37. 红边竹 *Phyllostachys rubromarginata* McClure

37a. 女儿竹 *Phyllostachys rubromarginata* 'Castigata'

38. 衢县红壳竹 *Phyllostachys rutila* Wen

39. 彭县刚竹 *Phyllostachys sapida* Yi

40. 金竹 *Phyllostachys sulphurea* (Carr.) A. & C. Riv.

40a. 绿皮黄筋竹 *Phyllostachys sulphurea* 'Houzeauana'

40b. 黄皮绿筋竹 *Phyllostachys sulphurea* 'Robert Young'

40c. 花秆刚竹 *Phyllostachys sulphurea* 'Tricolor'

40d. 刚竹 *Phyllostachys sulphurea* (Carr.) A. & C. Riv. var. *viridis* R. A. Young

40e. 刚竹 *Phyllostachys sulphurea* 'Viridis'（人工居群）

40f. 绿槽刚竹 *Phyllostachys sulphurea* 'Viridisulcata'

41. 天目早竹 *Phyllostachys tianmuensis* Z. P. Wang et N. X. Ma

41a. 曲秆燕竹 *Phyllostachys tianmuensis* 'Flexicaulis'

42. 乌竹 *Phyllostachys varioauriculata* S. C. Li et S. H. Wu

43. 长沙刚竹 *Phyllostachys verrucosa* G. H. Ye & Z. P. Wang

44. 早竹 *Phyllostachys violascens* (Carr.) A. & C. Riv.

44a. 金边早竹 *Phyllostachys violascens* 'Aurantia'

44b. 黄皮早竹 *Phyllostachys violascens* 'Chrysoderma'

44c. 大禹早竹 *Phyllostachys violascens* 'Dayunensis'

44d. 金丝雷竹 *Phyllostachys violascens* 'Jinsi Leizhu'

44e. 黄条早竹 *Phyllostachys violascens* 'Notata'

44f. 雷竹 *Phyllostachys violascens* 'Prevernalis'

44g. 花秆早竹 *Phyllostachys violascens* 'Viridisulcata'

45. 东阳青皮竹 *Phyllostachys virella* Wen

46. 粉绿竹 *Phyllostachys viridi-glaucescens* (Carr.) A. et C. Riv.

47. 乌哺鸡竹 *Phyllostachys vivax* McClure

47a. 黄秆乌哺鸡竹 *Phyllostachys vivax* 'Aureocaulis'

47b. 斑点乌哺鸡竹 *Phyllostachys vivax* 'Black Spot'

47c. 黄纹竹 *Phyllostachys vivax* 'Huangwenzhu'

47d. 金殿花竹 *Phyllostachys vivax* 'Jindian Huazhu' *

47e. 绿纹竹 *Phyllostachys vivax* 'Viridivittata'

47f. 褐条乌哺鸡竹 *Phyllostachys vivax* 'Viridivittata'

48. 云和哺鸡竹 *Phyllostachys yunhoensis* S. Y. Chen et C. Y. Yao

49. 浙江甜竹 *Phyllostachys zhejiangensis* G. H. Lai

组 2. **水竹组** Sect. ***Heterocladae*** Z. P. Wang et G. H. Ye

50. 糙竹 *Phyllostachys acutiligula* G. H. Lai

51. 乌芽竹 *Phyllostachys atrovaginata* C. S. Chao et H. Y. Chou

52. 毛环水竹 *Phyllostachys aurita* J. L. Lu

53. 广州刚竹 *Phyllostachys cantonensis* W. T. Lin

54. 湖南刚竹 *Phyllostachys carnea* G. H. Ye et Z. P. Wang

55. 广德芽竹 *Phyllostachys corrugata* G. H. Lai

56. 丹霞山刚竹 *Phyllostachys danxiashanensis* N. H. Xia & X. R. Zheng

57. 奉化水竹 *Phyllostachys funhuaensis* (X. G. Wang et Z. M. Lu) N. X. Ma et G. H. Lai

58. 水竹 *Phyllostachys heteroclada* Oliv.

58a. 短节水竹 *Phyllostachys heteroclada* 'Decurtata'

58b. 黑水竹 *Phyllostachys heteroclada* 'Denigrate'

58c. 黄秆水竹 *Phyllostachys heteroclada* 'Flaviculmis'

58d. 黎子竹 *Phyllostachys heteroclada* 'Purpurata'

58e. 实心水竹 *Phyllostachys heteroclada* 'Solida'

59. 燥壳竹 *Phyllostachys hirtivagina* G. H. Lai

59a. 黄条燥壳竹 *Phyllostachys hirtivagina* 'Luteovittata'

60. 毛壳竹 *Phyllostachys hispida* S. C. Li, S. H. Wu & S. Y. Chen

60a. 光壳竹 *Phyllostachys hispida* S. C. Li, S. H. Wu & S. Y. Chen var. *glabrivagina* G. H. Lai

60b. 光壳竹 *Phyllostachys hispida* 'Glabrivagina'（人工居群）

61. 大节刚竹 *Phyllostachys lofushanensis* Z. P. Wang, C. H. Hu et G. H. Ye

62. 瓜水竹 *Phyllostachys longiciliata* G. H. Lai

63. 小叶光壳竹 *Phyllostachys microphylla* G. H. Lai

64. 篌竹 *Phyllostachys nidularia* Munro

64a. 实肚竹 *Phyllostachys nidularia* 'Farcata'

64b. 光箨篌竹 *Phyllostachys nidularia* 'Glabrovagina'

64c. 黑秆篌竹 *Phyllostachys nidularia* 'Heigan Houzhu'

64d. 花篌竹 *Phyllostachys nidularia* 'Huahouzhu'

64e. 绿秆黄槽白夹竹 *Phyllostachys nidularia* 'Mirabilis'

64f. 黄秆绿槽白夹竹 *Phyllostachys nidularia* 'Speciosa'

64g. 金黄白夹竹 *Phyllostachys nidularia* 'Sulfurea'

64h. 蝶竹 *Phyllostachys nidularia* 'Vexillaris'

65. 安吉金竹 *Phyllostachys parvifolia* C. D. Chu et H. Y. Chou

65a. 实心金竹 *Phyllostachys parvifolia* 'Iignosa'

66. 河竹 *Phyllostachys rivalis* H. R. Zhao et A. T. Liu

67. 红后竹 *Phyllostachys rubicunda* Wen

68. 漫竹 *Phyllostachys stimulosa* H. R. Zhao et A. T. Liu

69. 金竹仔 *Phyllostachys subulata* W. T. Lin et Z. M. Wu

70. 硬头青竹 *Phyllostachys veitchiana* Rendle

二十四、倭竹属 *Shibataea* Makino ex Nakai

1. 江山倭竹 *Shibataea chiangshanensis* Wen

2. 鹅毛竹 *Shibataea chinensis* Nakai

2a. 细鹅毛竹 *Shibataea chinensis* Nakai var. *gracilis* C. H. Hu

2b. 黄条纹鹅毛竹 *Shibataea chinensis* 'Aureo-striata'

3. 芦花竹 *Shibataea hispida* McClure

4. 倭竹 *Shibataea kumasasa* (Zoll. ex Steud.) Makino

5. 狭叶倭竹 *Shibataea lanceifolia* C. H. Hu

5a. 翡翠倭竹 *Shibataea lanceifolia* 'Smaragdina'

6. 南平倭竹 *Shibataea nanpingensis* Q. F. Zheng et K. F. Huang

6a. 福建倭竹 *Shibataea nanpingensis* Q.F. Zheng et K.F. Huang var. *fujianica* (C.D. Chu et H.Y. Zhou) C. H. Hu

7. 矮雷竹 *Shibataea strigosa* Wen

8. 大节倭竹 *Shibataea tumidinoda* Wen

二十五、业平竹属 *Semiarundinaria* Makino ex Nakai

1. 业平竹 *Semiarundinaria fastuosa* (Mitford) Makino

2. 中华业平竹 *Semiarundinaria sinica* Wen

II 北美箭竹超族 Supertrib. **ARUNDINARIATAE** Keng et Keng f.

族 5. 丘斯夸竹族 Trib. **CHUSQUEEAE** (Munro) E. G. Camus

二十六、香竹属 *Chimonocalamus* Hsueh et Yi

1. 角香竹 *Chimonocalamus bicorniculatus* S. F. Li et Z. P. Wang

2. 御香竹 *Chimonocalamus cibarius* Yi et J. Y. Shi

3. 香竹 *Chimonocalamus delicatus* Hsueh et Yi

3a. 彩云 *Chimonocalamus delicatus* 'Caiyun'

3b. 红云 *Chimonocalamus delicatus* 'Hongyun'

4. 小香竹 *Chimonocalamus dumosus* Hsueh et Yi

4a. 耿马小香竹 *Chimonocalamus dumosus* Hsueh et Yi var. *pygmaeus* Hsueh et Yi

5. 流苏香竹 *Chimonocalamus fimbriatus* Hsueh et Yi

6. 长舌香竹 *Chimonocalamus longiligulatus* Hsueh et Yi

7. 长节香竹 *Chimonocalamus longiusculus* Hsueh et Yi

8. 马关香竹 *Chimonocalamus makuanensis* Hsueh et Yi

9. 山香竹 *Chimonocalamus montanus* Hsueh et Yi

10. 灰香竹 *Chimonocalamus pallens* Hsueh et Yi

11. 越香竹 *Chimonocalamus peregrinus* Yi et L. S. Ma

12. 西藏香竹 *Chimonocalamus tortuosus* Hsueh et Yi

二十七、镰序竹属 *Drepanostachyum* Keng f.

1. 钓竹 *Drepanostachyum breviligulatum* Yi

1a. 岩巴竹 *Drepanostachyum breviligulatum* 'Discrepans'

2. 无耳镰序竹 *Drepanostachyum exauritum* W. T. Lin

3. 丰都镰序竹 *Drepanostachyum fengduense* Yi

4. 贡山镰序竹 *Drepanostachyum gongshanense* (Yi) Yi

5. 多毛镰序竹 *Drepanostachyum hirsutissimum* W. D. Li et Y. C. Zhong

6. 小蓬竹 *Drepanostachyum luodianense* (Yi et R. S. Wang) Keng f.

7. 南川镰序竹 *Drepanostachyum melicoideum* Keng f.

8. 冕宁镰序竹 *Drepanostachyum mianningense* (Q. Li et X. Jiang) Yi

9. 坝竹 *Drepanostachyum microphyllum* (Hsueh et Yi) Keng f. ex Yi

10. 内门竹 *Drepanostachyum naibunense* (Hayata) Keng f.

11. 碟环镰序竹 *Drepanostachyum patellare* (Gamble) Hsueh et Yi

12. 羊竹子 *Drepanostachyum saxatile* (Hsueh et Yi) Keng ex Yi

13. 爬竹 *Drepanostachyum scandens* (Hsueh et W. D. Li) Keng f. ex Yi

14. 匍匐镰序竹 *Drepanostachyum stoloniforme* S. H. Chen et Z. Z. Wang

15. 永善镰序竹 *Drepanostachyum yongshanense* (Hsueh et D. Z. Li) Yi

族 6. 北美箭竹族 Trib. **ARUNDINARIEAE** Nees

亚族 1. **筱竹亚族** Subtrib. **THAMNOCALAMINAE** Keng f.

二十八、悬竹属 *Ampelocalamus* S. L. Chen, T. H. Wen & G. Y. Sheng

1. 射毛悬竹 *Ampelocalamus actinotrichus* (Merr. & Chun) S. L. Chen, T. H. Wen & G. Y. Sheng

2. 贵州悬竹 *Ampelocalamus calcareus* C. D. Chu et C. S. Chao（已并入纪如竹属）

二十九、多枝竹属 *Holttumochloa* K. M. Wong

1. 海南多枝竹 *Holttumochloa hainanensis* M. Y. Zhou & D. Z. Li

三十、**纪如竹属** ***Hsuehochloa*** D. Z. Li & Y. X. Zhang

1. 纪如竹 *Hsuehochloa calcarea* (C. D. Chu & C. S. Chao) D. Z. Li & Y. X. Zhang

三十一、**筱竹属** ***Thamnocalamus*** Munro

1. 有芒筱竹 *Thamnocalamus aristatus* (Gamble) E. G. Camus
2. 牛色玛 *Thamnocalamus unispiculatus* Yi et J. Y. Shi

三十二、**箭竹属** ***Fargesia*** Franch. emend. Yi

组 1. **圆芽箭竹组** Sect. ***Ampullares*** Yi

1. 樟木箭竹 *Fargesia ampullaris* Yi
2. 窝竹 *Fargesia brevissima* Yi
3. 岩斑竹 *Fargesia canaliculata* Yi
4. 颈鞘箭竹 *Fargesia collaris* Yi
5. 扫把竹 *Fargesia fractiflexa* Yi
6. 吉隆箭竹 *Fargesia gyirongensis* Yi
7. 墨竹 *Fargesia incrassata* Yi
8. 膜鞘箭竹 *Fargesia membranacea* Yi
9. 圆芽箭竹 *Fargesia semiorbiculata* Yi
10. 细枝箭竹 *Fargesia stenoclada* Yi
11. 马兹箭竹 *Fargesia stricta* Hsueh et Hui

组 2. **箭竹组** Sect. ***Fargesia***

12. 尖削箭竹 *Fargesia acuticontracta* Yi
13. 贴毛箭竹 *Fargesia adpressa* Yi
14. 翼箨箭竹 *Fargesia alatovaginata* Yi et J. Y. Shi
15. 片马箭竹 *Fargesia albo-cerea* Hsueh et Yi
16. 高山箭竹 *Fargesia alpina* Hsueh et Hui
17. 船竹 *Fargesia altior* Yi
18. 油竹子 *Fargesia angustissima* Yi
19. 马歌箭竹 *Fargesia aurita* Hsueh et Hui
20. 短鞭箭竹 *Fargesia brevistipedis* Yi
21. 景谷箭竹 *Fargesia caduca* Yi
22. 卷耳箭竹 *Fargesia circinata* Hsueh et Yi
23. 马亨箭竹 *Fargesia communis* Yi
24. 美丽箭竹 *Fargesia concinna* Yi
25. 笼笼竹 *Fargesia conferta* Yi
26. 带鞘箭竹 *Fargesia contracta* Yi
    26a. 空心带鞘箭竹 *Fargesia contracta* 'Evacuata'
27. 粗节箭竹 *Fargesia crassinoda* Yi
28. 打母牛 *Fargesia damuniu* Yi et J. Y. Shi
29. 斜倚箭竹 *Fargesia declivis* Yi
30. 紫耳箭竹 *Fargesia decurvata* J. L. Lu

31. 矮箭竹 *Fargesia demissa* Yi
32. 缺苞箭竹 *Fargesia denudata* Yi
33. 脱毛实心竹 *Fargesia detersa* (Yi et J. Y. Shi) Yi et J. Y. Shi
34. 龙头箭竹 *Fargesia dracocephala* Yi
35. 清甜箭竹 *Fargesia dulcicula* Yi
36. 马斯箭竹 *Fargesia dura* Yi
37. 空心箭竹 *Fargesia edulis* Hsueh et Yi
38. 雅容箭竹 *Fargesia elegans* Yi
39. 牛麻箭竹 *Fargesia emaculata* Yi
40. 马箭竹 *Fargesia erecta* Yi
41. 露舌箭竹 *Fargesia exposita* Yi
42. 喇叭箭竹 *Fargesia extensa* Yi
43. 勒布箭竹 *Fargesia farcta* Yi
44. 丰实箭竹 *Fargesia ferax* (Keng) Yi
45. 凋叶箭竹 *Fargesia frigida* Yi
46. 棉花竹 *Fargesia fungosa* Yi
47. 伏牛山箭竹 *Fargesia funiushanensis* Yi
48. 光叶箭竹 *Fargesia glabrifolia* Yi
49. 贡山箭竹 *Fargesia gongshanensis* Yi
50. 错那箭竹 *Fargesia grossa* Yi
51. 海南箭竹 *Fargesia hainanensis* Yi
52. 薛氏箭竹 *Fargesia hsuehana* Yi
53. 喜湿箭竹 *Fargesia hygrophila* Hsueh et Yi
54. 九龙箭竹 *Fargesia jiulongensis* Yi
55. 雪山箭竹 *Fargesia lincangensis* Yi
56. 长节箭竹 *Fargesia longiuscula* (Hsueh et Y. Y. Dai) Yi
57. 泸水箭竹 *Fargesia lushuiensis* Hsueh et Yi
58. 西藏箭竹 *Fargesia macclureana* (Bor) Stapleton
59. 阔叶箭竹 *Fargesia macrophylla* Hsueh et Hui
60. 大姚箭竹 *Fargesia mairei* (Hack. ex Hand.-Mazz.) Yi
61. 马利箭竹 *Fargesia mali* Yi
62. 马骆箭竹 *Fargesia maluo* Yi
63. 黑穗箭竹 *Fargesia melanostachys* (Hand.-Mazz.) Yi
64. 小耳箭竹 *Fargesia microauriculata* M. S. Sun, D. Z. Li & H. Q. Yang
65. 木里箭竹 *Fargesia muliensis* Yi
66. 神农箭竹 *Fargesia murielae* (Gamble) Yi
67. 华西箭竹 *Fargesia nitida* (Mitford) Keng f. ex Yi
68. 雪竹 *Fargesia nivalis* Yi et J. Y. Shi
69. 怒江箭竹 *Fargesia nujiangensis* Hsueh et Hui

70. 团竹 *Fargesia obliqua* Yi
71. 长圆鞘箭竹 *Fargesia orbiculata* Yi
72. 甜箭竹 *Fargesia ostrina* Yi
73. 粗枝箭竹 *Fargesia pachyclada* Hsueh et Hui
74. 灰秆箭竹 *Fargesia pallens* Hsueh et Hui
75. 云龙箭竹 *Fargesia papyrifera* Yi
76. 小叶箭竹 *Fargesia parvifolia* Yi
77. 少花箭竹 *Fargesia pauciflora* (Keng) Yi
78. 超包箭竹 *Fargesia perlonga* Hsueh et Yi
79. 皱壳箭竹 *Fargesia pleniculmis* (Hand-Mazz.) Yi
80. 密毛箭竹 *Fargesia plurisetosa* Wen
81. 红壳箭竹 *Fargesia porphyrea* Yi
82. 弩刀箭竹 *Fargesia praecipua* Yi
83. 秦岭箭竹 *Fargesia qinlingensis* Yi et J. X. Shao
84. 拐棍竹 *Fargesia robusta* Yi
85. 青川箭竹 *Fargesia rufa* Yi
86. 侃箭竹 *Fargesia sagittatinea* Yi
87. 糙花箭竹 *Fargesia scabrida* Yi
88. 白竹 *Fargesia semicoriacea* Yi
89. 秃鞘箭竹 *Fargesia similaris* Hsueh et Yi
90. 腾冲箭竹 *Fargesia solida* Yi
91. 箭竹 *Fargesia spathacea* Franch.
92. 粗毛箭竹 *Fargesia strigosa* Yi
93. 曲秆箭竹 *Fargesia subflexuosa* Yi
94. 德钦箭竹 *Fargesia sylvestris* Yi
95. 落叶箭竹 *Fargesia tengchongensis* (Hsueh et Hui) Yi
96. 薄壁箭竹 *Fargesia tenuilignea* Yi
97. 伞把竹 *Fargesia utilis* Yi
98. 威宁箭竹 *Fargesia weiningensis* Yi et L. Yang
99. 无量山箭竹 *Fargesia wuliangshanensis* Yi
100. 香格里拉箭竹 *Fargesia xianggelilaensis* Yi et L. Yang
101. 扭马 *Fargesia yajiangensis* Yi et J. Y. Shi
102. 元江箭竹 *Fargesia yuanjiangensis* Hsueh et Yi
103. 玉龙山箭竹 *Fargesia yulongshanensis* Yi
104. 昆明实心竹 *Fargesia yunnanensis* Hsueh & Yi
    104a. 花秆实心竹 *Fargesia yunnanensis* ‘Huagan Shixinzhu’
105. 察隅箭竹 *Fargesia zayuensis* Yi

三十三、贡山竹属 *Gaoligongshania* D. Z. Li, Hsueh et N. H. Xia

1. 贡山竹 *Gaoligongshania megalothyrsa* (Hand.-Mazz.) D. Z. Li, Hsueh et N. H. Xia

三十四、玉山竹属 *Yushania* Keng f.

组 1. 短锥玉山竹组 Sect. ***Brevipaniculatae*** Yi

1. 熊竹 *Yushania ailuropodina* Yi
2. 百山祖玉山竹 *Yushania baishanzuensis* Z. P. Wang et G. H. Ye
3. 金平玉山竹 *Yushania bojieiana* Yi
4. 短锥玉山竹 *Yushania brevipaniculata* (Hand.-Mazz.) Yi
5. 绿春玉山竹 *Yushania brevis* Yi
6. 灰绿玉山竹 *Yushania canoviridis* G. H. Ye et Z. P. Wang
7. 空柄玉山竹 *Yushania cava* Yi
8. 德昌玉山竹 *Yushania collina* Yi
9. 梵净山玉山竹 *Yushania complanata* Yi
10. 粗柄玉山竹 *Yushania crassicollis* Yi
11. 波柄玉山竹 *Yushania crispata* Yi
12. 东安玉山竹 *Yushania donganensis* (B. M. Yang) Yi
13. 腾冲玉山竹 *Yushania elevata* Yi
14. 沐川玉山竹 *Yushania exilis* Yi
15. 粉竹 *Yushania falcatiaurita* Hsueh et Yi
16. 独龙江玉山竹 *Yushania farcticaulis* Yi
17. 湖南玉山竹 *Yushania farinosa* Z. P. Wang et G. H. Ye
18. 弯毛玉山竹 *Yushania flexa* Yi
19. 大玉山竹 *Yushania gigantean* Yi et L. Yang
20. 马͏鬐箣 *Yushania gongshanensis* Yi et L. Yang
21. 白背玉山竹 *Yushania glauca* Yi et T. L. Long
22. 哈巴玉山竹 *Yushania habaensis* Yi et L. Yang
23. 毛秆玉山竹 *Yushania hirticaulis* Z. P. Wang et G. H. Ye
24. 撕裂玉山竹 *Yushania lacera* Q. F. Zheng et K. F. Huang
25. 亮绿玉山竹 *Yushania laetevirens* Yi
26. 光亮玉山竹 *Yushania levigata* Yi
27. 石棉玉山竹 *Yushania lineolata* Yi
28. 长鞘玉山竹 *Yushania longissima* K. F. Huang et Q. F. Zheng
29. 蒙自玉山竹 *Yushania longiuscula* Yi
30. 斑壳玉山竹 *Yushania maculata* Yi
31. 隔界竹 *Yushania menghaiensis* Yi
32. 白眼竹 *Yushania microphylla* Yi et L. Yang
33. 泡滑竹 *Yushania mitis* Yi
34. 多枝玉山竹 *Yushania multiramea* Yi
35. 盘县玉山竹 *Yushania panxianensis* Yi et J. Y. Shi
36. 片马玉山竹 *Yushania pianmaensis* Yi et L. Yang
37. 兰坪玉山竹 *Yushania pubenula* Hsueh et Hui

38. 海竹 *Yushania qiaojiaensis* Hsueh et Yi

38a. 裸箨海竹 *Yushania qiaojiaensis* 'Nuda'

39. 水城玉山竹 *Yushania shuichengensis* Yi et L. Yang

40. 湿地玉山竹 *Yushania uliginosa* Yi et J. Y. Shi

40a. 滇优 1 号 Yushania uliginosa 'Dianyou 1'

41. 庐山玉山竹 *Yushania varians* Yi

42. 长肩毛玉山竹 *Yushania vigens* Yi

43. 紫花玉山竹 *Yushania violascens* (Keng) Yi

44. 竹扫子 *Yushania weixiensis* Yi

45. 西藏玉山竹 *Yushania xizangensis* Yi

46. 亚东玉山竹 *Yushania yadongensis* Yi

47. 永德玉山竹 *Yushania yongdeensis* Yi et J. Y. Shi

组 2. 玉山竹组 Sect. ***Yushania***

48. 草丝竹 *Yushania andropogonoides* (Hand.-Mazz.) Yi

49. 窄叶玉山竹 *Yushania angustifolia* Yi et J. Y. Shi

50. 显耳玉山竹 *Yushania auctiaurita* Yi

51. 毛玉山竹 *Yushania basihirsuta* (McClure) Z. P. Wang et G. H. Ye

52. 硬壳玉山竹 *Yushania cartilaginea* Wen

53. 仁昌玉山竹 *Yushania chingii* Yi

54. 鄂西玉山竹 *Yushania confusa* (McClure) Z. P. Wang et G. H. Ye

55. 大风顶玉山竹 *Yushania dafengdingensis* Yi

56. 盈江玉山竹 *Yushania glandulosa* Hsueh et Yi

57. 棱纹玉山竹 *Yushania grammata* Yi

58. 攘攘竹 *Yushania humida* Yi et J. Y. Shi

59. 雷波玉山竹 *Yushania leiboensis* Yi

60. 雷公山玉山竹 *Yushania leigongshanensis* Yi et C. H. Yang

61. 浏阳玉山竹 *Yushania liuyangensis* B. M. Yang

62. 长耳玉山竹 *Yushania longiaurita* Q. F. Zheng et K. F. Huang

63. 马边玉山竹 *Yushania mabianensis* Yi

64. 玉山竹 *Yushania niitakayamensis* (Hayata) Keng f.

65. 马鹿竹 *Yushania oblonga* Yi

66. 粗枝玉山竹 *Yushania pachyclada* Yi

67. 广东玉山竹 *Yushania papillosa* (W. T. Lin) W. T. Lin

68. 少枝玉山竹 *Yushania pauciramificans* Yi

69. 屏山玉山竹 *Yushania pingshanensis* Yi

70. 滑竹 *Yushania polytricha* Hsueh et Yi

71. 短毛玉山竹 *Yushania pubescens* Yi

72. 抱鸡竹 *Yushania punctulata* Yi

73. 皱叶玉山竹 *Yushania rugosa* Yi

74. 黄壳竹 *Yushania straminea* Yi

75. 绥江玉山竹 *Yushania suijiangensis* Yi

76. 细弱玉山竹 *Yushania tenuicaulis* Yi et J. Y. Shi

77. 同培玉山竹 *Yushania tongpeii* D. Z. Li, Y. X. Zhang & E. D. Liu

78. 单枝玉山竹 *Yushania uniramosa* Hsueh et Yi

79. 武夷山玉山竹 *Yushania wuyishanensis* Q. F. Zheng et K. F. Huang

亚族 2. **北美箭竹亚族** Subtrib. **ARUNDINARIINAE**

三十五、**酸竹属** ***Acidosasa*** C. D. Chu et C. S. Chao

1. 二叶酸竹 *Acidosasa bilamina* W. T. Lin et Z. M. Wu
2. 小叶酸竹 *Acidosasa breviclavata* W. T. Lin
3. 粉酸竹 *Acidosasa chienouensis* (Wen) C. S. Chao et Wen
4. 酸竹 *Acidosasa chinensis* C. D. Chu et C. S. Chao
5. 大庸酸竹 *Acidosasa dayongensis* Yi
6. 黑节酸竹 *Acidosasa denigrata* W. T. Lin
7. 黄甜竹 *Acidosasa edulis* (Wen) Wen
8. 橄榄竹 *Acidosasa gigantea* (Wen) Q. Z. Xie et W. Y. Zhang
9. 小酸竹 *Acidosasa gracilis* W. T. Lin et X. B. Ye
10. 广西酸竹 *Acidosasa guangxiensis* Q. H. Dai et C. F. Huang
11. 毛花酸竹 *Acidosasa hirtiflora* Z. P. Wang et G. H. Ye
12. 雀斑酸竹 *Acidosasa lentiginosa* W. T. Lin et Z. J. Feng
13. 灵川酸竹 *Acidosasa lingchuanensis* (C. D. Chu et C. S. Chao) Q. Z. Xie et X. Y. Chen
14. 斑箨酸竹 *Acidosasa macula* W. T. Lin et Z. M. Wu
15. 长舌酸竹 *Acidosasa nanunica* (McClure) C. S. Chao et G. Y. Yang
16. 福建酸竹 *Acidosasa notata* (Z. P. Wang et G. H. Ye) S. S. You
17. 少叶酸竹 *Acidosasa paucifolia* W. T. Lin
18. 马关酸竹 *Acidosasa purpurea* (Hsueh et Yi) Keng f.
19. 黎竹 *Acidosasa venusta* (McClure) Z. P. Wang et G. H. Ye
20. 秆子竹 *Acidosasa xiushanensis* Yi

三十六、**少穗竹属** ***Oligostachyum*** Z. P. Wang et G. H. Ye

1. 裂舌少穗竹 *Oligostachyum bilobum* W. T. Lin et Z. J. Feng
2. 屏南少穗竹 *Oligostachyum glabrescens* (Wen) Keng f. et Z. P. Wang
3. 细柄少穗竹 *Oligostachyum gracilipes* (McClure) G. H. Ye et Z. P. Wang
4. 城隍竹 *O. heterophyllum* M. M. Lin
5. 凤竹 *Oligostachyum hupehense* (J. L. Lu) Z. P. Wang et G. H. Ye
6. 云和少穗竹 *Oligostachyum lanceolatum* G. H. Ye et Z. P. Wang
7. 四季竹 *Oligostachyum lubricum* (Wen) Keng f.
8. 林仔竹 *Oligostachyum nuspiculum* (McClure) Z. P. Wang et G. H. Ye
9. 肿节少穗竹 *Oligostachyum oedogonatum* (Z. P. Wang et G. H. Ye) Q. F. Zheng et K. F. Huang
10. 假面秆竹 *Oligostachyum orthotropoides* W. T. Lin

11. 圆锥少穗竹 *Oligostachyum paniculatum* G. H. Ye et Z. P. Wang
12. 多毛少穗竹 *Oligostachyum puberulum* (Wen) G. H. Ye et Z. P. Wang
13. 糙花少穗竹 *Oligostachyum scabriflorum* (McClure) Z. P. Wang et G. H. Ye
    13a. 短舌少穗竹 *Oligostachyum scabriflorum* (McClure) Z. P. Wang et G. H. Ye var. *breviligulatum* Z. P. Wang et G. H. Ye
14. 毛稃少穗竹 *Oligostachyum scopulum* (McClure) Z. P. Wang et G. H. Ye
15. 秀英少穗竹 *Oligostachyum shiuyingianum* (Chia et But) G. H. Ye et Z. P. Wang
16. 斗竹 *Oligostachyum spongiosum* (C. D. Chu et C. S. Chao) G. H. Ye et Z. P. Wang
17. 少穗竹 *Oligostachyum sulcatum* Z. P. Wang et G. H. Ye
18. 武夷少穗竹 *Oligostachyum wuyishanicum* S. S. You et K. F. Huang

三十七、茶秆竹属 *Pseudosasa* Makino ex Nakai

1. 尖箨茶秆竹 *Pseudosasa acutivagina* Wen et S. C. Chen
2. 空心苦 *Pseudosasa aeria* Wen
3. 高舌茶秆竹 *Pseudosasa altiligulata* Wen
4. 茶秆竹 *Pseudosasa amabilis* (McClure) Keng f.
    4a. 福建茶秆竹 *Pseudosasa amabilis* (McClure) Keng f. var. *convexa* Z. P. Wang et G. H. Ye
    4b. 厚粉茶秆竹 *Pseudosasa amabilis* (McClure) Keng f. var. *farinosa* C. S. Chao ex S. L. Chen et G. Y. Sheng
    4c. 薄箨茶秆竹 *Pseudosasa amabilis* (McClure) Keng f. var. *tenuis* S. L. Chen et G. Y. Sheng
5. 抱秆茶秆竹 *Pseudosasa amplexicaulis* W. T. Lin et Z. J. Feng
6. 金箨茶秆竹 *Pseudosasa aureovagina* W. T. Lin
7. 白云矢竹 *Pseudosasa baiyunensis* W. T. Lin
8. 短箨茶秆竹 *Pseudosasa brevivaginata* G. H. Lai
9. 托竹 *Pseudosasa cantori* (Munro) Keng f.
10. 多曲茶秆竹 *Pseudosasa flexuosa* Yi et X. M. Zhou
11. 纤细茶秆竹 *Pseudosasa gracilis* S. L. Chen et G. Y. Sheng
12. 笔竿竹 *Pseudosasa guanxianensis* Yi
13. 海南茶秆竹 *Pseudosasa hainanensis* G. A. Fu
14. 篲竹 *Pseudosasa hindsii* (Munro) C. D. Chu et C. S. Chao
15. 庐山茶秆竹 *Pseudosasa hirta* S. L. Chen et G. Y. Sheng
16. 矢竹 *Pseudosasa japonica* (Sieb. & Zucc.) Makino
    16a. 曙筋矢竹 *Pseudosasa japonica* 'Akebonosuji'
    16b. 辣韭矢竹 *Pseudosasa japonica* (Sieb. & Zucc.) Makino var. *tsutsumiana* Yanagita
    16c. 辣韭矢竹 *Pseudosasa japonica* 'Tsutsumiana'（人工居群）
17. 广竹 *Pseudosasa longiligula* Wen
18. 长鞘茶秆竹 *Pseudosasa longivaginata* H. R. Zhao et Y. L. Yang
19. 鸡公山茶秆竹 *Pseudosasa maculifera* J. L. Lu
    19a. 毛箨茶秆竹 *Pseudosasa maculifera* J. L. Lu var. *hirsuta* S. L. Chen et G. Y. Sheng
20. 江永茶秆竹 *Pseudosasa magilaminaris* B. M. Yang

21. 多花茶秆竹 *Pseudosasa multifloscula* (W. T. Lin) W. T. Lin
22. 南宁茶秆竹 *Pseudosasa nanningensis* (Q. H. Dai) D. Z. Li et Y. X. Zhang
23. 长舌茶秆竹 *Pseudosasa nanunica* (McClure) Z. P. Wang et G. H. Ye
    23a. 狭叶长舌茶秆竹 *Pseudosasa nanunica* var. *angustifolia* S. L. Chen et G. Y. Sheng
24. 黑节茶秆竹 *Pseudosasa nigro-nodis* G. A. Fu
25. 面竿竹 *Pseudosasa orthotropa* S. L. Chen et Wen
26. 少花茶秆竹 *Pseudosasa pallidiflora* (McClure) S. L. Chen et G. Y. Sheng
27. 抽展茶秆竹 *Pseudosasa parilis* Yi et D. H. Hu
28. 毛痕矢竹 *Pseudosasa pubioicatrix* W. T. Lin
29. 近实心茶秆竹 *Pseudosasa subsolida* S. L. Chen et G. Y. Sheng
30. 截平茶秆竹 *Pseudosasa truncatula* S. L. Chen et G. Y. Sheng
31. 矢竹仔 *Pseudosasa usawai* (Hayata) Makino et Nemoto
32. 笔竹 *Pseudosasa viridula* S. L. Chen et G. Y. Sheng
33. 花茶秆竹 *Pseudosasa vittata* B. M. Yang
34. 武夷山茶秆竹 *Pseudosasa wuyiensis* S. L. Chen et G. Y. Sheng
35. 版纳茶秆竹 *Pseudosasa xishuangbannaensis* D. Z. Li, Y. X. Zhang et Triplett
36. 阳山茶秆竹 *Pseudosasa yangshanensis* (W. T. Lin) Yi
37. 岳麓山茶秆竹 *Pseudosasa yuelushanensis* B. M. Yang
38. 中岩茶秆竹 *Pseudosasa zhongyanensis* S. H. Chen, K. F. Huang et H. Z. Guo

三十八、月月竹属 *Menstruocalamus* Yi

1. 月月竹 *Menstruocalamus sichuanensis* (Yi) Yi

三十九、苦竹属 *Pleioblastus* Nakai

1. 尖舌苦竹 *Pleioblastus acutiligulatus* W. T. Lin
2. 银环苦竹 *Pleioblastus albo-sericeus* W. T. Lin
3. 高舌苦竹 *Pleioblastus altiligulatus* S. L. Chen et S. Y. Chen
4. 苦竹 *Pleioblastus amarus* (Keng) Keng f.
    4a. 杭州苦竹 *Pleioblastus amarus* (Keng) Keng f. var. *hangzhouensis* S. L.Chen & S. Y. Chen
    4b. 杭州苦竹 *Pleioblastus amarus* ‘Hangzhouensis’（人工居群）
    4c. 垂枝苦竹 *Pleioblastus amarus* (Keng) Keng f. var. *pendulifolius* S. Y. Chen
    4d. 垂枝苦竹 *Pleioblastus amarus* ‘Pendulifolius’（人工居群）
    4e. 光箨苦竹 *Pleioblastus amarus* (Keng) Keng f. var. *subglabratus* S. Y. Chen
    4f. 胖苦竹 *Pleioblastus amarus* (Keng) Keng f. var. *tubatus* Wen
    4g. 胖苦竹 Pleioblastus. amarus ‘Tubatus’（人工居群）
    4h. 花秆苦竹 *Pleioblastus amarus* ‘Huangshanensis’
5. 窄耳苦竹 *Pleioblastus angustatus* W. T. Lin
6. 铺地竹 *Pleioblastus argenteostriata* (Regel) E. G. Camus
7. 菲黄竹 *Pleioblastus auricoma* (Mitford) E. G. Camus
8. 短节苦竹 *Pleioblastus brevinodus* W. T. Lin et Z. J. Feng

9. 青苦竹 *Pleioblastus chino* (Franch. et Savat.) Makino

9a. 白纹东根笹 *Pleioblastus chino* 'Angustifolius'

9b. 狭叶青苦竹 *Pleioblastus chino* (FranC. & Savat.) Makino var. *hisauchii* Makino

9c. 狭叶青苦竹 *Pleioblastus chino* 'Hisauchii'（人工居群）

10. 花石竹 *Pleioblastus conspurcatus* Yi et J. Y. Shi

11. 菲白竹 *Pleioblastus fortunei* (Van Houtte) Nakai

12. 球节苦竹 *Pleioblastus globinodus* C. H. Hu

13. 秋竹 *Pleioblastus gozadakensis* Nakai

14. 大明竹 *Pleioblastus gramineus* (Bean) Nakai

14a. 螺节竹 *Pleioblastus gramineus* 'Monstrispiralis'

15. 罗公竹 *Pleioblastus guilongshanensis* M. M. Lin

16. 小糙毛苦竹 *Pleioblastus hispidulus* W. T. Lin et Z. J. Feng

17. 仙居苦竹 *Pleioblastus hsienchuensis* Wen

18. 绿苦竹 *Pleioblastus incarnatus* S. L. Chen et G. Y. Sheng

19 华丝竹 *Pleioblastus intermedius* S. Y. Chen

20. 衢县苦竹 *Pleioblastus juxianensis* Wen, C. Y. Yao et S. Y. Chen

21. 金刚竹 *Pleioblastus kongosanensis* Makino

21a. 黄条金刚竹 *Pleioblastus kongosanensis* 'Aureo-striatus'

22. 琉球大明竹 *Pleioblastus linearis* (Hack.) Nakai

23. 硬头苦竹 *Pleioblastus longifimbriatus* S. Y. Chen

24. 长穗苦竹 *Pleioblastus longispiculatus* B. M. Yang

25. 斑苦竹 *Pleioblastus maculatus* (McClure) C. D.Chu et C. S. Chao

26. 丽水苦竹 *Pleioblastus maculosoides* Wen

27. 油苦竹 *Pleioblastus oleosus* Wen

28. 烂头苦竹 *Pleioblastus ovatoauritus* Wen ex W. Y. Zhang

29. 碟环苦竹 *Pleioblastus patellaris* W. T. Lin et Z. M. Wu

30. 翠竹 *Pleioblastus pygmaeus* (Miq.) Nakai

30a. 无毛翠竹 *Pleioblastus pygmaeus* 'Disticha'

31. 皱苦竹 *Pleioblastus rugatus* Wen et S. Y. Chen

32. 三明苦竹 *Pleioblastus sanmingensis* S. Y. Chen et G. Y. Sheng

33. 川竹 *Pleioblastus simonii* (Carr.) Nakai

33a. 异叶川竹 *Pleioblastus simonii* 'Heterophyllus'

33b. 白纹女竹 *Pleioblastus simonii* 'Variegatus'

34. 实心苦竹 *Pleioblastus solidus* S. Y. Chen

35. 方箨苦竹 *Pleioblastus subrectangularis* Yi et H. Long

36. 尖子竹 *Pleioblastus truncatus* Wen

37. 武夷山苦竹 *Pleioblastus wuyishanensis* Q. F. Zheng et K. F. Huang

38. 英德苦竹 *Pleioblastus yingdeensis* W. T. Lin et Z. M. Wu

39. 宜兴苦竹 *Pleioblastus yixingensis* S. L. Chen et S. Y. Chen

四十、巴山木竹属 *Bashania* Keng f. et Yi

1. 马边巴山木竹 *Bashania abietina* Yi et L. Yang
2. 秦岭木竹 *Bashania aristata* Y. Ren, Y. Li et G. D. Dang
3. 具耳巴山木竹 *Bashania auctiaurita* Yi
4. 宝兴巴山木竹 *Bashania baoxingensis* Yi
5. 冷箭竹 *Bashania faberi* (Rendle) Yi
6. 巴山木竹 *Bashania fargesii* (E. G. Camus) Keng f. et Yi
7. 蔓竹 *Bashania qiaojiaensis* Yi et J. Y. Shi
8. 饱竹子 *Bashania qingchengshanensis* Keng f. et Yi
9. 峨热竹 *Bashania spanostachya* Yi
10. 黄金竹 *Bashania yongdeensis* Yi et J. Y. Shi

四十一、井冈寒竹属 *Gelidocalamus* Wen

1. 绞剪竹 *Gelidocalamus albopubescens* W. T. Lin et Z. J. Feng
2. 亮秆竹 *Gelidocalamus annulatus* Wen
3. 蒙竹 *Gelidocalamus auritus* B. M. Yang
4. 台湾矢竹 *Gelidocalamus kunishii* (Hayata) Keng f. et Wen
5. 掌竿竹 *Gelidocalamus latifolius* Q. H. Dai et T. Chen
6. 箭靶竹 *Gelidocalamus longiinternodus* Wen et S. C. Chen
7. 多叶井冈寒竹 *Gelidocalamus multifolius* B. M. Yang
8. 红壳寒竹 *Gelidocalamus rutilans* Wen
9. 实心短枝竹 *Gelidocalamus solidus* C. D. Chu et C. S. Chao
10. 井冈寒竹 *Gelidocalamus stellatus* Wen
11. 近实心井冈寒竹 *Gelidocalamus subsolidus* W. T. Lin et Z. J. Feng
12. 抽筒竹 *Gelidocalamus tessellatus* Wen
13. 绒耳井冈寒竹 *Gelidocalamus velutinus* W. T. Lin
14. 寻乌短枝竹 *Gelidocalamus xunwuensis* W. G. Zhang & G. Y. Yang

亚族 3. **赤竹亚族** Subtrib. **SASINAE** Keng f.

四十二、赤竹属 *Sasa* Makino et Shibata

1. 银环赤竹 *Sasa albo*-sericea W. T. Lin & J. Y. Lin
2. 孖竹仔 *Sasa duplicata* W. T. Lin & Z. J. Feng
3. 纤细赤竹 *Sasa gracilis* B. M. Yang
4. 广东赤竹 *Sasa guangdongensis* W. T. Lin & X. B. Ye
5. 湖北华箬竹 *Sasa hubeiensis* (C. H. Hu) C. H. Hu
6. 矩叶赤竹 *Sasa oblongula* C. H. Hu
7. 庆元华箬竹 *Sasa qingyuanensis* (C. H. Hu) C. H. Hu
8. 红壳赤竹 *Sasa rubrovaginata* C. H. Hu
9. 华箬竹 *Sasa sinica* Keng
10. 沟槽赤竹 *Sasa sulcata* W. T. Lin
11. 绒毛赤竹 *Sasa tomentosa* C. D. Chu & C. S. Chao

四十三、雷文竹属 *Ravenochloa* D. Z. Li & Y. X. Zhang

1. 雷文竹 *Ravenochloa wilsonii* (Rendle) D. Z. Li & Y. X. Zhang

四十四、华赤竹属 *Sinosasa* L. C. Chia ex N. H. Xia, Q. M. Qin & Y. H. Tong

1. 华赤竹 *Sinosasa longiligulata* (McClure) N. H. Xia, Q. M. Qin & J. B. Ni
2. 梵净山华赤竹 *Sinosasa fanjingshanensis* N. H. Xia, Q. M. Qin & J. B. Ni
3. 广西华赤竹 *Sinosasa guangxiensis* (C. D. Chu & C. S. Chao) N. H. Xia, Q. M. Qin & X. R. Zheng
4. 花坪华赤竹 *Sinosasa huapingensis* N. H. Xia, Q. M. Qin & Y. H. Tong
5. 大节华赤竹 *Sinosasa magninoda* (T.H.Wen & G.L.Liao) N.H.Xia, Q. M. Qin & X. R. Zheng
6. 明月山华赤竹 *Sinosasa mingyueshanensis* N. H. Xia, Q. M. Qin & X. R. Zheng
7. 多毛华赤竹 *Sinosasa polytricha* N. H. Xia, Q. M. Qin & X. R. Zheng

四十五、东笆竹属 *Sasaella* Makino（支筱属）

1. 椎谷笹 *Sasaella glabra* (Nakai) Nakai ex Koidzumi
   - 1a. 白纹椎谷笹 *Sasaella glabra* 'Albo-striata'

四十六、铁竹属 *Ferrocalamus* Hsueh et Keng f.

1. 裂箨铁竹 *Ferrocalamus rimosivaginus* Wen
2. 铁竹 *Ferrocalamus strictus* Hsueh et Keng f.

四十七、箬竹属 *Indocalamus* Nakai

1. 具耳箬竹 *Indocalamus auriculatus* (H. R. Zhao et Y. L. Yang) Y. L. Yang
2. 髯毛箬竹 *Indocalamus barbatus* McClure
3. 巴山箬竹 *Indocalamus bashanensis* (C. D. Chu et C. S. Chao) H. R. Zhao et Y. L. Yang
4. 车八岭箬竹 *Indocalamus chebalingensis* W. T. Lin
5. 赤水箬竹 *Indocalamus chishuiensis* Y. L. Yang et Hsueh
6. 毛粽叶 *Indocalamus chongzhouensis* Yi et L. Yang
7. 密穗箬竹 *Indocalamus confertus* C. H. Hu
8. 都昌箬竹 *Indocalamus cordatus* Wen et Y. Zou
9. 大围山箬竹 *Indocalamus daweishanensis* B. M. Yang
10. 美丽箬竹 *Indocalamus decorus* Q. H. Dai
11. 峨眉箬竹 *Indocalamus emeiensis* C. D. Chu et C. S. Chao
12. 广东箬竹 *Indocalamus guangdongensis* H. R. Zhao et Y. L. Yang
    - 12a. 柔毛箬竹 *Indocalamus guangdongensis* H. R. Zhao et Y. L. Yang var. *mollis* H. R. Zhao et Y. L. Yang
13. 粽巴箬竹 *Indocalamus herklotsii* McClure
14. 多毛箬竹 *Indocalamus hirsutissimus* Z. P. Wang et P. X. Zhang
    - 14a. 光叶箬竹 *Indocalamus hirsutissimus* Z. P. Wang et P. X. Zhang var. *glabrifolius* Z. P. Wang et N. X. Ma
15. 毛鞘箬竹 *Indocalamus hirtivaginatus* H. R. Zhao et Y. L. Yang
16. 硬毛箬竹 *Indocalamus hispidus* H. R. Zhao et Y. L. Yang
    - 16a. 簝竹子 *Indocalamus hispidus* 'Levis'

17. 湖南箬竹 *Indocalamus hunanensis* B. M. Yang
18. 粤西箬竹 *Indocalamus inaequilaterus* W. T. Lin et Z. M. Wu
19. 金平箬竹 *Indocalamus jinpingensis* Yi et J. Y. Shi
20. 阔叶箬竹 *Indocalamus latifolius* (Keng) McClure
21. 箬叶竹 *Indocalamus longiauritus* Hand.-Mazz.
    21a. 衡山箬竹 *I. longiauritus* Hand.-Mazz. var. *hengshanensis* H. R. Zhao et Y. L. Yang
    21b. 衡山箬竹 *I. longiauritus* 'Hengshanensis'（人工居群）
    21c. 益阳箬竹 *I. longiauritus* Hand.-Mazz. var. *yiyangensis* H. R. Zhao et Y. L. Yang
    21d. 益阳箬竹 *I. longiauritus* 'Yiyangensis'（人工居群）
22. 矮箬竹 *Indocalamus pedalis* (Keng) Keng f.
23. 锦帐竹 *Indocalamus pseudosinicus* McClure
    23a. 密脉箬竹 *Indocalamus pseudosinicus* McClure var. *densinervillus* H. R. Zhao et Y. L. Yang
24. 方脉箬竹 *Indocalamus quadratus* H. R. Zhao et Y. L. Yang
25. 半耳箬竹 *Indocalamus semifalcatus* (H. R. Zhao et Y. L. Yang) Yi
    25a. 花叶半耳箬竹 *Indocalamus semifalcatus* 'Luteolivittatus'
26. 石门箬竹 *Indocalamus shimenensis* B. M. Yang
27. 水银竹 *Indocalamus sinicus* (Hance) Nakai
28. 遂川箬竹 *Indocalamus suichuanensis* Yi et Y. H. Guo
29. 箬竹 *Indocalamus tessellatus* (Munro) Keng f.
30. 同春箬竹 *Indocalamus tongchunensis* K. F. Huang et Z. L. Dai
31. 胜利箬竹 *Indocalamus victorialis* (Keng f.) Yi
32. 鄂西箬竹 *Indocalamus wilsoni* (Rendle) C. S. Chao et C. D. Chu（已并入雷文竹属）
33. 巫溪箬竹 *Indocalamus wuxiensis* Yi
34. 簝尖竹 *Indocalamus youxiuensis* Yi

四十八、杂交竹

1. 撑青 4 号 *Bambusa* 'Chengqing 4'
2. 撑绿 3 号 ×*Bambudendrocalamopsis* 'Chenglu 3'
3. 撑绿 6 号 ×*Bambudendrocalamopsis* 'Chenglu 6'
4. 撑麻 7 号 ×*Bambudendrocalamus* 'Chengma 7'
5. 撑麻青 1 号 ×*Bambudendrocalamus* 'Chengmaqing 1'
6. 麻版竹 *Dendrocalamus* 'Mabanzhu'

参 考 文 献

卞萌，汪铁军，刘艳芳，等，2007. 用间接遥感方法探测大熊猫栖息地竹林分布 [J]. 生态学报，27（11）：4825-4831.

蔡绪慎，黄金燕，1992. 拐棍竹种群动态的初步研究 . 竹子研究汇刊 [J]. 11（3）：55-59.

曹弦，2016. 佛坪大熊猫（*Ailuropoda melanoleuca*）主食竹巴山木竹单宁酸含量的时空变化 [D]. 南充：西华师范大学 .

陈嵘，1984. 竹的种类及栽培利用 [M]. 北京：中国林业出版社 .

党高弟，曹庆，王纳，2010. 陕西天保工程区大熊猫栖息地竹子可持续利用探讨 [J]. 陕西林业（4）：22-23.

邓怀庆，金学林，何东阳，等，2013. 圈养大熊猫主食竹消化率的两种测定方法比较 [J]. 四川动物，32（3）：364-368.

董文渊，黄宝龙，谢泽轩，等，2002. 筇竹种子特性及实生苗生长发育规律的研究 [J]. 竹子研究汇刊（1）：57-60.

冯斌，2016. 林冠遮阴及海拔对大熊猫主食竹生长发育、适口性和营养成分影响 [D]. 雅安：四川农业大学 .

冯永辉，2006. 佛坪、长青的保护区箭竹属大熊猫主食竹分布及生物量及研究 [D]. 西安：西北大学 .

冯永辉，冯鲁田，雍严格，2006. 秦岭大熊猫主食竹的分类学研究（Ⅱ）[J]. 西北大学学报（自然科学版），36（1）：101-102，124.

傅金和，刘颖颖，金学林，等，2008. 秦岭地区圈养大熊猫对投食竹种的选择研究 [J]. 林业科学研究，21（6）：813-817.

耿伯介，王正平，1997. 中国植物志：第九卷第一分册 [M]. 北京：科学出版社 .

耿伯介，易同培，1982. 木竹属：西部之一新竹属 [J]. 京大学学报（自然科学版）（3）：722-732.

郭建林，1990. 白水江大熊猫食用竹引种初报 [J]. 竹子研究汇刊，9（4）：95-96.

国家林业局，2006. 全国第三次大熊猫调查报告 [M]. 北京：科学出版社 .

国家林业和草原局，2021. 全国第四次大熊猫调查报告 [M]. 北京：科学出版社 .

何东阳，2010. 大熊猫取食竹选择、消化率及营养和能量对策的研究 [D]. 北京：北京林业大学 .

何晓军，孟夏，田联会，等，2009. 太白山自然保护区大熊猫主食竹的种类与分布 [C]. 北京：首届两岸三地大熊猫保护教育学术研讨会论文集 .

何晓军，王文利，杨兴中，2011. 太白山大熊猫主食竹的种类与分布 [J]. 陕西林业（S1）：39-40.

何永果，周世强，黄金燕，等，2014. 拐棍竹无性系植株在不同干扰下的生存能力 [J]. 四川林业科技，35（1）：21-24.

洪德元，2016. 关于提高物种划分合理性的意见 [J]. 生物多样性，24（3）：360-361.

胡杰，胡锦矗，屈植飚，等，2000. 黄龙大熊猫对华西箭竹选择与利用的研究 [J]. 动物学研究，21（1）：48-51.

胡锦矗，SCHALLER G B，潘文石，等，1985. 卧龙的大熊猫 [M]. 成都：四川科学技术出版社 .

黄华梨，1994. 缺苞箭竹天然更新的初步研究 [J]. 竹子研究汇刊，13（2）：37-44.

黄华梨，1995. 白水江自然保护区大熊猫主食竹类资源及其研究方向雏议 [J]. 甘肃林业科技（1）：35-38.

黄华梨，刘小艳，王建宏，2003. 甘肃省竹亚科植物系统分类及分布 [J]. 甘肃农业大学学报，38（2）：180-187.

黄华梨，杨飞禹，1990. 甘肃大熊猫栖息地内的竹类资源 [J]. 竹子研究汇刊，9（1）：88-96.

黄金燕，廖景平，蔡绪慎，等，2008. 卧龙自然保护区拐棍竹地下茎结构特点研究 [J]. 竹子研究汇刊，27（4）：13-19.

黄金燕，史军义，刘巅，等，2022. 大熊猫主食竹新品种‘卧龙红’[J]. 竹子学报，41（1）：17-19.

黄金燕，史军义，周德群，等，2021. 大熊猫主食竹新品种‘花篌竹’[J]. 世界竹藤通讯，19（2）：72-74.

黄金燕，周世强，李仁贵，等，2013. 大熊猫主食竹拐棍竹地下茎侧芽的数量特征研究 [J]. 竹子研究汇刊，32（1）：1-4.

黄荣澄，刘香东，冉江洪，等，2011. 大熊猫主食竹八月竹笋期生长发育规律初步研究 [J]. 四川大学学报（自然科学版），48（2）：469-473.

贾炅，武吉华，1991. 四川王朗自然保护区大熊猫主食竹天然更新 [J]. 北京师范大学学报（自然科学版），27（2）：250-254.

江心，李乾，1982. 四川竹类维管束的初步研究（一）[J]. 竹类研究，1（1）：17-21.

江心，李乾，1983. 国产竹类维管束的初步观察 [J]. 四川农学院学报，1（1）：57-70.

江心，李乾，1983. 四川竹类维管束的初步研究（二）[J]. 竹类研究，2（1）：36-43.

江心，李乾，1984. 四川竹亚科的新分类群 [J]. 四川农学院学报，2（2）：127-130.

康东伟，赵志江，康文，等，2010. 大熊猫主食竹：缺苞箭竹的生境与干扰状况研究 [C]. 成都：第九届中国林业青年学术年会论文摘要集 .

兰立波，刘琼招，陈顺理，1988. 川西山区大熊猫主食竹野外光谱特性 [J]. 山地研究，6（3）：175-182.

雷霆，王靖岚，赖炘，等，2015. 大熊猫主食竹巴山木竹挥发性成分分析 [J]. 世界竹藤通讯，13（5）：16-20.

李波，张曼，钟雪，等，2013. 岷山北部大熊猫主食竹天然更新与生态因子的关系 [J]. 科学通报，58（16）：1528-1533.

李承彪，1997. 大熊猫主食竹研究 [M]. 贵阳：贵州科技出版社 .

李德铢，1994. 云南及邻近地区竹亚科增补 [J]. 云南植物研究，16（1）：39-42.

李德铢，薛纪如，1988. 中国筇竹属植物志资料 [J]. 云南植物研究，10（1）：49-54.

李红，周洪群，1997. 低山平坝大熊猫的五种主食竹四种微量元素含量 [J]. 西南农业学报，10（2）：90-93.

李倜，黄炎，黄金燕，等，2015. 大熊猫营养与消化代谢研究的回顾与展望 [J]. 黑龙江畜牧兽医（6）：240-242.

李亚军，蔡琼，刘雪华，等，2016. 海拔对大熊猫主食竹结构、营养及大熊猫季节性分布的影响 [J]. 兽类学报，36（1）：24-35.

李云，2002. 秦岭大熊猫主食竹的分类、分布及巴山木竹生物量研究 [D]. 西安：西北大学 .

李云，任毅，贾辉，2003. 秦岭大熊猫主食竹的分类学研究（Ⅰ）[J]. 西北植物学报，23（1）：127-129.

梁泰然，1990. 中国竹林类型与地理分布特点 [J]. 竹子研究汇刊，9（4）：1-16.

廖丽欢，徐雨，冉江洪，等，2011. 汶川地震对大熊猫主食竹拐棍竹竹笋生长发育的影响 [C]. 成都：四川省动物学会第九次会员代表大会暨第十届学术研讨会论文集 .

廖丽欢，徐雨，冉江洪，等，2012. 汶川地震对大熊猫主食竹：拐棍竹竹笋生长发育的影响 [J]. 生态学报，32（10）：3001-3009.

廖婷婷，2016. 圈养成年雌性大熊猫（*Ailuropoda melanoleuca*）体况评分标准与营养需要参考范围的制定 [D]. 南充：西华师范大学 .

廖志琴，杨小蓉，1991. 大熊猫的几种主食竹叶绿素含量研究 [J]. 竹子研究汇刊，10（3）：31-37.

刘冰，2008. 秦岭大熊猫主食竹及其特性研究 [D]. 杨陵：西北农林科技大学 .

刘冰，樊金拴，胡桃，等，2008. 秦岭大熊猫主食竹氨基酸含量的测定及营养评价 [J]. 安徽农业科学，36（21）：9024-9026，9051.

刘婧媛，陈其兵，2010. 四川地震灾区大熊猫栖息地主食竹受灾类型初步研究 [C]// 第八届中国林业青年学术年会论文集，哈尔滨 .

刘明冲，杨晓军，张清宇，等，2014. 卧龙自然保护区 2013 年大熊猫主食竹监测分析报告 [J]. 四川林业科技，35（4）：45-47.

刘明冲，周世强，黄金燕，等，2006. 卧龙自然保护区退耕还竹成效调查报告 [J]. 四川林业科技，27（2）：80-81.

刘庆，钟章成，1996. 斑苦竹无性系种群克隆生长格局动态的研究 [J]. 应用生态学报，7（3）：240-244.

刘庆，钟章成，何海，1996. 斑苦竹无性系种群在自然林和人工林中的生态对策 [J]. 重庆师范学院学报（自然科学版），13（2）：16-21.
刘香东，黄荣澄，冉江洪，等，2010. 采笋对大熊猫主食竹八月竹竹笋生长的影响 [J]. 生态学杂志（11）：2139-2145.
刘小斌，赵凯辉，2014. 佛坪自然保护区大熊猫主食竹害虫种类及现状调查 [J]. 陕西林业科技（5）：20-24.
刘兴良，1993. 大熊猫主食竹：紫箭竹种子育苗技术的研究 [J]. 四川林业科技，14（3）：1-7.
刘兴良，向性明，1996. 大熊猫主食竹人工栽培技术试验研究：单因素造林试验成效分析（Ⅱ）[J]. 竹类研究（1）：36-42.
刘兴良，杨秀南，向性明，1997. 大熊猫主食竹人工栽培技术试验研究（Ⅲ）. 正交试验设计造林成效分析 [J]. 竹类研究（2）：7-15.
刘选珍，2001. 圈养大熊猫主食竹低山竹类营养特点的初步研究 [J]. 兽类学报，21（4）：314-317.
刘选珍，李明喜，余建秋，等，2005. 圈养大熊猫主食竹的氨基酸分析 [J]. 经济动物学报，9（1）：30-34.
刘雪华，吴燕，2012. 大熊猫主食竹开花后叶片光谱特性的变化 [J]. 光谱学与光谱分析，32（12）：3341-3346.
刘颖颖，2009. 秦岭圈养大熊猫对投食竹种的选择研究 [D]. 北京：中国林业科学研究院 .
刘颖颖，傅金和，2007. 大熊猫栖息地竹子及开花现象综述 [J]. 世界竹藤通讯，5（1）：1-4.
刘志学，1993. 秦岭山地竹林与野生动物 [J]. 竹子研究汇刊，12（4）：24-29.
鲁叶江，2005. 川西亚高山箭竹密度对土壤碳、氮库的影响 [D]. 成都：中国科学院研究生院（成都生物研究所）.
罗朝阳，2017. 美姑大风顶自然保护区人工林对大熊猫主食竹的影响分析 [J]. 绿色科技（14）：203-204.
罗定泽，赵佐成，王季勋，1989. 四川王朗自然保护区大熊猫主食竹：缺苞箭竹（*Fargesia denudat*）不同发育时期酯酶和 α- 淀粉酶同工酶的研究 [J]. 武汉植物学研究，7（3）：263-267.
马国瑶，1985. 白马峪河竹类生长情况及大熊猫现状初报 [J]. 动物学杂志（3）：34-38.
马丽莎，史军义，易同培，等，2011. 中国竹亚科植物的耐寒区位区划 [J]. 林业科学研究，24（5）：627-633.
马乃训，赖广辉，张培新，等，2014. 中国刚竹属 [M]. 杭州：浙江科学技术出版社 .
马乃训，张文燕，2007. 中国珍稀竹类 [M]. 杭州：浙江科学技术出版社 .
马乃训，张文燕，袁金玲，2006. 国产刚竹属植物初步整理 [J]. 竹子研究汇刊，25（1）：1-5.
马志贵，王金锡，甘莉民，等，1989. 缺苞箭竹养分含量动态特性的研究 [J]. 竹子研究汇刊，8（3）：26-34.
缪宁，廖丽欢，李波，等，2012. 2008 年汶川地震后拐棍竹无性系种群的更新状况及影响因子 [J]. 应用生态学报，23（4）：985-990.
莫晓燕，冯怡，冯宁，等，2004. 圈养秦岭大熊猫两种主食竹中元素含量初探 [J]. 西北农林科技大学学报（自然科学版），32（6）：95-98.
莫晓燕，李静，冯宁，等，2004. 圈养秦岭大熊猫 2 种主食竹叶维生素 C 含量分析 [J]. 无锡轻工大学学报，23（2）：62-66.
牟克华，史立新，1991. 大熊猫两种主食竹：冷箭竹生物学特性的研究 [J]. 竹子研究汇刊，10（4）：24-32.
南充师院大猫熊调查队，1986. 青川县唐家河自然保护区大熊猫食物基地竹类分布、结构及动态 [J]. 南充师院学报（2）：1-9.
潘文石，1987. 大熊猫分类地位的探讨 [J]. 野生动物（1）：10-13.
齐泽民，2004. 川西亚高山箭竹群落：土壤养分源库动态研究 [D]. 重庆：西南农业大学 .
齐泽民，王开运，杨万勤，等，2004. 川西箭竹群落生态学研究 [J]. 世界科技研究与发展（1）：73-78.
秦自生，1985. 四川大熊猫的生态环境及主食竹种更新 [J]. 竹子研究汇刊，4（1）：1-10.
秦自生，1987. 卧龙植被及资源植物 [M]. 成都：四川科学技术出版社 .
秦自生，艾伦·泰勒，1992. 大熊猫主食竹类的种群动态和生物量研究 [J]. 四川师范学院学报，13（4）：268-274.
秦自生，艾伦·泰勒，蔡绪慎，1993. 大熊猫生态环境的竹子与森林动态演替 [M]. 北京：中国林业出版社 .
秦自生，艾伦·泰勒，蔡绪慎，等，1993. 拐棍竹生物学特性的研究 [J]. 竹子研究汇刊，12（1）：6-17.
秦自生，艾伦·泰勒，刘捷，1993. 大熊猫主食竹种秆龄鉴定及种群动态评估 [J]. 四川环境（4）：26-29.
秦自生，艾伦·泰勒，刘捷，1994. 大熊猫栖息地主食竹类种群结构和动态变化 [J]. 竹子研究汇刊，3（13）：4-15.
秦自生，蔡绪慎，黄金燕，1989. 冷箭竹种子特性及自然更新 [J]. 竹子研究汇刊，8（1）：1-12.

秦自生，张炎，蔡绪慎，等，1993. 生态因子对冷箭竹生长发育的影响 [J]. 西华师范大学学报（自然科学版），14（1）：51-54.

秦自生，张炎，马恒银，等，1991. 拐棍竹笋子生长发育规律研究 [J]. 四川师范学院学报，12（3）：211-215.

屈元元，袁施彬，张泽钧，等，2013. 圈养大熊猫主食竹及其营养成分比较研究 [J]. 四川农业大学学报，31（4）：408-413.

任国业，1989. 大熊猫主食竹资源的遥感调查 [J]. 遥感信息（2）：34-35.

任国业，1990. 大熊猫主食竹的彩红外遥感判读技术探讨 [J]. 遥感信息（4）：15-17.

任国业，喻歌农，晏懋昭，1993. 应用地理信息系统调查与管理大熊猫主食竹资源 [J]. 西南农业学报，5（3）：33-39.

任毅，刘明时，田联会，等，2006. 太白山自然保护区生物多样性研究与管理 [M]. 北京：中国林业出版社 .

邵际兴，1987. 白水江自然保护区大熊猫的主食竹类及灾情调查 [J]. 生态学杂志（3）：46-50.

邵际兴，孙纪周，1989. 甘肃竹子的种类及分布 [J]. 竹子研究汇刊，8（2）：58-65.

申国珍，2002. 大熊猫栖息地恢复研究 [D]. 北京：北京林业大学 .

申国珍，谢宗强，冯朝阳，等，2008. 汶川地震对大熊猫栖息地的影响与恢复对策 [J]. 植物生态学报（6）：1417-1425.

石成忠，1989. 白水江自然保护区竹子的再研究 [J]. 甘肃林业科技（2）：38-42.

史军义，1985. 环境因素对大熊猫生存的影响 [J]. 生物学通报（4）：19-21.

史军义，1986. 对保护大熊猫的几点意见 [J]. 资源开发与保护（4）：31-33.

史军义，2014. 栽培竹及其国际登录的目的与程序 [J]. 生物学通报，49（7）：6-9.

史军义，2014. 竹类国际栽培品种登录权威的申报与意义 [J]. 生物学通报，49（2）：4-5.

史军义，等，2015. 国际竹类栽培品种登录报告（2013—2014）[M]. 北京：科学出版社 .

史军义，等，2017. 国际竹类栽培品种登录报告（2015—2016）[M]. 北京：科学出版社 .

史军义，等，2020. 中国竹品种报告 [J]. 世界竹藤通讯，18（增刊）：1-212.

史军义，等，2021. 国际竹类栽培品种登录报告（2017—2018）[M]. 北京：科学出版社 .

史军义，等，2021. 国际竹类栽培品种登录报告（2019—2020）[J]. 世界竹藤通讯，19（增刊）：1-92.

史军义，陈其兵，等，2022. 大熊猫主食竹生物多样性研究 [M]. 北京：中国林业出版社 .

史军义，马丽莎，2014. 竹类国际栽培品种登录的原则与方法 [J]. 林业科学研究，27（2）：216-240.

史军义，马丽莎，杨克洛，等，1998. 卧龙自然保护区功能区的模糊划分 [J]. 四川林业科技（1）：6-16.

史军义，马丽莎，易同培，等，2014. 大熊猫主食竹的耐寒区位区划 [J]. 浙江林业科技，34（6）：20-24.

史军义，蒲正宇，姚俊，等，2014. ‘都江堰方竹’竹笋营养成分分析 [J]. 天然产物研究与开发（26）：227-230.

史军义，易同培，2017. 国际两大植物命名体系及其相互关系 [J]. 生物学通报，52（1）：5-9.

史军义，易同培，马丽莎，等，2008. 我国巴山木竹属植物及其重要经济和生态价值 [J]. 林业科学研究，21（4）：510-515.

史军义，易同培，马丽莎，等，2012. 中国观赏竹 [M]. 北京：科学出版社 .

史军义，易同培，马丽莎，等，2014. 慈竹属栽培品种整理与新品种命名 [J]. 林业科学研究，27（5）：702-706.

史军义，易同培，马丽莎，等，2014. 方竹属刺黑竹新品种‘都江堰方竹’[J]. 园艺学报，41（6）：1283-1284.

史军义，易同培，周德群，等，2016. 国际竹类栽培品种登录的理论与实践 [J]. 世界竹藤通讯，14（6）：23-29，41.

史军义，张玉霄，周德群，等，2017. 世界方竹属栽培品种整理 [J]. 世界竹藤通讯，15（6）：41-48.

史军义，张玉霄，周德群，等，2018. 世界慈竹属栽培品种整理 [J]. 世界竹藤通讯，16（1）：45-48.

史军义，张玉霄，周德群，等，2018. 世界刚竹属栽培品种研究 [J]. 国际竹藤通讯，16（Sup. 1）：1-50.

史军义，周德群，陈其兵，等，2018. 大熊猫主食竹增补竹种整理 [J]. 世界竹藤通讯，16（2）：53-62.

史军义，周德群，张玉霄，等，2017. 国际两大栽培植物登录体系与竹品种国际登录实践 [J]. 竹子学报，36（2）：1-8.

史军义，周德群，张玉霄，等，2017. 国际竹类栽培品种登录园的申办与建设 [J]. 世界竹藤通讯，15（1）：44-48.

史军义，周德群，张玉霄，等，2018. 关于竹类栽培品种国际登录中的命名范式问题 [J]. 竹子学报，37（4）：1-3.

史志噐，2017. 甘肃省第四次大熊猫调查报告 [M]. 兰州：甘肃科学技术出版社 .

四川大学生命科学学院，四川省老君山国家级自然保护区管理局，2007. 四川省老君山自然保护区综合科学考察报告 [R]. 成都：四川大学 .

四川省林业厅 . 2015. 四川的大熊猫：四川省第四次大熊猫调查报告 [M]. 成都：四川科学技术出版社 .

史立新，牟克华，宿以明，等，1995. 大熊猫主食竹母竹移植更新复壮实验研究 [J]. 竹类研究（2）：33-44.

四川森林编辑委员会，1992. 四川森林 [M]. 北京：中国林业出版社 .

宋成军，2006. 太白山大熊猫在单主食竹生境下的觅食生态学研究 [D]. 西安：西北大学 .

宋国华，桂占吉，程艳霞，等，2013. 林木、主食竹和大熊猫非线性动力学模型的周期解 [J]. 北京建筑工程学院学报，29（2）：60-62，80.

孙必兴，李德铢，薛纪如，2003. 云南植物志第九卷 [M]. 北京：科学出版社 .

孙纪周，汤际兴，1987. 白水江自然保护区竹类的分类和分布 [J]. 兰州大学学报（自然科学版），23（4）：95-101.

孙雪，林达，张庆，等，2015. 大熊猫取食竹种纤维类物质分析 [J]. 野生动物学报，36（2）：151-156.

孙宜然，张泽钧，李林辉，等，2010. 秦岭巴山木竹微量元素及营养成分分析 [J]. 兽类学报，30（2）：223-228.

唐平，周昂，李操，等，1997. 冶勒自然保护区大熊猫摄食行为及营养初探 [J]. 四川师范学院学报（自然科学版），18（1）：1-4.

田星群，1987. 秦岭地区的竹类资源 [J]. 竹子研究汇刊，6（4）：21-27.

田星群，1989. 巴山木竹发笋生长规律的观察 [J]. 竹子研究汇刊，8（2）：45-53.

田星群，1990. 秦岭大熊猫食物基地的初步研究 [J]. 兽类学报，10（2）：88-96.

王冰洁，王建宏，2014. 甘肃大熊猫食用竹的分类与分布 [J]. 甘肃科技，30（18）：141-143，148.

王岑涅，高素萍，孙雪，2009. 震后卧龙 - 蜂桶寨生态廊道大熊猫主食竹选择与配置规划 [J]. 世界竹藤通讯，7（1）：11-15.

王丹林，郭庆学，王小蓉，等，2017. 海拔对岷山大熊猫主食竹营养成分和氨基酸含量的影响 [J]. 生态学报，37（19）：6440-6447.

王光磊，周材权，2011. 20 年来马边大风顶自然保护区大熊猫主食竹：大叶筇竹的变化及保护措施 [C]// 第七届全国野生动物生态与资源保护学术研讨会论文摘要集，北京 .

王光磊，周材权，2012. 森林砍伐对马边大熊猫主食竹大叶筇竹生长的影响 [J]. 西华师范大学学报（自然科学版），33（2）：131-134.

王继延，王辅俊，1995. 大熊猫与箭竹的数学模型 [J]. 华东师范大学学报（自然科学版）（2）：8-14.

王金锡，马志贵，1993. 大熊猫主食竹生态学研究 [M]. 成都：四川科学技术出版社 .

王金锡，马志贵，刘长祥，等，1991. 缺苞箭竹生长发育规律初步研究 [J]. 竹子研究汇刊，10（3）：38-48.

王乐，2016. 秦岭大熊猫（*Ailuropoda melanoleuca*）主食竹巴山木竹（*Bashania fargesii*）中有机养分及次生代谢产物分析 [D]. 南充：西华师范大学 .

王强，2011. 邛崃山系三种大熊猫主食竹种更新对比研究 [D]. 北京：北京林业大学 .

王强，张志毅，付强，等，2010. 大熊猫主食竹研究现状与展望 [J]. 江西农业大学学报，32（S1）：21-28.

王瑞，2011. 秦岭箭竹种群无性繁殖及生存策略研究 [D]. 杨陵：西北农林科技大学 .

王太鑫，2005. 巴山木竹种群生物学研究 [D]. 南京：南京林业大学 .

王太鑫，丁雨龙，刘永建，等，2005. 巴山木竹无性系种群的分布格局 [J]. 南京林业大学学报（自然科学版），29（3）：37-39.

王雄清，刘安全，汤纯香，等，1997. 圈养大熊猫对竹子取食的研究 [J]. 野生动物（2）：18-19.

王逸之，董文渊，Kouba A，等，2012. 巴山木竹笋和叶营养成分分析 [J]. 林业工程学报，26（6）：47-50.

王逸之，董文渊，尚旭东，2010. 大熊猫主食竹研究综述 [J]. 内蒙古林业调查设计，33（1）：94-97.

王正平，1997. 中国竹亚科分类系统之我见 [J]. 竹子研究汇刊，16（4）：1-6.

王正平，叶光汉，1980. 关于我国散生竹的分类问题 [J]. 植物分类学报，18（3）：283-291.

王正平，叶光汉，1981. 中国竹亚科杂记 [J]. 南京大学学报（自然科学版）（1）：91-108.

王正平，朱政德，陈绍云，等，1980. 中国刚竹属的研究（续）[J]. 植物分类学报，18（2）：168-193.

王正平，朱政德，陈绍云，等，1980. 中国刚竹属的研究 [J]. 植物分类学报，18（10）：15-19.

魏辅文，周才权，胡锦矗，等，1996. 马边大风顶自然保护区大熊猫对竹类资源的选择利用 [J]. 兽类学报，16（3）：171-175.

魏明，吴劲旭，史军义，等，2019. 大熊猫主食竹新品种‘黑秆篌竹’[J]. 世界竹藤通讯，17（4）：47-49.

魏宇航，肖雷，陈劲松，等，2013. 克隆整合在糙花箭竹补偿更新中的作用 [J]. 重庆师范大学学报（自然科学版），30（4）：150-156.

汶录凤，何晓军，2014. 太白山大熊猫主食竹的种类与分布 [J]. 陕西农业科学，60（5）：48-50.

卧龙自然保护区，四川师范学院，1992. 卧龙自然保护区动植物资源及保护 [M]. 成都：四川科学技术出版社 .

吴福忠，王开运，杨万勤，等，2005. 大熊猫主食竹群落系统生态学过程研究进展 [J]. 世界科技研究与发展，27（3）：79-84.

吴劲旭，史军义，周德群，等，2018. 大熊猫主食竹一新品种‘青城翠’[J]. 世界竹藤通讯，16（1）：39-41.

吴燕，何祥博，刘雪华，等，2008. 陕西佛坪自然保护区大熊猫主食竹巴山木竹林间伐后的质量状况分析 [J]. 林业调查规划，33（5）：63-68.

吴瑶，2017. 芹菜坪自然保护区种子植物区系特征研究 [D]. 成都：成都理工大学 .

吴勇，2001. 四川盆地西缘高山峡谷自然保护区植物区系比较 [J]. 湖北农业科学，50（3）：503-504，516.

吴征镒，1980. 中国植被 [M]. 北京：科学出版社 .

吴征镒，1987. 西藏植物志：第五卷 [M]. 北京：科学出版社 .

吴征镒，2003. 云南植物志：第九卷 [M]. 北京：科学出版社 .

向性明，甘莉明，杨秀兰，等，1990. 大熊猫主食竹：紫箭竹种子发芽出苗率的研究 [J]. 四川林业科技（7）：30-36.

肖燚，欧阳志云，朱春全，等，2004. 岷山地区大熊猫生境评价与保护对策研究 [J]. 生态学报，24（7）：1373-1379.

解蕊，2009. 亚高山不同针叶林冠下大熊猫主食竹的克隆生长 [D]. 北京：北京林业大学 .

解蕊，李俊清，赵雪，等，2010. 林冠环境对亚高山针叶林下缺苞箭竹生物量分配和克隆形态的影响 [J]. 植物生态学报，34（6）：753-760.

徐新民，袁重桂，1997. 马边大风顶大熊猫的年龄结构及其食物资源初析 [J]. 四川师范学院学报（自然科学版），18（3）：175-178.

许联炳，2005. 凉山自然保护区 [M]. 成都：电子科技大学出版社 .

薛纪如，易同培，1980. 我国西南地区竹类二新属：香竹属和筇竹属（二）筇竹属 [J]. 云南植物研究，2（1）：91-99.

薛纪如，易同培，1982. 四川方竹属的研究 [J]. 云南林学院学报（1）：31-41.

薛纪如，章伟平，1988. 中国方竹属的系统研究 [J]. 竹类研究（3）：1-13.

严旬，2005. 大熊猫自然保护区体系研究 [D]. 北京：北京林业大学 .

晏婷婷，冉江洪，赵晨皓，等，2017. 气候变化对邛崃山系大熊猫主食竹和栖息地分布的影响 [J]. 生态学报，37（7）：2360-2367.

羊绍辉，杨井霞，赵皓艾，2012. 天全方竹低产林改造技术初探 [J]. 四川林业科技，33（3）：88-90.

杨道贵，王金锡，宿以明，等，1995. 大熊猫主食竹引种区生态气候相似距的研究 [J]. 竹子研究汇刊（1）：1-13.

杨道贵，向永国，鲜光华，1990. 引种大熊猫主食竹种早期生物量额测定 [J]. 四川林业科技，11（4）：35-40.

杨道贵，宿以明，向永国，等，1992. 王朗引种区大熊猫主食竹生长发育规律的研究 [J]. 竹子研究汇刊（4）：26-36.

杨振民，李作军，2013. 秦岭北麓大熊猫主食竹矿物元素含量分析 [J]. 陕西林业科技（5）：3-9.

易同培，1985. 大熊猫主食竹种的分类和分布（之二）[J]. 竹子研究汇刊，4（2）：21-44.

易同培，1985. 大熊猫主食竹种的分类和分布（之一）[J]. 竹子研究汇刊，4（1）：11-27.

易同培，1985. 筇竹属一新种 [J]. 植物分类学报，23（5）：398-399.

易同培，1988. 中国箭竹属的研究 [J]. 竹子研究汇刊，7（2）：1-119.

易同培，1989. 方竹属一新种及另拟新名称 [J]. 竹子研究汇刊，8（3）：18-25.

易同培，1990. 四川竹亚科补遗 [J]. 竹子研究汇刊，9（1）：27-34.

易同培，1991. 四川高山竹子一新种：小叶箭竹 [J]. 竹子研究汇刊，10（2）：15-18.

易同培，1992. 箭竹属三新种 [J]. 竹子研究汇刊，11（2）：6-14.
易同培，1992. 四川箭竹属和方竹属新竹类 [J]. 云南植物研究，14（2）：135-138.
易同培，1997. 四川竹类植物志 [M]. 北京：中国林业出版社 .
易同培，1997. 四川竹林自然分区 [J]. 竹子研究汇刊，15（3）：5-22.
易同培，1998. 四川植物志：第十二卷 [M]. 成都：四川民族出版社 .
易同培，2000. 川西竹亚科若干新分类群 [J]. 竹子研究汇刊，190（1）：9-26.
易同培，2000. 高山竹子新分类群 [J]. 四川林业科技，21（1）：1-6.
易同培，2000. 竹亚科若干新分类群 [J]. 四川林业科技，21（2）：13-23.
易同培，蒋学礼，2010. 大熊猫主食竹种及其生物多样性 [J]. 四川林业科技，31（4）：1-20.
易同培，蒋学礼，唐海倬，等，2011. 四川方竹属一新种 [J]. 四川林业科技，32（1）：11-13.
易同培，隆廷伦，1989. 大熊猫食竹二新种 [J]. 竹子研究汇刊，8（2）：30-36.
易同培，马丽莎，史军义，等，2009. 中国竹亚科属种检索表 [M]. 北京：科学出版社 .
易同培，邵际兴，1987. 陕西箭竹属一新种 [J]. 竹子研究汇刊，6（1）：42-45.
易同培，史军义，马丽莎，2014. 刺黑竹一新变型及棉花竹的一新异名 [J]. 四川林业科技，35（1）：18-20.
易同培，史军义，马丽莎，等，2005. 川滇竹类新植物 [J]. 四川林业科技，26（6）：33-35，42.
易同培，史军义，马丽莎，等，2008. 中国竹类图志 [M]. 北京：科学出版社 .
易同培，史军义，马丽莎，等，2017. 中国竹类图志（续）[M]. 北京：科学出版社 .
易同培，杨林，2004. 四川西部箬竹属一新种 [J]. 竹子研究汇刊，23（2）：13-15.
易同培，朱兴斌，2012. 竹类一新种及二新组合 [J]. 四川林业科技，33（2）：8-11.
余群洲，吴萌，赵本虎，等，1987. 大熊猫主食竹开花习性的初步研究 [J]. 四川林业科技，31（1）：1-20.
曾涛，庞欢，雷开明，等，2013. 九寨沟大熊猫主食竹开花种群特征 [C]// 第二届中国西部动物学学术研讨会论文集，西安 .
曾涛，张聪，雷开明，等，2012. 九寨沟大熊猫主食竹生物量模型初步研究 [J]. 四川动物，31（6）：849-852.
张聪，曾涛，唐明坤，等，2010. 九寨沟自然保护区华西箭竹生长研究 [J]. 四川大学学报（自然科学版），47（5）：1137-1141.
张金钟，陈素芬，林强，1992. 粘虫危害大熊猫主食竹的初步研究 [J]. 四川林业科技，13（2）：64-67.
张蒙，王晓静，宋国华，等，2016. 大熊猫主食竹生态系统恢复力研究 [J]. 数学的实践与认识（13）：234-242.
张颖溢，龙玉，王昊，等，2002. 秦岭野生大熊猫（*Ailuropoda melanoleuca*）的觅食行为 [J]. 北京大学学报（自然科学版），38（4）：478-486.
张雨曲，任毅，2016. 秦岭大熊猫主食竹一新纪录：神农箭竹 [J]. 陕西师范大学学报（自然科学版），44（1）：78-80.
张智勇，王强，付强，等，2012. 邛崃山系 3 种主食竹单宁及营养成分含量对大熊猫取食选择性的影响 [J]. 北京林业大学学报，34（6）：42-46.
赵秉伦，1994. 秦巴山区竹类资源管理现状及综合开发实施对策 [J]. 竹子研究汇刊，13（2）：70-77.
赵春章，刘庆，2007. 华西箭竹（*Fargesia nitida*）种子特征及其萌发特性 [J]. 种子，26（10）：36-39.
赵金刚，屈元元，王海瑞，等，2015. 圈养大熊猫冬季主食竹营养成分分析 [J]. 西华师范大学学报（自然科学版），36（1）：24-29.
赵晓虹，刘广平，马泽芳，2001. 竹子中单宁含量的测定及其对大熊猫采食量的影响 [J]. 东北林业大学学报，29（3）：65-69.
郑蓉，郑维鹏，方伟，2006. DNA 分子标记在竹子分类研究中的应用 [J]. 福建林业科技，33（3）：161-165.
中华人民共和国林业部，世界野生生物基金会，1989. 中国大熊猫及其栖息地保护管理计划 [R]. 北京：中华人民共和国林业部 .
中华人民共和国林业部，世界野生生物基金会，1989. 中国大熊猫及其栖息地综合考察报告 [R]. 北京：中华人民共和国林业部 .
钟伟伟，刘益军，史东梅，2006. 大熊猫主食竹研究进展 [J]. 中国农学通报，22（5）：141-145.
周昂，魏辅文，唐平，1996. 冶勒自然保护区大、小熊猫主食竹类微量元素的初步研究 [J]. 四川师范学院学报（自然科学版），17（1）：1-3.

周材权，胡锦矗，任丽平，1997. 马边大风顶自然保护区大熊猫二主食竹种微量元素的研究 [J]. 四川师范学院学报（自然科学版），18（1）：5-9.

周宏，袁施彬，杨志松，等，2014. 四川栗子坪自然保护区夏季大熊猫食性与主食竹生物量的关系 [J]. 兽类学报，34（1）：93-99.

周灵国，2017. 秦岭大熊猫：陕西省第四次大熊猫调查报告 [M]. 西安：陕西科学技术出版社 .

周世强，1994. 更新复壮技术对冷箭竹生态条件及生长习性影响的初步研究 [J]. 生态学杂志（3）：30-34.

周世强，1994. 更新复壮技术对冷箭竹种群密度影响的初步研究 [J]. 四川林业科技（2）：37-40.

周世强，1994. 冷箭竹更新复壮技术及生态效益分析 [J]. 生态经济（3）：53-55.

周世强，1995. 更新复壮技术对大熊猫主食竹竹笋密度及生长发育影响的初步研究 [J]. 竹类研究（1）：27-30.

周世强，1995. 冷箭竹无性系种群生物量的初步研究 [J]. 植物学通报，12（增刊）：63-65.

周世强，1996. 冷箭竹无性系种群结构的初步研究 [J]. 四川林业科技，17（4）：13-16.

周世强，2000. 冷箭竹更新幼龄芽种群的数量统计 [J]. 四川林业科技，21（2）：24-27.

周世强，2000. 竹类种群动态理论模式的研究 [J]. 四川林勘设计（2）：21-24.

周世强，黄金燕，1996. 冷箭竹更新幼龄种群密度的研究 [J]. 竹子研究汇刊，15（4）：9-18.

周世强，黄金燕，1997. 冷箭竹更新幼龄无性系种群生物量的研究 [J]. 竹子研究汇刊，16（2）：34-39.

周世强，黄金燕，1998. 冷箭竹更新幼龄无性系种群冠层结构的研究 [J]. 竹子研究汇刊，17（4）：4-8.

周世强，黄金燕，1998. 冷箭竹更新幼龄无性系种群结构的研究 [J]. 竹子研究汇刊，17（1）：31-35.

周世强，黄金燕，2000. 冷箭竹更新幼龄无性系种群鞭根结构的研究 [J]. 竹子研究汇刊，19（4）：3-11.

周世强，黄金燕，2002. 冷箭竹更新幼龄无性系种群生长发育特性的初步研究 [J]. 四川林业科技，23（2）：29-33.

周世强，黄金燕，2002. 冷箭竹更新幼龄种群生长发育特性的初步研究 [J]. 四川林业科技，23（2）：29-33.

周世强，黄金燕，2005. 大熊猫主食竹种的研究与进展 [J]. 世界竹藤通讯，3（1）：1-6.

周世强，黄金燕，李伟，等，2006. 野化培训大熊猫利用后拐棍竹残桩与丢弃部分的关系 [J]. 林业调查规划，31（2）：88-92.

周世强，黄金燕，谭迎春，等，2006. 卧龙特区大熊猫竹子基地施肥实验成效分析 [J]. 四川林勘设计（2）：25-27.

周世强，黄金燕，王鹏彦，等，2004. 大熊猫野化培训圈主食竹种生长发育特性及生物量结构调查 [J]. 竹子研究汇刊，23（2）：15-20.

周世强，黄金燕，张和民，等，1999. 卧龙自然保护区大熊猫栖息地特征及其与生态因子的相互关系 [J]. 四川林勘设计（1）：16-23.

周世强，黄金燕，张亚辉，等，2009. 野化培训大熊猫采食和人为砍伐对拐棍竹无性系种群更新的影响 [J]. 生态学报，29（9）：4804-4814.

周世强，吴志容，严啸，等，2015. 自然与人为干扰对大熊猫主食竹种群生态影响的研究进展 [J]. 竹子研究汇刊，34（1）：1-8.

周世强，杨建，王伦，等，2004. GIS 在卧龙野生大熊猫种群动态及栖息地监测中的应用 [J]. 四川动物，23（2）：133-136，161.

周世强，张和民，杨建，等，2000. 卧龙野生大熊猫种群监测期间的生境动态分析 [J]. 云南环境科学，19（增刊）：43-45，59.

朱石麟，马乃训，傅懋毅，1994. 中国竹类植物图志 [M]. 北京：中国林业出版社 .

鈴木真雄，1978. 日本タヶ科植物総目録 [M]. 東京：学習研究社 .

岡村はた，1991. 原色日本園芸竹笹総図説 [M]. 和歌山：はぁと有限会社 .

Bamboo Phylogeny Group (BPG), 2012. An updated tribal and subtribal classification of the bamboos (Poaceae: Bambusoideae) [C]// GIELIS J, POTTERS G. Proceedings of the 9th World Bamboo Congress, April 10-15, 2012. Antwerp: World Bamboo Organization: 3-27.

CALDERÓN C E, SODERSTROM R S, 1980. The genera of Bambusoideae (Poaceae) of the American continent: keys and comments[J]. Smithonian Contributions to Botany, 44: 1-27.

CAMPBELL J J N, QIN Z S, 1983. Interaction of giant pandas, bamboos and people[J]. Journal of Bamboo Society, 4(1, 2): 1-34.

FANG W P, 1944. Icones Plantarum Omeiensium 1(2)[M]. Chengdu: National Szechuan University Press.

Flora of China Editorial Committee, 2006. Flora of China Vol. 22 (Poaceae, Tribe Bambuseae)[M]. Beijing: Science Press and St. Louis: Missouri Botanical Garden Press.

OHRNBERGER D, GOERRINGS J, 1988. The Bamboos of the World[M]. Dehra Dun, Tokyo: International Book Distributors.

OHRNBERGER D, 1999. The Bamboos of the World[M]. Amsterdam: Elsevier.

REN Y, LI Y, DANG G D, 2003. A new species of *Bashania* (Poaceae: Bambusoideae) from Mt. Qinling, Shanxi, China[J]. Novon, 13(4): 473-476.

SHI J Y, MA L S, ZHOU D Q, et al., 2014. The history and current situation of resources and development trend of the cultivated bamboos in China[J]. Acta Horticulturae (ISHS), 1035: 71-78.

SHI J Y, ZHOU D Q, MA L S, et al., 2016. The directional breeding and feasibility of functional bamboos[J]. Agricultural Science and Technology, 17(3): 711-716.

SHI J Y, JIN X B, 2015.The establishment and progress of The International cultivar registration authority for bamboos[J]. CultiVated Plant Taxonomy News (3): 12-13.

SORENG R J, 2000. Catalogue of New World Grasses (Poaceae) Ⅰ [M]. Washington: Smithsonian Institution Press.

TAYLOR A H, QIN Z S, 1987. Culm dynamics and dry matter production of bamboos in the Wolong and Tangjiahe giant panda reserve, Sichuan, China[J]. Journal of Applied Ecology, 24(2): 419-433.

VORONTSOVA M S, CLARK L G, DRANSFIELD J, et al., 2016. World Checklist of Bamboos and Rattans[M]. Beijing: Science Press.

YANG Y M, HUI C M, 2010. China's bamboo: culture/resources/cultivation/utilization[R]. Beijing: International Bamboo and Rattan Organisation.

YI T P, 1985. The classification and distribution of bamboo eaten by the giant panda in the wild[J]. Journal of Americna Bamboo Society, 6(1-4): 112-113.

ZHANG H D, CHENG G Z, GUO J, et al., 2002. A Study on the Mathematical Model between the Population of Giant Pandas and Bamboos in Mianning Yele Nature Reserve of Xiangling Mountains[J]. Journal of Biomathematics, 17(2): 165-172.

ZHANG W P, 1992. The Classification of Bambusoideae (Poaceae) in China[J]. Journal of Americna Bamboo Society, 9(1-2): 25-42.

ZHANG Z J, WEI F W, LI M, et al., 2004. Microhabitat separation during winter among sympatric giant pandas, red pandas, and tufted deer: the ef fects of diet, body size, and energy metabolism[J]. Canadian Journal of Zoology, 82(9): 1451-1457.

中文名索引

B

八月竹 133
巴山木竹 105
巴山木竹属 96
巴山箬竹 219
白背玉山竹 371
白哺鸡竹 263
斑壳玉山竹 373
斑苦竹 328
半耳箬竹 230
宝兴巴山木竹 99
笔竿竹 336
勃氏甜龙竹 151

C

糙花箭竹 213
箣竹属 70，390
茶秆竹属 336，391
赤竹属 391
慈竹 238
慈竹属 238
刺黑竹 115
刺竹子 124

D

大风顶玉山竹 383
大佛肚竹 94
大琴丝竹 245
大叶筇竹 340
淡竹 272
吊丝单 146
钓竹 156
东笆竹属 391
都江堰方竹 119
短鞭箭竹 179
短锥玉山竹 365

E

峨眉箬竹 224
峨热竹 110
鄂西玉山竹 379

F

方竹 127
方竹属 112
粉绿竹 317
丰实箭竹 192
凤尾竹 78
佛肚竹 84

G

刚竹 304
刚竹属 250，391
拐棍竹 209
龟甲竹 270
桂竹 259

H

红边竹 299
篌竹 282
华西箭竹 197
黄槽竹 253
黄秆京竹 255
黄秆乌哺鸡竹 321
黄金间碧竹 88
黄毛竹 243
灰竹 295

J

箭竹属 162，390
轿杠竹 277
金佛山方竹 138
金丝慈竹 248
金镶玉竹 256
金竹 302
九龙箭竹 194

K

空柄玉山竹 368
苦竹 323
苦竹属 323，391
昆明实心竹 215
阔叶箬竹 226

L

雷波玉山竹 386
雷竹 312
冷箭竹 101
镰序竹属 156
龙头箭竹 184
龙头竹 86
露舌箭竹 190

绿竹 144
绿竹属 144，390
罗汉竹 251

M

麻竹 148
马边巴山木竹 96
马边玉山竹 388
马来甜龙竹 154
马骆箭竹 195
毛金竹 292
毛竹 264
毛粽叶 222
美竹 280
膜鞘箭竹 169
墨竹 168
牡竹属 148，390

N

泥巴山筇竹 344
牛麻箭竹 189

P

彭县刚竹 301

Q

秦岭箭竹 206
秦岭木竹 98
青城翠 130
青川箭竹 210
清甜箭竹 187
筇竹 352
筇竹属 340，391

缺苞箭竹 181

R

蓉城竹 261
箬叶竹 230
箬竹属 219

S

三月竹 346
扫把竹 165
少花箭竹 205
神农箭竹 196
石棉玉山竹 372
实竹子 349
水竹 274

T

台湾桂竹 277
泰竹属 391
唐竹 358
唐竹属 358
天全方竹 136
条纹刺黑竹 121
贴毛箭竹 172
团竹 203

W

乌哺鸡竹 319
乌竹 305

X

溪岸方竹 132
细枝箭竹 170
狭叶方竹 112
小琴丝竹 76
小叶箭竹 204
孝顺竹 70
熊竹 364

Y

雅容箭竹 188
岩斑竹 163
羊竹子 159
业平竹属 391
阴阳竹属 390
硬头黄竹 81
硬头青竹 307
油苦竹 334
油竹子 173
玉山竹属 363
玉山竹组 379
圆芽箭竹组 162
月月竹 234
月月竹属 234

Z

早园竹 296
早竹 310
蜘蛛竹 142
紫耳箭竹 180
紫花玉山竹 376
紫玉 123
紫竹 287

拉丁名索引

B

Bambusa 70
Bambusa multiplex 70
Bambusa multiplex 'Alphonse Karr' 76
Bambusa multiplex 'Fernleaf' 78
Bambusa Retz. corr. Schreber 390
Bambusa rigida 81
Bambusa ventricosa 84
Bambusa vulgaris 86
Bambusa vulgaris 'Vittata' 88
Bambusa vulgaris 'Wamin' 94
Bashania 96
Bashania abietina 96
Bashania aristata 98
Bashania baoxingensis 99
Bashania faberi 101
Bashania fargesii 105
Bashania spanostachya 112

C

Chimonobambusa 112
Chimonobambusa angustifolia 112
Chimonobambusa neopurpurea 115
Chimonobambusa neopurpurea 'Dujiangyan Fangzhu' 119
Chimonobambusa neopurpurea 'Lineata' 121
Chimonobambusa neopurpurea 'Ziyu' 123
Chimonobambusa pachystachys 124
Chimonobambusa quadrangularis 127
Chimonobambusa quadrangularis 'Qingchengcui' 130
Chimonobambusa rivularis 132
Chimonobambusa szechuanensis 133
Chimonobambusa tianquanensis 136
Chimonobambusa utilis 138
Chimonobambusa zhizhuzhu 142

D

Dendrocalamopsis 144, 390
Dendrocalamopsis oldhami 144
Dendrocalamopsis vario-striata 146
Dendrocalamus 148
Dendrocalamus asper 154
Dendrocalamus brandisii 151
Dendrocalamus latiflorus 148
Dendrocalamus Nees 148, 390
Drepanostachyum 156
Drepanostachyum breviligulatum 156
Drepanostachyum saxatile 159

F

Fargesia 162, 390
Fargesia Franch. emend. Yi 162
Fargesia adpressa 172
Fargesia angustissima 173
Fargesia brevistipedis 179
Fargesia canaliculata 163
Fargesia decurvata 180
Fargesia denudata 181
Fargesia dracocephala 184
Fargesia dulcicula 187
Fargesia elegans 188
Fargesia emaculata 189
Fargesia exposita 190
Fargesia ferax 192
Fargesia fractiflexa 165
Fargesia incrassata 168
Fargesia jiulongensis 194
Fargesia maluo 195
Fargesia membranacea 169
Fargesia murielae 196
Fargesia nitida 197
Fargesia obliqua 203
Fargesia parvifolia 204
Fargesia pauciflora 205
Fargesia qinlingensis 206
Fargesia robusta 209
Fargesia rufa 210
Fargesia scabrida 213
Fargesia stenoclada 170
Fargesia yunnanensis 215

H

Hibanobambusa 390

I

Indocalamus 219
Indocalamus bashanensis 219
Indocalamus chongzhouensis 222
Indocalamus emeiensis 224
Indocalamus latifolius 226
Indocalamus longiauritus 230
Indocalamus semifalcatus 230

M

Menstruocalamus 234
Menstruocalamus sichuanensis 234

N

Neosinocalamus affinis 238
Neosinocalamus affinis 'Chrysotrichus' 243
Neosinocalamus affinis 'Flavidorivens' 245
Neosinocalamus affinis 'Viridiflavus' 248
Neosinocalamus 238

P

Phyllostachys 250, 391
Phyllostachys aurea 251
Phyllostachys aureosulcata 253
Phyllostachys aureosulcata 'Aureocaulis' 255
Phyllostachys aureosulcata 'Spectabilis' 256
Phyllostachys bambusoides 259
Phyllostachys bissetii 261
Phyllostachys dulcis 263
Phyllostachys edulis 264
Phyllostachys edulis 'Kikko-chiku' 270
Phyllostachys glauca 272
Phyllostachys heteroclada 274
Phyllostachys lithophila 277
Phyllostachys makinoi 277
Phyllostachys mannii 280
Phyllostachys nidularia 282
Phyllostachys nigra 287
Phyllostachys nigra henonis 292
Phyllostachys nuda 295
Phyllostachys propinqua 296
Phyllostachys rubromarginata 299
Phyllostachys sapida 301
Phyllostachys sulphurea 302
Phyllostachys sulphurea 'Viridis' 304
Phyllostachys varioauriculata 305
Phyllostachys veitchiana 307
Phyllostachys violascens 310
Phyllostachys violascens 'Prevernalis' 312
Phyllostachys viridiglaucescens 317
Phyllostachys vivax 319
Phyllostachys vivax 'Aureocaulis' 321
Phyllostachys Sieb. et Zucc. 390
Pleioblastus 323
Pleioblastus amarus 323
Pleioblastus maculatus 328
Pleioblastus Nakai 323, 391
Pleioblastus oleosus 334
Pseudosasa 336, 391
Pseudosasa guanxianensis 336
Pseudosasa Makino ex Nakai 391

Q

Qiongzhuea 340
Qiongzhuea Hsueh et ri 391
Qiongzhuea macrophylla 340
Qiongzhuea multigemmia 344
Qiongzhuea opienensis 346
Qiongzhuea rigidula 349
Qiongzhuea tumidinoda 352

S

Sasaella 391
Sasa Makino 391
Semiarundinaria 391
Sinobambusa 358
Sinobambusa tootsik 358

T

Thyrsostachys 391

Y

Yushania 363
Yushania ailuropodina 364
Yushania brevipaniculata 365
Yushania cava 368
Yushania confusa 379
Yushania dafengdingensis 383
Yushania glauca 371
Yushania leiboensis 386
Yushania lineolata 372
Yushania mabianensis 388
Yushania maculata 373
Yushania violascens 376